Angela und Karlheinz Steinmüller

Darwins Welt

Aus dem Leben
eines unfreiwilligen Revolutionärs

Eine Biografie mit einem Vorwort
von Josef H. Reichholf

_____TEIL III_____

Die Entstehung der »Entstehung«

TEIL IV
Die Liebe zu den Pflanzen

ANHANG

1 Charles Darwin im Alter von 51 Jahren

Vorwort

Vor 150 Jahren veränderte ein Buch mit dem nicht gerade griffigen Titel »Über den Ursprung der Arten durch natürliche Auslese« das westliche Weltbild grundlegend. Urplötzlich wie ein Tsunami traf es die damals noch recht fest gefügte christliche Glaubenslehre von der göttlichen Erschaffung der Welt und des Menschen. An die Stelle von Gottes weisem, schöpferischem Wirken, wie es die Bibel lehrt, setzte der Verfasser, der Brite Charles Darwin, die blinde Selektion der anonymen Natur. Was tauglich ist, überlebt und kann sich weiter entwickeln. Das Untaugliche fällt der Selektion zum Opfer. Die ganze großartige Vielfalt des Lebens und das erhabenste unter allen Lebewesen darin, der Mensch, all das soll nichts weiter als Produkt des Wechselspiels von zufälliger Variation und natürlicher Selektion sein! Diese Zumutung löste nicht nur in kirchlichen Kreisen Empörung aus, sondern selbst die Naturwissenschaftler jener Zeit standen der neuen Theorie höchst skeptisch oder offen ablehnend gegenüber. Der Abwehrkampf gegen die Evolution wogt und tobt bis heute weiter. Rückzugsgefechte sind es, mehr nicht. Denn längst sind die Beweise zugunsten der Evolution erdrückend groß geworden. Die Sonne dreht sich nicht um die Erde, mag es Tag für Tag so aussehen, weil wir die Drehung der Erde nicht spüren. Auch die Gestirne drehen sich nicht um uns, wenngleich es unserer Eitelkeit schmeicheln würde, wenn sich alles nur um uns Menschen drehte. Viele wollen nicht wahrhaben, was die Evolutionsforschung lehrt, weil sie sich ihrer Herkunft anscheinend schämen. Sie lehnen sich auf gegen das umfassende Eingebundensein in den Strom des Lebens, zu dem nicht nur Schönes und Gutes, sondern auch viel Misslungenes und Ausgestorbenes gehört. Das viel kleinere Wunder einer direkten Erschaffung des Menschen mit all seinen Fehlern und Schwächen ziehen sie der Zugehörigkeit zum ungleich großartigeren Prozess der Evolution vor. Mit immer neuen Versionen der alten, längst widerlegten Gründe tarnen die Gegner der Evolution ihre Abneigung gegen ihre Herkunft. Chancenlos, denn die Molekulargenetik hat inzwischen die Evolutionsvorgänge sichtbar und nachvollziehbar gemacht. Darwin ist von ihr umfassend bestätigt worden. Dabei hatte er so gut wie keine Ahnung, was bei der Vererbung vor sich geht. Das Richtige mit ganz unzureichenden Mitteln gefunden zu haben, zeichnet Darwin daher in besonderer Weise aus. War er ein »Seher«, mehr Philosoph als Naturwissenschaftler? Was für ein Leben führte er? In welcher Weise trugen seine Lebensweise, die Zeit, in der er lebte und vielleicht auch glückliche Umstände zu seinem genialen Entwurf eines neuen Weltverständnisses bei? War Darwin ein ganz besonderer Mensch oder ein von den Umständen und vom Glück besonders begünstigter? War die Zeit reif für die Erkenntnis der Evolution oder waren die Umstände bei der denkerischen Größe Darwins unbedeutend?

Angela und Karlheinz Steinmüller schildern in ihrer Biografie den großen Charles Darwin nicht als Mythos, sondern fast romanhaft als einen Menschen des 19. Jahrhunderts. Er war dem damaligen Zeitgeist ausgesetzt. In wesentlichen Teilen seines Lebens blieb er diesem unterworfen. So vermerkte er als stolzer Brite in seinem Tagebuch: »Unter Ausländern die Stärke und Macht der eigenen Nation zu sehen, versetzt einen in ein Triumphgefühl, das man zuhause nicht kennt.« Von der Ungleichheit der menschlichen Rassen war er innerlich ebenso überzeugt, wie er die Sklaverei ablehnte. Den herrschenden Zeiten gemäß, wurde auch Darwin von mächtigen Strömungen getragen und getrieben, löste gleichwohl selbst solche aus, bekam Angst davor und versuchte, seine Mitstreiter für die Evolution im Vorpreschen zu mäßigen. Darwin wusste, wie leicht es ist, Offensichtliches zu übersehen, wenn »die Erscheinungen, wie augenfällig sie auch immer sein mögen, niemand vorher beobachtet hat«, wie er notierte. Und je augenfälliger etwas ist, umso weniger mag man es sehen, wenn das Weltbild davon gestört – oder gar zerstört – werden könnte.

Eine gute Biografie muss die Person *und* ihre Zeit behandeln. Dann erfüllt sie Darwins Vision: Das Leben lebt in seiner Umwelt, wird von ihr geformt und eingeschränkt, entwickelt sich aber dennoch weiter. Das Zeitgebundene ist unentbehrlich für jede Beurteilung. Wir, die wir das Privileg der Nachgeborenen haben, vergessen bei unserer Rückschau auf andere Zeiten und Menschen nur allzu leicht, dass wir oft bloß wie Zwerge auf den Schultern von Riesen stehen. Charles Darwin war einer der ganz Großen. Daran können nicht einmal seine Gegner zweifeln. Aber er hatte auch seine Schwächen, litt unter Ängsten und Schicksalsschlägen. In seiner Selbstbeurteilung klammerte er sein Menschsein weitgehend aus. Er hielt das für entbehrliches Beiwerk, weil es ihm um seine Forschung und nicht um sich selbst ging. Um ihn zu verstehen, reicht seine Autobiografie daher nicht aus. Über sich selbst schrieb er: »Meine hauptsächliche Freude und meine alleinige Beschäftigung während meines ganzen Lebens ist wissenschaftliches Arbeiten gewesen«. Wer die nachfolgende Biografie liest, wird verstehen, was er damit gemeint und gleichzeitig auch verborgen hatte.

Oktober 2008, Josef H. Reichholf

TEIL I

Ein wenig bemühter junger Mann

Kapitel 1

The Mount – ein Haus bei Shrewsbury

Shrewsbury, das Zentrum der westenglischen Grafschaft Shropshire, ist eine kleine, auch um 1800 noch mittelalterlich anmutende Stadt. Spitze Kirchtürme recken sich in den Himmel, und Fachwerkhäuser mit steilen Giebeln säumen verwinkelte Gassen, über deren holpriges Pflaster Kutschen und Fuhrwerke rollen. Nach Nordwesten zwängt sich eine Landstraße aus den Mauern der Stadt, vorbei an alten, grün bewachsenen Befestigungswerken, über die sich ein häufig begangener Spazierweg schlängelt.

Regelmäßig fährt ein gelber Zweispänner über die Landstraße nach Shrewsbury: Dr. Robert Darwin besucht seine Patienten. Er ist ein tüchtiger und beliebter Arzt. Sein Haus thront auf einer kleinen Anhöhe vor der Stadt, es schaut auf den Fluss Severn herab. The Mount, der Berg, hat es der Doktor genannt, ein ruhiger Stolz über das Erreichte klingt aus dem Namen. Das zweistöckige Haus ist aus schmucken roten Ziegeln gemauert. Robert Darwin hat es ohne Verzierungen, doch großzügig bauen und mit hohen Fenstern versehen lassen. Seitenflügel ergänzen das Gebäude, und das Vordach wird von vier Säulen getragen. So gewinnt The Mount etwas Herrschaftliches.

Und der Eindruck trifft zu, man lebt herrschaftlich in diesem Haus. Diener sorgen für Ordnung, ein Gärtner pflegt den Rasen, die Büsche und Wege. Man reitet gern aus, besucht häufig das eine Tagesreise entfernte Maer, wo die Familie von Dr. Darwins Frau wohnt, und man erfreut sich in Shrewsbury und Umgebung eines guten Rufes.

In diesem Haus wird am 12. Februar 1809 Charles Robert Darwin geboren. Sie haben spät geheiratet, der Doktor und die Tochter des bekannten Steingutfabrikanten Josiah Wedgwood. Susannah war einunddreißig Jahre alt und Robert Darwin ein Jahr jünger. 1798 schenkt Susannah ihrem ersten Kind das Leben. Das Mädchen wird auf den Namen Marianne getauft. 1800 und 1803 folgen zwei weitere Töchter, Caroline und Susan, und 1804 endlich ein Sohn: Erasmus. Nach einer Pause von fünf Jahren erblicken noch Charles und bald darauf die kleine Catherine das Licht der Welt.

2 The Mount – Darwins Geburtshaus

Trotz der Kinderschar leben sie gut, die Darwins. Der Doktor zählt neben den Armen, denen er nur wenig abverlangt, auch die reichsten Bürger der Stadt und die Aristokratie der Grafschaft zu seinen Patienten. Und Susannah Wedgwood hat immerhin 25.000 Pfund mit in die Ehe gebracht. Da kann man sich schon einiges leisten: ein Haus, Diener, Pferde, gute Schulen für die Knaben und Urlaubsreisen. Fern vom sozialen Elend der Zeit und behütet vor deren Wirrnissen wachsen die Kinder auf.

Britannien im Aufbruch

Charles Darwin wird in unruhige Zeiten hineingeboren. In seinem Geburtsjahr 1809 steht Napoleon auf dem Höhepunkt der Macht: Österreich und Preußen sind unterworfen; nur zwei Gegner widersetzen sich seinem Herrschaftsanspruch: Russland und England. Gegen Russland plant er einen Feldzug, gegen England hat er 1803 die Kontinentalsperre verhängt. Das Verbot, englische Waren auf das europäische Festland einzuführen, behindert zwar die englische Wirtschaft und verschlechtert die Lebenslage der Bevölkerung, doch so leicht lässt sich das Inselreich nicht bezwingen.

1805 hat Admiral Nelson in der Seeschlacht bei Trafalgar die französisch-spanische Flotte vernichtend geschlagen – um den Preis seines Lebens. Britannien beherrscht die Meere und kontrolliert den Welthandel. Allerdings sympathisieren die achtzehn ehemaligen nordamerikanischen Kolonien, die Vereinigten Staaten von Amerika, mit Napoleon. Im Interesse ihres eigenen Handels unterstützen sie seine Blockade. König George III. und seine Minister beschließen den Krieg gegen den aufstrebenden Rivalen im Westen. Die amerikanische Hauptstadt Washington wird 1814 von britischen Truppen erobert, doch geht im selben Jahr die entscheidende Schlacht um New Orleans verloren.

Die Niederlage auf dem Nebenkriegsschauplatz ändert nichts am Verlauf der Ereignisse in Europa: 1812 flieht Napoleon aus Moskau, 1813 wird er bei Leipzig besiegt, 1814 dankt er in Paris ab, 1815 erleidet er durch Wellington und Blücher das sprichwörtliche Waterloo.

Der lange Krieg hat Opfer gefordert: 40.000 Tote allein unter den englischen Soldaten, unzählige Invaliden, einen fantastisch hoch verschuldeten Staat, drückende Steuern und Kriegsabgaben. Nach Friedensschluss erfüllt Hoffnung auf bessere Zeiten das Volk. Die Kontinentalsperre fällt, englische Waren überschwemmen Europa. Doch finden sie in den vom Krieg verarmten Ländern kaum Absatz. Der Frieden beginnt mit einer Wirtschaftskrise.

Zudem drücken die reichen Landbesitzer im Parlament ein Gesetz gegen den Import von Getreide durch, das ihnen beständig hohe Preise sichern soll. Brot verteuert sich, und die Not der Bevölkerung erreicht ein kaum gekanntes Ausmaß. Über drei Jahrzehnte wird der Kampf gegen die sogenannten Kornzölle dauern. Vorerst aber rebelliert vielerorts die Landbevölkerung. Die Strafen gegen Aufsässige sind drakonisch: Der Henker oder die Deportation nach Australien warten auf sie.

Verschärft wird die Situation durch einen Umbruch in der Landwirtschaft, den vor allem die rasant wachsende Textilindustrie in Gang gesetzt hat. Die Weber, die ehemals hinter dem eigenen Webstuhl saßen und nebenbei ein Stückchen Acker bebauten, sind zu Fabrikarbeitern geworden. Großgrundbesitzer und Großpächter bringen das freie Land an sich, sie verdrängen auch Kleinbauern und kleine Pächter. Neben alteingesessenen Gutsherren bestimmen nun Bankiers, Kriegsgewinnler, Fabrikanten und die »Nabobs« der ostindischen Kompanie über das platte Land. Sie investieren in ihren Besitz, legen Feuchtgebiete trocken und düngen, sie reißen alte Hecken und Scheidewände nieder und führen einen systematischen Fruchtwechsel ein.

Die erhöhte Produktivität setzt viele Arbeitskräfte frei; die aufstrebenden Industriestädte mit der Aussicht auf Arbeit und Lohn und dem wachsenden Bedarf an »Händen« locken die ehemaligen Bauern an. War England noch vor ein, zwei Generationen ein Land mit kleinen Städten, wenig Industrie und einer relativ umfangreichen Ackerbaubevölkerung, so drehen sich nun die Verhältnisse um. Die Bevölkerung lebt überwiegend in kolossalen Fabrikstädten, deren Slums schrankenlos wuchern. England ist die »Werkstatt der Welt« geworden, und London, die aus allen Nähten platzende Metropole, wird zu ihrem ökonomischen Zentrum und zur Hauptstadt eines den ganzen Globus umspannenden Imperiums, das sich neben den alten Kolonien Kanada und Australien mehr und mehr Länder aneignet: das reiche Indien, weite Küstenstriche Afrikas und viele strategisch bedeutsame Inseln.

Den neuen Städtern nützt die Expansion nur wenig, sie hausen meist dicht gedrängt in wenigen, kaum möblierten Zimmern an ungepflasterten, mit stinkenden Pfützen bedeckten Straßen. Die Krämer betrügen sie mit verfälschten Lebensmitteln. Männer, Frauen und selbst Kinder arbeiten bis zu vierzehn Stunden am Tag, um sich ihren Lebensunterhalt zu verdienen. In Krisenzeiten senkt der Fabrikbesitzer die Löhne, doch müssen sie froh sein, wenn sie überhaupt die Arbeit behalten. Vorerst noch vereinzelt, wehren sie sich, begehren wie die Bauern gegen die Kornzölle auf, gründen die ersten lokalen Unions, die schnell zerschlagen werden. In den Slums, ohne Kanalisation und sauberes Wasser, verbreiten sich Krankheiten, die Kindersterblichkeit schnellt in die Höhe, später – in den 1830ern – werden Choleraepidemien über die Städte hinwegrasen. Not und Verzweiflung sind der Nährboden für Kriminalität. Noch existiert keine Polizei in modernem Sinne. Die meisten Verbrecher entgehen der Bestrafung.

Desto strenger sind die teilweise aus dem Mittelalter stammenden Gesetze. Erst 1808 werden einige der barbarischen Strafen gemildert: So hängt man Taschendiebe nicht mehr, sondern verbannt sie nur noch. Es gibt kein Gebiet des gesellschaftlichen Lebens in England, das sich nicht zwischen Geburt und Tod Darwins grundlegend wandeln wird.

Triebkraft für all diese Veränderungen ist die industrielle Revolution. Sie erfasst immer neue Wirtschaftszweige. In Webereien und Spinnereien begann sie und griff auf die Maschinenfabrikation über. Eine rasch expandierende Eisenindustrie hungerte bald nach Kohle und Erz, die immer tiefer aus der Erde gefördert wurden. Bald überzog ein dichtes, ständig wachsendes Netz von Straßen und Kanälen das Land. In Charles' Geburtsjahr erfindet George Stephenson die erste Lokomotive, die nicht auf Zahnrädern, sondern auf glatten Rädern rollt. Die ersten Dampfschiffe stechen in See.

Bald treibst du, Dampf, mit unbezwungner Hand
die Barke an und Wagen übers Land
und trägst auf weit gespanntem Flügelsaum
fliegende Wagen durch den Himmelsraum.

Mannschaften, glorreich, lehnen sich hinaus,
und Tücher wehen stolz im Windgebraus.
Doch da ertönt ein Schreckensruf im Volke,
denn Kriegerhaufen nah'n in düstrer Wolke.

So besingt Charles Darwins Großvater Erasmus bereits 1791 das heraneilende Dampf- und Maschinenzeitalter.

Ein Großvater von Format

Darwinismus? – Sie meinen wohl, würden die englischen Naturforscher um 1800 antworten, was dieser exzentrische Doktor Erasmus Darwin in seinen Gedichten lehrt? Dass sich alles Leben gesetzmäßig vom Niederen zum Höheren entwickelt – bis zum Menschen? Und vielleicht würden sie den Geistlichen und Nationalökonomen Thomas R. Malthus zitieren, der verächtlich von der »Orang-Utan-Theologie der menschlichen Rasse« sprach.

Erasmus Darwin wurde am 12. Dezember 1731 in Elston, Nottinghamshire, geboren. In seinem neunzehnten Lebensjahr schickte ihn sein Vater auf das St. John's College in Cambridge. Dort las er griechische und lateinische Klassiker, befasste sich gründlich mit Mathematik und vernachlässigte auch die Medizin nicht. Nachdem er den niedrigsten akademischen Grad erworben hatte, wechselte er an die Universität Edinburgh, wo er weiter Medizin studierte. Lediglich mit einem äußerst knappen Stipendium ausgestattet, lebte Erasmus sehr bescheiden und flickte sich sogar seine Kleidung selbst zusammen. Später hielt er seinen Frauen vor, dass er die abgewetzte Ferse eines Strumpfes ersetzen könne, ohne eine einzige Masche zu verlieren ...

Auch der Start als Arzt fiel ihm nicht leicht. Nur wenige Patienten besuchten seine Praxis in Nottingham. Erst als er 1756 in den nahe gelegenen kleinen Ort Lichfield umzog und dort einen Kranken heilte, den andere Ärzte bereits aufgegeben hatten, stellte sich der Erfolg ein. Sobald er es sich finanziell leisten konnte, heiratete er. Seine Braut war gerade siebzehn Jahre alt. Obwohl sie häufig erkrankte, scheint Erasmus Darwins erste Ehe recht glücklich gewesen zu sein. Aus ihr gingen drei Söhne hervor, unter ihnen Robert Waring Darwin, der 1766 geboren wurde – der Vater von Charles Darwin. 1770 starb Erasmus' Frau an einem Leberleiden.

Ein paar Jahre später legte Erasmus Darwin in der Nähe von Lichfield einen botanischen Garten an. Dort versuchte er unter anderem, die Pflanzen durch Musik zu einem üppigeren Wachstum anzuregen. Sein Leitspruch war: »Nur ein Narr macht nie in seinem Leben ein Experiment.«

Ständig trug er sich mit verschiedenen Erfindungen. Er baute seine Kutsche zu einem rollenden Schreibpult mit Oberlicht und Handbibliothek um. Fiel ihm während der Fahrt etwas ein, eine Behandlungsmethode, ein Gedicht oder ein Apparat, so konnte er es sofort aufzeichnen. Er füllte Notizbücher mit Skizzen zu einer horizontalen Windmühle, zu einem Leuchter, den man emporziehen konnte, zu rotierenden Pumpen und Ventilatoren, zur Anwendung von Pulver oder komprimierter Luft als treibender Kraft, ja selbst zu einer gigantischen Anlage, die die atmosphärischen Luftmassen von Norden nach Süden und umgekehrt befördern sollte. Nur die wenigsten Projekte gelangten zur Ausführung, wie etwa die horizontale Windmühle oder eine Sprechmaschine, die »Mama« und »Papa« sagen konnte, oder eben die Schreib-Kutsche. Einmal stürzte das merkwürdige Fahrzeug auf holpriger Straße um, und Erasmus Darwin erlitt einen Kniescheibenbruch, von dem er später leicht hinkte.

Über die Arztpraxis und durch seine Aufgeschlossenheit allem Neuen gegenüber geriet Erasmus Darwin in Kontakt zu bekannten Fabrikanten und Technikern. Er freundete sich mit James Watt an, dem Erfinder der Dampfmaschine, und brachte ihn mit dem Metallwarenfabrikanten Matthew Boulton in Verbindung. Erasmus Darwin überredete Watt auch, in die aufstrebende Industriestadt Birmingham überzusiedeln. Im nahe gelegenen Soho gründeten Watt und Boulton später eine bedeutende Maschinenfabrik und eröffneten so eine neue Ära der industriellen Anwendung der Dampfmaschine. Erasmus Darwin besang daher mit gutem Recht und aus eigener Kenntnis den Siegeszug der Dampfkraft.

In Lichfield lernte er auch den Begründer der englischen Tonwarenindustrie, Josiah Wedgwood, kennen, der selbst als Erfinder einer Steingutsorte und eines Pyrometers hervortrat. Die beiden Männer verbanden viele gemeinsame Interessen und die gleichen politischen Anschauungen, sie wurden enge Freunde. Energisch setzten sie sich für die Verbesserung von Straßen und Wasserwegen ein; Erasmus Darwin entwarf für Wedgwood einen Kanal, der dessen berühmte Etruria-Töpfereien an das ganz England durchziehende Netz von Wasserstraßen anschließen sollte. Von 1779 an ließen sie ihre Söhne gemeinsam von Privatlehrern unterrichten. So erwarb Robert W. Darwin nicht nur die normalen schulischen Kenntnisse in den klassischen Sprachen, sondern befasste sich auch mit Gartenbau, Französisch, ein wenig Chemie und Mineralogie sowie mit Rechnungsführung.

Robert Darwin zeigte einen ausgesprochenen Widerwillen gegen den Beruf seines Vaters. Den Anblick von Blut, von fremden Schmerzen und den Geruch von Krankheit konnte er nicht ertragen. Dennoch zwang Erasmus Darwin seinen Sohn, ein Medizinstudium aufzunehmen. Er suchte für ihn die Universitäten von Leyden und Edinburgh aus, die beide zu den besten ihrer Zeit zählten. Mit nur zwanzig Jahren musste sich Robert Darwin nach beendetem Studium in Shrewsbury selbstständig machen. Es heißt, sein Vater habe ihm lediglich ein Pfund für jedes Jahr seines Lebens vorgestreckt.

Erasmus Darwin bewegte mittlerweile anderes. 1781 hatte er die Witwe eines Patienten geheiratet. Sieben Kinder, die ernährt sein wollten, entsprossen dieser Ehe. Außerdem sorgte er für seine beiden außerehelichen Töchter Mary und Susan Parker. Er ließ sie zu Lehrerinnen ausbilden und übereignete ihnen später die von ihm gegründete Mädchenlehranstalt in Ashbourne. Für diese Schule erdachte er einen weit in die Zukunft weisenden »Plan für die Erziehung von Mädchen in Internatsschulen« (1797). Lebende Sprachen und Gesundheitspflege, Naturwissenschaft und Grundlagen der Manufakturproduktion sollten den Lehrplan bestimmen – Erasmus Darwin sah wie sein Freund Josiah Wedgwood Mädchen als den Knaben geistig ebenbürtig an. Auch auf die damals übliche Prügelstrafe sollte nach seinen Vorstellungen verzichtet werden.

Wie Miss Seward, eine zeitgenössische Biografin von Erasmus Darwin, berichtet, »bildete das alte Haus, welches Dr. Darwin zu Lichfield erworben und nach seinem Geschmack umgewandelt hatte, den Versammlungsort einer kleinen philosophischen Gesellschaft, der viele Berühmtheiten angehörten ... Der Hausvater übte Gastfreundschaft im weitesten Sinne, und jedermann kam gern, denn Geist und Wissenschaft waren seine Hausgötter. Darwin war ganz für geselligen Umgang mit denkenden Köpfen geschaffen, denn er vertiefte sich gern in wissenschaftliche Gespräche, und wenn man ihm zuhörte, vergaß man, dass er stotterte.«

Erasmus Darwin war inzwischen ein überaus erfolgreicher Arzt geworden. Sein Ruf als Mediziner drang bis nach London. König George III. äußerte mehrmals den Wunsch, ihn zu seinem Leibarzt zu berufen. Die Darwins verzichteten – ihnen behagte das Leben unter den Zwängen der Residenz nicht. Zudem passten Erasmus Darwins fortschrittliche, liberale Überzeugungen nicht an den Hof. Wie Freund Wedgwood stand er auf Seiten der um ihre Unabhängigkeit kämpfenden amerikanischen Kolonien. Er kannte Benjamin Franklin persönlich, korrespondierte mit Jean-Jacques Rousseau, einem der geistigen Wegbereiter der Französischen Revolution. Und als diese schließlich ausbrach, wurde er wie Freund Wedgwood als Sympathisant der Revolutionäre bespitzelt. Ebenso setzte er sich für die Befreiung der Sklaven ein. »Wer Unterdrückung zuläßt«, schrieb er, »der hat Anteil an dem Verbrechen.« Sein Freund Wedgwood verschenkte an alle Welt Kameen, die auf weißem Grund einen gefesselten schwarzen Sklaven zeigten und die Inschrift »Bin ich nicht ein Mensch und Bruder?« trugen.

1784 zog Erasmus Darwin nach Derby um. Die Naturwissenschaften schritten in dieser Zeit rasch voran. So hatte etwa 1781 Friedrich Wilhelm Herschel den siebenten Planeten des Sonnensystems entdeckt und zu Ehren des Königs »Georgsstern« getauft. Überall im Lande entstanden Vereinigungen wissenschaftlich Interessierter. Derby gehörte zwar nicht zu den geistigen Zentren Englands, doch Erasmus Darwin bemühte sich nach Kräften, auch hier eine »Philosophische Gesellschaft« ins Leben zu rufen. Die Gründungsversammlung fand in seinem Hause statt.

Wie Wedgwood war er außerdem Mitglied der sogenannten Lunar Society, einer Vereinigung fortschrittlicher Bürger, die sich einmal im Monat trafen, um naturwissenschaftliches, aufklärerisches und revolutionäres Gedankengut zu diskutieren und zu verbreiten. Der Name »Mondgesellschaft« verkündet allerdings kein Programm, sondern bezeichnet lediglich den Zeitpunkt der Veranstaltungen: Erasmus Darwin und seine Freunde wählten die Vollmondnächte, um sich den Heimritt zu erleichtern.

Beide Gesellschaften wurden von Erasmus Darwin mitgeprägt. Trotz seines Sprachfehlers fürchtete man ihn in Diskussionen, denn er war ziemlich schlagfertig. So fragte ihn einmal ein junger Mann, ob ihn das Stottern nicht störe. »Keineswegs«, erwiderte er, »es gibt mir Zeit, über die Antworten nachzudenken, und verhindert, dass ich ungehörige Fragen stelle.«

Erasmus Darwin war in doppelter Hinsicht ein Mann von Format. Er ließ eine Einbuchtung in den Speisetisch sägen, damit er mehr Platz für seine enorme Leibesfülle gewann, und er wurde durch seine Bücher wissenschaftlich-poetischen Inhalts in der Öffentlichkeit bekannt. »Die Liebe der Pflanzen«, nannte er seinen 1788 erschienenen Erstling; bald folgte »Die Ökonomie der Vegetation«. Beide Teile wurden 1792 gemeinsam unter dem Titel »The Botanic Garden« publiziert. Sie bilden ein großartiges, in der Tradition des Lukrez stehendes naturwissenschaftliches Lehrgedicht.

Beeindruckt von Fossilienfunden, spekulierte Erasmus Darwin in diesem Werk über die Entwicklung der belebten Natur vom Niederen zum Höheren. »Wurden die Ammoniten alle vernichtet, als sich die Kontinente hoben?« fragte er da. »Oder gehen manche Gattungen durch die zunehmende Übermacht ihrer Feinde zugrunde? Oder gibt es sie noch in unzugänglichen Tiefen der See? Oder wechseln manche Tiere allmählich ihre Form und werden zu neuen Arten?« – In mancher Beziehung steckte Erasmus Darwin schon den Kreis der Probleme ab, die seinen Enkel Charles später einmal beschäftigen sollten: die Rätsel von Vererbung, Anpassung und natürlicher Zuchtwahl, die Schutzmittel von Pflanzen und Tieren, insektenfressende Pflanzen und die Gemütsbewegungen bei Tier und Mensch.

In seinem zweiten großen Werk »Zoonomia oder die Gesetze des Lebens« (1794–1798) befasste sich Erasmus Darwin mit medizinischen und physiologischen Fragen. Dabei leitete er alle Formen von einem einfachen »lebenden Filament« her – Jahrzehnte, bevor die Zelle entdeckt wurde. Die »Zoonomia« wurde in vielen Sprachen verlegt, von Papst Pius VI. jedoch wegen ihres atheistischen Inhalts auf den Index gesetzt. Mit ihr versuchte Erasmus Darwin, eine Wissenschaft zu begründen, die damals noch keinen feststehenden Namen besaß: die Biologie. Dieser Begriff wurde erst 1802 unter anderem von dem Franzosen Jean Baptist de Lamarck und dem Deutschen Gottfried Reinhold Treviranus für die Lehre von den Lebenserscheinungen und ihren Ursachen eingeführt.

1800 publizierte Erasmus Darwin »Phytologia oder die Philosophie der Landwirtschaft und des Gartenbaus«, worin er – lange vor der Zeit der künstlichen Düngemittel – für die Anwendung der Chemie plädierte. Das

Erscheinen seines letzten Buches »Tempel der Natur« (1803) erlebte er nicht mehr. Er starb im Jahr zuvor.

Wie »The Botanic Garden« hat Erasmus Darwin den »Tempel der Natur« in Gedichtform gekleidet. Darin beschreibt er eine gesetzmäßige Entwicklung der Lebewesen, die bis zur menschlichen Gesellschaft fortschreitet, wie der Untertitel »Die Entstehung der Gesellschaft« bekundet. Diese Verse brachten ihm für kurze Zeit literarischen Nachruhm. Poeten dichteten Oden auf ihn. Der gefeierte Poet Byron aber nannte ihn einen »gewaltigen Meister nichtssagender Reime«. Die einfachen Landleute der Umgebung jedoch betrachteten ihn, nicht zuletzt wegen der Wetterfahne auf seinem Dach und mancher mechanischer Geräte, als den »Zauberer«.

Wie intensiv sich Charles Darwin mit den Werken seines Großvaters auseinandersetzte, ist ungewiss. Gewiss aber ist, dass das Andenken an Erasmus Darwin sowohl in The Mount als auch in Maer, dem Besitz der Wedgwoods, in Ehren gehalten wurde. So wuchs Charles in einer Familientradition heran, zu deren geistigem Erbe liberales Gedankengut und die Liebe zur Natur und zu den Naturwissenschaften gehörten.

Unter Obhut der Schwestern

Im Sommer 1817, als Charles acht Jahre alt ist, stirbt seine Mutter. Die Auswirkungen auf das Leben des Jungen sind schwer in voller Tragweite einzuschätzen. Darwin selbst erinnert sich später nur an ihr Totenbett, ihr schwarzes Samtkleid, ihren seltsam geformten Arbeitstisch und daran, wie sein Vater sie beweinte.

The Mount wird nun in noch stärkerem Maße als vorher von Robert Darwin beherrscht. Er ist der unumschränkte Gebieter, sein Wort gilt als Gesetz. Schon die für damalige Zeiten enorme Körpergröße von fast 1,90 Metern sowie die sehr massige Statur – ein Erbe seines Vaters – verleihen ihm eine natürliche Autorität. »Er war meist gut aufgelegt«, schreibt Darwin in seiner Autobiografie, »und lachte und scherzte mit jedermann, oft mit den Dienstboten, in der äußersten Freimütigkeit; und doch besaß er die Kunst, jedermann dazu zu bringen, ihm bis auf den Buchstaben zu gehorchen. Viele Personen fürchteten sich vor ihm.«

Außerdem hört sich Dr. Darwin gern reden und findet trotz seiner florierenden Praxis die Zeit, seine Familie durch Monologe zu regieren, die bis zu zwei Stunden dauern. Tritt er ins Zimmer, haben die Gespräche der anderen sofort zu verstummen; ein Gefühl der Unfreiheit breitet sich aus – so zumindest erinnert sich Charles' spätere Frau Emma. Auch der Lärm und die Unordnung, die die Kinder, vor allem Charles, verursachen, stören ihn sehr. Läuft aber alles nach seinen Wünschen, gehorchen Dienstboten und

Familienangehörige, so zeigt sich die angenehme Seite seines Charakters, er ist freundlich, heiter und mitfühlend.

Mitunter wird Robert Darwin als Haustyrann geschildert, als ein absolutistischer Monarch in Kleinformat, durch dessen gebieterisches Auftreten der junge Charles bleibende psychische Schäden davontrug. Es gibt sogar eine psychoanalytische Deutung, gemäß der Darwins Evolutionstheorie ein Ausdruck seiner Auflehnung gegen den alles beherrschenden Vater sei: Er hätte Gott, den himmlischen Vater, als Urheber der belebten Natur abgeschafft, weil er sich nie gegen seinen eigenen Vater habe behaupten können.

Die Tatsachen sprechen eine andere Sprache. Robert Darwin fällt durchaus nicht aus der typischen Rolle eines britischen Familienvaters des vergangenen Jahrhunderts. Zwar nimmt er eine unangefochtene Autoritätsstellung ein, doch gestattet er seinen Kindern auch eine Reihe von Freiheiten und fesselt sie nicht ans Haus. Zwar verwaltet er uneingeschränkt das Familienvermögen, doch versucht er nicht, die Kinder durch den Entzug finanzieller Unterstützung zu lenken. Zwar hat er sehr genaue Vorstellungen, welchen Beruf die Söhne ergreifen sollen – selbstverständlich Arzt –, doch verzichtet er letzten Endes darauf, seinen Willen durchzusetzen. Die eigenen Erfahrungen mit seinem Vater mögen ihn dazu bewogen haben.

Nach dem Tod seiner Frau überlässt Robert Darwin die Erziehung der Jüngsten, Charles und Catherine, weitgehend den älteren Töchtern. Die kümmern sich mit rührender Ernsthaftigkeit um die Kleinen. Dass ihre Erziehung oft in Bevormundung ausartet, verspürt besonders Charles. Die siebzehnjährige Caroline unterrichtet die beiden.

»Man hat mir gesagt, daß ich im Lernen viel langsamer gewesen sei als meine jüngere Schwester Catherine, und ich glaube, ich war in vielen Beziehungen ein böser Bube. Caroline war in höchstem Maße gut, fähig und fleißig, aber sie legte in dem Bestreben, mich zu bessern, einen etwas zu großen Eifer an den Tag, denn … ich kann mich auch jetzt noch genau daran erinnern, wie ich mir beim Betreten des Zimmers, in dem sie sich befand, sagte: ›Wofür wird sie mich denn jetzt schon wieder tadeln?‹ Und ich faßte starrsinnig den Vorsatz, mich vollständig gleichgültig all dem gegenüber zu verhalten, was sie auch sagen möge.«

Man kann sich leicht ausmalen, dass ein Knabe in einem so von schwesterlicher Fürsorge beherrschten Haushalt einen schweren Stand hat. Folgerichtig entwickelt Charles eine besondere Verteidigungstaktik: alles zuzugeben und dann mit gutem Gewissen alle Ratschläge und Ermahnungen in den Wind zu schlagen. Diese Taktik, der Eindruck drängt sich einem auf, wenn man die Autobiografie liest, zieht sich durch sein gesamtes Leben. Wie oft schilt er sich einen Nichtsnutz und Bummler, zu faul zum Lernen! Wie oft streut er sich Asche aufs Haupt, wirkt bescheiden und einsichtig – auf seine Vorlieben und Neigungen aber verzichtet er nicht.

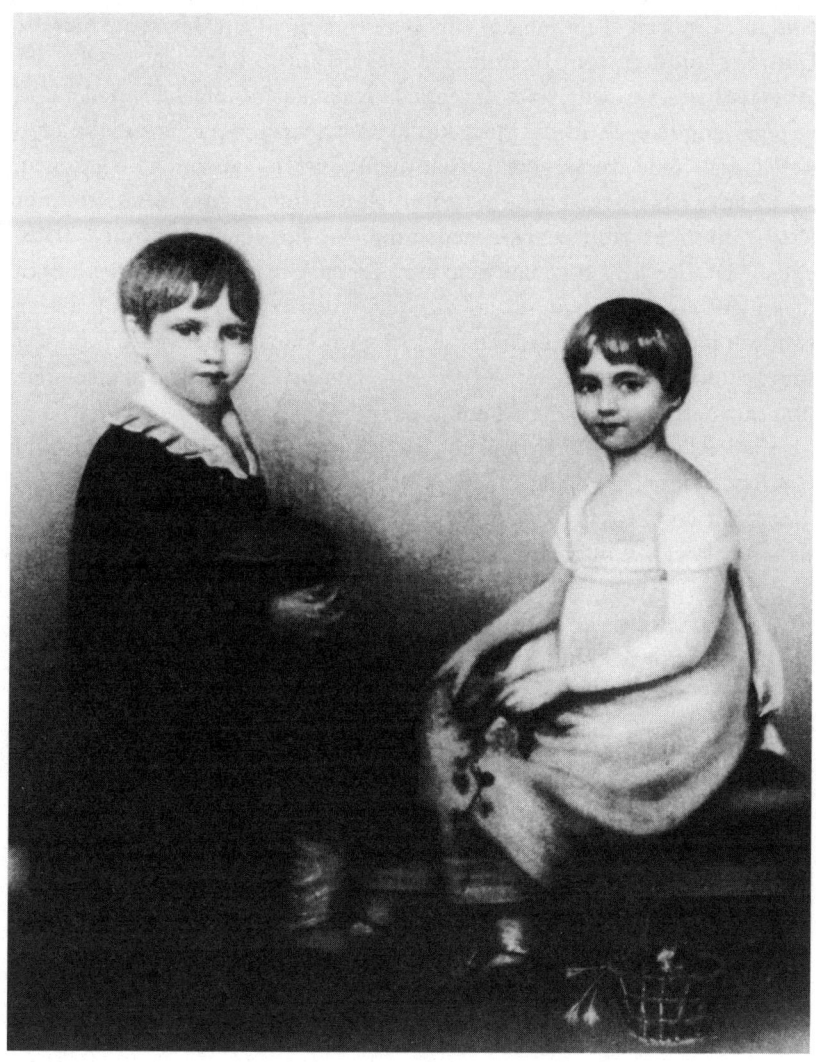

3 Charles Darwin und seine Schwester Catherine

Im Frühling, des Jahres 1817, wenige Monate vor dem Tod der Mutter, wird Charles auf eine Vorschule geschickt, die einer Unitarier-Kapelle angegliedert ist. Er ist zwar anglikanisch getauft worden, doch gehört Susannah Darwin der Unitarier-Gemeinde an.

Im Gegensatz zu der anglikanischen Staatskirche Englands lehnen die Unitarier das Dogma von der Dreieinigkeit Gottes ab. In ihren Gründungszeiten erlitten sie daher schwere Verfolgungen. Noch 1789 konnte der Chemiker und Unitarier-Geistliche Joseph Priestley nur mit Mühe sein Leben vor einer aufgeputschten Volksmenge retten; er wanderte später nach Amerika aus. Und erst 1813 hob das englische Parlament ein Gesetz auf, das die Unitarier mit dem Tode bedrohte. In vielen Dingen – auch gegenüber der Wissenschaft – verhielten sich die englischen Unitarier aufgeschlossener und weniger dogmatisch als die Staatskirche. Auch aus diesem Grunde fühlten sich liberale Teile des Bürgertums wie die Wedgwoods zu ihnen hingezogen.

Charles ist, als er in die Unitarier-Schule eintritt, ein kräftig gebauter Knabe mit einer gesunden Gesichtsfarbe, der sich nicht durch hervorstechende geistige Leistungen auszeichnet. Unter seinen Mitschülern gilt er in dieser Zeit als zurückhaltend, ja eingebildet, denn er spielt nicht mit ihnen, sondern läuft nach Schulschluss direkt nach Haus. Unter der Obhut der Mutter und später der Schwestern erledigt er seine Hausaufgaben gründlich und sagt das Gelernte korrekt auf.

Vielleicht gerade weil man ihn für einen Eigenbrötler hält, versucht Charles, sich beliebt zu machen. Er bringt Setzlinge aus dem Garten des Vaters mit und verschenkt sie an diejenigen, die selbst kleine Gärten zu betreuen haben. Mitunter stibitzt er Obst für die Kameraden.

Der Familie zur Schande

Im Sommer des Jahres 1818 wird Charles auf eine Internatsschule geschickt. Sie ist in einem altehrwürdigen Gebäude untergebracht, das über eine Kapelle im gotischen Stil und einen niedrigen, zinnenbewehrten Turm verfügt. Über dem imposanten Eingang zeigt eine große Sonnenuhr die Zeit. Die Schule hat Tradition und einen guten Ruf. Ein Dr. Butler führt sie seit Jahren mit strenger Hand. Seine Bemühungen haben viel zu ihrem Ansehen beigetragen.

Robert Darwin hat nicht einfach die nächstbeste Schule für Charles ausgesucht, er hat eine der besten des Landes und eine seinem sozialen Status entsprechende gewählt. Dass sie nur eine Meile von The Mount entfernt in Shrewsbury liegt, ist ein günstiger Umstand, den man gern wahrnimmt. Aber Internat ist Internat, Charles wird nicht mehr zu Haus wohnen.

Schulen wie die des Dr. Butler werden in der Regel von Kindern besucht, die später Grundbesitz oder ein Vermögen erben werden und eine Karriere bei Gericht, in der Armee, der Kirche oder im Parlament anstreben. Dem entspricht auch der dargebotene Lehrstoff. »Nichts«, urteilt Darwin später, »hätte für die Entwicklung meines Geistes schlimmer sein können als Dr. Butlers Schule, die ausschließlich klassisch war und in der außer alten Sprachen nur noch ein wenig alte Geographie und Geschichte gelehrt wurden. Als Mittel der Erziehung hat die Schule bei mir versagt.«

Ein Blick auf den Lehrplan der fünften Klasse bestätigt dies. Montagmorgen beginnt man mit Geschichte: griechischer, römischer oder englischer. Griechische Grammatik und das Studium antiker Autoren von Thukydides bis Cicero schließen sich an. Ungefähr so läuft die ganze Woche ab. Römische Dramatiker folgen auf Aristoteles, Plato auf Vergil. Kein einziger zeitgenössischer Name taucht auf, und man fragt sich, ob Charles während all der Schuljahre je ein Wort über die Französische Revolution oder über die Segnungen der Dampfkraft gehört hat.

Jedoch wird nicht völlig auf wissenschaftlichen Lehrstoff verzichtet. Mitunter holt Dr. Butler am Sonnabend die »Elemente« des Euklid hervor. Dieses allererste und überaus logisch aufgebaute Lehrbuch der Geometrie beeindruckt Charles sehr. Bei Euklids klaren geometrischen Beweisen empfindet er eine tiefe Befriedigung. Eine Zeitlang lässt er sich sogar von einem Privatlehrer darin unterrichten.

Der Sonnabend endet mit Übersetzungen aus dem Englischen ins Griechische oder Lateinische. Für Charles sind diese Stunden eine Qual. Und dann auch noch das Verseschmieden! Mit Freunden sammelt Charles eine umfangreiche Auswahl alter Reime, die er bald zu langen Poemen über beliebige Themen zusammenzuflicken versteht. Allerdings benutzt er im Unterricht keine Spickzettel und paukt gewissenhaft. Vierzig oder fünfzig Verse von Vergil oder Homer kann er während einer einzigen Morgenandacht auswendig lernen – natürlich vergisst er sie, sobald man ihn abgefragt hat. Unter all den vielen Hundert Seiten klassischer Autoren gefallen ihm nur einige Oden des Horaz.

Der Sonntag wird nun nicht etwa mit Spiel und Spaß verbracht, Dr. Butlers Schule kennt kein Wochenende. Selbstverständlich beschäftigt man sich, dem Tag des Herrn angemessen, nicht mit »heidnischen Büchern«, sondern liest die Bibel oder theologische und kirchengeschichtliche Werke.

Die Schwestern verfolgen Charles' Fortschritte mit wachen Blicken und viel zu viel Fürsorge. »Wie bin ich froh, dass du die Bibel studiert hast«, schreibt Caroline aus den Ferien an Charles. Susan fragt nach seinen Französischkenntnissen, und selbst die jüngere Catherine mischt sich altklug in seine Erziehung: »Also, ich muß dir sagen, dass Edinburgh mit einem h am Ende geschrieben wird.«

Caroline und Susan finden wenige Jahre später bessere Gelegenheit für ihren pädagogischen Ehrgeiz. Vom Vater unterstützt, gründen sie in der Nähe von The Mount eine Vorschule. Der liberalen, reformfreudigen Familientradition entsprechend, leiten sie ihre Erziehungsmethoden von Johann Heinrich Pestalozzi ab.

Ganz anders dagegen Dr. Butler. Reformen? Disziplin braucht die Schule! Ungehorsam gilt ihm als der direkte Weg zur Revolution. Wohin zu viel Laschheit führt, hat man ja gerade gesehen! In den Midlands und im Norden waren 1819 Arbeiterunruhen ausgebrochen. Von der Nachkriegskrise betroffen, hatten Fabrikbesitzer die Löhne herabgesetzt. Streiks und Demonstrationen waren die Antwort. Radikale Redner riefen nach Reformen, nach mehr Rechten und mehr Lohn für die Arbeitenden. In Manchester versammelten sich auf den St. Peter's Fields über 60.000 Arbeiter, um friedlich und blumengeschmückt gegen die unerträglichen Lebensbedingungen zu protestieren. Der nervöse Magistrat hetzte die Bürgerwehr auf die unbewaffnete Menge; das »Peterloo-Massaker« forderte elf Tote und über vierhundert Verletzte. Es wird landesweit zum Symbol der Unterdrückung.

Dr. Butler beugt dem Aufruhr auf seine Weise vor. Für geringfügige Vergehen verhängt er Strafübersetzungen. Schwerwiegende ahndet er mit Karzer, oder er schwingt den Rohrstock. Auch ohne körperliche Züchtigungen und Nachsitzen behagt Charles der Aufenthalt in der Internatsschule nicht. Zwar hat er unter seinen Mitschülern Freunde gefunden, doch bereiten ihm der abstrakte Lehrstoff und das lange Stillsitzen viel Verdruss. Dr. Butler weist ihn zudem vor versammelter Schülerschaft zurecht und kanzelt ihn als »poco curante« ab, was italienisch ist und »wenig bemüht« heißt. Da Charles kein Italienisch versteht, hält er es für einen fürchterlichen Vorwurf.

Im Schlafsaal, abends, geht es recht vergnüglich zu. Wegen seiner Bescheidenheit ist Charles unter den Kameraden beliebt, und sie vertreiben sich die Zeit bis weit in die Nacht durch lange Gespräche. Allerdings ist die Belüftung der Schlafsäle unzureichend, am Morgen herrscht in ihnen ein übler Gestank, und Erasmus, der Bruder von Charles, der ebenfalls in Dr. Butlers Internat schläft, beklagt sich darüber, dass die Matratzen feucht sind.

Da Charles es vorzieht, wann immer möglich nach Haus zu laufen, beteiligt er sich kaum an den Raufereien der anderen, ebenso wenig zeichnet er sich beim Kricket oder bei den Spielen am Fluss aus. Auch im Internat sondert er sich ab. Stundenlang sitzt er in einer Fensternische in den dicken Mauern des Gebäudes und liest die Dramen Shakespeares, die Gedichte von Lord Byron, Sir Walter Scott oder auch ein Buch mit dem vielsagenden Titel »Wunder der Welt«. Letzteres beschäftigt seine Fantasie lange. Von welch erstaunlichen Dingen berichtet es doch: von riesenhaften Tieren, undurchdringlichen Dschungeln, feuerspeienden Bergen. Charles streitet sich mit seinen Kameraden über die Glaubwürdigkeit des Geschilderten, und er träumt davon, ferne Länder zu bereisen und die »Wunder« mit eigenen Augen zu sehen.

Ja, alles Mögliche interessiert ihn, nur nicht der Schulstoff, so mag Dr. Butler denken. Charles lernt lustlos und ohne jegliche Anteilnahme. Die Lehrer halten ihn für einen nur mäßig, eher unterdurchschnittlich begabten Knaben, und auch der Vater tadelt Charles mit Worten, die in dessen Ohren hart und ungerecht klingen: »Du hast kein anderes Interesse als Schießen, Hunde und Rattenfangen, und du wirst dir selbst und der ganzen Familie zur Schande.«

»Gas« Darwin

Aus den Kindertagen berühmter Wissenschaftler werden häufig Begebenheiten berichtet, die frühe Ansätze zum künftigen Genie beweisen sollen. Doch welches geistig gesunde Kind legt nicht eine große Aufgeschlossenheit allem Neuen gegenüber an den Tag? Auch über Charles Darwin erzählt man mit Blick auf die spätere Größe ahnungsvolle Geschichten.

Schon zu der Zeit, in der er die Vorschule besucht, ist er demnach ein angehender Botaniker. Einem Schulkameraden vertraut er ein Geheimnis an: Er kann den Namen einer Pflanze feststellen, indem er in das Innere der Blüte schaut! So Unrecht hat der achtjährige Charles damit nicht. Linnés System der Klassifikation geht von den Geschlechtsorganen der Pflanze, ihren Staubgefäßen und ihrem Stempel, also dem gesamten Aufbau der Blüte aus. Wahrscheinlich hat Susannah Darwin versucht, ihrem Sohn einen Einblick in die Grundlagen der Pflanzenbestimmung zu vermitteln.

Doch Charles weiß dem Freund noch weit Verwunderlicheres zu offenbaren. Er erzählt ihm, dass er verschieden gefärbte Polyanthus-Rosen und Primeln erzeugen könne. Man müsse die Pflanzen nur regelmäßig mit einer farbigen Flüssigkeit begießen. Der Kamerad staunt – mehr hat Charles auch nicht beabsichtigt, und probiert hat er die Pflanzenfärbung nie. Es war »eine ungeheuerliche Lüge«, meint er später dazu.

Ohne nachträgliche Verklärung betrachtet, ist Charles ein ziemlich normaler Knabe. Es ist ihm lieber, in Feld und Wald herumzustromern als still zu sitzen. Er klettert gern auf Bäume und sucht nach Vogeleiern. Vielleicht von seinen Schwestern dazu angehalten, vielleicht aus eigener Einsicht entnimmt er den Nestern nie mehr als eins. Neben Vogeleiern sammelt er auch Muscheln und Mineralien, Münzen, Siegel und Frankaturen – alles, was einen Jungen nur irgend zu fesseln vermag. »Die Leidenschaft für das Sammeln«, erinnert sich Darwin, »die den Menschen dazu führt, ein systematischer Naturforscher, ein Kunstliebhaber oder ein Geizhals zu werden, war sehr stark bei mir und offenbar angeboren, da keines meiner Geschwister … je diese Neigung gehabt hat.«

Die Sammelwut stellt jedoch nichts Außergewöhnliches dar. Fast in allen Häusern wohlhabender Bürger, von denen des Adels ganz zu schweigen, steht ein Raritätenschränkchen, und auf den Kaminsimsen drängen sich tropische Muscheln. Kleinantiquitäten, mitgebracht vom Italienaufenthalt oder sogar aus Ägypten, schmücken herrschaftliche Landsitze und Castles. Bilder niederländischer Meister hängen an den Wänden. Imitationen sind unüblich, dafür leisten die Fälscher ihr Bestes, um auch die Sitting-rooms der Neureichen zu verschönern. Neben Kunstgegenständen kommen, je nach Geldsäckel und sozialem Status, mehr oder weniger seltene Mineralien, Edelsteine und nicht zuletzt Fossilien in Mode. Sind Versteinerungen nun Überbleibsel der biblischen Sintflut – oder? Naturgeschichte interessiert den Gentleman, der den Anschein von Bildung erwecken will. Lords, die Kunstwerke sammeln, botanisierende Landgeistliche, Großwild und Schmetterlinge jagende Kolonialoffiziere verwundern längst niemanden mehr.

Charles verlegt sich noch während seiner Schulzeit auf einheimische Insekten und Mineralien. Ein Stein mehr in seiner Kollektion – welche Freude! An das Einordnen, wissenschaftliche Klassifizieren denkt er nicht, ihm genügt es, ein Mineral mit einem neuen, ihm noch unbekannten Namen in der Hand zu wiegen.

Bemerkenswert hingegen ist die Sorgfalt, mit der er Insekten beobachtet. In den Sommerferien 1819, als Charles zehn Jahre alt ist, fährt die Familie wieder einmal nach Plas Edwards an die Irische See. Dort überrascht ihn der Anblick eines großen, schwarz und scharlachrot gemusterten wanzenähnlichen Insekts. Daheim in Shropshire hat er diese Art Käfer noch nie gesehen! Ebenso sind ihm eine Reihe von Nachtfaltern und Laufkäfern neu. »Ich entschloß mich beinahe, damit anzufangen, alle Insekten, die ich tot fand, zu sammeln; denn als ich meine Schwester konsultierte, kam ich zu dem Schluß, daß es nicht recht sei, Insekten nur deshalb zu töten, um eine Sammlung zusammenzustellen.«

Für Vögel begeistert er sich nicht minder. Angeregt durch ein naturgeschichtliches Buch, verfolgt er viele Stunden lang ihre Gewohnheiten. Er beginnt sogar, seine Beobachtungen niederzuschreiben.

Ganze Tage kann er am Ufer eines Teiches oder Flüsschens sitzen und auf den Schwimmer seiner Angel starren. Wahrscheinlich fängt er nicht so viele Fische wie die Kameraden, denn er verwendet keine lebenden Würmer als Köder, sondern nur solche, die er vorher in Salzwasser abgetötet hat. Von dieser Methode hat er bei einem seiner häufigen Besuche in Maer bei den Wedgwoods erfahren.

Überhaupt hält sich Charles sehr gern in Maer auf. Bei den Wegdwoods herrscht eine viel freiere, offenere Atmosphäre als in seinem Vaterhaus. Acht Vettern und Basen, die beiden jüngsten, Frances und Emma, mit ihm etwa gleichaltrig, sorgen dafür, dass es immer etwas zu spielen und zu lachen, dass es immer Aufregungen gibt. Die zwanzig Meilen Entfernung von The Mount bedeuten allerdings jeweils eine Tagesreise.

Gleich in der Nähe bieten sich ausgezeichnete Gelegenheiten zum Reiten und Jagen. Charles eifert aus ganzer Kraft seinen älteren Cousins nach. Wie gewaltig ist seine Erregung, als er die erste Schnepfe schießt! Die Hände zittern ihm so sehr, dass er seine Flinte kaum neu laden kann.

Auch daheim übt er bei jeder Gelegenheit Anlegen und Zielen. Im Verlauf der Zeit entpuppt er sich als ein sehr guter Schütze. In einem Heft, »Instruktionen für einen jungen Sportsmann – von einem alten Sportsmann«, notiert er sich, wie man am besten Hasen jagt oder auf Vögel anlegt.

Und, nicht zu vergessen, die Strafen für Wilderei: »20 Pfund für das Töten von Wild außerhalb der Saison … Öfter als einmal am Tag darf man nicht bestraft werden.«

Aus der Luft gegriffen sind die Notizen nicht. England erlebt in diesen Zeiten einen regelrechten »Wildererkrieg«: Wildhüter gegen organisierte Wildererbanden. Vormals befand sich der Wald in Gemeinbesitz, und jeder durfte jagen. Nun hat man die Landbevölkerung ihres angestammten Rechts beraubt – und die Bauern wehren sich auf ihre Weise.

Zum Ende der Schulzeit verliert der Altersunterschied zwischen Charles und seinem über vier Jahre älteren Bruder Erasmus an Bedeutung. Erasmus besitzt einen wachen und klaren Verstand und befasst sich mit Literatur, Kunst, aber auch mit Naturwissenschaften. Häufig ermuntert er den jüngeren Bruder zum Lesen und leiht ihm Bücher. Allerdings unterscheiden sich ihre Interessen und Geschmacksrichtungen sehr. Auf einem Gebiet jedoch berühren sich eine Weile ihre Neigungen. Erasmus weiht Charles in die Anfangsgründe der Chemie ein. In einem alten Geräteschuppen richtet er ein bescheidenes chemisches Labor ein. Charles darf ihm bei den Versuchen helfen. In den Fußstapfen von Lavoisier und Priestley stellen sie verschiedene Gase und manche andere komplizierte Verbindung her. Charles verschlingt Bücher über Chemie, bis tief in die Nacht experimentiert er mit dem Bruder.

1822 schickt Robert Darwin den ältesten Sohn nach Cambridge aufs College. Charles setzt die Versuche allein fort. Er wird durch Briefe seines Bruders angeleitet. So erfährt er, wie man reines Aluminium aus Tonerde herstellt oder Kupfer und Silber der Sixpence-Münzen voneinander trennt.

Charles' Experimentierwut bleibt seinen Mitschülern naturgemäß nicht lange verborgen. Bald rufen sie ihn nur noch »Gas«, was dem abgekürzten und nachlässig ausgesprochenen Vornamen »Chas« sehr ähnlich klingt. Das Hobby kommt auch dem Schulleiter zu Ohren. Dr. Butler ist alles andere als erfreut darüber. Wenn der Knabe doch lieber dichten würde! Einmal hält er ihn am Ohr fest und stellt ihn der versammelten Schülerschaft als ein abschreckendes Beispiel vor: »Dieser dumme Bursche wird sich mit seinen Gasen und mit seinem Dreckzeug abgeben, mit etwas wirklich Nützlichem wird er sich nie beschäftigen!«

Wie sehr kehrt doch die historische Distanz das Verhältnis von Nützlichem und Unnützem um. Den »polytechnischen Unterricht« gegen den Willen der Lehrer beurteilt Darwin später als den besten Teil seiner Ausbildung. Denn dort, im alten Geräteschuppen, erfuhr er ganz praktisch, was Experimentieren bedeutet. Beim »Müßiggang«, wie sein Vater und Dr. Butler es bezeichnen würden, beim Herstellen von Gasen und beim Käfersammeln, vielleicht sogar beim Vogelschießen durchlief er seine wahre Schule, und hier zeigte er Enthusiasmus, Ausdauer und Wissbegier.

Ein Arzt, der kein Blut sehen kann

Im Sommer des Jahres 1825 fallen wichtige Entscheidungen. Robert Darwin nimmt den sechzehnjährigen Charles zu den Hausbesuchen mit. Er will prüfen, ob sein Sohn zum Arzt taugt. Charles begleitet den Vater gern, denn als Sohn eines geachteten Mannes empfängt man ihn überall freundlich. Und er kann viel lernen – Medizin und Menschenkenntnis. Dr. Robert Darwin verfügt über eine ausgezeichnete Beobachtungsgabe, reiche Berufserfahrungen und verlässt sich auf den eigenen Verstand. So lehnt er etwa das landläufig praktizierte Aderlassen ab. Mehr Übel als Gutes sei dadurch gestiftet worden. Er selbst kann es kaum ertragen, jemanden bluten zu sehen. Auch Operationen flößen ihm einen starken Widerwillen ein. Die Leiden anderer Menschen bedrücken ihn. Sein gutes Gedächtnis wird ihm zur Plage, denn die Straßen, durch die er fährt, erinnern ihn an schmerzliche Vorkommnisse, die er als Arzt erlebt hat. Trotzdem gibt er bis ins hohe Alter seinen Beruf nicht auf.

Als mitfühlender Mensch versteht es Dr. Darwin, auf seine Patienten einzugehen. So gewinnt er deren Vertrauen. Nicht nur wegen der Gebrechen, sondern auch wegen alltäglicher Probleme konsultiert man ihn. Manchen Patienten, besonders den Frauen, dient er als eine Art Beichtvater. Wenn sie sich krank und unglücklich fühlen, wenden sie sich an ihren Doktor, klagen über familiäre Zwistigkeiten, weinen sich aus. Robert Darwin lässt sie gewähren, ermuntert sie sogar, sich so ihr Leid zu erleichtern. Er weiß, dass er mit barschen Worten das Gegenteil erreicht. Und er spendet nicht nur Trost, sondern steht mit praktischen Ratschlägen zur Seite, gibt ihnen Empfehlungen für die Ehekrise. Wen wundert es, dass seine Praxis floriert.

An der Seite des Vaters kommt Charles mit den unterschiedlichsten Bevölkerungsschichten in Kontakt. Er lernt hungernde und notleidende Familien kennen. Manchmal veranstalten seine Schwestern für die Bedürftigen Wohltätigkeitsbasare, oder sie statten krank danniederliegenden Armen Besuche ab.

Charles trifft ebenfalls die zahlungskräftigen Patienten, die wohlhabenden Bürger von Shrewsbury und den Landadel von Shropshire. Obwohl sich sein Vater in vielen Arztjahren ein Vermögen erarbeitet hat, man schätzt es auf über 100.000 Pfund, trennt die Darwins und die von Geburt an »feinen Leute« eine unüberbrückbare soziale Kluft. Sooft Robert Darwin auch Geld an die Baronets und Earls verleiht, sooft er sie auch kuriert, Klasse bleibt Klasse.

Onkel Jos, Josiah II. Wedgwood, hat es erfahren. Er verkaufte das ererbte Anwesen und zog nach Dorset, um dort, wo niemand seine Vergangenheit kannte, gegen alle Familientradition den Start in der Rolle eines Edelmanns zu wagen. Obwohl er sein Vermögen verschleuderte, wurde er von den Adligen nicht akzeptiert. »Die dritte Generation erst macht den Gentleman«, heißt es. Josiah Wedgwood lernte seine Lektion, er kehrte zurück, lieh sich von dem Schwager Geld, kaufte Maer und widmete sich wieder voll dem Geschäftsleben.

Ambitionen wie die des Schwagers sind Robert Darwin fremd. Er beschränkt sich auf die ärztliche Tätigkeit und legt nebenbei das verdiente Geld an: in Staatsanleihen und privaten Darlehen, in Kanalbauaktien und später in Eisenbahnaktien. Das geschieht nicht ohne Risiko, doch bewahren ihn sein Gespür und eine gute Menschenkenntnis vor Verlusten. »Werde nie der Freund eines Menschen, den du nicht achten kannst«, schärft er Charles ein.

Charles darf einige der Patienten seines Vaters selbstständig betreuen, meist leicht erkrankte Kinder und Frauen, die froh sind, wenn sich überhaupt jemand um sie kümmert. Er begibt sich mit viel Eifer und Beharrlichkeit an die Arbeit. Zeitweise behandelt er über ein Dutzend Patienten. Weit reichen seine Kenntnisse natürlich nicht, auch kann er die Therapie nicht selbst bestimmen, doch notiert er sich am Krankenbett so genau wie nur immer möglich die Symptome des Falles. Zu Haus oder in der Kutsche liest Charles die Notizen dem Vater vor. Der fragt nach, überlegt sich weitere Untersuchungen oder sagt Charles, welche Medikamente angewendet werden müssen. Hier kommt Charles sein Wissen in Chemie zugute, er mixt die Rezepturen selbst zusammen.

Robert Darwin ist sehr zufrieden mit seinem Sohn. Für ihn steht fest: Charles folgt der Familientradition und wird die medizinische Laufbahn einschlagen. Erasmus hat vor einem Jahr die Collegezeit in Cambridge abgeschlossen und studiert seither in Edinburgh. Weshalb soll er ihm Charles nicht nachschicken? Sein Jüngster müht sich sowieso ohne rechten Erfolg in Dr. Butlers Schule. Wenn er für den Arztberuf ein gewisses Geschick zeigt, weshalb soll man da die wenig sinnvolle Schulzeit unnötig ausdehnen? Im Gegensatz zu den Colleges in Cambridge fordert die Universität in Edinburgh kein Eintrittsexamen. Der Student muss selbst sehen, wie er sich den Lehrstoff einteilt und wie er ihn bewältigt. Charles wird es mithilfe seines Bruders schon schaffen. Hatte er, Robert Darwin, nicht auch sehr früh mit dem Studium begonnen?

Kapitel 2

Damen, Stutzer und Studenten

Monoton rattert die Postkutsche. Charles spürt die Unebenheiten der Straße in allen Gliedern. Benommen schaut er aus dem Fenster auf die schroffen Berge Schottlands. Edinburgh ist nahe. Sein Bruder Erasmus, der neben ihm durchgeschüttelt wird, hat eine Menge über die alte schottische Königsstadt und die Universität erzählt. Einige Tage dauert die beschwerliche Reise bereits – keiner von beiden ahnt, dass östlich der Postroute zwischen Stockton und Darlington eine das Reisen unvorstellbar erleichternde Erfindung verwirklicht wird. George Stephenson baut an der ersten Eisenbahnlinie, auf der Personen befördert werden sollen.

Endlich weichen die Berge zurück, der Firth of Forth und die drei Hügel der Stadt kommen in Sicht. Auf dem mittleren, dem Calton Hill, ragt drohend das Schloss empor. Seine düsteren Mauermassen und die hohen Warttürme beherrschen die nebelverhangene Stadt. »Akropolis« nennen die Bürger das finstere Gemäuer und »Neu-Athen« die Stadt, die sich malerisch an die Hügel schmiegt.

Griechisches ist modern. Überall im Land unterstützen Philhellenenklubs den nationalen Befreiungskampf der Griechen gegen das Ottomanische Reich. Vor einem Jahr erst ist Lord Byron, der eine Brigade englischer Freiwilliger anführte, in Griechenland an Fieber gestorben. Das humanistische Engagement hat auch die durchaus handfeste Ursache, dass das rückständige Reich der Pforte wichtige Handelswege und potenzielle Märkte blockiert.

Erasmus und Charles Darwin mieten sich in der Lothian Street ein. Zwei helle Schlafzimmer und ein Wohnzimmer stehen ihnen zur Verfügung. Die Stadt, eins der ökonomischen, geistigen und kulturellen Zentren Großbritanniens, bietet viel Abwechslung, unter anderem Theater- und Opernvorstellungen. Die Brüder schauen sich Webers »Freischütz« an, der gerade in ganz Europa triumphale Erfolge feiert. Charles ist überwältigt von Edinburgh. Wie zurückgeblieben, wie provinziell erscheint ihm dagegen Shrewsbury!

Ein wenig Heimweh verspürt er doch. Sehnsüchtig wartet er auf die Briefe aus seinem Vaterhaus oder von den Wedgwoods. Ein Glück, dass er so reichlich mit Schwestern und Cousinen gesegnet ist, die gern von allen Kleinigkeiten des Familienlebens berichten. Die eingestreuten Ratschläge, etwa im kalten schottischen Norden Flanellkleidung zu tragen, fallen da nicht ins Gewicht. Selbst die gelegentlichen Ermahnungen von »Granny« (Großmutter), wie die Geschwister Susan Darwin wegen ihres fürsorglichen Tones rufen, nimmt er in Kauf. »Papa hat mir aufgetragen, Dir auszurichten, daß er Deinen Plan, Dir die Vorlesungen selbst auszuwählen, für überhaupt nicht gut hält. Du kannst einfach noch nicht wissen, was Dir Nutzen bringen wird. Es ist für Dich absolut notwendig, einen guten Anteil stupider und trockener Arbeit auszuhalten ..., sonst wird Dein Studium für Dich völlig zwecklos sein.«

Charles ist mit den besten Vorsätzen nach Edinburgh gefahren. Das harte Wort des Vaters – »du wirst dir selbst und der ganzen Familie zur Schande« – klingt ihm noch im Ohr. Außerdem hat das gemeinsame Praktizieren seine Wissbegier geweckt, die er nun stillen kann. Welche Universität wäre dazu geeigneter als die, an der schon sein Vater und sein Großvater gelernt haben?

Die Universität von Edinburgh hat zu dieser Zeit ihren wissenschaftlichen Höhepunkt bereits überschritten. Sie ist eine vergleichsweise junge Universität, erst 1582 wurde sie gegründet. Fast zwei Jahrhunderte schlief sie den Dornröschenschlaf einer einseitigen theologischen Ausrichtung. Dann, im ausgehenden 18. Jahrhundert, sprengten umsichtige Rektoren den engen Rahmen und passten das Studium den Bedürfnissen des anbrechenden industriellen Zeitalters an. Daraufhin stieß Edinburgh in den Kreis der berühmten europäischen Universitätsstädte – Leyden, Paris, Heidelberg – vor. Die größere Freizügigkeit zog viele bekannte Gelehrte an.

Der Erfolg der Universität ließ die Studentenzahlen rasch ansteigen. Noch 1790 waren nicht mehr als tausend Studenten immatrikuliert, Charles hat 1825 bereits doppelt so viele Kommilitonen. Unter diesen Bedingungen platzen die Auditorien aus allen Nähten. An Raum für Praktika und für anatomische Demonstrationen mangelt es sehr. Auch der Lehrbetrieb bedarf dringender Reformen. Besonders die medizinische Fakultät leidet unter veralteten Studienmethoden. Die Schuld daran trägt unter anderem die Besetzung von Lehrämtern mit Professoren, die ihren berühmten Vorgängern nicht mehr ebenbürtig sind. So halten die Monros den Lehrstuhl für Anatomie seit 1720 in Familienbesitz. Während die beiden älteren Monros als ausgezeichnete Dozenten galten, die viel zur Verbreitung der vergleichenden Anatomie beitrugen, enttäuscht der dritte Monro durch Mittelmäßigkeit.

Andere Professoren wiederum ziehen nicht nur das Interesse der Studenten auf sich. Sie erlangen im gesellschaftlichen Leben der Stadt eine heute kaum mehr vorstellbare Beachtung. Breiteste Kreise des Bürgertums haben, angestachelt durch den industriellen Fortschritt, ihr Herz für die Wissenschaften entdeckt. »Der fashionabelste Platz hier ist jetzt das College«, berichtet ein Zeitgenosse Darwins, »wo Dr. Thomas Charles Hope vor Ladys Chemie liest. Über 300 von ihnen empfängt er an einem großen Fenster in der Rückwand des Vorlesungssaales, das er in ein Tor verwandelt hat. Jede bringt ihren Kavalier mit, und die Ladys behaupten, daß es nie etwas so Entzückendes gab wie die chemischen Flirts. Der Doktor ist in absoluter Ekstase bei diesem Publikum von Schleiern und Federn.«

Seinen guten Vorsätzen getreu, sitzt Charles inmitten der ungewöhnlichen Zuhörerschaft, und er schreibt sich für eine Reihe weiterer Vorlesungen ein: für Arzneimittellehre bei Dr. Duncan, für Mr. Russels klinische Chirurgie und Dr. Homes klinische Medizin sowie für Grundlagen und Praxis der Chirurgie. Außerdem besorgt er sich eine Dauerzulassungskarte für das Königliche Hospital zu Edinburgh, wo die Medizinstudenten bei Operationen zuschauen dürfen. Ein eifriger Student, dieser Charles Darwin. Am Anfang zumindest.

Flucht aus dem Operationssaal

Charles müht sich redlich. Er legt saubere und logisch gegliederte Vorlesungsmitschriften an und versieht sie mit klaren Skizzen. Er lässt sogar die medizinischen Erfahrungen seines Vaters als die einer akademischen Autorität einfließen: »Dr. Darwin appliziert in diesem Fall niemals Digitalis …« Charles weiß, dass er sich auf das in langen Praxisjahren erworbene Berufswissen des Vaters sicherer stützen kann als auf manche allgemeinen Lehrsätze der Büchermediziner.

Doch der Enthusiasmus hält nicht lange vor. Da muss er die fürchterlichen Anatomievorlesungen des dritten Monro anhören, die zudem mit schmutzigen Bemerkungen gewürzt sind. Charles' Widerwillen gegen den Gegenstand und gegen den Mann sind so groß, dass er das Sezieren nicht erlernt. Später wird er das sehr bereuen.

Dann erwartet ihn die ebenso fürchterliche Arzneimittellehre. Im feuchten, nebligen Winter von Edinburgh, morgens um acht Uhr: »Eine ganze kalte frühstückslose Stunde über die Eigenschaften von Rhabarber.« Lediglich Dr. Hopes Chemie und Pharmazie besucht er mit einiger Freude. Doch wird zu seinem Leidwesen die Vorlesung durch keinerlei Praktikum ergänzt. Dr. Hope hütet seine Apparaturen eifersüchtig und verwehrt es den Studenten, ja selbst den Assistenten, sie zu benutzen.

Jeden Tag sitzt Charles viele Stunden auf den harten Holzbänken der Auditorien. Draußen regnet oder schneit es. Dann wieder scheint die Sonne, er könnte jagen gehen, ein paar Rebhühner schießen oder ganz bescheiden auf den Arthur's Seat, einen hohen Basaltfelsen gleich hinter der Stadt, klettern. Doch nein, an seine Ohren dringt das monotone Gerede des Dozenten, und er muss sich anstrengen, um nicht einzuschlafen. Dabei könnte er alles genauso gut aus einem Lehrbuch lernen!

In diesem schottischen Winter erlischt Charles' Begeisterung für das Studium. Noch schlimmer ergeht es ihm in den Krankensälen des Königlichen Hospitals, die er regelmäßig aufsucht. Was er dort an Krankheit und Leiden erlebt, wird für ihn zum Alptraum. Tagelang stehen ihm die Patienten und ihre Schmerzen vor Augen. Und er soll Arzt werden!

Doch Charles schränkt die Besuche im Krankenhaus nicht ein. Er folgt seiner Pflicht gegenüber dem fernen Vater. Ja, er hospitiert sogar im Operationssaal. Da muss an einem Kind ein schwerer Eingriff vorgenommen werden – »lange vor der gesegneten Zeit des Chloroforms«. Charles setzt sich mit bangen Erwartungen nieder. Kaltes Licht fällt durch die hohen Fenster. Der Chirurg setzt das Skalpell an und führt die ersten Schnitte aus. Man ist gezwungen, den kleinen Patienten festzuhalten, er schreit vor Schmerz. Dann verliert das Kind endlich das Bewusstsein. Charles blickt weg. Ihm ist, als ob das Skalpell die eigene Haut zerteilt, das eigene Blut hervorsickert. Von seinem Magen her breitet sich ein flaues Gefühl aus. Er stürzt zur Tür, rennt hinaus auf den Gang …

Insgesamt wohnt Charles nur zwei Operationen bei. Die Erinnerung an beide Fälle wird ihn noch jahrelang mit quälenden Bildern verfolgen. Die Lust an der künftigen Arztkarriere jedenfalls ist ihm gründlich vergangen.

Dr. Robert Darwin hat seine Kinder nicht in die genaue Vermögenslage eingeweiht. Dennoch weiß Charles, dass er trotz der fünf Geschwister genug erben wird, um bequem und komfortabel leben zu können. Unter diesem ökonomischen Gesichtspunkt ergibt sich kein Anreiz, die lästigen Vorlesungen für mehr als eine Pflichtübung der Familie gegenüber anzusehen. »Im Frühling wird sich Deine Stimmung gewiss bessern«, und »Papa sieht es nicht gern, wenn Du vor Ende des Vorlesungssemesters nach Haus kommst«, ermahnen ihn die Briefe seiner Schwestern. Doch die guten Vorsätze sind längst vergessen. Statt sich, wie vom Vater gewünscht, auf seinen zukünftigen Beruf vorzubereiten, widmet sich Charles mehr und mehr seinen Steckenpferden. Aus der Universitätsbibliothek entleiht er Bücher über Vogel- und Insektenkunde sowie über Muscheln, und er geht häufig ins Edinburgher Naturkundemuseum. Die dort ausgestellten Exponate erwecken in ihm den Wunsch, seine Jagdbeute ebenso schön präparieren zu lernen.

Ein Zufall hilft ihm. In Edinburgh wohnt ein Afrikaner, der mit dem englischen Ornithologen Charles Waterton Südamerika bereist hat. In der Stadt ist er nur als »Watertons Neger« bekannt. Von ihm lässt Charles sich in der

Kunst des Ausstopfens und Präparierens von Vögeln unterrichten. Nebenbei erfährt er vieles über die Südamerikareise Watertons.

Als Erasmus im März 1826 nach London übersiedelt, nutzt Charles noch intensiver alle Möglichkeiten, die sich ihm im Naturkundemuseum oder anderswo bieten. Noch sorgt er sich nicht um seine berufliche Perspektive.

Die Jagdstiefel vor dem Bett

Ende April 1826 fährt Charles nach Haus. Die lang ersehnte Ferienzeit beginnt. Eine ausgedehnte Wanderung durch Nordwales ist geplant. Mit zwei Freunden durchstreift Charles die malerischen kambrischen Berge. Auch den höchsten Gipfel des Massivs, den 1085 Meter hohen Snowdon, besteigen sie. Trotz der Tornister auf dem Rücken wandern sie an den meisten Tagen dreißig Meilen weit.

Der Herbst jedoch steht völlig im Zeichen der Jagd. Und Maer ist genau der richtige Ort für das Birkhuhnschießen. Wenn die Jagd es erfordert, ist Charles ein leidenschaftlicher Frühaufsteher. Am Abend stellt er die Jagdstiefel vors Bett, am frühen Morgen schlüpft er, noch halb im Schlaf, hinein. Selbst in den entferntesten Ecken der Wedgwood-Besitzungen trifft er ein, bevor es hell wird. Mit einem Wildhüter pirscht er dann den ganzen Tag durch die dichte Heide und den jungen Fichtenwald.

Doch nicht allein die Jagd schätzt er an Maer. Oft kommen ins Haus des angesehenen Fabrikanten berühmte Persönlichkeiten, wie der Historiker und Staatsmann Sir James Mackintosh. Die Abende sind der Geselligkeit gewidmet. Im Kreise der Familie und der Gäste plaudert man über die vielfältigsten Themen: Politik, Philosophie, Wirtschaft. Auch musiziert wird oft.

In Darwins Erinnerung gerät Maer zu einer weltentrückten Idylle: »Im Sommer pflegte die Familie häufig auf den Stufen der alten Säulenvorhalle zu sitzen, vor sich den Blumengarten; der steil abfallende, bewaldete Abhang gegenüber dem Haus spiegelte sich in dem See, aus welchem dann und wann ein Fisch hervorschnellte oder auf dem ein Wasservogel umherruderte. Nichts hat ein lebendigeres Bild in meiner Seele hinterlassen als jene Abende in Maer.«

Neben Maer lockt ein zweites Feriendomizil: Woodhouse in der Nähe von Oswestry. Dort, keine Tagesreise von The Mount entfernt, wohnen enge Freunde der Darwins, die Owens. Charles freut sich sehr, die jungen Owens wiederzusehen, vor allem William, der ihm so manchen Trick im Umgang mit der Flinte beigebracht hat, und ebenfalls die Schwestern, die freundliche Sarah und die über alle Maßen reizende Fanny, das schönste Mädchen weit und breit.

Auch in Woodhouse erwartet ihn das Vergnügen der Jagd. Seine Leidenschaft ist so groß, dass er einigen Schabernack ausübt. So führt er mit geradezu penibler Genauigkeit Tagebuch über alle Vögel, die er während der Saison schießt – ein Vorläufer jener Notizbücher, die ihn um die Welt begleiten und das Faktenmaterial für seine Theorie enthalten werden.

Um das Buch nicht ständig bei sich tragen zu müssen – und es womöglich im Unterholz zu verlieren –, befestigt er einen Faden in einem Knopfloch. Für jeden erfolgreichen Schuss schlingt er einen Knoten. Die etwas seltsame, jedenfalls völlig unweidmännische Art, die Strecke zu zählen, bleibt nicht unbemerkt.

Während eines Jagdausflugs glaubt Charles, von Pech und Missgunst verfolgt zu werden. Jedes Mal, wenn er einen Vogel geschossen hat, tritt einer der Weidkameraden auf ihn zu, lädt die Flinte nach und sagt zu ihm: »Sie dürfen den Vogel nicht rechnen, ich habe gleichzeitig geschossen.« Charles fühlt sich schändlich behandelt, und als man ihm ein paar Stunden später den Spaß enthüllt, erbost er sich sehr. Wie soll er nun wissen, welchen Vogel er erlegt hat, welchen nicht? Sein Verzeichnis gerät in Unordnung! Er wird am Ende der Saison keine Summe ziehen können!

Ein wenig schämt sich Charles für den Eifer, mit dem er sich einem recht müßigen Zeitvertreib hingibt. Wochenlang hat er nichts Nützliches geleistet. Aber ist die Jagd nicht beinahe ein intellektuelles Vergnügen? Es erfordert ja so viel Geschicklichkeit, das Wild an der richtigen Stelle aufzuspüren und die Hunde gut zu führen. Also kann er mit ruhigem Gewissen das Weidwerk ausüben.

Pluto gegen Neptun

Zu Beginn seines zweiten Studienjahrs, im November 1826, schreibt sich Charles für Kurse in Geburtshilfe, praktischer Heilkunde und Naturgeschichte ein. Da sein Bruder Edinburgh verlassen hat, verfügt er viel freier über seine Zeit. Ob er je einer einzigen Vorlesung in Hebammenkunde beigewohnt hat?

Weitaus mehr entspricht seinen Neigungen, was Dr. Robert Jameson, einer der prominentesten Professoren der Universität, über Naturgeschichte liest. Während der fünf Wintermonate behandelt er in mehr als hundert Vorlesungen ein riesiges Feld von Themen. Er spricht über Mineralogie und Geologie, Meteorologie und Hydrologie, Zoologie, Botanik, ja selbst über den Ursprung der Tierarten und die Naturgeschichte des Menschen. Wie Dr. Hopes Chemie lockt auch Dr. Jamesons Geologie neben den Studenten eine Vielzahl interessierter Bürger an. Auf den Hörsaalbänken sitzen neben Charles Bergbau- und Brückenbauingenieure, Juweliere und bisweilen sogar Bauern.

Charles möchte gern etwas über Findlingsblöcke erfahren. Vor zwei, drei Jahren hat er sich mit einem alten Mann über den »bell-stone« von Shrewsbury unterhalten, einen großen, glockenähnlich geformten Felsblock. Über ihn wird viel spekuliert, denn er ist der einzige Findling in weitem Umkreis. Der alte Mann, der sich gut in Gesteinen auskennt, hat Charles pathetisch versichert, »daß die Welt eher untergehen würde, ehe jemand imstande wäre zu erklären, wie der Stein an diesen Ort gekommen sei«.

Einige Geologen behaupten jedoch, es zu können. Sie nennen sich nach dem Meeresgott Neptunisten, und sie trauen Neptun einiges zu: Während der gewaltigen Überschwemmungen der Vorzeit wäre der Felsblock von den Fluten an seinen heutigen Platz gespült worden. Diese Deutung befriedigt aber weder den alten Mann noch Charles. Felsen schwimmen nicht. Aber wer sonst weiß eine plausible Antwort?

Charles Lyell hat zu diesem Zeitpunkt seine Theorie, dass erratische Blöcke auf großen Eisschollen bewegt werden, noch nicht aufgestellt. Darwin wird später von diesem Fortschritt in der Geologie mit Freude lesen. Endgültig gelöst wird das »Findlingsproblem« indessen erst durch Louis Agassiz, der den Transport durch die Wirkung der Gletscher während der Eiszeit erklärt.

Die Vorlesungen Jamesons halten leider nicht, was sich Charles von ihnen versprochen hat. »Gentlemen, die Basis eines Berges ist sein Fuß«, beginnt er das Semester mit einem Blick auf das gemischte Publikum, und er fährt in diesem sehr elementaren Stil fort. Jameson, der bereits über zwanzig Jahre lehrt, befindet sich nicht mehr ganz auf der Höhe seiner Zeit. Er ist Neptunist und er verteidigt seine Ansichten bisweilen mit bissiger Polemik. Im Mittelpunkt des Geologenstreits steht dabei die Frage, wie die mehr oder weniger deutlich übereinanderliegenden Schichten, von denen jede ihre spezifischen fossilen Tier- und Pflanzenformen enthält, entstanden sind. Welche Kräfte könnten die Lagen übereinandergehäuft haben? Und was hat die Schichtgrenzen verursacht? Waren da die ursprünglichen Tier- und Pflanzenarten schlagartig ausgestorben und ebenso unvermittelt neue erschienen?

Viele Gelehrte, unter ihnen der berühmte französische Geologe George Cuvier, suchten die Erklärung in gewaltigen erdgeschichtlichen Katastrophen: Wiederholt hätten gewaltige Überschwemmungen die Gestalt der Erdoberfläche geformt und dabei Millionen von Pflanzen und Tieren vernichtet, die sich nun in den Ablagerungen der Sedimentgesteine als Fossilien wiederfinden. Kein Wunder, dass die sehr anschauliche Katastrophentheorie im Sinne der Bibel interpretiert wurde. Gott habe nach jeder Überflutung Tier- und Pflanzenwelt neu geschaffen, und die letzte Flut wäre die biblische Sintflut gewesen, während der Noah in seiner Arche die meisten Lebewesen mit Ausnahme etwa des Mammuts gerettet hätte. In den Details, der Anzahl der Katastrophen und der Eingriffe Gottes, differierten die Meinungen jedoch.

Die Neptunisten dagegen kamen ohne Katastrophen aus. Abraham Gottlob Werner, ein Freiberger Geologe, war ihr herausragender Vorkämpfer. Er hatte die Sedimentgesteine seiner Heimat sehr genau studiert und glaubte, an ihnen die Wirkung eines ehemals die gesamte Erdkugel bedeckenden Ozeans zu erkennen. Nach seiner Meinung sollten die wichtigsten Gesteine in der Reihenfolge ihres Übereinanderliegens aus dem vorzeitlichen Meer auskristallisiert sein. Gleich, ob durch schnelle Umbrüche oder allmähliche Veränderungen, nach Auffassung der Neptunisten hatte das Wasser die Erdoberfläche geformt. Doch konnten sie auf die Fragen, wo all das Wasser geblieben sei und woher Ergussgesteine wie der Basalt stammen, nicht befriedigend antworten.

Hier kommen die Plutonisten ins Spiel. Sie gingen davon aus, dass das Feuer im Erdinnern beziehungsweise der Vulkanismus die Gesteine und Gesteinsschichten geschaffen hätte. Nach ihrer Meinung hätten in der Vergangenheit die gleichen Kräfte an der Gestaltung der Erdkruste gewirkt wie in der Gegenwart. Langsame und allmähliche Prozesse, etwa die Senkung von Landmassen und die Hebung von Gebirgen, sollten vorherrschen.

Charles interessieren die Kämpfe zwischen den Geologenschulen nicht. Ihn stößt aber der polemische Eifer der Neptunisten ab. Ohne gehört zu haben, was Jameson über den Ursprung der Arten und die Naturgeschichte des Menschengeschlechts zu sagen hat, entschließt er sich, die Vorlesungen zu schwänzen.

An den Exkursionen, die Jameson veranstaltet, beteiligt er sich hingegen gern. Eine von ihnen führt auf den Hügel Salisburg Craig nahe Edinburgh. Dort, umgeben von vulkanischem Gestein und auf einem Trappgang stehend, macht sich Jameson lauthals über die Plutonisten lustig. Da behaupteten doch einige Geologen, der Gang habe von unten her in geschmolzenem Zustand die Spalte gefüllt. Wie absurd!

Charles ist so enttäuscht, dass er sich schwört, »niemals wieder ein Buch über Geologie zu lesen oder in irgendeiner Weise diese Wissenschaft zu studieren«.

Sein vernichtendes Urteil über Jameson wird von anderen Besuchern der Vorlesungen nicht geteilt. Auch kann man Jameson nicht einfach als verbohrten Neptunisten abtun, denn er hat für die Universität von Edinburgh viel geleistet, unter anderem das Museum für Naturkunde gegründet, das sich durch seinen modernen wissenschaftlichen Charakter von den früheren Raritätenkabinetten unterscheidet. Es besitzt eine große Kollektion von

Vögeln, alle Exponate sind sehr gut erhalten und nach wissenschaftlichen Gesichtspunkten angeordnet. Die Sammlung steht in Großbritannien nur der des Britischen Museums in London nach.

Das Naturkundemuseum ist zusammen mit den Hörsälen in einem Gebäude untergebracht, Charles kann so jede Pause nutzen, um rasch einmal hinüberzueilen. Im Museum findet er endlich Anschluss. Erfahrenen Wissenschaftlern fällt seine ungewöhnliche Wissbegier auf. William MacGillivray, der Kurator und ein Assistent von Jameson, nimmt sich Charles' an. Er ist ein überaus beschlagener Zoologe, ein Spezialist für Mollusken und einer der besten Vogelkenner Englands. Da Charles gerade Seemollusken sammelt, schenkt MacGillivray ihm einige seltene Muscheln. Außerdem unterhält er sich mit ihm über die verschiedensten naturgeschichtlichen Gegenstände. Diese Art der Wissensvermittlung ist für Charles genau das Richtige. Hier kann er nachfragen oder ein Thema anschneiden, das ihn gerade beschäftigt. Hier erfährt er auch, was noch nicht in den Lehrbüchern steht.

Im Naturkundemuseum lernt Charles Dr. Robert Edmund Grant kennen. Der angesehene Gelehrte wird sein Mentor in Edinburgh.

Gotteslästerung in der Plinius-Gesellschaft

Es ist schwer zu sagen, was ältere, erfahrene Wissenschaftler – Dr. Grant und später in Cambridge Professor Henslow – an Charles Darwin so außergewöhnlich finden. Er ist ein Student unter vielen, dazu noch ein halber Knabe. Viele seiner Kommilitonen begeistern sich für die Naturwissenschaften. Weshalb sollte Dr. Grant seine Aufmerksamkeit gerade einem der allerjüngsten schenken? Gewiss ist Charles nicht nur der Stromer und leidenschaftliche Jäger, der in keiner Vorlesung still sitzen kann, wie ein oberflächliches Lesen seiner Autobiografie vermuten lässt. Er ist anstellig, geht gern zur Hand. Er bewundert seine Vorbilder und liest ihnen jeden Wunsch von den Lippen ab. Er hört interessiert zu, kann ausgezeichnet beobachten und stellt gute Fragen. Genügt das schon, um zu erklären, weshalb in Edinburgh wie später in Cambridge so hervorragende Wissenschaftler Charles um sich dulden? Vielleicht deutet seine Wissbegier auf den zukünftigen großen Gelehrten hin? Oder ist er schlicht liebenswürdig, mitunter auch nützlich, vor allem aber eine zähe Klette?

Der gerade dreiunddreißigjährige Robert Grant hat in Edinburgh, in Paris und an anderen Universitäten Naturgeschichte und Medizin studiert. Nun erforscht er die Fauna der Küsten Schottlands und Irlands und veröffentlicht Arbeiten über Schwämme, Mollusken und Krustentiere. Er lehrt das letzte Jahr in Edinburgh. Im Sommer 1827 beruft man ihn als den ersten Professor auf den neu eingerichteten Lehrstuhl für vergleichende Anatomie und Zoologie nach London.

Obwohl Grant ein eher kontaktscheuer Mensch ist, lädt er Charles ein, ihn auf seinen Sammeltouren entlang der Küste zu begleiten. Tümpel um Tümpel suchen sie die während Ebbe bloß liegende Meeresküste ab.

Charles ist erpicht darauf, möglichst viele und möglichst außergewöhnliche Seetiere zu erbeuten. Er treibt sich am Ufer des Firth of Forth herum und freundet sich schließlich mit den Fischern von Newhaven an, einer nur wenige Meilen von Edinburgh entfernten Siedlung. Sie nehmen ihn mit, wenn sie Austern fischen. Auch Charles macht auf diese Weise reiche Beute. Sein Notizbuch füllt sich mit Beschreibungen von Seenadeln und Seesternen, von Muscheln und anderen Weichtieren. Allerdings stellt er sich beim Sezieren ziemlich ungeschickt an, und er verfügt nur über ein schwaches Mikroskop.

Auf einer ihrer gemeinsamen Touren erzählt Grant von dem Biologen Jean Baptist de Lamarck, den er wahrscheinlich in Paris getroffen hat. Der sonst so schweigsame Grant schwärmt wortreich von dem französischen Kollegen. Lamarck habe so viel mehr getan als alle anderen Franzosen, die hauptsächlich klassifizierten und immer neu klassifizierten. Dieser Lamarck sehe den großen Zusammenhang. Die Entwicklung. Er besitze die Kühnheit, sich über das Dogma von der Unveränderlichkeit der Arten hinwegzusetzen. Die Giraffen zum Beispiel hätten – nach Lamarck – früher kurze Hälse besessen. Da sie die Blätter hoher Zweige fressen wollten, reckten und streckten sie sich. Und im Laufe der Generationen verlängerten sich ihre Hälse, bis die Giraffen ihre heutige Größe erreichten. Die erworbene Eigenschaft sei vererbt worden. So schaffe sich, sage Lamarck, das Bedürfnis sein Organ.

In schweigendem Erstaunen lauscht Charles, denn so enthusiastisch äußert sich Grant sonst nicht. Das Problem des Artenwandels aber berührt Charles nur wenig. Er hat erst kürzlich die »Zoonomia« seines Großvaters gelesen, ein Buch, das er sehr bewundert. Und so viel anders hören sich die Theorien Lamarcks auch nicht an.

Durch Dr. Grant kommt Charles in seinem zweiten Studienjahr mit mehreren wissenschaftlichen Gesellschaften in Kontakt. Ende November 1826 wird er in die Plinian Natural History Society aufgenommen. Die Mitglieder dieser Plinius-Gesellschaft sind hauptsächlich naturwissenschaftlich interessierte Studenten. Sie nennen sich nach Gaius Plinius Secundus, einem antiken Naturforscher, der im Jahre 79 als römischer Flottenkommandant beim Ausbruch des Vesuvs den Tod fand.

Vereinigungen wie die Plinius-Gesellschaft spielen im wissenschaftlichen Leben des beginnenden 19. Jahrhunderts eine ebenso wichtige Rolle wie zu Zeiten von Erasmus Darwin. Denn noch existieren für Naturwissenschaften kaum Lehrstühle, Institute fehlen völlig. Wo also sollen sich die Natur-forscher, die »Naturalisten«, weiterbilden? Wo sich über die Arbeit von Kollegen informieren? Wo ihre eigenen Ansichten zur Diskussion stellen? Die wenigen wissenschaftlichen Zeitschriften, das »Edinburgh Philosophical Journal« oder das »New Philosophical Journal«, können diese Funktion keinesfalls ausreichend erfüllen.

In Edinburgh ist die gewichtigste dieser Gesellschaften zweifelsohne die Royal Society of Edinburgh, die wie ihre berühmte Londoner Schwester anerkannte Gelehrte zu ihren Mitgliedern zählt. Ihre Veranstaltungen dürfen mitunter von Nichtmitgliedern besucht werden. Bei einer solchen Gelegenheit bewundert Charles mit ehrfürchtiger Scheu Sir Walter Scott, den Romanautor, der als Ehrenpräsident die Zusammenkunft leitet. Die Royal Medical Society, deren Sitzungen ausschließlich den Problemen in der Medizin gewidmet sind, steht Charles hingegen ständig offen. Er wird Mitglied, wohnt den Vorträgen jedoch nur aus reinem Pflichtgefühl bei.

Anders verhält es sich mit der Wernerian Natural History Society. Sie ist allein für den Lehrkörper bestimmt. Auf Betreiben von Dr. Grant wird es Charles erlaubt, an manchen Versammlungen teilzunehmen. So hört er dort einige interessante Vorträge von John James Audubon, einem Franzosen, der nach Amerika ausgewandert ist und über die Lebensweise nordamerikanischer Vögel und verwandte Themen spricht. Obwohl sich die Wernerian Society nach Werner, dem Hauptvertreter des Neptunismus, benennt, diskutiert man in ihr recht freimütig und offen die verschiedensten Theorien.

Seinen ständigen Platz hat Charles jedoch in der Plinius-Gesellschaft. Genau eine Woche nach seinem Beitritt wird er in den fünfköpfigen Rat gewählt, der neben der eigentlichen Leitung besteht. Seine Freundschaft mit Dr. Grant, der bis zum Februar 1826 Präsident der Plinius-Gesellschaft war, dürfte dabei eine Rolle gespielt haben. Seine Wahl lässt auch darauf schließen, dass sein Enthusiasmus für die Naturwissenschaft bekannt ist.

Die lebhaften und anregenden Diskussionen an jedem Dienstag gefallen Charles sehr. Kein Vergleich mit den trockenen Vorlesungen! Von den neunzehn Veranstaltungen bis zu seinem Abschied von Edinburgh versäumt er nur eine einzige. Da wird über die Instinkte der Tiere vorgetragen und über die Anatomie der mimischen Bewegungen, über die Angewohnheiten des Kuckucks und die eigentümliche Formveränderung der Blätter des Edellorbeerbaums sowie über die Prinzipien der natürlichen Klassifikation in Verbindung mit dem Problem der Artmerkmale. Gewiss sind das keine weltbewegenden Themen. Doch erhalten angehende Naturalisten so die Gelegenheit, sich in der Darstellung ihrer Gedanken und im Debattieren zu üben.

Mitunter werden auch kontroverse Beiträge zur Diskussion gestellt. So spricht ein Mr. Gray davon, dass schon die niederen Tiere jede Anlage und

Fähigkeit des menschlichen Geistes besäßen. Und im März unterbreitet das Mitglied W. A. Browne sogar die kühne These, dass Geist und Bewusstsein eine materielle Basis hätten. Mit dieser an französische mechanische Materialisten wie LaMettrie oder Holbach erinnernden Auffassung entfacht Browne eine hitzige Debatte. Die Wogen der Spekulation schlagen hoch: Wenn das Bewusstsein eine materielle Basis besitzt, dann kann keine unsterbliche Seele existieren … Und wissenschaftlich lässt sich Brownes These kaum anfechten …

Aber in den Ohren der Dozenten muss sie wie eine Provokation klingen. Was werden die Theologen der Universitätsleitung denken? Gotteslästerung in der Plinius-Gesellschaft! Dieses Risiko will niemand eingehen. Die Anwesenden beschließen, die Notiz über den Vortrag und die so lebhafte, blasphemische Diskussion in den Protokollen der Gesellschaft durchzustreichen. Selbst Brownes Ankündigung auf dem letzten Treffen wird ausgekreuzt.

Der achtzehnjährige Charles, der sich bei den Diskussionen meist zurückhält, merkt, dass man auch für wissenschaftlich begründete Thesen angegriffen werden kann. Er erfährt, dass es arrivierte Gelehrte gibt, die auf die öffentliche Meinung Rücksicht nehmen, und dass das breitere akademische Publikum zu kühne Geister mit dem Bannstrahl straft.

Die falschen Eier der Flustra

Gegen Ende seines Aufenthalts in Edinburgh, am 27. März 1827, tritt Charles zum ersten Mal an die akademische Öffentlichkeit. Vor der Plinius-Gesellschaft berichtet er, dass »erstens die Eier der Flustra Bewegungsorgane besitzen und zweitens, dass die kleinen schwarzen kugelförmigen Körper, die man bislang fälschlicherweise für die Jugendform von Fucus loreus hielt, in Wirklichkeit die Eier von Pontobdella muricata darstellen«. In den Protokollen der Gesellschaft wird dieser knappen und nur Eingeweihten verständlichen Notiz später eine Bemerkung hinzugefügt werden: »Der erste von Darwin … gehaltene Vortrag … weist auf seine frühe Neigung zu sorgfältigen Untersuchungen hin.«

Charles hat diesen Erfolg seiner Freundschaft mit den Fischern von Newhaven zu verdanken. Eines Tages begleitet er sie wieder einmal auf Austernfang. Während sie ihre Schleppnetze einholen, fällt ihm eine Art brauner Seetang auf, der in den Maschen hängt. Für die Fischer ist die »Seematte« nichts Neues. Doch Charles interessiert sich für »Flustra«, wie die Zoologen den Tang nennen. Er sammelt die nassen Blattmassen ein und schleppt sie in seine Unterkunft. Dort betrachtet er den Tang genau, ebenfalls seine gelblichen Samenkörper – ein längst erforschtes und beschriebenes Objekt. Doch bereits ohne Mikroskop springt ihm das seltsame Verhalten der kleinen gelben Körper ins Auge: Sie können sich selbstständig bewegen. Die angeblichen Eier der Flustra besitzen Wimpern. Also handelt es sich in Wirklichkeit um Larven!

Sollten sich alle Autoritäten auf diesem Gebiet bislang geirrt haben? Charles eilt sofort zu seinem großen Vorbild Grant. Muss sich der Spezialist für Meereslebewesen nicht ebenso über die unvermutete Entdeckung freuen?

Aber nein, Dr. Grant reagiert völlig überraschend: Es sei nicht gerade fair, ihm so in die Arbeit zu pfuschen. Ob Charles nicht wisse, dass er, Grant, gerade die Flustra untersuche?

Charles ist bestürzt. Natürlich weiß er, dass sein Mentor in Gläsern junge Kolonien des Seetangs aufzieht.

Nun, er, Grant, müsste es zumindest als ungehörig auffassen, wenn Charles vor ihm mit seiner Beobachtung an die Öffentlichkeit treten würde.

Gehorsam wartet Charles ab, bis Dr. Grant am 24. März in der Wernerian Society über Anatomie und Fortbewegungsweise der Flustra gelesen hat. Dann erst, am Dienstag darauf, verkündet er stolz und beklommen vor der Plinius-Gesellschaft, dass er etwas herausgefunden habe, »was offensichtlich bis heute weder von Lamarck noch von Cuvier, Lamouroux oder einem anderen Forscher bemerkt worden ist«.

Charles hat nicht nur seine erste Entdeckung gemacht, er ist auch zum ersten Mal in einen wissenschaftlichen Prioritätsstreit geraten. Dr. Grant jedenfalls sinkt in seiner Achtung: Wenn man nach der Wahrheit strebt, darf man keine kleinlichen Gefühle hegen.

Verständnisvoller zeigt sich Grant in der Frage nach den Eiern des Saugrüsselwurms Pontobdella, der vorwiegend Rochen befällt. Auch hier hat Charles beobachtet, was andere vor ihm übersahen. »Die kleinen schwarzen kugelförmigen Körper«, über die er berichtet, schwimmen stets gemeinsam mit einer anderen Seetangart, Fucus loreus, im Wasser. Deshalb behaupteten die Fachleute, mit ihnen auch Dr. Grant, dass es sich um die Samen dieser Pflanze handele. Doch Charles verlässt sich auf den eigenen Augenschein. Er sammelt die angeblichen Samen ein und untersucht sie über viele Tage. Und siehe da: Es werden Würmer daraus.

Bereitwillig erkennt Dr. Grant die Priorität Charles' an. Im Juli veröffentlicht er im »Edinburgh Journal of Science« einen Artikel über den Saugrüsselwurm und stellt darin klipp und klar fest: »Das Verdienst, als erster die Tatsache festgestellt zu haben, daß die Eier zu jenem Tier gehören, gebührt meinem eifrigen jungen Freund Mr. Charles Darwin aus Shrewsbury, der mir liebenswürdigerweise die Exemplare der Eier überlassen hatte, die das Tier in den verschiedenen Reifestadien enthielte.«

Ende April 1827 fährt Charles in die Sommerferien. Er hat in den beiden Jahren in Edinburgh eine Menge gelernt – außerhalb der regulären

Vorlesungen. Er kennt die Bücher der bedeutendsten Biologen seiner Zeit, und er hat erfahrenen Forschern wie Grant und MacGillivray manches abschauen können: ihre Methode, wie man Probleme angreift, die Art, wie man sich in der wissenschaftlichen Welt bewegt und ausdrückt, ganz zu schweigen von einer Vielzahl fachlicher Details. Auf dem eigentlichen Gebiet seiner Studien jedoch hat er versagt: Es wird kein Mediziner aus ihm. Er zeigt weder genügend Interesse an diesem Beruf noch bringt er die nötigen Voraussetzungen dazu mit, wie etwa die Fähigkeit, fremden Schmerz mit ansehen zu können. Wie wird sich sein Vater dazu stellen? Was wird er entscheiden?

Das hübscheste Mädchen von Shropshire – und von Birmingham auch

Anfang des 19. Jahrhunderts werden in Großbritannien Auslandsreisen beliebt. Briten fallen zuhauf in Frankreich ein und kraxeln in den Schweizer Alpen herum. Sie gondeln durch das schöne Venedig, und ein paar verirren sich auch nach Deutschland. Die Briten? Bergleute aus Wales und Textilarbeiter aus Mittelengland sind unter den Vorläufern des Massentourismus nicht zu finden. Weite Vergnügungsfahrten zur See, mit der Kutsche, im Planwagen oder zu Pferde übers Land bleiben vorerst dem reichen Bürgertum und dem Adel vorbehalten.

Charles gehört zu der privilegierten Schicht, die sich das Reisen leisten kann. Im Frühjahr 1827 besucht er Belfast und Dublin, die größten Städte Irlands, und im Mai plant er einen Abstecher nach Frankreich. Nach einem Aufenthalt in London, das Charles noch nicht gesehen hat, reist er mit Onkel Jos weiter an die südenglische Küste. Sie schiffen sich ein und überqueren nachts den Ärmelkanal. Die nächste Station ihrer Reise ist Paris, von wo aus Charles die Rückreise antritt.

Gewiss hat der Achtzehnjährige neben Seetang, Saugrüsselwürmern und ausgestopften Vögeln noch andere Leidenschaften. Tatsächlich erwarten ihn in England die Jagdsaison, seine Flinte und sein Jagdhund. Aber deshalb Paris nach ein paar kurzen Ausrufen des Erstaunens den Rücken kehren? Sollte man vielleicht an stärkere Neigungen denken? An die unverheirateten Töchter befreundeter Familien zum Beispiel? Frances Wedgwood und ihre Schwester Emma weilen im Augenblick in Genf. Sarah und Fanny Owen jedoch verbringen einen großen Teil der Ferien auf dem Anwesen ihrer Familie, Woodhouse, ganze zwölf Meilen von The Mount entfernt. Und Fanny Owen ist die Königin jeden Balles.

Fanny Owen – wir können nur spekulieren. Darwin erwähnt ihren Namen kein einziges Mal in der Autobiografie. Wie dürfte er auch in einem viktorianischen – und das heißt prüden – England, in dem die Grenzen des dezenten Verhaltens sehr eng gezogen sind und in dem ein Wort zu viel bereits Anlass zu endlosen Klatschereien gibt und die so wichtige Reputation zerstören kann.

Einen Aufschluss vermitteln allein die wenigen erhaltenen Briefe, Briefe von Fanny Owen an Charles und von Charles an seinen Großcousin William Darwin Fox. »Zu Haus ist es zweifelsohne sehr schön«, schreibt Charles im Oktober 1828 überschwänglich an Fox, »doch an allen guten Dingen kann man sich übersättigen. Deshalb habe ich beschlossen, für eine Woche nach Woodhouse zu gehen. Woodhouse ist für mich ein Paradies, an das ich – wie jeder gute Muselman – stets denke; die schwarzäugigen Huris jedoch existieren nicht bloß in Mohammeds Kopf, sondern sind aus Fleisch und Blut.«

Woodhouse ist, zumindest für den Augenblick, die rechte Umgebung für Fanny. Anders als im prosaischen Haushalt Dr. Robert Darwins richtet man dort großartige Feste aus. Bis zu dreißig Gäste sitzen am Dinnertisch. Man isst und trinkt und tanzt bis tief in die Nacht.

Charles hat wohl kaum an den Partys teilgenommen, doch die Briefe Fannys sind voll davon. Sie ist schön, und sie spielt ihre Schönheit selbstbewusst aus. Sie will bewundert werden, und sie wird bewundert, und Charles stimmt ein in den Chor. In einem Brief Ende 1828 an Fox schwärmt er: »Sicherlich ist Deine Schnupftabakdose die wertvollere, aber meine ist ein Geschenk von Mr. Owen, und er ist der Vater von Fanny, und Fanny ist, wie alle Welt weiß, die hübscheste, drallste, bezauberndste Person, die Shropshire besitzt, ach und von Birmingham auch …«

In einem zumindest zeichnet sie Charles vor den anderen aus. Sie zieht ihn ins Vertrauen. Ihm sendet sie über viele Jahre hinweg Briefe, ihm berichtet sie von ihren Erfolgen, von ihren Verehrern. Ihm gegenüber gibt sie sich nach damaligen Maßstäben außerordentlich offen. Diese enge Vertrautheit stammt aus der Kinderzeit beider, von gemeinsamen Spielen und gemeinsam verbrachten Stunden in freier Natur. Caroline, eine jüngere Schwester von Fanny, erinnert sich später noch genau daran, wie Charles und Fanny »der Länge lang in den Erdbeerbeeten lagen und stundenlang grasten«. Das muss 1825 gewesen sein oder früher.

Als Charles nach Edinburgh geht, schenkt ihm Fanny ein Geldtäschchen. »Lieber Postillion, ich flehe Dich an, eine kleine Börse anzunehmen, ich hoffe, Du wirst Dich herablassen, sie zu benutzen in Erinnerung an die Hausmaid von Black Forest. Ich bleibe, lieber Charles, Deine Fanny O.«

Postillion und Hausmädchen – mit Black Forest ist Woodhouse gemeint – vielleicht sind es Rollen aus einem Kinderspiel. Fanny und Charles werden sich noch an die lieb gewordenen Erinnerungen klammern, wenn er bereits den Südatlantik bereist.

Die beiden sehen sich nicht sehr häufig. In den Ferien treffen sie sich manchmal, wenn die Owens in Shrewsbury vorbeischauen oder Charles nach Woodhouse fährt. Und wenn sie zusammenkommen, dann zumeist in Gesellschaft der Geschwister oder unter den Augen von Madame Burton, der Gouvernante. Für Fanny ist Madame Burton ein wahrhaftiger Hausdrachen, die Verkörperung lebensfeindlicher Prüderie. »Ich bin sicher, falls Ma'm Burton davon hören würde, daß ich mit einem Mr. Charles Darwin korrespondiere, würde sie sagen: Ach je! Was für einen Sinn für Schicklichkeit muss Miß Fanny Owen haben! Tatsächlich glaube ich, dass es ziemlich unkorrekt ist ...«

Vermutlich ist die Beziehung zwischen Fanny und Charles dennoch recht einseitig. Was für Charles möglicherweise ein ernstes Gefühl bedeutet, wie man seinen Äußerungen Fox gegenüber entnehmen könnte, ist für Fanny eher ein reizvolles romantisches Spiel ohne Auswirkung auf ihre Zukunftspläne.

In Brighton, dem mondänen Badeort an der Kanalküste, erzielt sie 1827 die ersten Ballerfolge außerhalb des provinziellen Shropshire. Fannys Schwester Sarah schildert sie Charles: »Letzte Woche waren wir zu drei Bällen, die Partys nicht gerechnet, und wir sind zu fünf weiteren eingeladen. Du hast speziell nach Rotröcken und anderem jagdbaren Wild gefragt. Ich kann der Versuchung nicht widerstehen, Dir zu sagen, daß die meisten bemerkenswert furchterregend sind ... und ebenfalls bemerkenswert nutzlos, da nur wenige von ihnen tanzen.«

Man kann sich leicht vorstellen, dass Charles bei Fannys Erfolgen ein wenig nervös wird. Ob die »Rotröcke« – Soldaten in roter Uniform – tatsächlich so »nutzlos« sind?

In späteren Briefen wird Fannys Ton ernster. Sie beklagt sich, wie die Jahre verstreichen, schimpft auf das verfluchte Geld. Alle Bälle sind umsonst, wenn man nicht auf das rechte »jagdbare Wild« trifft, das den sozialen Aufstieg ermöglicht. Wozu ist man denn schön?

Doch gab es einmal eine andere Fanny. Eine Fanny, an die die Erinnerung auch nach vielen Jahren nicht verblasst. Henrietta, Charles Darwins Tochter, bezeugt es: »Offensichtlich wurde er von Fanny Owen sehr angezogen. Einmal erzählte er mir, wie bezaubernd sie aussah, als sie darauf bestand, selbst eine Flinte abzufeuern, und keine Miene verzog, obwohl der Rückstoß ihre Schulter blau und schwarz anlaufen ließ. Ich war damals ein Kind, aber ich kann mich noch deutlich an seinen Gesichtsausdruck entsinnen.«

Charles hat Fannys Briefe zeitlebens aufbewahrt.

Kapitel 3

Sportsmann oder Landpfarrer

Was soll aus Charles werden? Mitte des Jahres 1827 grübelt Robert Darwin erneut über diese Frage. Offensichtlich eignet sich sein Sohn doch nicht zum Mediziner. Die Töchter sprechen davon, wenn auch nur in Andeutungen, und Charles selbst – nun, Dr. Robert Darwin ist nicht blind. Auf jeden Fall widersetzt er sich aufs Energischste der Vorstellung, dass sein Sohn ein fauler, nur Kurzweil treibender Mensch wird, mit einem Wort: ein Sportsmann. Und das Würmersezieren und Vögelausstopfen kann man nicht ernstlich als einen Beruf ansehen. Für Robert Darwin ist das nur ein anderer Sport neben Angeln und Jagen.

Mit Ausnahme einiger fest angestellter Universitätsprofessoren und Kuratoren von Museen oder botanischen Gärten vermag noch niemand, sich seinen Lebensunterhalt durch eine wissenschaftliche Tätigkeit zu verdienen. Naturgeschichte ist ein Hobby für reiche Enthusiasten, unterbeschäftigte Pastoren oder exzentrische Adlige. Eine ausgefallene Form des Müßiggangs also. Wahrscheinlich betrachtet Charles seine Neigungen nicht anders.

Soll Robert Darwin für seinen Sohn, der frische Luft und körperliche Anstrengungen gewohnt ist, eine militärische Laufbahn vorsehen? Das widerspräche der Familientradition und auch Charles' Charakter. Oder eine juristische? Die würde Gewieftheit, ein gerüttelt Maß an Skrupellosigkeit und langwieriges Gesetzebüffeln verlangen. Da bleibt noch der Beruf eines Landgeistlichen, der bei einem geeigneten Vikariat keine allzu hohen Anforderungen stellt.

Charles erbittet sich vom Vater Bedenkzeit. Der Gedanke, Pfarrer in einer kleinen Gemeinde zu werden, behagt ihm. Predigten am Sonntag, Kindtaufen, Hochzeiten, Beerdigungen – alles in Maßen –, da fällt genügend freie Zeit ab, um Vögel zu schießen, Käfer und Pflanzen zu sammeln. Sind nicht viele bekannte Naturalisten Geistliche?

Doch Charles zögert. Er hat die 39 Grundsatzartikel der anglikanischen Kirche gelesen, die 1563 unter Königin Elisabeth I. beschlossen wurden.

Manche von ihnen erwecken in seinem skeptischen Geist Bedenken. Zudem sind Glaubensfragen gerade sehr brisant.

Die Katholiken streben nach »Emanzipation«. Sie verlangen die vollen bürgerlichen Rechte, auch, ins Parlament eintreten zu dürfen, ohne vorher ihrem Glauben abschwören zu müssen. Hinter der Religionsfrage steckt eine nationale und eine soziale. England bekennt sich zum Protestantismus. Irland, der ärmste, zurückgebliebenste Teil des Vereinigten Königreichs, ist katholisch. Die hohen Kirchenabgaben, die den Anglikanern zufließen, bedrücken das Volk. Der Anwalt Daniel O'Connell setzt sich an die Spitze des Kampfes gegen die soziale, nationale und religiöse Unterdrückung. Seine zündenden Reden finden 1827 weithin Widerhall.

Im folgenden Jahr wird er – als Katholik – ins Unterhaus gewählt. Die britische Regierung gibt aus Furcht vor Massenunruhen nach.

Charles hat andere Probleme. Er nimmt sich einige theologische Standardwerke vor und liest sie aufmerksam. Da er kein Wort der Bibel bezweifelt, redet er sich bald ein, dass er das anglikanische Glaubensbekenntnis akzeptieren kann. »Auch fiel es mir nicht im geringsten auf, wie unlogisch es ist, zu sagen, ich glaube an etwas, was ich nicht erfassen kann und was sich faktisch nicht begreifen läßt. Ich könnte völlig wahrheitsgemäß sagen, daß ich nie den Wunsch verspürt habe, dieses oder jenes Dogma anzufechten, aber nie war ich ein solcher Dummkopf, der Credo quia incredibile fühlte oder sprach.«

»Ich glaube, weil es absurd ist«, hatte der Kirchenvater Tertullian behauptet. Darwin verändert in der Autobiografie den Ausspruch leicht: »Ich glaube, weil es nicht zu glauben ist.«

Um Geistlicher zu werden, muss Charles ein englisches College absolvieren, sich anschließend speziell mit Theologie beschäftigen und durch einen Bischof die Weihe erhalten. Welches College ist nun für Charles geeignet? Ein College in Cambridge natürlich. Charles' Großvater und sein Bruder haben dort studiert. Und wie im konservativeren Oxford wird in Cambridge die künftige Elite des Landes ausgebildet.

Als die Zeit herannaht, in die Postkutsche zu steigen und Shrewsbury zu verlassen, stellt Charles entsetzt fest, dass er todsicher durch das Antrittsexamen fallen wird. Er hat das Lateinische und das Griechische total verlernt. Selbst an einige griechische Buchstaben kann er sich nicht mehr erinnern. Nun rächt es sich, dass er während der beiden Jahre in Edinburgh kein einziges Buch in einer klassischen Sprache aufgeschlagen hat.

Statt pünktlich im Oktober das Studium aufzunehmen, muss Charles zu Haus mit einem Privatlehrer pauken. Gegen Weihnachten erreicht er endlich den Stand seiner Schulkenntnisse wieder und ist imstande, leichte griechische Texte wie von Homer oder das Neue Testament einigermaßen gewandt zu übersetzen. Anfang 1828 ist er vorbereitet auf Cambridge.

Wo Miltons Maulbeerbaum blüht

Was wäre Cambridge ohne seine Colleges! Studenten und Lehrkräfte bevölkern die Straßen, und ihre großen Gebäude prägen das Stadtbild. 1284 wurde das erste gestiftet, vierzehn sind es, als Charles in Cambridge eintrifft. Jedes trägt den Stempel der Zeit, in der es errichtet oder erweitert wurde. Das King's College prunkt mit einer langen spitzbögigen und türmchenbewehrten Mauer und einer der größten gotischen Kapellen Europas. Das Caius College rühmt sich seiner drei wunderschönen Renaissancetore, die der Bescheidenheit, der Tugend und der Ehre gewidmet sind. Das Queen's College glänzt mit einer eindrucksvollen Fachwerkgalerie, das St. John's College wirkt wie eine alte Festung, andere wiederum wurden im neogotischen oder klassizistischen Stil erbaut.

Jedes College ähnelt einem mittelalterlichen Kloster, es umschließt einen Hof, und es ist eine in vielen Beziehungen selbstständige Einrichtung mit eigenen Statuten. Wer es betreten will, muss einen Torweg passieren. Um den Hof gruppieren sich die Bibliothek und die Kapelle, der Flügel des Rektors, Hörsäle und Speisesaal, die Wohnungen der Studenten und der Fellows. Wie die Mönche eines Klosters sind die Fellows die eigentlichen Besitzer des Colleges. Sie haben es vor Jahren als Studenten absolviert, sind unverheiratet geblieben, und hatten das Glück, zum Fellow gewählt zu werden. Nun beziehen sie ein festes Gehalt. Ihre Verpflichtungen bestehen lediglich darin, dann und wann eine Vorlesung zu halten und eine bestimmte Anzahl von Monaten pro Jahr im College zu wohnen. Wie die anderen Lehrkräfte werden sie von den Studenten »Dons« genannt – Herren.

Alle Bewohner des Colleges, Rektor, Fellows und Studenten, speisen gemeinsam in der »Hall«. Sitzordnung und Tafelsitten sind von alters her vorgeschrieben. Mehr noch, die Tische der Dons stehen auf einer erhöhten Diele. Man wahrt die Überlieferung. Auch was die Kleidung anbelangt: Dons und Studenten sind verpflichtet, während der Vorlesungen, in der Hall oder wenn sie in die Stadt gehen, schwarze oder dunkelblaue Talare zu tragen. Bei bestimmten Anlässen wird auch die quadratische Kappe mit der Bommel gefordert.

Die eigentliche Universität mischt sich nicht in das Leben der Colleges ein. Sie ist eine bloße Graduiermaschine, sie immatrikuliert, sie examiniert, und sie erteilt akademische Grade.

Das Studium in Cambridge dauert drei Jahre zu je drei »Terms«. Oktober-, Januar- und Frühjahrstrimester sind jeweils etwa zehn Wochen lang. Die Zulassung erfolgt erst, wenn der künftige Student nachgewiesen hat, dass er die nötigen Vorkenntnisse besitzt. Drei Examen erwarten ihn: die Zwischenprüfung »Little Go« (der kleine Gang), eine allgemeine Examination vorwiegend in den klassischen Sprachen zum Abschluss des Studiums und das »Great Go« (der große Gang) für die Spezialrichtungen.

Das College, das Charles besucht, heißt Christ's College. Es wurde 1466 gestiftet und ist weder besonders alt noch so bekannt wie etwa das Trinity College, an dem Francis Bacon, Isaac Newton und Lord Byron studierten. Immerhin kann auch das Christ's College auf berühmte Absolventen zurückschauen. John Milton, der Dichter des »Paradise Lost«, zählt zu ihnen. Der Überlieferung nach hat er 1633 im Hof des Colleges einen Maulbeerbaum gepflanzt, der auch heute noch sorgsam gehegt wird.

Ja, man bewahrt die Tradition in Cambridge. Der Lehrplan lehnt sich an die Artes liberales, die klassischen sieben freien Künste des Mittelalters, an: Grammatik, Logik, Rhetorik, Arithmetik, Geometrie, Musik und Astronomie.

Zu Darwins Zeiten werden im Wesentlichen Latein, Griechisch, Theologie sowie ein wenig Mathematik und Physik gelehrt. Erst im letzten Studienjahr wird das Programm durch andere Wissenschaften erweitert. Theodor Fontane, der England mehrmals bereiste, fasste seinen Eindruck von den Colleges so zusammen: »Das ... College erzieht keinen Fachmann, sondern erzieht einen Gentleman; es erteilt keine Fakultätsbildung, sondern eine humanistische Bildung.«

Die guten alten Tage mit Crux-major

Drei Jahre Cambridge liegen vor Charles, drei Jahre, die sein Leben ändern werden. Wie sehr, ahnt er nicht, als er im Jahre 1828 wieder auf harten Vorlesungsstühlen sitzt, unruhig wie eh und je. Die erste Prüfung wird ihn frühestens in einem Jahr ereilen, also schränkt er den Vorlesungsbesuch auf das Nötigste ein. Die ungeliebten klassischen Fächer kann er hintanschieben – mit Ausnahme der Pflichtkollegien natürlich. Doch auch diesen wohnt er nur nominell bei, mit dem Körper und nicht mit dem Geist.

»Meine Zeit war, was die akademischen Studien anbelangt, ebenso vollständig verschwendet wie in Edinburgh und auf der Schule«, schreibt er später darüber. Dennoch: »Im ganzen waren die Jahre, die ich in Cambridge zubrachte, die vergnüglichsten meines glücklichen Lebens.« In Cambridge nämlich findet Charles gleichaltrige Freunde: seinen Großcousin William Darwin Fox, der mit ihm am Christ's College studiert, John Maurice Herbert vom St. John's College und Albert Way vom Trinity College.

Wir können davon ausgehen, dass Charles in fast jeder Beziehung ein typischer Student seiner Zeit ist. Er entstammt einem vermögenden Elternhaus, er liebt die herrschaftlichen Sportarten unter freiem Himmel, er strengt sich genügend an, um durch die Prüfungen zu schlüpfen, und er verbringt den Großteil der Freizeit im Kreise ähnlich gesonnener Freunde, mit denen sich hervorragend Kurzweil treiben lässt.

»Ach ja, die guten alte Tage mit Crux-major« – nicht Professoren oder Vorlesungen, auch nicht Kneipenabende oder schreckliche Prüfungen bestimmen in der verklärten Rückschau die Studentenzeit in Cambridge, sondern Panageus Crux-major und seine sechsbeinigen Verwandten. Charles hat sein altes Hobby, das Käfersammeln, wiederentdeckt. Kein Lehrstoff prägt sich seinem Gedächtnis so ein wie »das Aussehen gewisser Pfähle, alter Bäume und Uferstrecken, wo ich einen guten Fang gemacht habe«.

Nördlich von Cambridge, am Unterlauf der Flüsse Nen und Ouse, erstreckt sich ein ausgedehntes Sumpfgebiet, die sogenannten Fens. Jeder Ausflug in diese Gegend bringt Charles reiche Beute. In den ersten Monaten nutzt er auch die Spaziergänge mit den Freunden, um eventuell ein ihm unbekanntes Insekt zu fangen. Während er mit ihnen plaudert, schwingt er das Netz oder greift einen Laufkäfer vom Boden. Und John Herbert bekommt eine Flasche voller Weingeist in die Hand gedrückt, in die er jeden Käfer stecken soll, der seine Aufmerksamkeit erweckt. Das meiste, was er fängt, besteht vor Charles' kritischem Auge freilich nicht. Gewöhnlich heißt es nur: »Nun, die sind alle nichts wert.«

Charles' Sammelleidenschaft kennt keine Grenzen. »Unter einem Stück Rinde fand ich zwei Carabi«, erzählt er in einem Brief, »und fing mit jeder Hand einen, als ich, siehe da!, noch einen heiligen Panageus Crux-major erblickte! Ich konnte den Gedanken nicht ertragen, einen von meinen Caraben aufzugeben; und den Panageus zu verlieren, das war ganz außer Frage, ich faßte daher in meiner Verzweiflung einen der Carabi sanft zwischen meine Zähne, als zu meinem unaussprechlichen Ekel und Schmerz das kleine unbedachte Tier seine Säure mir den Hals hinabspritzte und ich beide Carabi und den Panageus verlor.«

Albert Way karikiert Charles, dessen Enthusiasmus in Cambridge wohl von niemandem übertroffen wurde. Er zeichnet riesige, schwerfällige Käfer, auf einem von ihnen reitet Charles wie auf einem Pferd, den hohen Hut auf dem Kopf, die Zügel in der linken, das Sammelnetz fangbereit in der rechten Hand. »Cambridge 1 Meile« informiert der Meilenstein im Hintergrund.

Charles heuert einen Arbeiter an, der für ihn im Winter das Moos von alten Bäumen abkratzt und in einen Sack stopft. Selbst den Abfall auf dem Boden der Boote, mit denen Schilf aus den Fens geholt wird, sucht Charles nach Käfern ab. Durch solche äußerst einfallsreichen Jagdmethoden gelangt er zu einigen sehr seltenen Exemplaren.

Allerdings beschränkt sich sein Hobby auf bloßes Einsammeln. Er seziert seine Beute nicht und vergleicht auch nur ausnahmsweise die äußeren Merkmale der Käfer mit den veröffentlichten Beschreibungen. Es genügt ihm, die Insekten zu besitzen. Die Namen bekommt er schon irgendwie heraus.

In den Sommerferien fährt Charles gemeinsam mit John Herbert und Thomas Butler, dem Sohn seines ehemaligen Schuldirektors, nach Barmouth an die walisische Atlantikküste. Von dort schreibt er an Fox, der ihn in die Entomologie, die Insektenkunde, eingeführt hat: »Am Mittwoch habe ich mich auf meine entomo-mathematische Expedition begeben – und ich hoffe bei den Segnungen der Vorsehung, daß *die Wissenschaft* nicht alle Mathematik aus meinem armen Kopf drängen wird.«

Zu dritt schwitzen die Freunde in den langweiligen Mathematikprivatstunden des noch langweiligeren Mr. Betterton. Doch mangelt es ihnen nicht an Zeit, ausgedehnte Spaziergänge und Käferjagden zu unternehmen. Charles' Wünsche aber erfüllen sich weder in *der Wissenschaft,* wie er die Entomologie überschwänglich bezeichnet, noch in der Algebra. Er begreift die Anfangsgründe nicht und findet daher keinen Zugang zur Mathematik.

Charles ist sehr von der Persönlichkeit seiner Lehrer und von ihren pädagogischen Fähigkeiten abhängig. Wie er der Geologie wegen Jameson den Rücken kehrte, stößt ihn jetzt die Algebra wegen Mr. Betterton ab. Draußen locken Crux-major und andere, vielleicht einmalige Käfer, und er, Charles, muss über unverständlichen Büchern sitzen und mit irgendwelchen abstrakten Größen komplizierte mathematische Beweise führen.

»Diese Ungeduld war sehr töricht«, schätzt er in seiner Autobiografie ein, »und in späteren Jahren habe ich es tief bedauert, daß ich nicht weit genug gekommen war, um wenigstens etwas von den großen leitenden Grundsätzen der Mathematik zu verstehen, denn in dieser Weise ausgerüstete Leute scheinen noch einen Extrasinn zu besitzen.«

Nach den ermüdenden Lektionen aber wandern die Studenten hinaus in die Berge. Im Unterschied zu seinen Kommilitonen reizt es Charles nicht, die höchsten Gipfel zu erklimmen oder Felsen zu ersteigen, von denen man eine schöne Aussicht genießt. Sein Blick klebt fest am Boden – ausgenommen natürlich, sie fahren aufs Meer zum Fischen.

Als Charles im September Fox besucht, sichtet er seine Beute und teilt Herbert triumphierend mit: »Zu allererst muß ich Dir sagen, daß ich einige der seltensten britischen Insekten gefangen habe; und daß dieselben in der Nähe von Barmouth zu finden waren, ist der entomologischen Welt vollständig unbekannt; ich denke, ich werde an einige von den Staats-Entomologen schreiben …«

So wendet er sich auch an F. W. Hope, einen Geistlichen, der zugleich ein führender Käferspezialist ist. Dessen Bemerkung, er habe während der letzten vier oder fünf Jahre keinen so reichhaltigen Fang erblickt, schmeichelt Charles ungemein. Bereits im nächsten Sommer sammeln sie gemeinsam bei Barmouth Insekten.

In seiner Autobiografie bemerkt Darwin, dass einige seiner Cambridger Freunde anerkannte Wissenschaftler geworden sind. »Es scheint daher«, verteidigt er seine Leidenschaft augenzwinkernd, »als ob die Neigung zum Käfersammeln einen Hinweis auf Erfolg im Leben darböte.«

In liederlicher Gesellschaft

Was treibt er nur, der neue Student? Dozenten, die unter seinem Fenster entlanglaufen, hören merkwürdige Geräusche. »Mr. Darwin scheint ganze Stunden damit zu verbringen, mit einer Reitpeitsche zu knallen«, wundern sie sich. Sie irren. Charles veranstaltet Schießübungen. Einer seiner Freunde trägt eine Kerze hin und her. Er selbst lädt die Flinte. Legt an. Schießt. Wenn er trifft, erlischt das Licht. Schon um seinen Freund zu schonen, verwendet er nur Zündhütchen. Hat er richtig gezielt, pustet der Luftstoß die Kerze aus.

Durch seine Schwäche für das Reiten und Jagen gerät er in eine – wie er es später nennt – »Kurzweil treibende Gesellschaft, unter der sich einige liederliche, niedrig denkende junge Leute befanden«, die strenge Einschätzung könnte sehr wohl von seinem Vater stammen. Mit ihnen sitzt er am Abend oder auch am Tage zusammen, trinkt viel, saugt an einer Pfeife oder raucht Zigarren, spielt Karten oder erschreckt die Nachbarschaft durch lautes Singen. Albert Way zückt flink den Zeichenstift und entwirft ein Wappen für Charles: Es strotzt von Zapfhähnen und Bierkrügen, Aschenbechern, Weinfässern und qualmenden Zigarren. YALO BACCOQUE REPLETI, gefüllt sind Humpen und Pfeifen, kritzelt Way als Motto darunter.

Hin und wieder trifft sich die »Kurzweil treibende Gesellschaft« zu einem ganz ausgefallenen Vergnügen. Als »Gourmet Club« eifern sie den aristokratischen Dinnerklubs der alten Universitätsstadt auf respektlose Weise nach. Sie haben sich das hehre, hochwissenschaftliche Ziel gesteckt, Geflügel und Wild zu verkosten, das dem menschlichen Gaumen bislang unerschlossen blieb. Falken und Rohrdommeln werden serviert und mit fachmännisch-kritischem Auge und spitzen Zähnen untersucht. Wahrscheinlich steuert Charles reichlich zu dem bei, was an mäßig Genießbarem auf die Tafel kommt. Leider stirbt der Klub kläglich, ohne seine wegbereitende Mission erfüllt zu haben, an einer alten braunen Eule, die einfach unbeschreiblich geschmeckt haben muss.

Doch Charles entdeckt in Cambridge nicht nur kulinarische Genüsse. Sein Freund Herbert führt ihn in einen Zirkel von Musikfreunden ein. Man kann sich den sonnengebräunten Käferjäger nur schwer als einen Musikliebhaber vorstellen, und doch lauscht er den Symphonien und Ouvertüren von Mozart und Beethoven mit großem Vergnügen. Gelegentlich engagiert er sogar Chorknaben, die ihm auf seinem Zimmer etwas vorsingen. Dabei fehlen ihm, so paradox es scheinen mag, alle Voraussetzungen für den

Musikgenuss. Er bemerkt keine Dissonanz und kann weder den Takt halten noch eine Melodie korrekt summen.

Charles' Freunde wissen, wie es um sein Gehör steht. Sie machen sich einen Jux daraus und testen ihn, indem sie ihn Melodien raten lassen. Sie tragen ihm »God Save the King«, die Hymne des in England herrschenden Königshauses Hannover, in einem unehrerbietigen Tempo vor. Charles schüttelt den Kopf. Die Melodie erinnert ihn an etwas – aber woran?

Im Alter bedauert Darwin, dass die musische Seite seines Wesens im Laufe seines Lebens verschüttet wurde. Vertieft man sich aber in seine naturwissenschaftlichen Werke oder das Reisetagebuch mit den liebevollen Darstellungen von Pflanzen und Tieren, so erkennt man, dass sich Darwins ästhetisches Empfinden nur übertragen hat: auf den Reiz einer Landschaft oder die Absonderlichkeiten der Nachahmung im Tierreich.

In den Weihnachtsferien 1828 hält sich Charles in Woodhouse bei Fanny Owen und ihren Geschwistern auf. Es wird eine schlimme Zeit für ihn. Er leidet unter einem hartnäckigen und widerlichen Lippenekzem. Die Erkrankung macht ihn nervös und vergällt ihm die Ferien. Außerdem beunruhigt ihn das Little Go im März. Zu allem Unglück verletzt sich einer der jungen Owens bei der Jagd. Nach dem Unfall verschlechtert sich der Zustand von Charles' Lippe. Vielleicht hat der Schreck dazu beigetragen. Er verlässt Woodhouse und kehrt nach Shrewsbury zurück, wo er jede Aufregung meidet. Eine Weile laboriert er an der Lippe herum – ohne anhaltenden Erfolg. Auch seine Hände befällt manchmal ein Ausschlag. Nur spärliche Andeutungen in Briefen sind darüber erhalten. Sie ergeben kein klares, eindeutiges Bild. Vor allem bleibt der mögliche Zusammenhang mit Darwins späteren Erkrankungen im Ungewissen.

Charles, der ja über medizinische Erfahrungen verfügt, wendet geringe Mengen Arsen an. Er mischt sich Fowlers Lösung, die aus Arsen, Zinnober und Lavendelöl besteht. Seine Hände kann er auf diese Weise kurieren – vorausgesetzt, er geht zugleich allen Störungen des Tagesablaufs aus dem Wege.

Hauterkrankungen werden zu dieser Zeit häufig mit Arsen behandelt. Dennoch warnt Dr. Darwin seinen Sohn. Die Kur könnte schlimme Konsequenzen nach sich ziehen – bis hin zu teilweiser Lähmung.

Gefangen von Charles Darwin, Esq.

1829 fährt Charles zweimal nach London, im Frühjahr und in den Weihnachtsferien. Er wohnt bei Erasmus und schläft auf einer Luftmatratze.

Fanny Owen fühlt sich vernachlässigt. »Warum bist Du über Weihnachten nicht nach Haus gekommen?«, beklagt sie sich. »Ich habe erwartet, Dich anzutreffen, aber wahrscheinlich hat Dich irgendein lieber kleiner Käfer in Cambridge oder London ferngehalten ... Ja, wenn ich ein Scrofulum morturiorum gefunden hätte, vielleicht wärst Du dann gekommen!«

London hat dem Hobbyentomologen viel zu bieten. Charles sieht hier F. W. Hope wieder, der ihn mit Geschenken von seltenen Insekten überhäuft. Auch lernt er J. F. Stephens kennen, der im Auftrag der Admiralität die Insektensammlung des Britischen Museums aufgebaut hat und dicke Bücher über die einheimische Insektenfauna schreibt. Bei ihm bewundert Charles die riesigen und fantastisch bunten Falter der Tropen und andere exotische Insekten.

Alle Wallfahrtsorte der Naturalisten stehen auf Charles' Programm: das Königliche Institut zur Verbreitung der Naturwissenschaften, die Linné-Gesellschaft, der Zoologische Garten. »Ich denke, London wäre ein entzückender Ort«, begeistert er sich, er hatte die Stadt nur als eine »langweilige Wildnis von Häusern« in Erinnerung.

Doch leider muss sich Charles bald von Stephens und dessen Insektensammlung verabschieden. Cambridge ruft, der Trott des Studiums – und das Little Go. Einmal weicht Charles dem Schicksal noch aus, er beschließt, die Prüfung erst im nächsten Jahr abzulegen. Vielleicht hat ihm Erasmus dazu geraten.

Obwohl für den Moment die Sorgen beseitigt sind, bessert sich Charles' Befinden nicht. Das Ekzem frisst weiter an der Lippe. Er meidet die Gesellschaft seiner Freunde. Wie er es selbst ausdrückt, hält er »eine Art von Winterschlaf«. Das Little Go, erfährt er nebenbei, sei in diesem Jahr ungewöhnlich streng gewesen. Dennoch setzt er, sobald es das Ekzem zulässt, den gewohnten »Müßiggang« fort.

Charles ist mit einem Händler namens Harbour ins Geschäft gekommen. Harbour soll ihm kleinere Kollektionen von Käfern verschaffen. Doch Harbour begeht eine in den Augen jedes Sammlers unverzeihliche Treulosigkeit: Er gewährt einem anderen Studenten die erste Auswahl. Charles ergrimmt sich. Er beschimpft Harbour als einen »verdammten Schurken«. Falls er die Frechheit besäße, ihn, Charles, noch ein einziges Mal zu belästigen, würde er ihn die Treppe hinunterwerfen. »Dies schien den jungen Gentleman mächtig zu überraschen«, schreibt Charles selbstzufrieden an Fox. Sosehr ein solch rabiater Ton an Charles verwundert, er entspricht den üblichen Umgangsformen gegenüber den Bediensteten.

Das Käfersammeln bringt jedoch mehr Freude als Ärger mit sich. Im Sommer 1829 kann Charles seinen ersten öffentlichen Erfolg als Insektenjäger feiern. J. F. Stephens publiziert einen weiteren Bildband über die einheimische Insektenfauna. »Kein Dichter hat eine größere Freude beim Anblick seines ersten gedruckten Gedichtes empfunden, als ich es empfand, als ich in Stephens' ›Illustrations of British Insects‹ die magisch wirkenden Worte sah: ›gefangen von C. Darwin, Esq.‹«

Die Abkürzung Esq., mit der Charles von Stephens bedacht wird, ist eine bloße Höflichkeitsfloskel. Sie leitet sich zwar von der niedrigsten Adelsstufe »Esquire« ab, doch bedeutet sie nicht mehr als das zur selben Zeit in Deutschland gängige »Wohlgeboren«. Jedem Gentleman steht sein »Esq.« zu. Doch nicht darüber freut sich Charles, sondern über die offizielle Anerkennung, die vonseiten der Wissenschaft seinem Hobby zuteilwird.

Zu Beginn des sechsten Trimesters, im Herbst, erscheint das Little Go drohender denn je. »Sie haben beschlossen, die Prüfung ganz anders aufzuziehen …«, beklagt sich Charles bei Fox. »Ich bin sicher, alle Müßiggänger und Entomologen werden ihre Rechnung mit dem Teufel machen müssen!« Spätestens nach dem weihnachtlichen Besuch in London fasst Charles die besten Vorsätze. Er will jeder Versuchung widerstehen, die Flinte nicht anrühren und nicht reiten. Im Januar und Februar setzt er kaum einen Fuß vor die Tür. Die erste richtige Prüfung erwartet ihn! Wenn die Alten wenigstens in nur einer Sprache gedichtet hätten! Oder Mathematik sich auf den verständlichen Euklid beschränken würde!

Als die Zeit herannaht, ist die Prüfung leichter als befürchtet. »Ich bin durch mein Little Go!«, jubiliert Charles im März, alle sollen es sofort erfahren, der Vater vor allem und sein Freund Fox.

Und wehe den Käfern, wenn sich Charles Darwin, Esq., erst wieder mit langer spitzer Nadel auf Jagd begibt!

Der Mann, der mit Henslow spazieren geht

Wie in Edinburgh findet Charles auch in Cambridge einen Mentor. Professor John Stephens Henslow ist ein bekannter Naturforscher, der sich der Botanik verschrieben hat. Seinen eigentlichen Beruf, den eines anglikanischen Geistlichen, übt er zurzeit nicht aus. Er ist jedoch ein zutiefst religiöser Mensch.

Ohne Henslow wäre das wissenschaftliche Leben in Cambridge entschieden ärmer. Gemeinsam mit dem Geologen Adam Sedgwick hat er die Cambridge Philosophical Society aufgebaut. Sie stellt sich das Ziel, die Erforschung der Natur und den Austausch von neuen Erkenntnissen zu fördern. Ebenso hat er sich tatkräftig und erfolgreich für die Einrichtung des zoologischen Museums verwendet.

Nach den Worten, die Darwin dem Freund in der Autobiografie widmet, besitzt Henslow nicht viel »ursprüngliches Genie«, doch ist er ein überaus befähigter Wissenschaftsorganisator und ein begnadeter Universitätspädagoge. Er versteht es hervorragend, Talente zu entdecken und um sich zu scharen. Seine Vorlesungen über Mineralogie und Botanik sind sehr populär. Selbst dem gegen passives Dasitzen und Mitschreiben so allergischen Charles gefällt, was Henslow über das Pflanzen- und Gesteinsreich vorträgt.

Henslow beschränkt seine Aktivitäten nicht auf den Vorlesungssaal. Jeden Freitag gibt er eine wissenschaftliche Soiree in seinem Hause. Durch den unentbehrlichen Großcousin Fox erhält auch Charles eine Einladung.

Bei Henslow versammeln sich die an Naturgeschichte interessierten Studenten und Dons. Bei ihm können sie, ohne sich formalen akademischen Zwängen zu unterwerfen, ihre Ansichten austauschen und Streitfragen diskutieren. Henslow wirkt mit seinen enormen Kenntnissen in Botanik, Entomologie, Chemie, Mineralogie und Geologie wie ein Katalysator.

Mitunter beehren berühmte Professoren von Cambridge die Abendgesellschaft. So etwa William Whewell, dessen »Geschichte der induktiven Wissenschaften« Charles später gute Dienste leisten wird. Auch Marmeduke Ramsay, der am Jesus College lehrt, und der bedeutende Zoologe Leonard Jenyns, ein Schwager Henslows, gehören zu diesem Kreis. Jenyns besitzt einen finsteren, sarkastischen Gesichtsausdruck, der Charles anfangs abstößt. Nach kurzer Zeit jedoch schließen sie Freundschaft.

Henslow lässt es nicht bei der Freitagssoiree bewenden. Zwei- oder dreimal während eines Vorlesungszyklus veranstaltet er eine ausgedehnte Exkursion mit seiner Botanikklasse. Dann wandern sie zum Standort einer seltenen Pflanze oder treiben in einem Boot den Fluss Cam hinab bis zum Sumpfgebiet, den Fens. Oder sie fahren in einer Reisekutsche bis zu einem weiter entfernten Tal, um dort die wilden Lilien zu sehen oder um in der Heide die seltene Kreuz-Rohrkröte zu fangen.

»Henslow war bei solchen Gelegenheiten so gut gelaunt wie ein Schuljunge«, erinnert sich Darwin, »und lachte ebenso über die Mißgeschicke derer, die Schwalbenschwanz-Schmetterlingen über die heimtückischen Moore nachjagten. Wenn unser Tagesziel erreicht war, pflegten wir in einem Gasthaus zu essen. Es ging sehr lustig dabei zu.«

Von der sympathischen Persönlichkeit Henslows wird Charles geradezu in Bann geschlagen. Was kann er, der dreizehn Jahre Jüngere, dem allseitig belesenen Gelehrten schon bieten, um sich seiner Gesellschaft würdig zu erweisen? In keiner Vorlesung, aus keinem Buch lernt er so viel wie bei den Gesprächen mit diesem Mann!

Charles macht sich nützlich. Er kommt freitags vor der angesetzten Stunde und geht Henslow zur Hand, wenn der den Raum für den Abend herrichtet und Pflanzen und Tiere für die Diskussion vorbereitet. Charles' Eifer zahlt sich aus. Henslow mag den jungen Studenten, der soviel Enthusiasmus an den Tag legt und mitunter so verrückt naive, doch zutreffende Fragen stellt. Gerade die rechte Aufgabe für einen passionierten Pädagogen. Bald darf sich Charles an den privaten Spaziergängen Henslows beteiligen. Gemeinsam verlassen sie die kleine Stadt und wandern in das liebliche Wiesengebiet zwischen Cambridge und Grantchester.

Bei einer dieser Wanderungen geraten sie an einen breiten, schlammgefüllten Graben. Drüben, auf der anderen Seite, hell von der Sonne beschienen, blüht eine seltene Pflanze, eine große Rarität. Unerreichbar. Henslow will weitergehen – nicht so Charles. Er sucht sich einen langen festen Stock und möchte sich mit dessen Hilfe wie ein geübter Moorläufer über den Graben schwingen. Es misslingt. Der Stock wird von dem braunen Schlick festgehalten. Charles rutscht ab und gleitet mitten hinein in Schlamm und Wasser. Doch während er einsinkt, reißt er noch schnell die Pflanze ab. Völlig verdreckt, doch triumphierend bringt er sie zu Henslow.

Es dauert nicht lange, da nennen die Dons Charles nur noch »den Mann, der mit Henslow spazieren geht«. An seiner Seite wird Charles einmal Zeuge einer »so schrecklichen Szene, wie man sie während der Französischen Revolution hätte erleben können«. Und Revolution versteht Charles ganz so, wie die Zeitungen schreiben: Blut, Gemetzel und rollende Köpfe. Nicht um Revolution handelt es sich allerdings, sondern um Leichenraub.

Seit dem Mittelalter hat die Kirche verboten, die Körper Verstorbener zu anatomischen Studien zu benutzen. Medizinprofessoren und Studenten konnten sich die unumgänglichen Studienobjekte nur dadurch verschaffen, dass sie Leichenräuber anwarben, die nachts die frischen Gräber auf den Friedhöfen erbrachen und die Leichen entwendeten.

Gerade als Charles in Cambridge studiert, wird im englischen Unterhaus heiß um ein Gesetz gestritten, das dieses mittelalterliche Verbot aufheben soll. Die anglikanische Kirche stemmt sich mit allen Mitteln dagegen. Geht es doch um die Auferstehung des Fleisches! Vertreter der Geistlichkeit wiegeln die Gläubigen auf; den Anatomen und ihren Gehilfen droht das Lynchgericht.

Darwin berichtet: »Es waren zwei Leichenräuber arretiert und, während sie nach dem Gefängnis geführt werden sollten, dem Konstabler von einer Menge der rohesten Leute entrissen worden, die sie an den Beinen die schmutzige und steinige Straße entlang fortschleiften. Sie waren von Kopf bis Fuß mit Schmutz bedeckt, und ihre Gesichter bluteten, entweder weil sie geschlagen worden waren oder von den Steinen: Sie sahen wie Leichen aus; das Gedränge war aber so dicht, daß ich nur ein paarmal für einen Augenblick die armen Geschöpfe erblickte. Ich habe niemals in meinem ganzen Leben auf dem Gesicht eines Menschen einen solchen Zorn ausgedrückt gesehen, wie ihn Henslow bei dieser schauerlichen Szene darbot. Er versuchte wiederholt, in die Menge einzudringen; das war aber einfach unmöglich. Dann stürzte er zum Bürgermeister, um mehr Schutzleute zu holen … Ich habe den weiteren Ausgang vergessen, ausgenommen, daß die beiden Männer ins Gefängnis gebracht wurden, ehe man sie tötete.«

So entschlossen sich Henslow bei diesem Vorfall zeigt, er ist dennoch ein durchaus orthodoxer Vertreter der anglikanischen Kirche, der den 39 Artikeln bis zum letzten Wort absolute Wahrheit zuspricht. Später wird er eine Pfarrstelle innehaben und seine besondere Aufmerksamkeit den Armen des Sprengels zuwenden.

Die Bekanntschaft mit Henslow ist für Charles von unschätzbarem Gewinn. Vor jedem anderen hätte er sich durch seine Unwissenheit auf manchem wissenschaftlichen Gebiet herzlich blamiert. Henslow nimmt es gelassen lächelnd hin, wenn Charles entdeckt, dass es schon vor dem großen Systematiker Linné Botaniker gab – Henslow hat ihm einige Verse des spätrömischen Naturschilderers Claudius Claudianus vorgetragen. Und er klopft seinem jungen Freund wohlwollend auf die Schulter, wenn der ihm, noch vom Rennen atemlos, Ungeheuerliches berichtet: Aus Pollenkörnern, die er auf nasses Papier gelegt habe, wüchsen plötzlich feine Schläuche hervor! Wo ein anderer lauthals gelacht hätte, erklärt Henslow geduldig die Bedeutung der Pollenschläuche. So erspart er Charles eine Kränkung, die ihm vielleicht jeden weiteren botanischen Eifer verleidet hätte. Charles ist dennoch gewarnt, er wird mit seinen Entdeckungen nicht mehr vorschnell herausplatzen.

Paleys Beweise für die Schöpfung

Das letzte Studienjahr beginnt. Der Ferienaufenthalt mit Hope in Barmouth, die schönen Tage in Maer sind bereits halb vergessen. Keine Stunde Zeit bleibt Charles, sein neues Pferd für die Jagd auszubilden, denn der Weg zum Abschlussexamen ist mit Büchern gepflastert.

»Ich habe in dieser Saison noch kein einziges Insekt aufgespießt«, beklagt er sich im November 1830, »… mir fehlt wirklich die Zeit und sogar die Lust, irgend etwas zu tun. Ich lese bis zur Verzweiflung; die Qual, den ganzen Stoff zu verdauen, ist fast unerträglich.«

Zu Charles' Pflichtlektüre gehören die theologischen Werke des 1805 verstorbenen Archidiakons William Paley. Berühmt ist vor allem Paleys Buch »Beweise des Christentums«. Darin versucht er mit Scharfsinn und vielen Bibelzitaten nachzuweisen, dass Jesus von Nazareth tatsächlich Gottes Sohn gewesen sei. Auch Paleys Werk »Prinzipien der moralischen und politischen Philosophie« arbeitet Charles durch. Im Christ's College schätzt man Paley sehr, denn hier hat er studiert. Ein Gemälde von ihm hängt sogar in der Hall.

Charles studiert die Bücher von Paley sehr gründlich. Die Schlussweise des Theologen erinnert ihn erstaunlich an seinen geliebten Euklid. Wie der antike Geometer geht Paley logisch, in gut gegliederten kleinen Schritten vor. Wenn man ihm seine Voraussetzungen, Aussagen aus der Heiligen

Schrift oder theologische Dogmen, erst einmal zubilligt, dann ergibt sich der Rest zwingend. Charles gefällt das. Nach einer Weile kann er jeden Beweis Paleys völlig korrekt aus dem Kopf nachvollziehen.

Besonders beeindruckt Charles die »Natürliche Theologie« von Paley. Auch dieses Buch erfreute sich in England einer großen Popularität. Es hat viel zur Ausbreitung eben jener »natürlichen Theologie« beigetragen – einer Auffassung, die Gottes Wirken überall in der belebten Natur erkennen und durch die Zweckmäßigkeit der Organismen belegen will. Paley benutzt dabei das Bild von der Uhr und dem Uhrmacher, um die Existenz Gottes als des Schöpfers der Tiere und Pflanzen zu beweisen. »Angenommen, wir finden eine Uhr auf dem Wege liegen«, argumentiert er, »wenn wir die Uhr aufheben und genau betrachten, bemerken wir …, daß ihre Teile für einen speziellen Zweck erfunden und zusammengefügt wurden … Der Mechanismus lässt unausweichlich darauf schließen, daß die Uhr einen Konstrukteur hat, der sie für diesen Zweck entworfen hat.«

Genauso, lehrt Paley, stehe es mit der belebten Natur: All ihre Teile griffen ineinander, jedes einzelne sei der Umwelt und den anderen Teilen sinnvoll angepasst. Allein durch die Weisheit und Güte ihres Schöpfers, sagt Paley, könne man die Zweckmäßigkeit der Organismen erklären.

Schon zu Paleys Lebzeiten ist seine Lehre, die heute als »intelligent design« wieder propagiert wird, wissenschaftlich überholt. Die französischen Materialisten fragten, welchen Zweck es für die Hasen wohl habe, vom Fuchs gefressen zu werden, und machten sich über die Ansicht lustig, nach der die gesamte Natur nur darauf abziele, die Weisheit Gottes zu offenbaren. Und der deutsche Philosoph Immanuel Kant wies nach, dass die natürliche Theologie auf einem Zirkelschluss beruht: »Die Natur ist zweckmäßig, weil Gott existiert, und Gott existiert, weil die Natur zweckmäßig ist.« Auch das Bild von der Uhr und dem Uhrmacher lehnte Kant als einen nicht zutreffenden Vergleich ab und widerlegte damit den »teleologischen Gottesbeweis«. Aber wer in England liest schon Kant?

Paleys Buch hat trotzdem eine Zeitlang eine durchaus positive Wirkung. Geistliche, die die Natur erforschen, berufen sich auf Paley und rechtfertigen auf diese Weise ihre Nebenbeschäftigung als gottgefällig.

Charles jedenfalls ist von der »umständlichen Beweisführung entzückt und überzeugt«. Das Studium Paleys wird für ihn zum einzigen Teil der offiziellen Ausbildung, der ihm für seine geistige Entwicklung Nutzen bringt. Später, bei der Ausarbeitung seiner Theorie, greift er mitunter – bewusst oder unbewusst – auf Gedanken Paleys zurück. Er braucht sie nur umzustülpen, mit anderer Zielrichtung aufzunehmen oder in eine Frage zu verwandeln.

Obgleich Charles die Theologie Paleys mit Lust studiert, schiebt er doch nicht jeden Zweifel an den Glaubenssätzen des Anglikanismus beiseite. Mit

John Herbert unterhält er sich über die Ordination, die Priesterweihe. Als angehendem Geistlichen steht sie ihm irgendwann einmal bevor. »Glauben Sie, dass Sie innerlich vom Heiligen Geist geführt werden?«, fragen die anglikanischen Bischöfe im Weihegottesdienst. Die beiden sind sich einig, dass sie keine Führung durch den Heiligen Geist verspüren. »Und deshalb kann ich nicht in den geistlichen Stand eintreten«, stellt Charles auf seine gewissenhafte Art fest.

Schlussfolgerungen, die seine Laufbahn betreffen, zieht er aus dieser Erkenntnis allerdings nicht. Unter Freunden gibt man eben manches zu, was man im Vaterhaus oder gegenüber den Lehrkräften besser verschweigt. Der Vater wünscht, dass aus ihm ein Geistlicher wird. Daran ist nicht zu rütteln!

Der humanste aller Insektentöter

Im Januar 1831, nach mehreren Monaten harten Paukens, ist es so weit. Charles muss sein Bakkalaureatsexamen ablegen. Wie die Colleges von Cambridge stammt auch die Bezeichnung des niedrigsten akademischen Grades, des Baccalaureus Artium, aus dem Mittelalter.

Besonders zuversichtlich tritt Charles den »großen Gang« nicht an. Er kennt seine Schwächen besser als seine Stärken. Wie immer schlängelt er sich mit Müh und Not durch die klassischen Fächer. Viel besser läuft es schon bei Euklid. Als die Dons ihn dann nach den Büchern Paleys fragen – ja, die weiß er fast auswendig. Charles schließt als Zehnter seines Jahrgangs ab. Eine derart gute Bewertung hatte er sich nicht erträumt. Und sein Vater ist vollauf zufrieden.

Charles selbst kann sich über den Erfolg nicht recht freuen. »Ich weiß nicht, warum der Abschluß solch ein miserables Gefühl in mir hervorruft«, schreibt er Ende Januar an Fox, »… ich erinnere mich, daß Du Dich vor der Prüfung in einem mitleiderregenden Zustand befandest, und ich kann Dir versichern, es geht mir jetzt ebenso, was das Ganze noch lächerlicher macht. Ich glaube, es ist eine schöne Einrichtung der Natur, einen den Abschied von einem so angenehmen Ort wie Cambridge weniger bedauern zu lassen.«

Die Prüfung ist vorüber und mit ihr die schöne Studentenzeit. Was soll Charles jetzt machen? Ein wenig Aufschub gewährt ihm die Studienordnung. Gleichgültig, wann man das Examen ablegt, die Universität verleiht das Bakkalaureat erst nach vollendeten drei Jahren, also im Frühsommer. Soll er sich nun weiter mit Theologie beschäftigen und warten, bis ihm sein Vater eine Pfarrstelle verschafft? Eigentlich ist das Leben zu Ende, wenn man sich festsetzt. Und wer weiß, ob er je wieder Käfer sammeln wird.

Charles' Sorgen angesichts einer halb ungewissen, halb vom Vater vorherbestimmten Zukunft würden in den Ohren vieler seiner Zeitgenossen wie Hohn klingen. Charles weiß das selbst. Im Februar wendet sich Henry Mathew, ein Bekannter aus den ersten Studientagen, mit einer versteckten Bitte um Hilfe an ihn.

Mathew entstammt einem wenig begüterten Elternhaus, und er hat über seine Verhältnisse gelebt. Nach dem Studium sitzt er ohne einen Penny in der Tasche in London. Sein kleines Zimmer ist ein miserables Loch. Gänzlich verschuldet führt er eine Existenz wie in einem Dickensschen Roman. Seine Frau und seine Freundin flehen ihn an, zu ihm kommen zu dürfen. Mit ihm würden sie alle Mühsal ertragen – und wenn sie sich von Kartoffeln und Salz ernähren müssten. »Das ist alles wunderbar«, schreibt er Charles, »aber ich kann ihnen nicht einmal das bieten.«

Verhaltene Verzweiflung und die Furcht vor dem sozialen Abstieg sprechen aus dem Brief. Wer fällt, der fällt tief. Kein Staat kümmert sich um die Habenichtse und Hungerleider. Mathew schließt damit, dass er Charles bittet, niemandem von seinem Unglück zu berichten. Auch schäme er sich seiner Lage so sehr, dass er seine Adresse nicht anzugeben wage. Aber die Adresse steht auf dem Kuvert, und Charles begreift.

Ein paar Tage später kann sich Mathew bei dem »humansten aller Insektentöter« für die Unterstützung bedanken. Charles ist zwar zurzeit auch knapp bei Kasse, aber sein Vater hat ihn noch nie im Stich gelassen, und existenzielle Sorgen wird er nie kennen lernen.

Das Ansehen, das der »humanste aller Insektentöter« bei seinen Kommilitonen besitzt, verschafft ihm neben Bittbriefen auch die angenehmste Überraschung seiner Studentenzeit. Eines Tages findet er ein großes, gut verschnürtes Paket auf dem Tisch vor. Diesmal fehlt die Absenderangabe wirklich. Gespannt entfernt Charles die Verpackung: ein funkelnagelneues, hervorragendes Mikroskop, ein Instrument, wie er es sich seit den Flustra-Zeiten in Edinburgh gewünscht hat!

Ein Begleitschreiben flattert ihm in die Hände. »Wenn Mr. Darwin das Coddington-Mikroskop annimmt, wird dies einem Menschen eine besondere Freude bereiten, der sich lange gefragt hat, ob Mr. Darwins Talente oder seine Ernsthaftigkeit mehr der Bewunderung wert sind, und der hofft, daß dieses Instrument die Forschungen fördern möge, die Mr. Darwin bisher so eifrig und so erfolgreich verfolgt hat.«

Wer ist der großherzige Spender? Charles wird es erst viele Jahre später erfahren. John Herbert aber wird mit Vergnügen beobachten, wie sich die Erwartungen, die er in Charles' wissenschaftliche Talente setzt, erfüllen.

Einmal Humboldts Drachenbaum sehen!

Noch in Edinburgh hat Charles geschworen, sich nie wieder mit Geologie, dem langweiligsten aller Fächer, zu befassen. Nun wird er dem Vorsatz untreu.

Während eines Spaziergangs mit Professor Henslow kommt die Sprache auf Charles' Zukunftspläne. Henslow sieht es nicht gern, dass sein junger Freund nach dem Abschlussexamen mut- und ziellos herumstreunt. Er rät ihm dringend, die verbleibenden Monate nicht zu verbummeln. Ein Besuch der Geologievorlesungen von Professor Adam Sedgwick würde sich lohnen. Charles willigt nach kurzem Widerstand ein.

Der fünfundvierzigjährige Sedgwick hat bereits seit einem guten Dutzend Jahren in Cambridge den Lehrstuhl für Geologie inne. Er ist ein berühmter Mann und übt als Präsident der Geologischen Gesellschaft einen großen Einfluss aus. Er hat den Begriff des Paläozoikums, der Erdfrühzeit, eingeführt und eine Epoche dieses Erdzeitalters Kambrium getauft – nach dem walisischen Gebirgszug, in dem er die für diese Periode charakteristischen Gesteine fand.

Ursprünglich ging Sedgwick davon aus, dass die Wissenschaft nie der biblischen Offenbarung widersprechen könne. Er glaubte an die Sintflutlegende und wurde daher ein Anhänger der geologischen Katastrophenlehre und des Wernerschen Neptunismus. Doch die Sedimentgesteine, die er untersuchte, ließen sich mit diesen Theorien nur schwer in Einklang bringen. Mehr als einmal musste Wasser das feste Land überschwemmt haben.

Sedgwick entschied sich für mindestens vier bis fünf Sintfluten. Doch auch damit konnte er den Fakten nicht gerecht werden. In den obersten Ablagerungen fehlten die Gebeine von Noahs Zeitgenossen, die während der biblischen Flut ertrunken sein sollten. Sedgwick zog seine Konsequenzen. 1829 verwarf er in einer engagierten Rede vor der Geologischen Gesellschaft die Sintfluthypothese.

Sedgwick ist ein guter Redner. Durch ihn gewinnt Charles ein neues Verständnis für die Erdgeschichte. Besonders die enormen geologischen Epochen von vielen Millionen Jahren beschäftigen Charles' Gedanken. Was für einen winzigen Ausschnitt an Raum und Zeit überblickt der Mensch nur! Mögen die Geologen Steine zerklopfen und in tiefen Bergwerken herumstöbern, angesichts der gigantischen Maßstäbe der Erde bedeutet es nicht mehr als das Scharren einer Henne im Vorgarten!

Charles ist allerdings nicht bereit, der Autorität Sedgwicks unbedingten Glauben zu schenken. So erzählt Sedgwick davon, dass eine bestimmte Quelle in der Nähe von Cambridge so viel Kalziumkarbonat enthalte, dass sie die Blätter der sie umgebenden Pflanzen mit einer feinen weißen Kruste überziehe. Charles überprüft es. Er hält einen Busch in die Quelle, bis dieser völlig überkrustet ist, und überreicht ihn dann Sedgwick, der ihn als Demonstrationsmaterial verwendet.

Neben der Geologie fesseln zwei Bücher Charles' Aufmerksamkeit. Voller Begeisterung liest er Alexander von Humboldts »Reise in die Äquinoctialgebiete des Neuen Kontinents« und Sir John Herschels »Vorläufigen Diskurs über das Studium der Naturphilosophie«.

John Herschel, der Sohn des Uranus-Entdeckers, versteht wie seine Zeitgenossen unter »Naturphilosophie« die Gesamtheit der Naturwissenschaften. In seinem Buch zeichnet er das Bild eines leidenschaftlich nach Wahrheit strebenden Forschers, der mit ungetrübtem Blick die innersten Geheimnisse der Natur entschlüsselt.

Diese Verherrlichung des Forschers und die großartigen Naturschilderungen Humboldts erwecken in Charles »das glühende Bestreben, einen Beitrag, und wenn auch nur den allerbescheidensten, für das erhabene Gebäude der Naturwissenschaften zu liefern. Kein anderes Buch hat auch nur annähernd einen solchen Einfluß auf mich ausgeübt wie diese beiden.« Solange Charles ohne Amt und Pflichten in Cambridge lebt, kann er den Idealen Herschels und Humboldts nacheifern. Freilich, das ist nicht mehr als ein Aufschub …

Charles kopiert sich ganze Passagen aus Humboldts Reisebeschreibungen und liest sie auf den gemeinsamen Exkursionen Henslow, Ramsay und anderen vor. Besonders schwärmt er von den Kanarischen Inseln, von Teneriffa und von dem riesigen, vielleicht sechstausend Jahre alten Drachenbaum dort, der sechzehn Meter im Umfang misst. Halb im Scherz, halb im Ernst schlägt einer der Freunde vor, doch einmal Teneriffa zu besuchen. Charles ist sofort Feuer und Flamme. Auf Humboldts Spuren eine eigene kleine Expedition starten!

»Die ganze Zeit über«, schreibt er Anfang Juli nach Haus, »beschäftigt sich mein Kopf nur mit den Tropen. Am Morgen laufe ich ins Treibhaus und schaue mir die Palmen an, ich komme zurück und lese Humboldt. Mein Enthusiasmus ist so groß, daß ich kaum still auf dem Stuhl sitzen kann … Ich werde keine Ruhe finden, bis ich Pik Teneriffa und den großen Drachenbaum gesehen habe. In meiner Vorstellung wechseln sandige, blendende Ebenen und brütender, schweigender Urwald miteinander ab …« Er beginnt, Spanisch zu lernen, und vertieft sich noch mehr in Geologie – doch da ist das letzte Trimester zu Ende, er erhält sein Diplom. Ade, Cambridge!

Charles ist gezwungen, auf direktem Wege nach Shrewsbury zu reisen. Viel lieber wäre er zu Fox nach Osmaston gefahren, doch fehlt ihm das Geld dazu. Er muss seine Verbindlichkeiten begleichen. Zweihundert Pfund hat ihm seine »Regierung«, wie Charles seinen Vater Fox gegenüber nennt, geschickt. Das reicht gerade aus. Charles muss sparen, und zu Haus lebt es sich am billigsten. Shrewsbury erscheint ihm auf einmal nicht mehr als der glückliche und vergnügliche Ort von früher. Und The Mount gleicht einem Schuldgefängnis.

Der Gedanke, von Henslow getrennt und aller Möglichkeiten, etwas für die Wissenschaft zu leisten, beraubt zu werden, bedrückt Charles. Ehe er sich festsetzt, will er Teneriffa und Humboldts Drachenbaum sehen! Die Expedition erscheint ihm als ein rettender Strohhalm.

Sofort widmet er sich mit einem Eifer, den keiner der Freunde teilt, den Vorbereitungen. Er nimmt Kontakt mit einem Schiffsmakler auf, erkundigt sich nach dem Preis der Überfahrt und nach den Fahrtterminen. Jenyns und Ramsay sind als Teilnehmer schon so gut wie gewonnen. Auch Henslow wird gewiss nicht abseitsstehen. Charles selbst übt sich in Geologie.

Während des letzten Studienjahrs haben sich seine wissenschaftlichen Interessen beträchtlich ausgeweitet. Als ein enthusiastischer Käferjäger und angehender Entomologe hatte er begonnen. Zur Zoologie kamen durch Henslow die Botanik und durch Sedgwick die Geologie. Damit öffnet sich ihm nun der volle geistige Horizont eines Naturalisten.

Charles kauft sich für 25 Schilling ein Klinometer, ein Gerät, mit dem man den Neigungswinkel geologischer Schichten bestimmt. Er kippt die Tische in seinem Schlafzimmer in alle möglichen Richtungen und probiert an ihnen das neue Instrument aus. Kein Geologe, behauptet er, könne es besser. Er untersucht in Shrewsbury geologische Schnitte und trägt in eine Karte der Umgebung die verschiedenen Schichtungen ein. Doch noch nie hat er, den Geologenhammer in der Hand, unter freiem Himmel gearbeitet.

Ein Zufall kommt ihm zu Hilfe. Sedgwick beabsichtigt, seine berühmten Untersuchungen der sehr alten Gesteine in Nordwales fortzusetzen. Henslow spürt vielleicht, dass Charles als Einziger die Teneriffa-Expedition ernsthaft vorbereitet. Er überredet Sedgwick, sich von Charles begleiten zu lassen.

Anfang August ist es so weit. Auf dem Wege nach Wales macht Sedgwick für eine Nacht in The Mount Station. Am Abend lenkt Charles das Gespräch auf eine geologische Merkwürdigkeit. In einer alten Kiesgrube in der Umgebung hat ein Arbeiter eine große abgeriebene Schale einer tropischen Meeresschneckenart gefunden, jenen ähnlich, die gewöhnlich die Kamine der Landhäuser zieren. Die Schale passt nicht in die Gegend, sie lag zwischen zerbrochenen arktischen Muscheln aus der Eiszeit. Das müsste doch eine geologische Sensation geben!

Sedgwicks Reaktion erstaunt Charles. Der Geologieprofessor zeigt sich von der wunderbaren Tatsache völlig unbeeindruckt. Er zuckt mit den Schultern: Irgendwer müsse die Muschel in die Grube geworfen haben. Anderenfalls – ein größeres Unglück könnte es für die Geologie kaum geben, alle Erkenntnisse, das gesamte theoretische Gebäude, kämen zu Fall.

Sedgwick täuscht sich nicht, die Schale ist ein Fremdkörper. Obwohl Charles bereits viele Bücher über Geologie und andere Naturwissenschaften gelesen hat, führt ihm erst die weitgereiste Muschel deutlich vor Augen, dass die Wissenschaft nicht nur aus angehäuften Fakten besteht.

Am Tag darauf brechen sie nach Wales auf. Es regnet fast ununterbrochen, oft ziehen schwere Gewitter herauf. Doch das darf einen Geologen nicht beirren. Charles lernt eine Menge, während sie über die nebelverhangenen Berge klettern. Wo und wie schlägt Sedgwick eine Gesteinsprobe ab? Was notiert er alles? Wie arbeitet er mit der Karte? Was folgert er aus den Schichtungsverhältnissen?

Sedgwick beauftragt Charles, parallel zur eigenen Route das Gelände zu durchqueren. Charles hämmert nun selbst Steine los und trägt Markierungen auf der Karte ein.

Auch im Tal Cwm Idwal untersuchen sie das Gestein. Sedgwick hofft, dort Fossilien zu finden. »Keiner von uns aber sah die wundervollen Erscheinungen der Gletschertätigkeit, die uns rings umgaben: Wir bemerkten weder die deutlich geschrammten Felsen noch die übereinandergehäuften Findlinge noch die Seiten- und Endmoränen«, meint Darwin später und folgert daraus, dass es sehr leicht sei, »Erscheinungen, wie augenfällig sie auch immer sein mögen, zu übersehen, wenn sie niemand vorher beobachtet hat«.

Nach drei Wochen harter Geologenarbeit verlässt Charles Professor Sedgwick. Er orientiert sich lediglich nach Karte und Kompass und läuft in gerader Linie von Capel Curig nach Barmouth. Dort trifft er sich mit einigen Freunden. Es ist der letzte Nachklang der Studentenzeit.

Die Nachrichten, die ihn erreichen, sind durchweg unerfreulich. Ramsay, der mit ihm nach Teneriffa reisen wollte, ist einer Krankheit zum Opfer gefallen. Die Überfahrttermine liegen sehr ungünstig, und das Interesse der anderen, einschließlich Henslows, lässt zu wünschen übrig. Vielleicht wird er im nächsten Jahr zu Humboldts Drachenbaum gelangen – die Expedition ist ja nur verschoben, nicht abgeblasen …

Resignierend begibt sich Charles auf den Heimweg. Die Jagdsaison beginnt in Kürze, und nirgendwo kann man die Zukunftssorgen so gut vergessen wie in Maer. »Ich würde mich damals für verrückt gehalten haben, wenn ich die ersten Tage der Rebhuhnjagd um der Geologie oder irgendeiner anderen Wissenschaft willen aufgegeben hätte.«

TEIL II

Zu Lande und in der Hängematte

Kapitel 4

Ein folgenschwerer Brief

Ohne die »Beagle«-Expedition hätte Charles Darwin die Evolutionstheorie gewiss nie begründet. Dass er zu guter Letzt doch mit dem Schiff in See sticht, muss man als einen einmaligen Glücksfall bezeichnen. Von wie vielen winzigen Zufälligkeiten hängt seine Teilnahme ab! Da folgen Zusagen und Ablehnungen Schlag auf Schlag, da werden einmal gefasste Entscheidungen widerrufen, und ein wichtiger Brief jagt den anderen. Den ersten öffnet Charles, als er am späten Abend des 29. August 1831 von der geologischen Tour in sein Vaterhaus zurückkehrt. Er stammt von Henslow und enthält neben dessen Schreiben ein weiteres von Peacock, dem Astronomieprofessor am Trinity College.

Zuerst vertieft sich Charles in die vertraute Handschrift des Freundes. »Ich wurde von Peacock gebeten, ihm einen Naturalisten als Reisebegleiter für Kapitän FitzRoy zu empfehlen, der im Auftrag der Regierung den Südzipfel Südamerikas vermessen soll. Ich habe ihm versichert, daß Sie die bestgeeignete Person sind, die mit einer gewissen Wahrscheinlichkeit so eine Reise antreten wird. Ich habe das nicht unter der Voraussetzung gesagt, daß Sie ein *fertiger* Naturalist sind, sondern weil Sie umfassend qualifiziert sind, alles zu sammeln, zu beobachten und aufzuzeichnen, was für die Naturgeschichte neu ist … Kapitän FitzRoy will … nicht einen bloßen Kollektor, sondern einen Begleiter, und er würde keinen noch so guten Naturalisten nehmen, der ihm nicht als ein *Gentleman* empfohlen würde … Die Reise soll zwei Jahre dauern …«

Von der Überraschung wie betäubt, wendet Charles das Blatt um. »Die Expedition soll am 25. September – frühestens – lossegeln, folglich ist keine Zeit zu verlieren.«

Peacocks Zeilen enthüllen ihm weitere Details. Kapitän FitzRoy sei ein junger, zielstrebiger Offizier, beliebt und mit guten Manieren. Er sei bereits einmal nach Südamerika gefahren … Die Admiralität, liest Charles, bezahle dem mitreisenden Naturalisten kein Gehalt, werde ihn jedoch offiziell berufen. Mr. Darwin möge seine Zustimmung so schnell als möglich Kapitän Beaufort von der Admiralität und Kapitän FitzRoy mitteilen.

Charles ist wie benommen. Ihm wird ein Platz in einer richtigen, großen, wissenschaftlichen Expedition angeboten! Das ist viel mehr, als er sich je erträumt hat. Eigentlich eine Aufgabe für einen Naturalisten mit Erfahrung, nichts für einen Anfänger wie ihn. Weshalb also hat man gerade ihn ausgewählt? Und sind nicht zwei Jahre eine schrecklich lange Zeit? Er würde Fanny vermissen und überhaupt von Freunden und Verwandten getrennt sein. Aber er hinge in keiner langweiligen Pfarrstelle fest und könnte sich ganz den geliebten Naturforschungen hingeben. Am liebsten führe er sofort los.

Die Schwestern staunen über den Brief. Nie hätten sie es für möglich gehalten, dass ein Professor ihrem Charles so viel zutraut. Und der Vater? Dr. Robert Darwin dreht das Schreiben lange in seinen Händen – er überschläft die Angelegenheit. Am nächsten Morgen winkt er Charles zu sich. Seine Einwände sind klar und begründet. Bessere, erfahrene Wissenschaftler müssen die Teilnahme abgelehnt haben, bevor sich Peacock und Henslow an seinen Sohn wandten.

Tatsächlich hat Peacock, der mit dem Kapitän befreundet ist, zuerst Henslow oder Jenyns zu gewinnen versucht. Henslow wäre gern gefahren, doch er ist verheiratet und will seine Verpflichtungen an der Universität nicht aufgeben, und Jenyns fühlt sich an seine Pfarrstelle gebunden.

Ein weiterer gewichtiger Gesichtspunkt beunruhigt Robert Darwin: Hieße dieser Plan nicht, aus dem Hobby einen Beruf zu machen? Nach einer Unterbrechung von zwei Jahren würde Charles sich nur mit größter Mühe in eine geistliche Laufbahn einordnen können. Ja, er würde sich womöglich nie in ein gesetztes, respektables Leben fügen. Müsste so eine Reise nicht seinem Ruf als zukünftigem Kleriker schaden? Und dass sich so kurz vor der Abfahrt noch kein Forscher bereit erklärt hat, lässt ernsthafte Bedenken vermuten: die Mühsal und Gefahren einer Expedition – vielleicht noch anderes, was man seinem Sohn verschwieg. Nicht alle Schiffe kehren in ihre Heimathäfen zurück …

Robert Darwin entscheidet sich gegen das unsichere Unterfangen, und er ist deshalb in den Ruf eines starrsinnigen, tyrannischen Vaters geraten. Allerdings, so unabänderlich fällt sein Nein nicht aus. »Wenn du irgendeinen Mann von gesundem Menschenverstand finden kannst«, sagt er zu Charles, »der dir zurät, so will ich meine Zustimmung geben.«

Charles schreibt also schweren Herzens an Peacock und lehnt das Anerbieten ab. Tags darauf fährt er zu den Wedgwoods nach Maer: Die Jagdsaison beginnt. Auch hofft er bei Cousins und Cousinen auf Mitgefühl und eventuell sogar Zuspruch zu stoßen. Und richtig, Vetter Hensleigh, fünf Jahre älter als Charles und ebenfalls ein Absolvent von Cambridge, empört sich: Charles dürfe keinesfalls auf dieses Abenteuer verzichten!

Onkel Jos ist direkt angesprochen. Robert Darwin hat ihm durch seinen Sohn ein Dutzend Terpentinpillen geschickt und eine kurze Notiz, in der er nach der unvoreingenommenen Meinung des Schwagers und Freundes fragt. Genau zum richtigen Zeitpunkt greift der Onkel als der »Mann von gesundem Menschenverstand« in Charles' Leben ein.

Noch im Verlauf des Tages wendet sich Charles mit ein paar Zeilen an den Vater. Dem Brief legt er eine Liste aller väterlichen Einwände sowie der Erwiderungen Josiah Wedgwoods bei. Acht Punkte sind es insgesamt. Onkel Jos geht auf jeden einzelnen genauestens ein: Viele achtbare Geistliche hätten sich mit Naturgeschichte beschäftigt, und die Admiralität würde wohl kaum ein schlechtes Schiff mit einer so wichtigen Mission betrauen. »Das Unterfangen ist natürlich für Charles' berufliche Laufbahn nutzlos«, führt er psychologisch treffsicher fort, »doch wenn wir ihn als einen Mann von ungewöhnlich großer Wißbegier betrachten, gewährt es ihm eine Gelegenheit, Menschen und Dinge zu sehen, wie sie nur wenigen vergönnt ist.«

Am nächsten Morgen werden Pferde angeschirrt und die Botschaft abgeschickt, Charles begibt sich beruhigt auf die Jagd. Ein paar Stunden später holt ihn Onkel Jos zurück: Ein Wort von Mann zu Mann ist besser als ein noch so gezielter Brief.

Gemeinsam reisen sie nach Shrewsbury – und rennen offene Türen ein: Robert Darwin gibt seinem Sohn ohne weitere Diskussion die Einwilligung.

Mit Feuereifer stürzt Charles an sein Schreibzeug. Er teilt Henslow und Kapitän Beaufort mit, dass er das Angebot doch annimmt. Allerdings braucht ein Brief nach Cambridge ungefähr drei Tage, über das Wochenende – es ist Donnerstag – vielleicht länger. Kurz entschlossen packt Charles am späten Abend die Reisetasche.

Bereits um drei Uhr in der Früh klettert er vor der Poststation von Shrewsbury in die Expresskutsche. »Wonder« heißt sie und ist neben »Tallyho« und »Nimrod« eine der schnellsten des Landes – der unbekannte junge Autor Charles Dickens verewigt sie zwei Jahre später in der allerersten seiner Londoner Skizzen.

In Brickhill muss Charles in eine leichtere Kutsche umsteigen, die Gedanken eilen ihm weit voraus. Das Meer, Teneriffa, die Ebenen Patagoniens, alles ist so unvorstellbar fern – und so nah zugleich. Wenn die Admiralität nur auf seine Absage hin noch niemand anderen benannt hat!

Nach etwa zwanzig Stunden Fahrt hallt der Hufschlag der Pferde in den Straßen von Cambridge wider. Weit über zweihundert Kilometer hat Charles zurückgelegt und ist völlig durchgeschüttelt worden. In seinem Kopf hämmern die Gedanken wie die Räder der Kutsche auf dem buckligen Pflaster. Es ist später Abend, zu spät, um bei Henslow anzuklopfen. Charles mietet im »Red Lion« ein Zimmer und kritzelt eine Notiz an den Freund.

Er ist so übermüdet, dass er das Datum verwechselt. »Ich hoffe, der Platz ist noch nicht vergeben!«

Am nächsten Morgen erfährt er, dass es zwar keinen neuen Kandidaten gebe, die Admiralität jedoch zweifele, ob sie einem so jungen Mann die Aufgabe überantworten könne. Immerhin, er ist ein Enkel des noch immer bekannten, wenn auch kaum mehr gelesenen Dr. Erasmus Darwin. Dem Kapitän stehe die letzte Entscheidung zu – doch der hat sich bereits gegen Darwin, die dritte Wahl nach Henslow und Jenyns, geäußert und bemüht sich, einen Freund als Reisekameraden zu gewinnen. Charles will noch nicht aufgeben. Was würde er nicht alles tun, um mitzufahren! Ob ein persönlicher Eindruck FitzRoy umzustimmen vermag? Am Montag, dem 5. September, reist Charles bangen Herzens weiter nach London, um bei ihm vorzusprechen.

Ein Kapitän und sein Schiff

Eine absurde Kleinigkeit droht alles zu gefährden: Charles Darwin wird um ein Haar von FitzRoy zurückgewiesen, weil seine Nase nicht die richtige Form besitzt! FitzRoy ist ein eifriger Anhänger des Schweizer Theologen Johann Kaspar Lavater, der lehrt, dass man den Charakter eines Menschen nach äußeren, körperlichen Merkmalen, der Physiognomie, beurteilen könne. Darwins Nase, nun ja, deutet in FitzRoys Augen auf einen Mangel an der für eine lange, beschwerliche Reise nötigen Entschlossenheit und Tatkraft hin.

Ein weiterer Vorbehalt des Kapitäns mag politischer Natur sein. Sein direkter Vorfahr, der erste Herzog von Grafton, war ein illegitimer Sohn von König Charles II. – daher auch der Name FitzRoy, Sohn des Königs. Seine konservativen Anschauungen entsprechen seiner Herkunft: Er ist überzeugter Tory. Die Darwins aber sind der sozialen Stellung und bürgerlichen Haltung nach den Whigs, also den Liberalen, zuzurechnen. Muss das nicht Reibereien an Bord erzeugen? Eine Untergrabung der Autorität, die kein Kapitän gestatten darf?

Unmittelbar nach der Ankunft sucht Darwin in London FitzRoy auf. Und wieder hat er unwahrscheinliches Glück. Fünf Minuten, bevor er bei FitzRoy anklopft, hat dessen Freund abgesagt.

Die beiden jungen Männer, FitzRoy zählt erst sechsundzwanzig Jahre, finden Gefallen aneinander. Nach einem sehr angenehmen, gemeinsam verbrachten Abend schreibt Darwin an seine Schwester Susan: »Er bietet mir an, alles in seiner Kabine mit ihm zu teilen … Er meint, nichts würde ihn so unglücklich machen, als mich bei sich zu haben und mich unbehaglich zu wissen … In seinen Manieren und in der Art, direkt auf einen Punkt

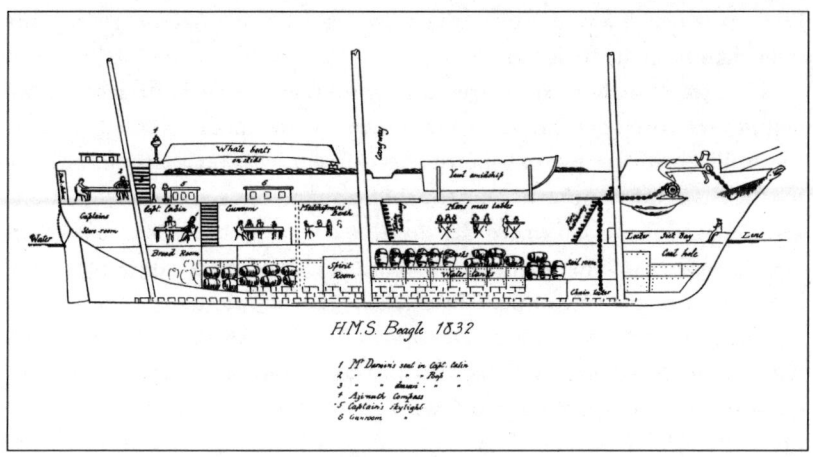

4 Querschnitt durch die »Beagle«

loszugehen, liegt etwas äußerst Anziehendes. Wenn ich mit ihm lebte, sagte er, müßte ich einfach leben – keinen Wein und einfachste Mahlzeiten … Auf einmal frug er mich: Werden Sie es ruhig ertragen, wenn ich Ihnen sage, daß ich die Kajüte für mich brauche? Wenn wir uns in dieser Weise behandeln, dann passen wir, wie ich hoffe, zusammen, wenn nicht, dann dürften wir einander wahrscheinlich zum Teufel wünschen.«

Darwin bittet die Schwester, eine Reihe von Besorgungen auszurichten: Nancy, die Hausangestellte, soll ihm zwölf Hemden nähen und nicht nur acht, er ordert seinen Reisesack und die Spanischbücher, den Kompass und natürlich das Mikroskop. Da springen seine Gedanken wieder zu FitzRoy. »Er ist durchaus fürs Sparen, ausgenommen in einem Punkte, nämlich Feuerwaffen. Er empfiehlt mir eindringlich, einen Pistolenkasten wie den seinigen anzuschaffen, welcher sechzig Pfund kostet!, und niemals ans Land zu gehen ohne geladene Pistolen …«

Trotz seiner Jugend ist Robert FitzRoy ein erfahrener Kapitän. Vor fünf Jahren hat er sich als Flaggleutnant auf der ersten Vermessungsfahrt der Schiffe »Adventure« und »Beagle« nach Südamerika bewährt. Als sich der damalige Kapitän der »Beagle«, ausgelaugt von den Beschwernissen der Fahrt und von ständiger Überforderung, erschoss, beförderte der Befehlshaber FitzRoy zum Commander und vertraute ihm die »Beagle« an. Seither gehören FitzRoy und das Schiff zusammen.

Das Temperament des Kapitäns neigt zu Extremen. Den Tag beginnt er meist schlecht gelaunt, und wehe!, er entdeckt mit seinen scharfen Augen an Bord einen Mangel. Die jüngeren Offiziere haben einen festen Ausdruck für die Zornesausbrüche geprägt, sie fragen einander bei der Ablösung: »Ist heute viel heißer Kaffee serviert worden?« Andererseits aber weiß Fitz-

Roy um seine Schwäche, und er ist sich für eine offen ausgesprochene Entschuldigung nicht zu schade.

FitzRoy ist orthodoxer Christ und glaubt an die buchstäbliche Wahrheit des mosaischen Schöpfungsmythos. Nicht zuletzt deshalb hat er einen Naturalisten auf das Schiff gebeten. Der soll der Mission nicht nur wissenschaftlichen Ruhm sichern, sondern auch anhand der geologischen Bildungen Südamerikas das Wirken der Sintflut nachweisen. Darwin hat gegen diese Aufgabenstellung nichts einzuwenden. Dennoch sind durch FitzRoys Auffassungen spätere Konflikte bereits vorprogrammiert.

Eine knappe Woche bleibt Darwin in London. Der Lärm und die Geschäftigkeit der Großstadt entsprechen seiner Stimmung. Am 8. September feiert die Metropole: William IV. wird gekrönt. Darwin zahlt eine Guinee für einen Sitzplatz, um die Prozession mitzuerleben. Die Schaulustigen drängen sich so dicht in den Straßen, dass die Wagen kaum vorankommen und berittene Garden Platz für den Zug schaffen müssen. Überall prangen die königlichen Insignien: Krone, Anker und »W. R.« für William Rex. Der neue König gilt als liberal und als ein Mann des Bürgertums, er hat sich für die Katholikenemanzipation eingesetzt und bereits während seiner Regentschaft ein Whig-Kabinett berufen.

Am folgenden Sonntag besteigen FitzRoy und Darwin einen hochmodernen »Dampfer« und fahren entlang der Kanalküste zu den zusammenwachsenden Hafenstädten Plymouth und Devonport, in deren Docks die »Beagle« überholt wird.

Beim ersten Anblick erweckt die »Beagle« eher den Eindruck eines Wracks als den eines Schiffes, das in wenigen Wochen zu einer Weltreise in See stechen soll. Die Masten fehlen, die Schotten sind entfernt worden, hier und da reißt man morsches Holz aus dem Schiffsboden. Die »Beagle«, ein Fahrzeug von 235 Tonnen Wasserverdrängung, gehört zur mittlerweile veralteten Klasse der Zehnkanonenbriggs. In der Marine nennt man sie die »Sarg-Briggs« wegen der Leichtigkeit, mit der sie bei stürmischem Wetter untergehen. Sie sind zu »tiefbrüstig«, das heißt, ihr Schanzkleid ist zu hoch im Verhältnis zu ihrer Größe, sodass das bei schwerer See hereinschwappende Wasser nur schlecht ablaufen kann und die Schiffe zum Kentern bringt. Von den hundertsieben Briggs der Klasse verlor die Flotte sechsundzwanzig durch diese oder ähnliche Ursachen – nur eine Brigg sank aus anderem Grund, sie fiel einem Piratenangriff zum Opfer.

Kapitän FitzRoy beschränkt sich nicht darauf, angefaulte Planken auszutauschen. Er hat seine eigenen Vorstellungen von einem guten, ihm angemessenen Schiff. Bereits vor der ersten Südamerikareise hat man einen dritten Mast, den Besanmast, gesetzt. Die »Beagle« wird wie eine Barke getakelt: Fock und Hauptmast tragen Rahentakelage, Stagsegel werden zwischen Haupt- und Besanmast gehisst. Mit einem erhöhten Vorderdeck und einer

Achterkabine, wodurch ein wenig mehr Raum gewonnen wird, ist das Schiff gleichzeitig besser vor schwerer See geschützt.

Die Ergänzungsarbeiten kosten die Admiralität fast so viel wie ein Neubau. FitzRoy besteht darauf, dass möglichst viel Mahagoniholz verwendet wird; er sorgt dafür, dass die »Beagle« über die außergewöhnliche Anzahl von 24 Chronometern verfügt und mit zwei ausgezeichneten Kompassen ausgerüstet wird; er ordert sieben Messingkanonen – Eisen würde die Kompassmessungen beeinflussen –, und der berühmte »Donner-und-Blitz-Harris« darf auf der »Beagle« Blitzableiter nach seiner neuesten Konstruktion montieren. Ein breites Band Kupferplatten von der Mastspitze bis unter die Wasserlinie soll das »elektrische Fluidum« eines Blitzes auf so großer Fläche ableiten, dass es bis zur Gefahrlosigkeit abgeschwächt wird.

Einen Mangel jedoch kann auch der engagierteste Kapitän nicht beheben: den an Raum. Die »Beagle« ist ganze einunddreißig Meter lang, und jeder Zoll wird genutzt, um Vorräte und Ausrüstungen zu verstauen. Bei siebzig Mann Besatzung ist der Platz, den Darwin zugewiesen bekommt, mehr als beschränkt. Er wird zusammen mit dem Zweiten Offizier Sulivan in der als Zeichenkajüte dienenden Achterkabine untergebracht. Die Kajüte ist mit einem Kartenschrank und einem Bücherregal ausgestattet. Darwins Hängematte spannt sich über den Kartentisch. Mit seinen Habseligkeiten darf er mehrere kleine Kästen füllen, die in einer Ecke von Deck zu Deck gestapelt sind. Den obersten muss er herausnehmen, wenn er seine Hängematte befestigen will, da der Platz für die Taue am Fußende sonst fehlt.

Trotz der Enge äußert sich Darwin begeistert. »Meine Kajüte ist ganz prächtig, sicher neben der des Kapitäns die beste, und merkwürdig hell … Kapitän FitzRoy will dafür sorgen, daß die eine Ecke so hergerichtet wird, daß sie behaglich wird und ich sie als mein Heim betrachten kann … In den ersten zwei Monaten wird keine Zeichnung anzufertigen sein, so daß es geradezu ein Luxusraum ist …«

»Diese Monate fühlte ich mich sehr miserabel«

Nach einer knappen Woche in Devonport eilt Darwin über London und Cambridge nach Shrewsbury zurück. Die erste Begeisterung über FitzRoy und sein Schiff ist verflogen. Darwin weiß, was er aufgeben wird – für mindestens drei, wenn nicht vier Jahre, wie man ihm inzwischen mitgeteilt hat. Ein Versuch, etwas von der Geborgenheit in der Familie und im Freundeskreis mit an Bord zu nehmen, scheitert: FitzRoy lehnt seinen Vorschlag, einen der jungen Owens als Seekadetten anzuheuern, wegen des fehlenden Platzes ab.

5 Die »Beagle« in phosphoreszierender See

Von Fanny kann er sich nicht einmal richtig verabschieden, denn sie weilt bei Bekannten in Südengland. »Ich hoffte ... rechtzeitig zu Haus zu sein, um Dich zu sehen«, schreibt sie ihm, »ich kann Dir nicht sagen, wie enttäuscht und bedrückt ich bin ... Ich hörte, daß Du vor zehn Tagen in Plymouth warst, und ich war ebenfalls da, was für ein Mißgeschick, daß wir uns nicht trafen!« Doch dann findet sie ihren scherzhaften Ton wieder: »... schreib mir, ob ich für die Zeit Deiner Rückkehr nach einer netten kleinen Frau für die Pfarrstelle Ausschau halten soll ..., eine gebührende Kenntnis des Käferreiches ist natürlich erforderlich ...« Wie soll Darwin diese Zeilen deuten?

Ende Oktober sitzt Darwin reisefertig in Devonport. Die Arbeiten an der »Beagle« sind langsamer vorangeschritten als geplant, noch immer sind die Schiffszimmerleute eifrig mit der Ausstattung der Kajüten beschäftigt. Das unbestimmte Warten zerrt an seinen Nerven. Er klagt über Herzklopfen und Schmerzen in der linken Brustseite. Soll er einen Arzt konsultieren? Lieber nicht, denn der könnte ihm womöglich die Seereise untersagen!

Endlich wird ein Fortschritt sichtbar. Die Admiralität sendet FitzRoy die Befehle zu: die Kartografierung »der Küsten von Patagonien und Feuerland … zu vollenden, die Küsten von Chile, Peru und einigen Südseeinseln aufzuzeichnen und eine Kette von chronometrischen Meßbestimmungen rund um die Erde auszuführen«.

Die Seemacht Nummer eins in der Welt benötigt genaueste Karten von Küsten und Hafeneinfahrten, von Inseln und Meerengen, um ihre Flotte sicher und schlagkräftig einsetzen zu können. So dient die geografische Mission politischen und militärischen Interessen. Mit mehr oder minder offener britischer Unterstützung hat Südamerika die über zwei Jahrhunderte alte spanische Kolonialherrschaft abgeschüttelt, und vor acht Jahren erst verkündete der nordamerikanische Präsident James Monroe die Doktrin »Amerika den Amerikanern« – die USA beanspruchen Südamerika als ihr Einflussgebiet.

Inzwischen treffen drei Feuerländer in Plymouth ein, die FitzRoy in ihre Heimat zurückbringen will. Auf der letzten Reise hat er sie gefangen genommen, weil ihre Landsleute das Walboot der »Beagle« gestohlen hatten. Ihre Namen sind einer Augenblickslaune der Seeleute entsprungen und klingen fantastisch und entwürdigend zugleich: das Mädchen Fuegia Basket, »Feuerland Korb«, York Minster, »Münster von York«, und Jemmy Button, dessen Name daran erinnert, dass man ihn als Knaben gegen einen Perlmuttknopf eingetauscht hat. Ein vierter Feuerländer ist in England an Pocken gestorben, die anderen drei wurden in christlich-britischem Sinne gekleidet und erzogen und einmal sogar dem Königspaar vorgestellt. Nun sollen sie als Dolmetscher dienen und – so hofft FitzRoy – zusammen mit einem Missionar auf Feuerland das wahre Licht des christlichen Glaubens und den Ruhm Britanniens verbreiten.

Am 23. November endlich fallen die Taue, die »Beagle« segelt aus den Docks, um in einer Nebenbucht auf einen für die Abreise günstigen Wind zu warten. »Jeder, der es beurteilen kann«, schreibt Darwin an Fox, »sagt, daß es eine der großartigsten Missionen sei, die je ausgesandt worden sind … Aber ich werde ein alter Mann sein, wenn ich zurückkehre, viel zu alt, um noch eine kleine Frau zu finden …«

Darwin macht sich mit dem Bordleben vertraut. Er hat gerade genügend Platz, sich umzudrehen. Für die künftigen Sammlungen muss er sich mit einer kleinen Kajüte unter dem Vorderkastell begnügen. Arbeiten und schlafen, Bücher lesen und Briefe schreiben – alles wird sich auf denselben vier Quadratmetern abspielen. Doch entdeckt er selbst daran eine gute Seite: Er wird zu Ordnung, Regelmäßigkeit und methodischem Vorgehen bei der Arbeit gezwungen.

Nur noch der widrige Südwestwind verhindert die Abfahrt. FitzRoy schiebt den Termin immer weiter hinaus. Am 10. Dezember endlich befiehlt er, den Anker zu lichten. Es regnet zwar in Strömen, doch nun weht nur eine schwache Brise aus Südwest.

Dann bricht das Elend über Darwin herein: die gefürchtete Seekrankheit. Der Wind frischt auf, und eine schwere Dünung rollt über den Bug der »Beagle«. Noch nie hat Darwin eine so üble Nacht durchlebt. Er weiß nicht, auf welche Seite er sich legen soll, das Pfeifen des Windes, das Tosen der See und die heiseren Schreie von Offizieren und Mannschaft klingen ihm in den Ohren. Am nächsten Morgen flieht die »Beagle« nach Plymouth zurück.

Die Tage schleppen sich hin, ohne dass sich das Wetter bessert. Darwin weiß nichts mit sich anzufangen – womöglich wird er auch während der Reise unter Langeweile leiden? Beobachten und Sammeln allein werden seine Zeit wohl kaum ausfüllen? Er beschließt, unterwegs viel Naturgeschichte zu lesen. Er will sich mit Meteorologie und Mathematik beschäftigen, Französisch und Spanisch lernen, auch ein wenig die klassischen Sprachen wiederholen.

Am 21. Dezember weckt eine leichte Brise aus Nordwest neue Hoffnungen. Die »Beagle« sticht in See, kaum ist sie aus dem Hafen, läuft sie, es ist Ebbe, bei Drakes Island auf Grund. Glücklicherweise manövriert sie sich frei und segelt weiter bis Lizard Island, dann springt der Wind – auf Südwest. Kapitän FitzRoy ist zum zweiten Mal gezwungen, das Wendekommando zu geben.

Weihnachten naht. Am ersten Feiertag hört Darwin die Predigt eines Bekannten aus Cambridge, danach speist er mit den Offizieren der »Beagle«. Es gibt kaum eine Person an Bord, mit der er sich nicht angefreundet hätte. Zum Abend allerdings erlebt er, was das Fest für Seeleute bedeutet: sinnlose Trunkenheit. Selbst der Wachposten wankt und lallt. Ein Seekadett muss ihn ablösen. Am nächsten Morgen herrscht auf dem Schiff vollständige Anarchie. Und gerade jetzt bläst zum ersten Mal seit Wochen der gewünschte Ostwind! Kapitän FitzRoy greift hart durch. Wer, halb betrunken, seinen Befehlen nicht Folge leistet oder gar widerredet, wird bis zu neun Stunden zum Ausnüchtern in Eisen gelegt oder ausgepeitscht. Dennoch verzögert sich die Ausfahrt um einen Tag.

Darwins lang ersehnte Weltreise beginnt für ihn mit Seekrankheit.

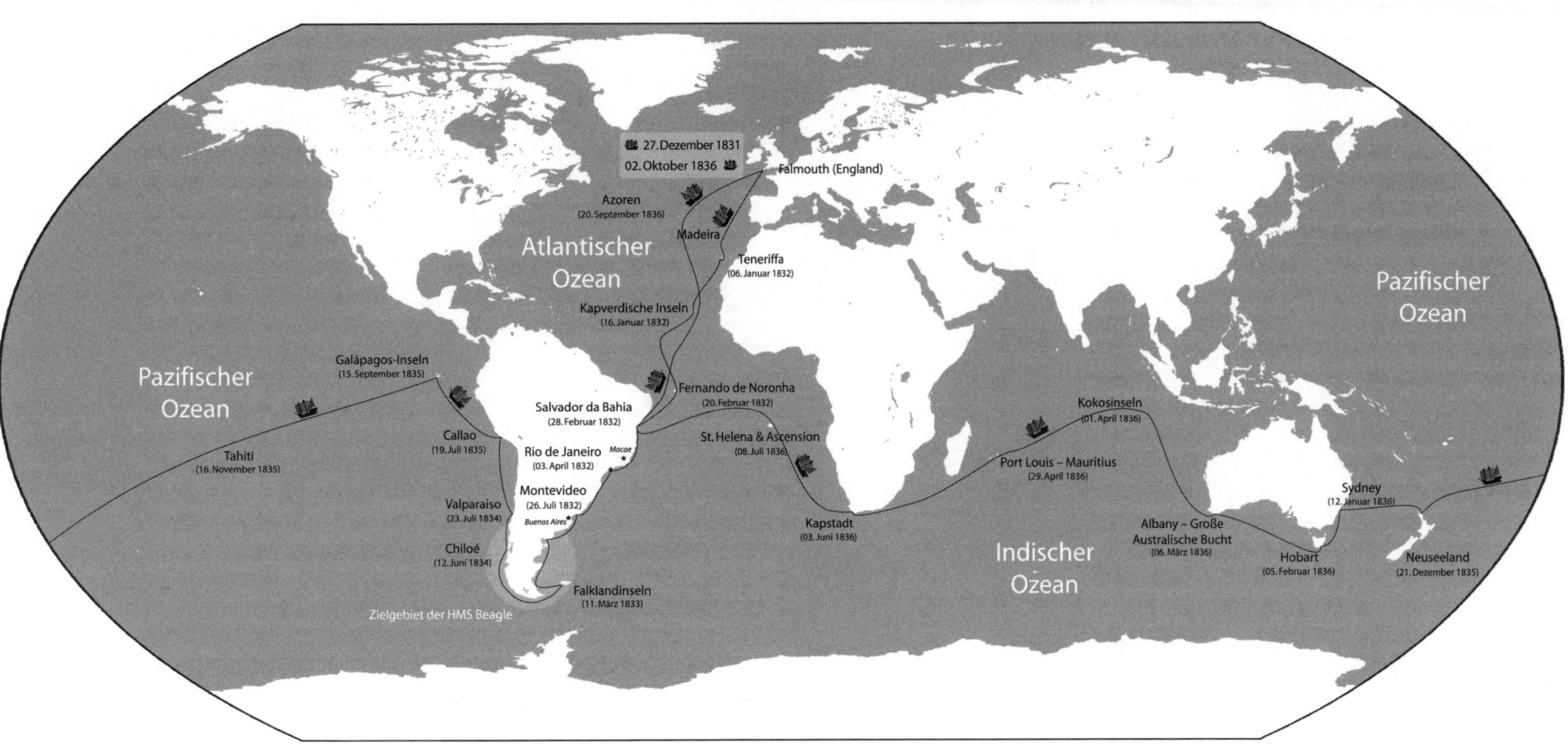

6 Die Route der »Beagle« (vereinfacht).

Kapitel 5

Neptun fordert sein Recht

»Zunächst fühlt man sich unbeschreiblich elend«, schreibt Darwin kurz vor Neujahr 1832, als ein Sturm das Meer im Golf von Biskaya aufwühlt, in sein Tagebuch. Die Qualen eines Seekranken überträfen »bei weitem das, was sich eine Person, die niemals länger als ein paar Tage auf See gewesen ist, vorstellen kann ... Ich entdeckte, daß die einzigen Dinge, die mein Magen vertrug, Kekse und Rosinen waren. Auch ihrer wurde ich jedoch mit zunehmender Erschöpfung schnell überdrüssig. Die vornehmlichste Kur ist dann Sago mit Wein und Gewürzen, was man stark erhitzt. Doch das sicherste Mittel ist, sich hinzulegen – am besten in eine Hängematte.«

Kapitän FitzRoy zurrt eigenhändig Darwins Hängematte in den Ecken der Achterkabine fest. Über dem Kartentisch hin- und herschwingend, überwindet Darwin allmählich das Schwindelgefühl. Er findet es in schlaflosen Nächten sogar unterhaltsam, den Mond und die Sterne ihre kleinen kreisförmigen Schaukelbewegungen vollführen zu sehen.

Dann bessert sich sein Zustand. Das Schiff segelt in ruhigeren, tropischen Gewässern. Teneriffa, wo Humboldts Drachenbaum wurzelt, ist nicht mehr fern. Darwin wagt es wieder, an Deck zu gehen. Die Luft ist mild und warm wie an einem englischen Frühlingstag, nur der Himmel erscheint ihm viel heller und klarer.

Bei Tagesanbruch des 6. Januar 1832 dreht die »Beagle« vor der Insel bei. Santa Cruz, der Haupthafen, wirkt aus der Entfernung mit seinen weißen Häusern außerordentlich malerisch. Der Pik von Teneriffa – der Teide – hat sich gerade aus den Wolken geschoben und ragt viel höher in den Himmel auf, als Darwin es sich vorgestellt hat. Eine dichte Nebelbank trennt den schneebedeckten Gipfel von der felsigen, zerklüfteten Basis.

»Es ist jetzt elf Uhr«, heißt es in seinem Tagebuch, »und ich muß noch einmal dieses lang ersehnte Ziel meiner Pläne ansehen. – O Elend, Unglück! Wir wollten gerade unseren Anker eine halbe Meile vor Santa Cruz werfen, als ein Boot unser Todesurteil brachte. Der Konsul erklärte, daß wir uns einer strikten Quarantäne von zwölf Tagen unterziehen müßten.« In England ist in der Zwischenzeit eine verheerende Cholera-Epidemie ausgebrochen, und die Hafenbehörde befürchtet, dass die Krankheit eingeschleppt wird.

Kapitän FitzRoy zögert nicht lange. Teneriffa zählt nicht zu den Orten, die er zu vermessen hat. Deshalb befiehlt er, alle Segel zu setzen und die Kapverden anzusteuern. Bald verschwindet die Insel mit Humboldts Drachenbaum hinter dem Horizont.

Darwin entschädigt sich dadurch, dass er ein Schleppnetz ins Meer senkt und den reichen Fang an Meeresgetier genau unter die Lupe nimmt. Er bemüht sich, mit gerade dreiundzwanzig Jahren und völlig auf sich allein gestellt, so professionell wie möglich vorzugehen, und beschränkt sich dabei nicht auf die Biologie. So untersucht er auch den feinen Staub, der Hunderte von Kilometern vor dem Festland die Atmosphäre dunstig macht, sich wie ein Schleier über die »Beagle« legt und sogar in einige Instrumente eindringt. Der Staub besteht aus den Kieselpanzern von winzigen Infusorien und kieseligem Gewebe von Pflanzen.

Am 16. Januar ankert die »Beagle« in Porto Praya auf San Jago, der wichtigsten Insel der portugiesischen Kapverden. Darwin erblickt vom Schiff aus eine trostlose Landschaft. Auf weiten Lava-Ebenen, die der sengenden Hitze der Tropensonne ausgesetzt sind, wächst kaum eine Pflanze. Dennoch begeistert ihn die Großartigkeit der Szenerie, die so gar nichts mit dem heimatlichen England gemein hat. An Land stößt er bald auf Gewächse, die er bislang nur aus Büchern oder von botanischen Gärten her kannte: Palmen, Tamarinden, Bananenbäume.

Er begleitet FitzRoy durch die Stadt, in deren Straßen es von braunen und schwarzen Kindern, von Ziegen und Schafen wimmelt. Einige Tage später reitet er mit zwei Offizieren zu dem neun Meilen entfernten Ribeira Grande, dem einstigen Hauptort der Insel. Eine in Ruinen liegende Festung, eine Kathedrale und ein Kirchhof mit Grabsteinen aus dem 16. Jahrhundert erinnern dort an vergangene Blütezeiten.

Ein weiterer Ausflug führt Darwin und seine Kameraden quer über die Insel. Wenige verkümmerte Akazien, die der beständige Passatwind nach Nordnordosten verkrümmt hat, weisen ihnen die Richtung. Auf dem Rückweg durchqueren sie Fuentes, ein Dorf, in dem nach Darwins Worten alles zu gedeihen scheint, »allerdings mit Ausnahme dessen, was am meisten hätte gedeihen sollen, nämlich der Bewohner. Die schwarzen, völlig nackten Kinder, die sehr elend aussahen, trugen Bündel von Brennholz, halb so groß wie ihre kleinen Körper.«

Die meiste Zeit verbringt Darwin auf San Jago damit, Insekten und Pflanzen zu sammeln. Ein ödes vulkanisches Eiland in der Nähe, die Quail-Insel, interessiert ihn wegen seiner Gesteine. Während der Überfahrt hat er den ersten Band von Charles Lyells »Principles of Geology« genau studiert, den ihm FitzRoy kurz vor der Abreise schenkte. Gewiss hat FitzRoy nie in diesem Buch geblättert, denn die revolutionären geologischen Anschauungen, die es enthält, laufen seinem strikten Bibelglauben zuwider. Selbst Henslow hat es Darwin nur bedingt empfohlen: Es sei äußerst anregend zu lesen, auf keinen Fall aber dürfe man jede Aussage glauben.

Lyell lehnt in seinem Buch die Katastrophentheorie der Erdgeschichte konsequenter ab als all seine Vorgänger. Die gleichen Kräfte, die heute die Erdoberfläche verändern, hätten sie im Verlauf der vergangenen Jahrmillionen geformt und nicht Kataklysmen. Hebungen und Senkungen großer Landmassen, die Wirkung des vulkanischen Feuers und des Wassers haben in seinem Bild Platz. Lyell beschränkt sich nicht auf die reine Geologie. Zu den natürlichen Lebensbedingungen, die die Geologie vorgibt, hätten jeweils auch entsprechende, ihnen angepasste biologische Arten existiert. Wandelten sich die Bedingungen, beobachte man folglich auch andere Arten. Verändern würden sich die einzelnen Arten jedoch nicht. Lyell glaubt, mit dem Aussterben ganzer Tiergattungen auskommen zu können.

Dieses neu gewonnene Wissen kann Darwin nun auf der Quail-Insel und auf San Jago zum ersten Mal überprüfen. Was er hier untersucht, zeigt ihm deutlich »die wunderbare Art und Weise Lyells, Geologie zu behandeln«. Allerdings ist er noch lange kein sattelfester Geologe oder gar Lyell-Anhänger. »Die Quail-Insel«, schreibt er in das Tagebuch, »sieht für mich aus wie ein Teil des lang umstrittenen Diluviums.« Diluvium, so nannten die Neptunisten die Zeit vor der weltweiten Überflutung des Landes, die manche mit der biblischen Sintflut gleichsetzen.

Später, als Darwin seine Notizen kritisch durchliest, streicht er alles aus, was ihm »absurd« erscheint. Auch das Diluvium fällt diesem geistigen Kehraus zum Opfer.

Durch Lyells Buch begreift Darwin die Entstehung der Insel: Ein unterseeischer Vulkan hat Muschelablagerungen mit Lava übergossen, dann trat eine Hebung des Meeresbodens ein. Wie einfach und doch einprägsam sind hier die geologischen Verhältnisse! Vielleicht, so träumt Darwin, wird er selbst einmal ein Buch über die Geologie der verschiedenen, von der »Beagle« besuchten Länder schreiben? Wieder unterwegs, bittet ihn FitzRoy, einiges aus seinem Tagebuch vorzulesen, und erklärt, es wäre der Mühe wohl wert, veröffentlicht zu werden. Darwins Eifer ist angestachelt: bereits zwei Bücher in Aussicht!

Die Seekrankheit zwingt Darwin von Neuem in die Horizontale. Außerdem wird die Tropenhitze so unerträglich, dass er aus der Hängematte steigt und flach auf dem Kartentisch schläft. Die »Beagle« segelt unmittelbar unter dem Äquator. FitzRoy kündigt den Besuch des Meeresgottes an.

»Etwa gegen neun Uhr heute morgen versammelte man uns arme Grünschnäbel ... auf dem unteren Deck. Die Ladeluken waren heruntergelassen, so daß wir uns im Dunkeln und in großer Hitze befanden ... Bevor ich hinaufkam, hatte mir der Wachmann die Augen verbunden, und ich wurde herumgeführt, während das Wasser eimerweise auf mich niederprasselte. Danach setzte man mich auf ein Brett, das man leicht zu einem großen Wasserzuber hin umkippen konnte. Dann schäumten sie mir Gesicht und Mund mit Pech und Farbe ein und schabten es mit einem aufgerauhten Eisenring ab. Auf ein Signal hin kippte ich kopfüber ins Wasser, wo mich zwei Männer erwarteten und untertauchten. Glücklicherweise konnte ich schließlich entwischen; die meisten anderen wurden viel schlechter behandelt. Man stopfte ihnen schmutzige Mixturen in den Mund …«

Darwin also kommt bei Neptun glimpflich davon. Das hat seinen Grund. Bei der Mannschaft, die ihn wie einen Schiffsoffizier mit »Sir« anredet, ist er sehr beliebt, denn er hat meist gute Laune und findet für Matrosen wie für Seekadetten stets ein freundliches Wort. Da er sich aber mit sonderbaren und scheinbar unnützen Dingen beschäftigt, heißt er an Bord nur »unser Philosoph« oder »der Fliegenfänger«.

Im Lande der Sklavenhalter

Am 28. Februar 1832 wirft die »Beagle« im Hafen von Bahia, der alten Hauptstadt Brasiliens, Anker. Vom überaus üppigen Urwald umwuchert, thront die Stadt auf einem steil aufstrebenden Ufer. Klöster, Säulengänge und öffentliche Gebäude unterbrechen die Linie weißer, stolzer Häuser. Für Darwin aber verblasst die Schönheit der Stadt vor den Wundern des Dschungels.

»Das Entzücken, das man in solchen Momenten empfindet, verwirrt den Geist: Wenn das Auge dem Flug eines farbenprächtigen Schmetterlings folgen will, wird es von einem merkwürdigen Baum oder einer Frucht gefesselt, wenn man ein Insekt beobachtet, vergißt man es wegen der seltsamen Blüte, über die es krabbelt, wenn man sich dreht, um die Pracht der Szenerie zu bewundern, zieht der individuelle Charakter des Vordergrundes die Aufmerksamkeit auf sich.«

Tag um Tag streift Darwin durch den Urwald. Er weiß nicht, was er zuerst sammeln soll, rafft eine große Anzahl leuchtender Blumen zusammen und Insekten, Schlingpflanzen, Gräser, deren Eleganz er bewundert … Dann bricht der tropische Regen los. Er sucht unter einem riesenhaften Baum Zuflucht, bereits nach ein paar Minuten fließt ein breiter Strom Wasser den Stamm hinab. Was für eine neue und angenehme Erfahrung ist es, zu wissen, dass die Naturforschung seine Pflicht ist!

Inzwischen wird Bahia vom Karnevalsfieber geschüttelt. Gemeinsam mit den beiden ranghöchsten Offizieren Wickham und Sulivan, die zu allem entschlossen sind, wagt Darwin sich durch die Straßen der Stadt. Sie haben

Mühe, Haltung zu bewahren und ihren Schritt nicht zu beschleunigen. Von allen Seiten bewirft die ausgelassene Menge sie mit wassergefüllten Wachsbällen und durchnässt sie aus großen zinnernen Wasserspritzen.

Kapitän FitzRoy verfasst zur selben Zeit seinen ersten Bericht an die Admiralität. Über den Bordnaturalisten ist er des Lobes voll. Darwin sei ein »verständiger, hart arbeitender Mann und ein sehr angenehmer Schiffskamerad«, der sich an das Leben an Bord problemlos angepasst habe und sich seines »gesunden Menschenverstandes, seiner natürlichen Neugier und regelmäßigen Gewohnheiten« bediene, um die sich ihm bietenden Gelegenheiten so gut als möglich zu nutzen. Eine ähnlich hohe Meinung hat Darwin von seinem Kapitän, der ihn unter anderem in den schlimmsten Tagen der Seekrankheit persönlich pflegte. Besonders aber bewundert er FitzRoys unermüdliche Energie. »Wenn er sich dabei nicht umbringt, wird er während dieser Fahrt eine wundervolle Menge Arbeit bewältigen«, schreibt er an seinen Vater.

Dennoch ereignet sich in Bahia ein heftiger Streit zwischen Darwin und FitzRoy, der den Unterschied der beiden Männer offen zutage treten lässt. Kapitän Paget von der »Samarang« diniert mit ihnen. Er unterhält sie eine Weile, wobei er die Absurditäten der britischen Flottenetikette verspottet. Dann aber berichtet er von Sklavenmisshandlungen. Auch Darwin hat nicht nur beobachtet, dass in den Werften und auf der Mole von Bahia ausschließlich Schwarze arbeiten – unter sehr bedrückenden Bedingungen –, er hat des Öfteren Schmerzensschreie aus dem Innern der Häuser gehört. FitzRoy, der überzeugte Tory, betrachtet die Zustände jedoch als gottgewollt und ist bereit, die Sklaverei im Namen der herrschenden Ordnung zu verteidigen. Als Paget gegangen ist, erzählt er Darwin, dass er soeben einen großen Sklavenbesitzer besucht habe. Der habe viele seiner Sklaven gerufen und sie gefragt, ob sie glücklich wären oder ob sie wünschten, frei zu sein. Auf Letzteres hätten alle mit »Nein!« geantwortet.

Darwin kann sich einer ironischen Frage nicht enthalten: Erwarte FitzRoy vielleicht, dass die Antwort von Sklaven in Gegenwart ihres Herrn irgendetwas wert sei? FitzRoy, der neben seiner Überzeugung seine Glaubwürdigkeit angegriffen fühlt, gerät augenblicklich in äußerste Rage. Wenn Darwin sein Wort bezweifle, könnten sie nicht länger miteinander leben!

Die Nachricht von dem Streit verbreitet sich sehr schnell, da FitzRoy, kaum dass er die Planken der »Beagle« unter den Füßen spürt, nach dem Ersten Offizier schickt, um seinem Ärger durch lautes Schimpfen auf Darwin Luft zu verschaffen. Die Offiziere zeigen sofort ihre Solidarität mit ihrem »lieben alten Philosophen«. Sie laden ihn ein, sie zu besuchen und notfalls künftig in ihrer Messe die Mahlzeiten einzunehmen. Der Sturm legt sich glücklicherweise nach wenigen Stunden. FitzRoy hat in seine gewohnte hochherzige Haltung zurückgefunden, entschuldigt sich durch einen Offizier bei Darwin und lässt ihn bitten, wie früher mit ihm zu speisen. Für diesmal ist der Frieden wiederhergestellt.

Nach etwa drei Wochen segelt die »Beagle« aus der Bucht von Bahia. Darwin ist mit dem Ordnen der ersten Beute vollauf beschäftigt. Dies hindert ihn jedoch nicht, weiterhin Seelebewesen zu fangen. Der Kugelfisch Diodon antennatus, der sich aufbläst und sich sogar aus dem Magen von Haifischen ins Freie fressen kann, hat es ihm besonders angetan. Außerdem interessiert ihn die rötlichbraune Färbung des Meeres, die von Milliarden winzigster Lebewesen, Conferven, herrührt.

Einmal, kurz nach Mitternacht, weckt Darwin ein plötzlicher Lärm an Bord. Schiffszimmerleute werden angewiesen, ein Leck zu stopfen, der Mast soll einen Sprung haben, und den Seekadetten wird befohlen, die Toppsegel zu reffen. Am Morgen stürzt Sulivan in die Achterkajüte und ruft: »Darwin. Darwin, haben Sie je einen Grampus gesehen?« Er rast hinauf, kein Grampus, Seelöwe, weit und breit im Meer, dafür von allen Seiten Gelächter. Es ist der erste April.

Drei Tage darauf läuft die »Beagle« in den Hafen von Rio de Janeiro ein. In der Stadt ist gerade eine Rebellion ausgebrochen, und der Kommandeur des im unabhängigen Kaiserreich Brasilien stationierten britischen Geschwaders erwägt, Marinesoldaten einzusetzen. Das ist nichts Außergewöhnliches. Seit den napoleonischen Kriegen und der damaligen französischen Besetzung der Iberischen Halbinsel hat sich England stark in Südamerika engagiert, ursprünglich vor allem, um französischen Einfluss zu verhindern. Aus diesem Grunde unterstützte Großbritannien auch verschiedene südamerikanische Unabhängigkeitsbestrebungen, wie die Brasiliens, das 1822 seine Loslösung von Portugal erklärte und den ehemaligen portugiesischen Prinzregenten Pedro zum Kaiser kürte.

In den darauf folgenden Kämpfen zwischen Monarchisten und Republikanern, zwischen Anhängern Portugals und der Unabhängigkeit, griff die britische Flotte immer wieder zugunsten des englandfreundlichen konstitutionell-monarchistischen Regimes ein. Auch die Herrschaft des erst 1832 gekrönten Kaisers Pedro II. beginnt mit Aufständen der Republikaner, die nur mit Mühe unterdrückt werden können. Die Zentralgewalt vieler südamerikanischer Staaten ist noch nicht stark genug, um die auseinanderstrebenden Interessen und persönlichen Ambitionen von Großgrundbesitzern und Händlern, Provinzgouverneuren und Generalen permanent in Schach zu halten.

Jedenfalls scheint die Rebellion am nächsten Tag abgeflaut zu sein, denn Darwin geht von Bord und wandert mit dem Expeditionsmaler Earle durch die Straßen Rios. Earle, der Rio von früher her kennt, zeigt Darwin die Paläste und Klöster, die zahllosen Kirchen und reich mit Balkonen geschmückten Häuser.

Sie mieten sich für die nächsten drei Monate in einem »entzückenden« Häuschen an der Botofago-Bucht ein, auf halbem Wege zwischen Rio und dem Zuckerhut mit seinem großartigen Strand, der Copacabana, der damals noch weit außerhalb der eigentlichen Stadt lag.

Ein Engländer namens Lennon beabsichtigt, seine Besitzungen in der Gegend des Rio Macae zu besuchen. Er will feststellen, weshalb sie nicht den erwarteten Ertrag abwerfen. Darwin wird eingeladen, ihn zu begleiten. Doch für die Expedition, die hundert Meilen ins Inland führen soll, sind Pässe nötig. Einen ganzen Tag ist Darwin unterwegs, um sie zu beschaffen! »Es ist niemals sehr angenehm, sich den Unhöflichkeiten von Männern in Büros aussetzen zu müssen«, schreibt er erbost in sein Tagebuch und schimpft ganz pauschal auf »die Brasilianer«. »Jedoch die Aussicht auf den Urwald, der von wunderschönen Vögeln, Affen und Faultieren bewohnt ist, und auf Seen mit Meerschweinchen und Alligatoren bringt jeden Naturforscher dazu, selbst den Staub vom Fuß eines Brasilianers zu lecken.«

Die Reisegesellschaft trägt die Züge des britischen Unternehmungsgeistes, der seit zwei Jahrzehnten Brasilien heimsucht. Da ist Lennon selbst, der ein Vermögen mit dem Verkauf von Thermometern und Brillen erworben hat, und sein ebenfalls geschäftsgieriger Neffe. Ihnen schließen sich der Schotte Laurie an, »ein selbstischer, prinzipienloser Mann, von Beruf halb Sklavenhändler, halb Schwindler«, und ein Apothekerlehrling. Ein schwarzer Knabe als Führer und Darwin komplettieren die Partie. Sie reiten über Höhen mit herrlichem Blick aufs Meer und auf die entfernten, in blauem Dunst flimmernden Berge. Bei Einbruch der Dunkelheit ziehen sie am Fuße eines der massigen, kahlen und steilen Granitberge hin, die für das Land typisch sind.

Vor einiger Zeit hatten sich hier entlaufene Sklaven eingenistet, ein kleines Stück Boden nahe dem Gipfel bebaut und ein erbärmliches, aber freies Leben geführt. »Endlich wurden sie entdeckt«, berichtet Darwin bitter, »eine ganze Abteilung Soldaten wurde ihnen nachgeschickt und die gesamte Gesellschaft ergriffen mit Ausnahme einer alten Frau, welche … sich vom Gipfel des Berges hinabstürzte. Bei einer römischen Matrone würde man dies die edle Liebe zur Freiheit genannt haben; bei einer armen Negerin ist es brutaler Starrsinn!«

Tief in der Nacht erreichen sie eine Vênda, ein Gasthaus, und richten sich auf Strohmatten ein dürftiges Lager ein. Dielen und Fensterscheiben, selbst Bestecke gelten auf fast allen Vêndas als unerschwinglicher Luxus, dafür pflegt man einen guten Umgangston. Der Gast bittet mit tiefer Verbeugung den Señor, ihm die Gunst zu erweisen und etwas zu essen zu geben. »Alles, was Sie wünschen, mein Herr«, lautet gewöhnlich die Antwort. Doch Darwin lernt schnell, dies nicht wörtlich zu nehmen. »Hatten wir Glück, so erhielten wir, nachdem wir ein paar Stunden gewartet hatten, Hühner,

Reis und Farinha. Es kam nicht selten vor, daß wir genötigt waren, die Hühner zu unserem Abendessen selbst mit Steinen zu töten.«

Völlig entgegengesetzt verläuft der Empfang, der der Reisegesellschaft auf der Vênda des Schwiegervaters von Laurie zuteilwird. Das Geläut einer großen Glocke und ein Böllerschuss begrüßen sie. Dann lässt der Besitzer der reichen Kaffeeplantage Unmengen von Gerichten auftragen: Wild, Truthahn, ein ganzes Schwein. Natürlich erwartet er, dass die Gäste bei allem kräftig zulangen. Nur mit Stöhnen kann Darwin dem Gebot der Höflichkeit entsprechen. Während der Mahlzeit ist ein Diener mit nichts anderem beschäftigt, als ein paar alte Hunde und Dutzende Negerkinder aus dem Zimmer zu verjagen, die bei jeder Gelegenheit hereinkriechen wollen.

Die Sklaven dieser Fazenda erhalten weder Lohn noch Verpflegung, man gibt ihnen einfach Sonnabend und Sonntag frei, sodass sie ihre eigenen schmalen Felder bestellen können. In dem fruchtbaren Klima reicht der Ertrag dieser Arbeit aus, eine Familie zu ernähren. Von dem allmorgendlichen fröhlichen Gesang der Neger und dem patriarchalischen Verhalten des Besitzers angetan, ist Darwin geneigt, das Leben der Sklaven hier als durchaus erträglich zu bezeichnen.

Einen erschreckenden Einblick in das Los der Sklaven erhält er schon zwei Tage später auf der Plantage Mr. Lennons. Wegen des mangelnden Profits entbrennt zwischen Lennon und seinem Verwalter ein heftiger Streit. In dessen Verlauf droht er, die Fazenda aufzulösen und den männlichen Sklaven alle Frauen und Kinder wegzunehmen und sie auf einer öffentlichen Auktion in Rio zu verkaufen. Nur sein Geschäftsinteresse verhindert, dass er die Drohung in die Tat umsetzt.

Nachrichten aus der Heimat

Am 24. April läuft Darwin wieder durch die Straßen von Rio. Er erfährt, dass die »Beagle« nach Bahia zurücksegeln wird. Eine Differenz von vier Seemeilen zwischen einer älteren französischen und der eigenen Messung des Abstands der beiden Städte raubt FitzRoy die Ruhe. Niemand soll ihm auch nur die geringste Nachlässigkeit vorwerfen können!

Darwin bleibt in Rio. Etwa zwei Monate ist die »Beagle« unterwegs. In dieser Zeit bewältigt er ein umfangreiches Arbeitspensum. Immer wieder begibt er sich mit Fangnetz und Behältern in den Dschungel. Laubfrösche, die dank saugnapfbewehrter Zehen senkrechte Glasplatten erklimmen können, Schlingpflanzen und stinkende Morcheln, kantige Granitblöcke, Kolibris und kriegerische Blattschneideameisen – nichts entgeht seiner Aufmerksamkeit. Selbst die besondere Milde der Farbtöne, die nach Humboldt auf einen feinen Dunst zurückzuführen ist, der die Durchsichtigkeit der Atmosphäre nicht vermindert, erwähnt er. Im Haus an der Botofago-Bucht seziert er den Fang, klassifiziert ihn mithilfe von de Candolles »Dictionnaire classique d'histoire naturelle«, beschreibt ihn in seinen Notizbüchern und zeichnet anatomische Querschnitte.

An Henslow schickt er einen enthusiastischen Brief, in dem er immer wieder aufzählt, was an vermutlich neuen Arten er entdeckt hat. Besonders die Insekten Südamerikas sind noch wenig erforscht. Zwar enttäuschen die Käfer, weil sie meist klein und düster gefärbt sind, der Anzahl der Arten nach übertreffen sie indes alle Erwartungen.

Und die Spinnen erst! Eine von ihnen beobachtet Darwin während eines Kampfes auf Leben und Tod mit einer Schlupfwespe. Äußerst vorsichtig manövrierend, hat die Wespe der Spinne einen Stich versetzt, die sich nun zusammenrollt und verbirgt. Die Wespe stöbert sie dennoch auf und lähmt sie durch weitere Stiche. Zum Schluss greift sich Darwin beide, »den Tyrannen und sein Opfer«.

Alles in allem hat Darwin eine reservierte Einstellung den Brasilianern gegenüber. Hochmütig und rachsüchtig scheinen sie ihm, auch ungebildet und träge. Und jeder in diesem Land ist bestechlich, die Richter voran! Wenn ein Sklave seinen Herrn bestiehlt, erwartet ihn schnell die härteste Strafe. Wie gewichtig aber die Anklage gegen einen reichen Mann auch ist, innerhalb kurzer Zeit kann er sich freikaufen. Ein Land ohne Gentlemen – so stellt sich Brasilien in Darwins Augen dar. Da erfüllt ihn die Zugehörigkeit zur größten und zivilisiertesten Nation – messbar an der Anzahl der Kriegsschiffe! – mit nicht geringem Stolz. Nachdem er einer Truppenübung auf dem britischen Flaggschiff »Warspite« beigewohnt hat, schreibt er ins Tagebuch: »Unter Ausländern die Stärke und Macht der eigenen Nation zu sehen, versetzt einen in ein Triumphgefühl, das man zu Haus nicht kennt.«

Räumliche und zeitliche Entfernung haben die Bande zur Heimat gelockert. Aber dennoch erreichen ihn nicht mehr ganz frische Zeitungen aus England: Die Whig-Regierung unter dem Premierminister Grey tritt zurück. Wenig später ist sie wieder im Amt. Nun wird auch endlich die »Reform Bill«, das Gesetz über die Parlamentsreform, verabschiedet. Hatten bislang Landedelleute aus winzigen Krähwinkeln, sogenannten »verfallenen Flecken«, einen erheblichen Anteil der Sitze im Unterhaus für sich beansprucht, so verlieren sie nun ihr politisches Gewicht. An ihrer Stelle ziehen Abgeordnete aus den bisher nicht berücksichtigten großen Industriestädten wie Manchester und Birmingham ins Unterhaus ein, unter ihnen auch Josiah Wedgwood. Nach wie vor allerdings bleiben Frauen und Arbeiter ausgeschlossen. Das souveräne Wahlvolk wird als die Gesamtheit aller Männer definiert, die im Jahr mindestens zehn Pfund Steuern zahlen. Darwin freut sich über die Veränderungen. »Hurra für die Whigs!«, schreibt er nach Haus – und fragt scherzhaft nach, ob es überhaupt noch einen König geben werde, wenn er zurückkehrt.

Neben den Zeitungen aus England treffen in Rio auch Briefe ein. Darwin wird von den Schwestern ununterbrochen über die neuesten familiären Entwicklungen unterrichtet. Eine wahre Heiratsepidemie wütet unter den etwa gleichaltrigen Verwandten und Bekannten. Charlotte Wedgwood heiratet den Geistlichen Langton, Sarah Owen hat sich in eine Mrs. John Hill verwandelt, und nun verlobt sich Fanny Owen mit einem Mr. Robert Myddleton Biddulph, M. P.! Durch ihn gelingt ihr der begehrte soziale Aufstieg. Er entstammt einer »ausgezeichneten« Familie, verfügt über einiges Vermögen und ist, wie der Zusatz zu seinem Namen verkündet, Mitglied des Parlaments. »Mein Schicksal ist entschieden«, informiert Fanny in einem seltsam passiven Ton Darwin, »… Du wirst in mir immer den gleichen ernsthaften Freund finden, der ich für Dich war, seit wir zusammen Hausmaid und Postillion spielten …«

Wieder äußert sich Darwin nur spärlich. »Ich habe nicht aufgehört, mich über all die Heiraten zu wundern«, lesen die Schwestern, »was Maer und Woodhouse betrifft, so könnte man sie genauso gut schließen.« Über Fanny fällt jedoch kein Wort. Nicht einmal eine Glückwunschkarte schickt er.

Und sein Tagebuch? Es enthält nichts, was auch nur auf den Empfang der Briefe hindeutet. Es ist das Tagebuch eines Wissenschaftlers, der seinen Zustand während der Seekrankheit notiert, ebenso sein Mitgefühl mit den Unterdrückten Brasiliens und seine Begeisterung für die Natur der Tropen. Privates klammert er nach englischer Sitte aus – so als schriebe er bereits für die Öffentlichkeit.

»Beagle« klar zum Gefecht!

Rauer Seemannsgesang tönt von den britischen Schiffen »Warspite« und »Samarang« herüber, als die »Beagle« am 5. Juli 1832 aus dem Hafen von Rio de Janeiro segelt. »To Glory You Steer«, singen die Matrosen, »ihr steuert zum Ruhme«.

Die Überfahrt nach Montevideo verläuft recht ereignislos. Große Herden von Delfinen tummeln sich tagsüber um das Schiff, und nachts verursachen zahlreiche Robben und Pinguine so eigentümliche Geräusche, dass der wachhabende Offizier glaubt, die Rinder am Ufer brüllen zu hören. Ein anderes Mal beobachtet Darwin ein prachtvolles natürliches Feuerwerk: Die Mastspitzen und die Enden der Rahen erglänzen im Elmsfeuer. Selbst die Wetterfahne leuchtet wie in Phosphor getaucht.

Am Morgen des 26. Juli schwenkt die »Beagle« in die Bucht von Montevideo ein. Eine britische Fregatte, die »Druid«, liegt dort vor Anker. Sie signalisiert zu Darwins großem Erstaunen »Gefechtsklar machen!« und »Gebt unseren Booten Deckung!«

FitzRoy kommt den Befehlen augenblicklich nach und lässt Segel setzen. Sechs schwer bewaffnete Kanonenboote der »Druid«, in denen ungefähr vierzig kampfbereite Marineinfanteristen und mehr als hundert Blaujacken hocken, bereiten ein Landungsmanöver vor.

Was ist geschehen? Der Kapitän der Fregatte klärt FitzRoy auf. Die gegenwärtige Regierung in Montevideo bestünde aus »militärischen Usurpatoren«. Ihr Anführer hätte vierhundert Pferde beschlagnahmt, die Eigentum eines britischen Untertanen wären. Die Boote liefen nun aus, um die Rückgabe zu erzwingen. Es geht also um nichts Geringeres als um die unantastbare Freiheit britischer Pferde!

»Revolutionen in diesen Ländern sind ziemlich lächerlich«, schreibt Darwin in sein Tagebuch. »Vor einigen Jahren hatte man in Buenos Aires innerhalb von zwölf Monaten vierzehn Stück. Alles verläuft so ruhig wie möglich. Beide Seiten verabscheuen den Anblick von Blut, so daß derjenige, der am stärksten erscheint, den Tagessieg erringt. Die Unruhen beeinträchtigen die Einwohner der Stadt nur wenig, denn beide Seiten finden es gut, das private Eigentum zu schützen … Ein führender Kaufmann sagte mir, daß die hundertfünfzig Mann von der Fregatte in einer Nacht Montevideo erobern könnten. Die Auseinandersetzung wurde durch das Versprechen beendet, die Pferde wieder zu übereignen.«

Montevideo ist die Hauptstadt des erst 1828 gegründeten Staates Uruguay. Ursprünglich gehörte Uruguay als Provinz Banda Oriental – »Ostufer« des Rio de la Plata – zum spanischen Vizekönigreich Buenos Aires. 1817 errang das Vizekönigreich seine Unabhängigkeit und nannte sich Argentinien. Das von den Portugiesen regierte Brasilien nutzte die Schwäche des neuen Staates und besetzte die Banda Oriental. Argentinien mobilisierte seine Kräfte. Die beiden größten Flächenstaaten Südamerikas führten Krieg. Großbritannien aber sah seine Handelsinteressen gefährdet. Es vermittelte 1828 den Friedensschluss. In der Folge konstituierte sich der alte Zankapfel Banda Oriental zur selbstständigen Republik Uruguay.

Darwin kümmert sich wenig um die politischen Vorgänge. Er ist froh, dass ihn die Ereignisse nicht an Bord gefangen halten, und erkundet die inmitten der Bai von Montevideo gelegene Ratteninsel. Dort stöbert er ein seltsames Reptil auf, das einer Schlange ähnelt, aber zwei verkümmerte Hinterbeine besitzt. Schlange oder Eidechse? Weist dieses Tier darauf hin, dass die Natur nicht so sauber und eindeutig trennt wie die Systematiker? Dass es Bindeglieder, Übergangsformen gibt?

Kapitän FitzRoy hat einen Abstecher nach dem am anderen Flussufer gelegenen Buenos Aires eingeplant, wo er einige ältere Karten der Küstenregion einsehen will. Doch ist, wie Darwin bemerkt, die »Beagle« »ein sehr unruhiges Schiff. Der Frieden flieht vor uns her«. In dem Augenblick, in dem sie das Wachschiff an der Hafeneinfahrt von Buenos Aires passieren, feuert dies eine leere Kanone auf die Brigg ab. Sollte sich aus Versehen ein Schuss gelöst haben? Ruhig segeln sie weiter. Da pfeift eine Kanonenkugel über die Takelage! Zum Glück gleitet die »Beagle« soeben aus der Reichweite des Geschützes.

Zwei Boote werden auf das Wasser gesenkt, FitzRoy und Darwin wollen an Land gehen. Zuallererst müssen sie dem englischen Gesandten die unerhörte Beleidigung der britischen Fahne melden. Ein Quarantäneboot fängt sie jedoch vor dem Ufer ab: Sie sollen sofort zum Schiff zurückrudern. Ihr Gesundheitszustand müsse überprüft werden, denn in England herrsche ja die Cholera. Alle Gegenargumente FitzRoys fruchten nichts. Die »Beagle« dreht bei, und er befiehlt die Rückkehr nach Montevideo. »Dann luden wir alle Kanonen auf einer Seite, richteten sie aus und fuhren dicht an das Wachschiff heran, grüßten es und sagten, daß wir beim nächsten Mal, wenn wir in den Hafen führen, so bereit sein würden wie jetzt – und wenn sie es wagten, auch nur einen Schuß abzufeuern, würden wir unsere gesamte Breitseite in seine verrotteten Planken jagen ...«

In Montevideo leitet FitzRoy alle Schritte ein, um zu verhindern, dass man die britische Flagge ein weiteres Mal auf die gleiche Weise beleidigt. Der Admiral wird verständigt, und die Fregatte »Druid« sticht in See, um eine angemessene Entschuldigung zu fordern. Wie ein aufgeregter Schuljunge verfolgt Darwin die Ereignisse. »Oh, ich hoffe, das Wachschiff feuert eine Kanone auf die Fregatte – es würde sein letzter Tag über Wasser sein.« Das geschieht allerdings nicht. Die »Druid« bringt die Nachricht zurück, dass der Kapitän des Wachschiffs abgelöst wurde. Die Ehre Großbritanniens ist gerettet.

Doch damit sind die Verwicklungen der »Beagle« in die britische Kanonenbootpolitik nicht beendet. Ein Minister der Militärregierung in Montevideo bittet FitzRoy um Unterstützung gegen einen Aufstand schwarzer Truppen. Der Kapitän begibt sich sofort an Land, um nachzuprüfen, ob er da nicht in die völlig undurchsichtigen Händel der streitenden Parteien verwickelt würde und ob wirklich das Eigentum der Einwohner in Gefahr schwebt, geplündert zu werden.

Der Polizeichef der Stadt (der als strikt neutral gilt, weil er durch zwei Regierungen hindurch im Amt geblieben ist!) versichert FitzRoy, seine Intervention würde dem Land dienen. FitzRoy ergreift also Partei für die neutrale Seite: den Schutz des Privateigentums. Auch die Nordamerikaner mischen sich mit ein, sie haben mittlerweile das Zollamt besetzt. Auf der »Beagle« sind alle Mann geschäftig dabei, Jolle, Kutter, Walfänger und Beiboot zu wassern.

Darwin klagt über Kopfschmerzen, die vielleicht von der Aufregung stammen. Sonst hätte er nicht gezögert, sich den zweiundfünfzig schwer bewaffneten Matrosen anzuschließen. Schon bei einem früheren Anlass ist er recht martialisch durch die Straßen Montevideos spaziert. Mit einem Bart, den er sich wie jeder Offizier der »Beagle« auf See wachsen lässt, mit einem Paar Pistolen und einem Entermesser im Gürtel muss er wie ein waschechter Desperado ausgesehen haben.

Der Polizeichef persönlich führt die soeben angeheuerte britische Streitmacht zu einem zentral gelegenen Fort, dem Sitz der Regierung. Die Aufständischen haben inzwischen in den Straßen Artillerie aufgestellt, doch bleibt alles ruhig. Sie haben bereits das Gefängnis gestürmt und die Gefangenen bewaffnet, und sie sind im Besitz der Zitadelle, in der alle Munition lagert.

Am folgenden Tag zieht FitzRoy seine Mannschaft zurück. Bewaffnete Bürger haben die Aufständischen umzingelt, und der Kapitän will auf keinen Fall in den möglicherweise bevorstehenden Kampf verstrickt werden. Die britische Flottenpräsenz dient dazu, das Eigentum britischer Bürger zu schützen und die Länder für den britischen Handel offenzuhalten, nicht aber, um die schnelllebige Tagespolitik zu beeinflussen. Eine Woche später sind die Unruhen vorüber.

Darwin durchstreift in der Zwischenzeit das umliegende Land. Erfolglos jagt er nach Nandus, südamerikanischen Straußen. Die enorme Anzahl von Eiern in den Nestern verwundert ihn: Er zählt einige Dutzend – das Gelege stammt von mehreren Weibchen.

Da das Paketschiff »Emulous« bald nach England auslaufen soll, beeilt sich Darwin, die Sammlungen zu verpacken. Unmengen Pillenschachteln und Kisten, die der Schiffszimmermann zusammennagelt, schichtet er voll. Sorgsam wickelt er jeden Stein ein, verschnürt jede Garnele, jeden Vogel – die Besatzung der »Beagle« ist froh, den platzraubenden »Ramsch« endlich loszuwerden.

Henslow erhält einen enthusiastischen und zugleich bescheidenen Begleitbrief. Es seien ja nur ein paar Hundert Käfer, Spinnen, Würmer, Skorpione … Solche Vertreter der niederen Tierstämme wirkten natürlich recht schäbig. Und unter den gesammelten Steinen fehlten die richtig großen Exemplare. »Aber kein Mensch hat das Recht, mich zu beschuldigen, solange er nicht selbst unter tropischer Sonne Steine geschleppt hat. – Jedenfalls habe ich versucht, von jeder Sorte Gestein ein Muster zu bekommen.«

Auch mit zoologischen Merkwürdigkeiten kann Darwin aufwarten. So hat er zwei Arten von elegant gefärbten Planarien, Strudelwürmern, die eigentlich nur im Süßwasser leben, unter absolut trockenen Steinen gefunden. »Aber danach schweige ich lieber still – sonst halten Sie mich noch für den Baron Münchhausen unter den Naturalisten.«

Am Friedhof der Urweltmonster

Ende August 1832 setzt die »Beagle« ihre Vermessungsfahrt entlang der Küste Nordargentiniens fort. Um seine Mission zu erfüllen, ist FitzRoy gezwungen, die »Beagle« in untiefenreiche Seeregionen zu manövrieren, die andere Schiffe meiden. Ungünstige Witterung gestaltet die Arbeit mühsam und gefährlich. Und Darwin liegt in der Hängematte.

Endlich kommt das vorläufige Ziel, die Bucht von Bahia Blanca, in Sicht; sie beherbergt eine 1828 gegründete Niederlassung. Die wenigen Häuser und Baracken werden vor allem von Soldaten bewohnt und sind von einem tiefen Graben und einer starken Mauer umgeben.

Bahia Blanca dient als Grenzfort gegen die Indianer. Während die spanischen Vizekönige klug genug waren, den Indianern ihr Land abzukaufen, hat die neue Regierung in Buenos Aires ohne auch nur den Schein des Rechts Indianerland an sich gerissen. Seither sind Gräueltaten an der Tagesordnung. »Die Indianer martern all ihre Gefangenen, und die … Argentinier erschießen ihre …«

Zusammen mit dem Ersten Offizier Wickham begibt sich Darwin auf die Jagd. Das öde, triste Grasland der Pampas ernährt eine Vielzahl von jagdbaren Tieren, angefangen bei dem Pampashasen, dem Mara oder Aguti, bis hin zum Pampaslöwen, dem Puma. Die Gauchos zeigen Darwin, wie man mit Bolas Strauße oder auch Pferde einfängt. Die Bolas bestehen aus zwei lederüberzogenen runden Steinen, die ein etwa zwei Meter langer Riemen verbindet. Der Gaucho wirbelt sie um seinen Kopf und lässt sie im geeigneten Moment fahren.

Darwin übt fleißig und stellt dabei fest, dass es gar nicht so einfach ist, in gestrecktem Galopp richtig zu zielen. Einmal streift eine Kugel ein Gebüsch, der Anprall reißt ihm die andere aus der Hand, und ehe er weiß, wie ihm geschieht, hat sich die zu Boden gefallene Bola um die Hinterbeine seines Pferdes gewickelt. Die Gauchos brüllen vor Lachen: Sie hätten schon alle möglichen Tiere mit den Bolas gejagt, aber noch nie hätte sich ein Reiter selbst gefangen.

Bei einem größeren Ausflug entdeckt Darwin am Berg Punta Alta, etwa zehn Meilen vom Ankerplatz der »Beagle«, eine »förmliche Katakombe für Ungeheuer ausgestorbener Arten«. In dem weichen Boden aus rötlichem Ton und Mergel findet er nicht nur Ablagerungen von zum Teil noch lebenden Muschelarten, sondern auch die fossilen Überreste gigantischer Landtiere wie den Kiefer eines enormen urzeitlichen Gürteltiers oder Knochen des Riesenfaultiers Megatherium. Es spricht sehr für Darwins Kenntnisse, dass er dieses Tier anhand der geringen Überreste sofort richtig identifiziert, denn nur das Museum von Madrid beherbergt ein Exemplar, wo es nach Darwins Worten für die gelehrte Welt praktisch

7 Jagd mit den »Bolas«

genauso unzugänglich ist, als läge es noch unter einer dicken Gesteinsschicht begraben.

In der Zeit, in der Darwin zwischen Punta Alta und der »Beagle« hin- und herpendelt, gerät er einmal zusammen mit siebzehn anderen Seeleuten in die missliche Lage von Schiffbrüchigen. Als sie abends zur »Beagle« gerudert werden sollen, bricht ein Unwetter los, das die Landung des Bootes verhindert. Ohne Proviant und ohne ausreichenden Schutz vor Kälte und Regen müssen sie am Ufer übernachten. Auch am nächsten Morgen kann kein Boot landen. Sie verzehren ein paar Fische und Seevögel. Am Nachmittag gelingt es FitzRoy, sich in einem Boot bis auf etwa hundert Meter zu nähern und ihnen Proviant zuzuwerfen. Die Seeleute, die ihn schwimmend einholen, haben nichts, was sie wieder aufwärmen könnte. Eine weitere Nacht wird so zugebracht. Darwin kann wegen der grimmigen Kälte keine Minute schlafen. Dann aber bessert sich das Wetter, und das Abenteuer ist glimpflich überstanden.

Drei Tage später gräbt Darwin wieder bei Punta Alta. Knochen, darunter Kieferreste und einzelne Zähne, fördert er ans Licht. Manche von ihnen kann er sofort einordnen. Die gehören zu Vorformen des Pampashasen oder zu riesenhaften Huftieren wie dem Urnashorn. Weshalb aber mussten sie aussterben?

Ende Oktober segelt die »Beagle« zurück nach Montevideo. Dort erwarten Darwin Briefe aus Shrewsbury und der zweite Band von Lyells »Principles of Geology«. In diesem Buch behandelt Lyell die Folgen seiner Theorie für die Zoologie, unter anderem die Angepasstheit der Lebewesen an ihre Lebensbedingungen – Fragen also, die Darwin gerade brennend interessieren.

Nach wenigen Tagen steuert die »Beagle« über den La Plata nach Buenos Aires. Mitten auf dem breiten Strom entern winzige Spinnen in fliegenden Netzen zu Abertausenden das Schiff. Zwischen allen Rahen, auf jeder Planke kleben die kaum sichtbaren Fäden. Darwin sammelt sie ein und mikroskopiert sie und versucht zu ergründen, was die Spinnen hinaus in den unsicheren Luftraum treibt.

Buenos Aires ist eine äußerst regelmäßig gebaute Stadt; die Straßen kreuzen sich ausschließlich im rechten Winkel, und die Häuser stehen in festen Vierecken, »Quadras« genannt. Meist sind sie nur ein Stockwerk hoch, und die Bewohner lieben es, im Sommer das flache Dach als Terrasse zu benutzen.

Darwin gefällt die Stadt. Er besucht prachtvolle Kathedralen und Museen, die für seine Begriffe überaus armselig ausgestattet sind. Dafür kann er Dinge kaufen, nach denen er in Rio oder gar Montevideo vergeblich fragte. Als er an seine Schwester Caroline schreibt, reißt ihn die Buntheit des südlichen Lebens mit sich fort: »… unser Hauptvergnügen war es, herumzureiten und spanische Damen zu bewundern. Nachdem wir einen dieser Engel durch die Straßen gleiten sahen, haben wir gestöhnt: Wie töricht unsere englischen Frauen sind! Sie können weder gehen noch sich kleiden! Und wie häßlich klingt das Wort Miss, verglichen mit Señorita! Es tut mir leid um Euch. Es würde Euch allen guttun, nach Buenos Aires zu kommen.«

Etwa zwei Wochen später segelt die »Beagle« nach Montevideo zurück. Darwin sendet weitere Kisten nach England. Viel Sorgfalt verwendet er darauf, die mühsam erbeuteten und genau beschriebenen Exemplare für die lange Überfahrt einzupacken. Wenn ihm nur der Spiritus, in dem er einige Tiere konserviert hat, in den heißen Tropen nicht verdunstet!

An den Abenden nimmt er am gesellschaftlichen Leben teil. Der Präsident, der endlich die Gewalt im Staat zurückgewonnen hat, veranstaltet einen großen Ball, zu dem die feinsten Damen und die verlottertesten Tagediebe gleichermaßen Zutritt haben. Im Theater wird Rossinis neueste Oper »Aschenputtel« aufgeführt, die erst 1830 in London Weltpremiere hatte. Für Darwin ist es ein Abschied von der Zivilisation auf lange Zeit. Am 26. November läuft die »Beagle« mit Kurs auf Feuerland aus.

Ein Missionar scheitert

»Tierra del Fuego«, Feuerland, haben spanische Seefahrer den Südzipfel Südamerikas genannt, denn stets, wenn sie an den unwirtlichen, an vielen Stellen eisbedeckten Felsküsten vorübersegelten, entzündeten die Eingeborenen auf Bergspitzen oder markanten Punkten des Ufers Feuer. Auch die »Beagle« wird, als sie am 16. Dezember 1832 südlich von St. Paul's Head vor Anker geht, mit Rauchsignalen begrüßt. Einen Tag später, in der Bucht des Guten Erfolgs, wo schon Kapitän Cook auf seiner Weltumseglung ankerte, sieht Darwin zum ersten Mal primitive Wigwams am Ufer.

FitzRoy hat es eilig, den kurzen und wetterwendischen Sommer zu nutzen. Vieles ist zu erledigen: Die drei von ihm vormals entführten Eingeborenen, Jemmy Button, York Minster und Fuegia Basket, sollen in ihre Heimat zurückgebracht werden. Der Missionar Matthews sucht nach einem geeigneten Fleckchen Land, um sich niederzulassen; und selbstverständlich müssen die tückischen klippenreichen und sturmumbrausten Küsten vermessen werden. Feuerland ist so gut wie unerforscht. Karten geben bestenfalls die äußeren Umrisse des aus ungezählten Inseln, Halbinseln und Meeresarmen bestehenden Gebietes und die wichtige Seefahrtsroute um das gefürchtete Kap Hoorn wieder.

Am Morgen des 18. Dezember schließt sich Darwin einer Gruppe von Offizieren an, die der Kapitän ausgeschickt hat, um in Kontakt mit den Feuerländern zu treten. Dumpfe Rufe ausstoßend und unablässig gestikulierend, laufen ein alter Mann und drei junge Ureinwohner den Ankömmlingen entgegen. In Darwins Ohren klingt ihre Sprache kaum artikuliert. Kapitän Cook hat sie einst mit den Lauten verglichen, die ein Mensch beim Reinigen seiner Kehle macht. »Aber sicher hat kein Europäer jemals seine Kehle mit soviel harschen Gutturalen und glucksenden Geräuschen gereinigt«, kommentiert Darwin.

Ihr einziges Kleidungsstück ist ein zerlumpter Mantel, der aus Guanakohaut gefertigt wird und den sie, die Haare nach außen, über die Schultern werfen. Trotz der Kälte sind sie so eher nackt als bedeckt. Ihre Haut zeigt schmutzig kupferrote Färbung. »Der alte Mann hatte ein Stirnband mit weißen Federn rund um den Kopf gebunden, welches zum Teil sein schwarzes, grobes und verwildertes Haar zusammenhielt. Quer über sein Gesicht zogen sich zwei breite Streifen; der eine, hellrot gemalt, reichte von einem Ohr zum anderen und schloß die Oberlippe mit ein; der andere, weiß wie Kreide, lief über und parallel mit dem ersten … Die anderen beiden Männer waren mit Strichen von schwarzem, aus Holzkohle gemachten Pulver verziert. Die Gesellschaft war durchaus den Teufeln ähnlich, welche in Stücken wie dem Freischütz auf die Bühne kommen.«

Durch kleine Geschenke, ein rotes Tuch etwa, überwinden Darwin und die Offiziere das anfängliche Misstrauen der Feuerländer. Die ahmen jede auffallende Geste der Engländer erstaunlich geschickt nach. Ebenso können sie jedes Wort korrekt wiederholen und sich noch eine Zeitlang daran erinnern. Dabei vermag kein Europäer, wundert sich Darwin, einem Indianer einen Satz von mehr als drei Wörtern nachzusprechen!

Als die Engländer auch noch singen und tanzen, da fallen – nach Darwins Worten – die Feuerländer vor Erstaunen fast zu Boden. Wahrscheinlich haben sie noch nie Weiße zu Gesicht bekommen. Auch der Gebrauch von Schusswaffen ist ihnen fremd. Dennoch begreifen sie rasch die nützliche Seite des Besuchs: Sie betteln um Messer.

Jemmy Button, der mit an Land gegangen ist, versteht die Sprache seiner Landsleute, die in ihm sofort einen der Ihrigen erkannt haben, fast überhaupt nicht. Er hat englische Sitten angenommen, kleidet sich britisch und legt großen Wert auf sein Äußeres. Damit treibt er es so weit, dass er über jede matte Stelle auf seinen glänzend polierten Schuhen betrübt ist. Jedermann an Bord der »Beagle« kann ihn gut leiden, denn er ist heiter und zeigt Mitgefühl mit jedem, der Schmerzen hat. Als Darwin von Seekrankheit gepeinigt wurde, versuchte er oft, ihn durch die Worte »Armer, armer Kerl!« zu trösten. Gleichzeitig erschien ihm der Gedanke lächerlich, vom Schaukeln des Schiffes zu erkranken, und er musste sich zur Seite drehen, um ein Lachen zu verbergen. Jemmy Button jedenfalls ist vom Zustand seiner Landsleute, die ihn überdies auffordern, bei ihnen zu bleiben, entsetzt und beschämt – wie es sich für einen guten Briten geziemt.

Einen Tag hat Darwin Zeit, die wildromantische Landschaft der Bucht des Guten Erfolgs näher zu betrachten. Dann legt die »Beagle« ab und steuert westwärts. Sie segeln um Kap Hoorn, das einige seiner gefürchteten Böen schickt. Rechtzeitig zu Weihnachten erreichen sie die kleine und geschützte Wigwam-Bucht.

Am ersten Feiertag gibt FitzRoy allen mit Ausnahme der Wache dienstfrei. Darwin steigt, eifrig mit dem Geologenhammer Steine abschlagend, in die Berge. Überall in der Bucht knallen Flinten, die Mannschaft jagt Vögel und Wild, Echos hallen von den Felswänden. Sulivan, der Zweite Offizier, macht sich einen Spaß daraus, große Steine in Abgründe zu stürzen. Die Eingeborenen, denkt Darwin amüsiert, müssen ihn und seine Kameraden für die Mächte der Finsternis halten.

Die Wigwam-Bucht verdankt ihren Namen den Behausungen der Feuerländer. In Darwins Augen ähneln sie Heuschobern. Sie bestehen aus einigen in die Erde gesteckten Ästen und sind an der einen Seite sehr unvollkommen mit ein paar Gras- und Binsenschichten bedeckt. Dabei steigt im Sommer das Thermometer kaum über zehn Grad! Die Ureinwohner scheint die Kälte nicht zu stören.

Oft dagegen leiden sie unter Hunger. Angeblich vergraben sie für solche Zeiten Walspeck. Im Winter, wenn sie der Hunger zu sehr plagt, sollen sie sogar ihre alten Frauen töten und verzehren! Jemmy Button berichtet davon, ebenso ein junger Indianer. Bereitwillig beschreibt er, wie man die alten Frauen im Rauch des Feuers erstickt, ja, er ahmt zum Scherz ihr Geschrei nach und bezeichnet die Teile des Körpers, die als besonders schmackhaft gelten. Darwin kann sich nur mit Grauen die blutrünstigen Szenen ausmalen und die Furcht der Frauen, wenn der Hunger anfängt zu drücken. Ob stimmt, was der Indianerjunge so lebhaft schildert, kann er nicht überprüfen.

Silvester 1832 verlässt die »Beagle« die Wigwam-Bucht. FitzRoy will die Heimat York Minsters erreichen, um dort eine kleine Siedlung für den Missionar zu errichten. Doch Neptun hat sich gegen ihn verschworen. Unablässig wehen Westwinde. Darwin krümmt sich kreuzelnd in der Hängematte. In drei Wochen kommen sie gerade zwanzig Meilen voran!

Da jagt eine Bö die andere. In der Nähe drohen Klippen und noch unvermessene Untiefen. Es ist nicht mehr möglich, die genaue Position zu ermitteln. Am 13. Januar rast der Sturm mit doppelter Wut. Es ist das schlimmste Wetter, das FitzRoy je erlebt hat. Um 13 Uhr fallen drei gewaltige Brecher über das Schiff her. Dem ersten widersteht die »Beagle« noch, doch sie verliert alle Fahrt und gehorcht dem Steuer nicht mehr. Der zweite dreht sie auf die Seite, sodass sie der dritte mit voller Wucht trifft. Die »Beagle« wird flachgelegt, das gesamte Schanzkleid auf der Leeseite kommt fast einen Meter unter Wasser. Sturzbäche ergießen sich in den Kartenraum und vereilen sich in den Kabinen, durch das Gewicht des Wassers kann sich die »Beagle« nicht mehr aufrichten. Noch ein Brecher und sie wäre dem Schicksal der anderen »Sarg-Briggs« gefolgt! Sulivan und einem Zimmermann gelingt es unter Einsatz des Lebens, die Durchlässe des Schanzkleids zu öffnen, sodass das Wasser ablaufen kann. Matrosen hacken ein vollgeschlagenes Walboot los. Endlich richtet sich die »Beagle« wieder auf. Wie durch ein Wunder ist kein Mann über Bord gegangen. Darwin aber jammert: Er hat einige Präparate verloren, und das Salzwasser hat sämtliches für das Trocknen von Pflanzen benötigte Papier verdorben. Später erfahren sie, dass nicht weit entfernt zwei Schiffe Opfer des Sturms geworden sind.

FitzRoy gibt den Plan auf, zum Siedlungsgebiet von York Minsters Stamm vorzudringen. Die drei verbliebenen Walboote und die Schaluppe werden zu Wasser gelassen. Eine Expedition durch den Beagle-Kanal, den FitzRoy auf seiner ersten Südamerikareise entdeckt hat, beginnt. Neben den Feuerländern sitzt Matthews mit im Boot. Die britische Missionsgesellschaft hat ihn mit allem Nötigen ausgerüstet: mit Weingläsern und Butterformen, mit Teetabletts und Suppenterrinen, mit einem Toilettenkästchen aus Mahagoniholz, mit feinem weißen Bettzeug, Biberpelzmützen und tausend ähnlichen Dingen. Darwin regt sich auf. Wie viel wirklich Nützliches hätte man vom gleichen Geld anschaffen können!

Am Abend schlagen sie am Ufer ein Lager auf, entfachen ein Feuer, rammen die langen Ruder in den Boden und spannen Segeltuch als Zeltplane darüber. Darwin und seine Kameraden halten die ganze Nacht hindurch Wache. Tollkühn und geschickt versuchen die vom Feuer angelockten Urein-

8 Feuerländer vor einem Wigwam

wohner, den Fremden alles nur irgend Greifbare zu stehlen. Wenn ihr anfängliches Misstrauen erst einmal überwunden ist und sie nicht mehr Schleudern und Speere schwingen, zeigen die Feuerländer sich äußerst aufdringlich. Ein Wort ihrer Sprache lernt jeder Engländer: »Yammerschooner«. Sie verstehen es als »Gib mir!«. Tatsächlich müsste man es wohl korrekt als »Sei wirklich großzügig zu mir« übersetzen.

Rote Bänder und Zwieback, Messer und alle möglichen Kleinigkeiten wechseln den Besitzer. Unentwegt deuten sie auf die blitzenden Uniformknöpfe der Offiziere: Yammerschooner! Einzig auf das Büchsenfleisch, das Darwin kalt zum Abendbrot isst, verzichten sie – es ekelt sie etwa ebenso sehr wie Darwin der ranzige Tran, den sie bevorzugen.

Nach einigen Tagen trifft die Expedition in Wulaia, Jemmys Bucht, ein. Bereits aus großer Entfernung erkennt er, wohl ausschließlich an der Stimme, seinen Bruder. Dann aber hapert es mit der Verständigung. »Es war zum Lachen, aber beinahe zum Erbarmen, ihn seinen wilden Bruder englisch anreden und ihn dann spanisch fragen zu hören, ob er ihn nicht verstünde.«

Unter den neugierigen Blicken von gut hundertzwanzig Eingeborenen – täglich werden es mehr – stellen die Engländer drei Wigwams für Matthews auf und richten deren Innenraum nach dem Vorbild von gutbürgerlichen Salons daheim in Britanien ein. Außerdem legen sie zwei Gemüsegärten an. Als die Arbeiten nahezu beendet sind, verschwinden die Feuerländer urplötzlich. Weder York Minster noch Jemmy ahnen, weshalb. Ein Vorfall vom Vortag könnte die Ursache sein: Ein alter Eingeborener, der sich beleidigt fühlte, hatte einem Matrosen ins Gesicht gespuckt und durch Gesten angedeutet, dass er ihn gern in Stücke schnitte und auffräße.

FitzRoy, der keine Konfrontation wünscht, die ja nur mit einem Blutbad unter den Feuerländern enden würde, befiehlt seinen Leuten, in einer nahe gelegenen Bucht zu übernachten. Allein Matthews beschließt dazubleiben. Am anderen Morgen bietet die Siedlung ein friedliches Bild. Feuerländer speeren von ihren Booten aus Fische. Matthews ist guter Dinge, ein Anfang ist gemacht. Als sich die kleine Flottille trennt, um dem Beagle-Kanal in seinen verschiedenen Verästelungen zu folgen, lässt man ihn beruhigt zurück.

Tags darauf gleiten die Boote an prachtvollen, beryllblau schimmernden Gletschern vorbei. Einzelne Eisschollen verwandeln den Kanal in ein Miniaturbild des Polarmeers. Zur Essenszeit werden die Boote an Land gezogen.

Plötzlich löst sich unter lautem Getöse ein riesiger Eisblock von einer senkrechten Gletscherfront. Unmittelbar darauf wälzt sich eine Welle auf das Ufer zu, gewaltig genug, um die Boote zu zerschmettern. FitzRoy schreibt darüber: »… auch die Aktivsten unserer Gruppe hatten kaum Zeit, loszurennen und die Boote festzuhalten … Wären nicht Mr. Darwin und zwei, drei andere sofort losgeprescht, so wären sie unwiederbringlich von uns fortgeschwemmt worden.«

Als Kapitän steht es FitzRoy zu, Namen in die Karte des erforschten Landes einzutragen. Er nennt die Meerenge, in der die »Beagle« in diesen Tagen ankert, »Darwin Sund«, und der Berg, dem gegenüber das Unglück beinahe geschah, erhält den Namen »Mount Darwin«. In seinem Tagebuch und in den Veröffentlichungen schweigt Darwin bescheiden von der ihm widerfahrenen Ehre. Doch im Brief nach Haus triumphiert er: »Es gibt jetzt einen Mt.!! Darwin!!!«

Nach neun Tagen nähern sich die Boote wieder der Missionsstation. Matthews klagt ihnen – total erschöpft – sein Leid. Tag und Nacht habe er aufpassen müssen, dass man ihn nicht vollends ausplündere. Ununterbrochen hätten die Feuerländer grässlichen Lärm veranstaltet, um ihn zu zermürben. Die erbeuteten Dinge hätten sie zerrissen und aufgeteilt. Manche hätten ihn sogar mit schweren Steinen und Stöcken bedroht! Nur mit Geschenken habe er das Schlimmste verhüten können. Ein anderes Mal hätten sie ihm durch Zeichen zu verstehen gegeben, er solle sich ausziehen, damit sie ihm sämtliche Gesichts- und Körperhaare ausreißen könnten!

Kein Wunder also, dass Matthews dem Ratschlag des Kapitäns folgt und an Bord der »Beagle« zurückkehrt. Er will nun zu seinem Bruder ziehen, der in Neuseeland als Missionar lebt. Jemmy aber bleibt bei seinem Stamm, ebenso der energische und kraftvolle York Minster, der sich gut zurechtfindet und in der Zwischenzeit Fuegia Basket zur Frau genommen hat. Sie ist zwölf, höchstens dreizehn Jahre alt.

Die »Beagle« setzt Segel und steuert die Falklandinseln an. Als sie am 1. März vor den wenigen Häusern von Port Louis an deren östlichstem Zipfel Anker wirft, weht dort zu aller Erstaunen der Union Jack. Seit vierzehn Tagen ist die Inselgruppe britische Besitzung!

So klein und unbedeutend die Falklands auch sind, sie haben doch, wie Darwin am selben Tag erfährt, eine sehr wechselvolle Geschichte. Ursprünglich wurden die unbewohnten Inseln von Engländern entdeckt und von ihnen benannt. Im 18. Jahrhundert besuchten sie französische Seefahrer aus Saint Malo häufig und tauften sie nach ihrer Heimatstadt Iles Malouines. 1764 legte Bougainville den Grundstein zu Port Louis. England konterte mit Port Egmont auf Westfalkland. Keine zehn Jahre später erwarben die Spanier den französischen Teil, und die Engländer zogen sich zurück.

Nach der Unabhängigkeit schob Argentinien seine Verbrecher auf die unwirtlichen Inseln ab. Gleichzeitig verkaufte die Regierung in Buenos Aires die Islas Malvinas an einen Hamburger, der jedoch mit amerikanischen Robbenschlägern in Streit geriet und von einem amerikanischen Kriegsschiff vertrieben wurde. Großbritannien nutzte dann die politischen Wirren in Argentinien und besetzte die Inseln erneut.

Ein einziger Engländer residiert nun in Port Louis und »bewacht die Fahne«. Etwa zwanzig Spanier, meist entflohene Rebellen und Mörder, sowie zwei Negerinnen leben außer ihm auf den Inseln. Wirklich »bevölkert« werden sie von riesigen Herden an Rindern, Pferden und Schweinen, die völlig verwildert sind. Darwin reitet über die Inseln und jagt große, wolfsartige Füchse, die zur einzigen einheimischen Säugetierart gehören.

FitzRoy, dem die Vermessungsarbeiten nicht schnell genug voranschreiten, kauft einen Schoner – vorerst auf eigene Rechnung. Er zweifelt nicht daran, dass ihm die Admiralität nachträglich zustimmen wird. Denn mit einem Begleitschiff kann sich die »Beagle« manche lange Liegezeit in einem Hafen und manche Proviantierungsfahrt ersparen.

In Maldonado

Die »Beagle« flieht vor dem heraufdräuenden Südwinter zurück nach Norden in die ruhigen Gefilde des La Plata. Am 28. April 1833 setzt Darwin seinen Fuß wieder auf festes Land. Maldonado, ein kleiner und ruhiger Ort, breitet sich am äußersten nördlichen Ende der breiten Mündungsbucht des La Plata aus. Wie vielen spanischen Städten prägen die regelmäßigen Straßen ihm ein rechtwinkliges Raster auf. Durch andauernde Regenfälle in den letzten Wochen ist es hier sehr still geworden. Eine große, kaum bevölkerte Plaza im Zentrum unterstreicht noch die Tristheit. Handel und Gewerbe beschränken sich auf die Nutzung der zahlreichen Viehherden.

Nur das regnerische Wetter – die Überschwemmungen haben bereits einige Todesopfer gefordert – vermag Darwin für einige Tage festzuhalten. Als die Wolken aufreißen, dingt er zwei ortskundige Gauchos und begibt sich mit ihnen auf eine zweiwöchige Exkursion nach Las Minas und zu dem Fluss Polanco, um die Geologie der Banda Oriental näher zu untersuchen.

Darwins Begleiter sind mit Pistolen und Säbeln bewaffnet, eine Vorsichtsmaßnahme, die er als übertrieben belächelt. Doch das Erste, was sie auf dem Weg erfahren, ist, dass tags zuvor ein Reisender mit durchgeschnittener Kehle aufgefunden wurde.

Sie kommen schnell voran, denn sie führen etwa ein Dutzend Reitpferde mit sich, die sie häufig wechseln. In einem Land, in dem angeblich selbst Bettler ihren Beruf hoch zu Ross ausüben, braucht Darwin nur wenig für diese Bequemlichkeit zu bezahlen; ebenso billig sind die primitiven Herbergen.

Meist aber nächtigen sie im erstbesten Landhaus, das sie bei Sonnenuntergang sichten. Die Estanzieros, Landeigentümer und Viehzüchter, sind gastfreundlich, und nach ein paar Sätzen über belanglose Themen, die unbedingt zur Etikette gehören, bitten sie die Reisenden herein.

Darwin kann ihnen ihre Freundlichkeit leicht entgelten. Er besitzt nämlich einige Dinge, die maßloses Erstaunen hervorrufen – etwa einen Taschenkompass. In jedem Haus wird er aufgefordert, ihn vorzuholen und in die Richtung naher und ferner Orte zu weisen. Und als er gar Feuer herbeizaubert, indem er Schwefelhölzer – die neueste Erfindung – mit den Zähnen entzündet, laufen ganze Familien zusammen, um das Wunder mitzuerleben. Einen Dollar je Stück bietet man ihm!

Im Dörfchen Las Minas, in dessen Nähe früher Gold gefunden wurde, bezieht er in einer Pulperia, einem Trinkladen, Quartier. Es wird eine anstrengende Nacht, denn abends poltern Gauchos herein, die Schnaps trinken und Zigaretten rauchen wollen. Um sie nicht zu beleidigen, ist Darwin gezwungen, stundenlang zwischen ihnen am Tresen sitzen zu bleiben.

Wieder auf dem Weg fesseln Darwin nicht ausschließlich die Marmorzüge und Granitfelsen der Banda Oriental. Die Vogelwelt der Grasebenen zieht seine Aufmerksamkeit genauso auf sich. Immer wieder trifft er auf Rebhühner, und auch einzelne Herden von zwanzig, dreißig Nandus sind keine Seltenheit.

Das Rebhuhn ist ein äußerst dummer Vogel und lässt sich leicht erbeuten. Man reitet in einer sich verengenden Spirale um das Huhn herum, dann weiß es nicht, wohin es fliehen soll. Zum Schluss duckt es sich, um sich zu verbergen. Selbst ein Knabe, erfährt Darwin, kann auf einem ruhigen, alten Klepper drei Dutzend von ihnen am Tag erschlagen. Nandu-Strauße, die in der Banda Oriental sehr zahm sind, kann man auf diese Weise nicht jagen. Darwin gelingt es, bis auf eine kurze Entfernung an sie heranzugaloppieren, doch dann breiten sie die Flügel aus, stellen sie wie Segel vor den Wind und rennen in einem Tempo davon, dass das schnellste Pferd bald zurückfällt.

Ein anderes Mal übernachtet Darwin auf einer Estanzia, die besser eingerichtet ist als alle, die er bislang gesehen hat. Wahrscheinlich haben die Töchter des Hauses dafür gesorgt. Sie sind nicht nur außerordentlich hübsch und gut gekleidet, sondern benehmen sich dazu richtig »ladylike«. Aber auch ihnen haftet ein Makel an: »Eine der größten Unbequemlichkeiten in den Sitten dieses Volkes ist die Masse, die du verpflichtest zu essen«, beklagt sich Darwin, »Mal um Mal schichten sie Haufen von Fleisch auf deinem Teller auf; nachdem du eine große Menge zuviel gegessen und die Überreste so arrangiert hast, daß sie so wenig Aufsehen wie möglich erregen, wird dir eine charmante Señorita vielleicht ein besonders schönes Stück von ihrem eigenen Teller mit ihrer eigenen Gabel anbieten; das mußt du essen, gleich, was die Konsequenzen sein werden, denn es ist ein Kompliment. Oh, die Schwierigkeit, angesichts dieser schrecklichen und riesigen Happen voll süßer Dankbarkeit zu lächeln!«

In Maldonado beginnt Darwin sofort mit dem Präparieren der gefangenen Insekten und erbeuteten Vögel. Neuerdings hat er einen Gehilfen bei dieser mühsamen und zeitraubenden Tätigkeit. Syms Covington, ein Offiziersbursche von zwanzig Jahren, hat sich bereit erklärt, sein Diener zu werden. Damit kommen auf Darwin zusätzliche Kosten von rund sechzig Pfund im Jahr zu. Er selbst verbraucht etwa zweihundert – da wird ihm sein Vater die gestiegenen Ausgaben schon bewilligen! Covington, ein ruhiger und ernster Mann, erfüllt seine Pflichten zu Darwins Zufriedenheit. Er bleibt für die nächsten Jahre sein Diener.

Zu dieser Zeit, Ende Mai 1833, hat sich Darwin schon auf ein Leben als Naturalist eingestellt. Noch vor einem Jahr betonte er in einem Brief aus der Botofago-Bucht: »Ich habe ständig einen fernen Ausblick auf eine ruhige Pfarrstelle vor Augen, und ich kann sie sogar durch einen Palmenhain sehen.« Jetzt müssen seine Schwestern, die diese Vision mit jeder monatlich abgeschickten Post neu heraufbeschwören, lesen: »Ich vertraue darauf, daß die … Zeit, wenn auch in allen übrigen Beziehungen verloren, für die Naturgeschichte einen reichlichen Wert ergeben wird; und es scheint mir, daß das Wenige, was wir zur Vermehrung des allgemeinen Wissensschatzes tun können, als Lebensziel genauso achtbar ist wie irgendein anderes, das man aller Wahrscheinlichkeit nach nur verfolgen kann.«

So allmählich, wie sich die Entscheidung zum Naturforscher in Darwin selbst anbahnt, so allmählich, ja behutsam bereitet er seine Familie darauf vor. Womöglich hat sich Robert Darwin bereits mit der künftigen Beschäftigung seines Sohnes, die für ihn durchaus nicht als Beruf gilt, abgefunden. Jedenfalls hat er auf Charles' Empfehlung im Gewächshaus einen Bananenbaum gepflanzt, der prächtig gedeiht, und ihn mit stiller Ironie »Don Carlos« getauft.

Während im Hafen von Maldonado der Schoner, der »Adventure« heißt, ausgerüstet wird, komplettiert Darwin seine Sammlungen. Für ein paar Reales hat er sämtliche Knaben der Stadt angeheuert, ihm alles, was da kreucht und fleucht und irgendwie außergewöhnlich aussieht, anzuschleppen.

Allein achtzig verschiedene Vogelarten und nahezu zwanzig Arten von Vierfüßern hat er in der Umgebung erbeutet. Dazukommen zahllose Pflanzen und Insekten, vor allem Hautflügler, Fische und – nicht zu vergessen – Steine. Wickham, der auf der »Beagle« für Sauberkeit und Ordnung verantwortlich ist, schilt ihn wegen der »Brut« von Präparaten, die sich auf dem Schiff anhäufen. »Wenn ich der Kapitän wäre, so würde ich Ihr Teufelszeug und auch Sie selbst bald vom Schiff jagen.«

Ein Zwischenfall hält die »Beagle« noch einige Tage auf. Ein Maat des Schoners ist als ehemaliger Pirat entlarvt worden. Wahrscheinlich war er sogar am Überfall auf ein Paketschiff und an der Ermordung der Besatzung beteiligt. FitzRoy übergibt ihn dem britischen Gesandten in Montevideo.

Als das erledigt ist, nimmt die »Beagle« inmitten eines gewaltigen Gewitters, das den gesamten Nachthimmel mit Blitzen und ihrem Widerschein füllt, Kurs auf Patagonien.

El Naturalista Don Carlos auf dem Kriegspfad

Zwischen Buenos Aires und Feuerland ergießt sich der Rio Negro in den Atlantik. In Mündungsnähe haben die Spanier El Carmen gegründet, die südlichste Siedlung Patagoniens, die Weiße bewohnen. Das gesamte endlos weite Steppengebiet bis zum Südzipfel des Kontinents gehört 1833 noch den Indianern. Das Land nördlich des Rio Negro jedoch wird heftig umkämpft. Zerstörte und verlassene Estanzias zeugen davon. Darwin sieht sich einige von ihnen an, als er am 5. August stromauf nach El Carmen reitet.

Die Salinen in der Umgebung der Stadt entfachen Darwins geologische Neugier. Da das Jahr noch nicht weit genug fortgeschritten ist, trifft er aber nur auf einen großflächigen, seichten See von Salzlake. Erst im Sommer trocknet der ein, und die riesige, glatte und schneeweiße Fläche schimmert inmitten der braunen Ebene. Dann kampiert fast die gesamte Bevölkerung des Ortes am Ufer. Sie schaufeln das Salz zusammen und schaffen es mit Ochsenkarren fort.

Die frühe Jahreszeit hat auch ihren Vorteil. Im Schlamm am Rande des Salzsees entdeckt Darwin zahllose Ringelwürmer. Es erstaunt ihn, dass Tiere imstande sind, in Salzlake zu leben und zwischen Natron und Kalkkristallen herumzukriechen. Eine kleine, in sich abgeschlossene Welt vom Infusorium bis zum Flamingo, der die Würmer verschlingt, hat sich hier bestens an die versalzene Umwelt der Inlandseen angepasst – so interpretiert er den Sachverhalt später in seinem Reisejournal. »Man kann wohl behaupten, daß jeder Teil der Welt bewohnbar ist!«

Kapitän FitzRoy will noch einmal nach Bahia Blanca segeln. Darwin beschließt daraufhin, die hundertfünfzig Meilen zu Pferde zurückzulegen. Ein tristes, unbesiedeltes und nahezu wasserloses Land breitet sich vor ihm aus, ein Land, auf dem noch vor wenigen Monaten Indianer Estanzias überfielen und entweder selbst getötet wurden oder deren Besitzer töteten. Seither hat die Regierung in Buenos Aires eine kleine Armee unter Führung von General Rosas ausgesandt, der die Indianer vernichten soll. Und General Rosas, so beteuert man in El Carmen, verstehe sein Handwerk.

Dieser Ausrottungsfeldzug ermöglicht es Darwin, relativ sicher nach Norden zu reiten. Rosas hat sein Heerlager auf der Strecke nach Bahia Blanca am Rio Colorado aufgeschlagen. Kein Stamm wagt sich in seine Nähe. Allerdings könnten einige versprengte Indianer gefährlich werden. Einen gewissen Schutz bieten die militärischen Postas, befestigte und bewaffnete Pferdewechselstationen, die der General von Buenos Aires herab bis nach El Carmen eingerichtet hat.

Im Morgengrauen des 11. August bricht Darwin, mit Geologenhammer und Pistolen bewaffnet, auf. In seiner Begleitung reiten fünf Gauchos, die Geschäfte zu General Rosas führen, und ein in Patagonien lebender Engländer. Kurz nachdem sie die erste Quelle, einen Pfuhl mit brackigem Wasser, passiert haben, gerät am Horizont ein Baum in Sicht. Bäume sind eine Seltenheit in dem wüstenhaften Land, und so verwundert es nicht, dass die Indianer den »Wallechu-Baum« als Sitz einer Gottheit verehren. Sie sollen, sobald sie ihn erblicken, laute Rufe der Anbetung ausstoßen. Der niedrige, dornige und vielfach verzweigte Baum trägt, als Darwin ihn untersucht, keine Blätter. Doch hängen von seinen Zweigen die absonderlichsten Dinge an dünnen Fäden herab: Zigarren, Brot, Fleisch. Arme Indianer opfern Wallechu ein Stück Faden von ihrem Poncho, reiche dagegen gießen Schnaps oder Mate in ein Loch zwischen den Wurzeln. Rings um den Baum bleichen unzählige Knochen von Pferden, die als Opfer dargebracht wurden.

Zwei Meilen weiter spürt einer der luchsäugigen Gauchos rechtzeitig zum Abendbrot ein Rind auf. In wenigen Minuten schleifen sie es mit dem Lasso heran. Ihre Stimmung ist vortrefflich, denn sie haben hier die vier Dinge, die man zum Leben »en el campo«, auf dem freien Lande, braucht: Weide für die Pferde, Wasser, wenn auch aus einem schmutzigen Tümpel, Fleisch und Brennholz. Kann man sich größeren Luxus wünschen? Ein Feuer wird entzündet, und das Fleisch des Rindes mitsamt der Haut an Spießen geröstet – ein Gaucholeckerbissen. Später richtet sich Darwin aus Sattel und Decke ein Lager unter freiem Himmelszelt.

»In der Unabhängigkeit des Gaucholebens liegt ein großer Genuß«, begeistert er sich, »jeden Augenblick vom Pferd steigen zu können und zu sagen: Hier wollen wir die Nacht verbringen! Die Totenstille der Ebene, die Hunde, die Wacht halten, die Zigeunergruppe der Gauchos ... alles das hat in meiner Erinnerung ein scharf gezeichnetes Bild dieser ersten Nacht hinterlassen.«

Am Morgen des übernächsten Tages nähert sich die Reisegesellschaft dem Rio Colorado. Rasen und hoher Klee bedecken das Land, kleine Eulen nisten in Erdhöhlen. Weiden- und Rohrdickichte säumen den Fluss, den gerade Hunderte von Pferden durchschwimmen. Darwin und seine Begleiter setzen in einem Kanu über.

Bald darauf stoßen sie auf das Lager von General Rosas. Wagen, Kanonen und Strohhütten bilden ein exaktes Viereck. Soldaten jeglicher Hautfarbe treiben sich herum. Nach Darwins Meinung ist es die »schurkischste, banditenartigste Armee, die jemals zusammengebracht worden ist«.

Er fragt sich zu dem Sekretär des Generals durch, um den Pass vorzuzeigen. Der Sekretär ist sich seiner wichtigen Rolle voll bewusst. Er examiniert Darwin »in der würdevollsten und mysteriösesten Art«. Glücklicherweise kann Darwin einen Empfehlungsbrief entfalten, den der Sekretär sofort zu General Rosas weiterleitet. Lächelnd und gnädig kehrt er zurück: Der General lasse seinen verbindlichsten Gruß bestellen.

Darwin bezieht für zwei Tage Quartier in der Hütte eines alten Spaniers, der, Darwin hört und staunt, schon mit Napoleon durch Russland marschiert ist. Gerade als Darwin weiterreisen will, bittet ihn General Rosas zu sich. Juan Manuel Rosas ist einer der vermögendsten Grundbesitzer Argentiniens. Vierundsechzig Quadratmeilen Land und dreihunderttausend Stück Vieh nennt er sein Eigen. Auf seinen Estanzias herrscht zudem Ordnung. So hat er für die Feiertage, an denen oft blutige Raufereien ausbrechen, das Tragen von Messern verboten. Als er selbst einmal dieses Gesetz versehentlich übertrat, befahl er, ihn genauso in den Block zu schließen wie andere Messerträger. Den Gauchos, die Gleichheit und Gerechtigkeit sehr schätzen, imponierte dieses Verhalten. Durch seine Popularität hat Rosas eine fast despotische Gewalt erlangt. Vor Kurzem erst entschuldigte sich ein Mann, der einen anderen ermordet hatte, mit den Worten: »Er sprach von General Rosas verächtlich, da habe ich ihn getötet.« Binnen einer Woche kam er frei.

In seinem Heerlager hat sich der General einen regelrechten Hofstaat zugelegt. Er hält sich sogar zwei Hofnarren. Der eine warnt Darwin vor den Launen Rosas': »Wenn der General lacht, dann schont er weder Narren noch Gesunde.«

Darwins Begegnung mit Rosas geht zum Glück ohne Lachen vorüber. Er empfängt eine Order, die es ihm ermöglicht, Regierungspostpferde zu benutzen, und einen Pass, der sich für »El Naturalista Don Carlos« noch als hilfreich erweisen wird.

Da ihm der Kommandant einen Führer und zwei Pferde leiht, kann Darwin zu der Stelle der Bucht reiten, an der er die »Beagle« erwartet. Leider blinkt dort weit und breit kein Segel. Sie wollen sofort umkehren, doch die Pferde lahmen, der Kommandant hat nicht gerade die besten Tiere verborgt. Es bleibt ihnen nichts anderes übrig, als auf freier Ebene zu biwakieren. Ein Armadillo dient, im eigenen Knochenpanzer geröstet, als Abendbrot. Aber zwei hungrige Menschen sättigt es nicht, und kein Tropfen Wasser stillt ihren Durst.

In der Nacht schläft Darwin nicht besonders gut. Direkt unter seinem Kopf grunzt unentwegt ein Tucutuco, ein maulwurfähnliches Nagetier. Hungrig, durstig und erschöpft treten sie am nächsten Morgen den Rückweg an. Das Pferd des Gauchos stolpert vor Schwäche, er muss absteigen. Da Gauchos niemals laufen, gibt ihm Darwin sein Tier. Heiß scheint die Sonne herab. Gegen Mittag töten die Hunde ein Hirschkalb, das Fleisch verstärkt nur noch den Durst. Dabei hat es vor Kurzem geregnet, und ringsum glänzen klare Pfützen. Doch sie füllt nur salziges, ungenießbares Nass. Als die beiden endlich Bahia Blanca erreichen, kann Darwin nicht begreifen, wie die Gauchos solche Strapazen ertragen und mitunter zwei, drei Tage ohne Wasser aushalten können.

Am nächsten Tag erwirbt Darwin ein kräftiges junges Pferd. Er dingt denselben Führer und bricht mit ihm nach Punta Alta auf, dem Berg, an dem er die Knochen des Megatheriums entdeckte. Kurz vor dem Ziel erspäht der Gaucho drei Fremde. »Sie reiten nicht wie Christen, und niemand kann die Befestigung verlassen«, sagt er, »laden Sie Ihre Pistole.«

Einer der feindlichen Indianer galoppiert davon und verschwindet hinter einem Hügel. Ob er den Rest des Stammes alarmieren will? »Quién sabe? – Wer weiß?«, antwortet der Gaucho nur. Unablässig beobachtet er den Horizont. Sie beschließen, so schnell wie möglich zum Saum des nahen Moores zu reiten, um bei Gefahr vom Pferd zu springen und sich hinter den Büschen zu verstecken. Darwin will losstürmen, aber der Führer hält ihn zurück. Nur dann, wenn sie eine Unebenheit des Bodens vor den Blicken der fremden Reiter verbirgt, geben sie ihren Pferden die Sporen. Nach einer Weile kriecht der Gaucho einen Hügel hinauf, um zu rekognoszieren. Gleich darauf bricht er in schallendes Gelächter aus: »Mugeres! – Es sind Weiber!«

Darwin gräbt nur einen Tag in Punta Alta nach Fossilien, dann treibt ihn ein heftiger Regen nach Bahia Blanca zurück. Dort herrscht helle Aufregung. Die Soldaten einer Posta sind ermordet worden. Man sucht nach den Tätern und glaubt, sie im Stamm des Indianerhäuptlings Bernantio entdeckt zu haben. General Rosas stellt ein Ultimatum: »Wenn Bernantio nicht die Köpfe der Mörder bringt, wird es sein bitterster Tag werden, denn keiner von seinem Stamm wird ihn überleben.« Dreihundert Soldaten sollen Bernantios Stamm bewachen und dem »rastro«, der Spur der Mörder, folgen.

Etwas Wilderes und Roheres als diesen Soldatenhaufen, großenteils aus »zahmen« Indianern zusammengewürfelt, hat Darwin noch nicht erlebt. »Einige tranken, bis sie berauscht waren, andere verschlangen das warme Blut des zu ihrem Abendessen geschlachteten Rindes, warfen dann in ihrer Trunkenheit alles wieder aus und wurden mit Schmutz und Blut über und über beschmiert.«

Einen »rastro« aber, selbst wenn er zwei Wochen alt ist, verstehen sie zu lesen wie ein aufgeschlagenes Buch. Am Eindruck der Hufe erkennen sie, wie viele Pferde beladen waren, an der Unregelmäßigkeit des Ganges die Ermüdung, und Galoppspuren lassen auf die Anzahl der Reiter schließen.

Bernantios Stamm wird von allem Verdacht entlastet. Der »rastro« stammt von »wilden« Indianern, die weit ins Innere des Landes, vielleicht bis an die Anden, geflohen sind. Dort sollen sich, so gehen die Gerüchte, Abgesandte vieler Stämme treffen, um über den Krieg mit den Weißen zu beraten. Drei der Boten, athletische junge Männer, wurden von den Soldaten abgefangen. Man will ihnen die Nachrichten abpressen und stellt sie zu diesem Zweck in einer Reihe auf. Der Erste wird befragt. »No sé«, antwortet er, »ich weiß nichts.« Ein Schuss streckt ihn nieder. Der Zweite: »No sé.« Auch ihn erschießt man. Der Dritte schleudert ihnen entgegen: »No sé – ich bin ein Mann, und ich kann sterben!«

General Rosas plant nichts weniger, als alle noch frei und unabhängig lebenden Indianer nördlich des Rio Negro auszurotten. Riesige Strecken Weideland würden dann, wie Darwin in sein Tagebuch notiert, »in den Händen von weißen Gaucho-Wilden sein anstatt in denen von kupferfarbenen Indianern«.

Die Soldaten schlachten kaltblütig alle Indianerfrauen ab, die über zwanzig Jahre alt sind. Darwin ist entsetzt. »Als ich ausrief, daß dies doch inhuman sei, antwortete mein Gewährsmann: ›Warum? Was ist zu machen? Sie vermehren sich sonst!‹ Jedermann ist hier überzeugt, daß dies der allergerechteste Krieg ist, weil er gegen Barbaren geführt wird. Wer würde glauben, daß in dieser Zeit solche Scheußlichkeiten in einem christlichen, zivilisierten Lande begangen werden könnten?«

Von Posta zu Posta

Ende August kreuzt die »Beagle« endlich vor Bahia Blanca. Hocherfreut klettert Darwin an Bord und begrüßt seine Kameraden. Einen Tag lang erzählt er nur von seinen Abenteuern. Dann engagiert er ein paar Männer und beginnt in Punta Alta mit größeren, systematischen Grabungen. Er schläft am »Mt. Megatherii«, wie FitzRoy witzelt, und die Knochenjagd ist durchweg erfolgreich.

All die vorzeitlichen Ungeheuer, die Darwin hier ans Licht fördert, erinnern deutlich an gegenwärtige Tierarten. Sie zeichnen sich hauptsächlich durch ihre gewaltige Größe aus. Was mag bewirkt haben, dass früher solche Monstren Südamerika besiedelten, nun aber lediglich kleine Faultiere und possierliche Armadillos? Immer wieder, besonders während der langen Passagen der »Beagle«, kreisen Darwins Gedanken um die Rätsel ausgestorbener Tierarten.

Als die »Beagle« weitersegelt, fasst Darwin den Entschluss, auch die restliche Strecke nach Buenos Aires auf dem Landweg zu bewältigen: vierhundert Meilen! Vier Tage vergehen, bis er einen geeigneten, furchtlosen Führer verpflichten kann.

Am Morgen des 8. September reitet er endlich los. Ein merkwürdiger Dunst schwebt über dem Land, irgendwo weit im Innern brennt die Steppe. Ihr erstes Nachtlager errichten sie am La Ventana, einem Berg, der sich gut tausend Meter über die Pampa erhebt. Nirgendwo, glaubt Darwin, habe die Natur einen einsameren, verlasseneren Felshaufen gebildet.

Nicht zu Unrecht trägt er den Beinamen Huartado, der Vereinzelte. Früher war er ein bedeutender Versammlungsort der Indianer und wurde von ihnen erst nach blutigen Kämpfen geräumt.

Posta um Posta lässt Darwin hinter sich. In einer Nacht fällt Hagel, »groß wie kleine Äpfel und außerordentlich hart«. Viele wilde Tiere, vom Rebhuhn bis zum Hirsch, werden erschlagen. Darwin hält sich zum Glück nicht im Zentrum des Unwetters auf. Ein Gaucho aber trägt eine breite Binde um den Kopf. Er hat ihn zum Fenster der Postahütte hinausgestreckt, um nachzusehen, was draußen den Lärm verursacht.

Die Nähe der Hauptstadt macht sich auch durch ein Nachlassen der Gastfreundschaft bemerkbar. Als Darwin bei einer Posta um Nachtquartier bittet, erklärt ihm der Kommandant, dass er, wenn er keinen regelrechten Pass habe, weiterreisen müsse – es trieben sich so viele Räuber in der Gegend herum, dass er niemandem traue. »Nachdem er indes meinen Pass gelesen hatte, der mit den Worten ›El Naturalista Don Carlos‹ begann, war seine Hochachtung unbegrenzt … Was ein Naturalista sein mochte, davon hatten, glaube ich, weder er noch seine Landsleute irgendeine Idee; aber wahrscheinlich verlor mein Titel deshalb nichts von seiner Bedeutung.«

Nach zwölf Tagen im Pferdesattel gelangt Darwin in Buenos Aires an. Im Hause eines britischen Kaufmanns wird er freundlich aufgenommen. Wie sonderbar ist es doch, nach Wochen des Gaucholebens, sittsam gekleidet mit Mate und Zigaretten in einem englisch möblierten Zimmer zu sitzen und mit einer englischen Dame englischen Tee zu trinken!

Aufruhr in Buenos Aires

Darwin ist von einer unermüdlichen Energie erfüllt. Kaum hat er einen vieltägigen Ritt glücklich hinter sich gebracht, plant er die nächste Tour: am rechten Ufer des Paraná stromaufwärts bis Sta. Fé.

In der Umgebung der Stadt hat der Regen die Straßen aufgeweicht. Darwin überholt viele Ochsenkarren, die mühsam durch den Schlamm rollen. Dann öffnet sich das Land, weite Ebenen mit bitterem Klee wechseln mit Distelwäldern. An einigen Stellen sind sie so hoch wie der Pferderücken. In den Labyrinthen, die sie bilden, sollen oft Räuber den Reisenden auflauern. Doch als Darwin nach ihnen fragt, beruhigt man ihn: Die Disteln seien noch nicht hoch, die Räubersaison deshalb noch nicht angebrochen. Von Dieben aber soll die Provinz Sta. Fé stets wimmeln – und tatsächlich tastet Darwin bald vergebens nach seiner Pistole.

In zoologischer Hinsicht bietet ihm die Landschaft nur wenig, da sie mit Ausnahme der kleinen Pampaseule und der Viscache kaum Tiere bevölkern. Die Viscachen unterscheiden sich von großen Kaninchen vor allem durch längere Nagezähne und einen auffälligen Schwanz. Abends kommen sie scharenweise aus ihren Höhlen hervor und betrachten, ruhig auf den Keulen sitzend, die vorüberreitenden Menschen. Sie haben die Angewohnheit, jeden harten Gegenstand an die Öffnungen ihrer Baue zu schleppen: Knochen, Steine, Distelstängel. Durch Absuchen jedes Viscachelochs entlang der Straße, versichert man Darwin, seien schon verlorene Tabakspfeifen und Taschenuhren wiedergefunden worden.

Nach vier Tagen rastet Darwin am Rio Tercero, wo nach Berichten des Jesuiten Falkner Unmengen Fossilien vom Fluss freigelegt würden. Auch die Einheimischen, die Darwin in einem Kanu zu der bezeichneten Stelle paddeln, erzählen von riesenhaften Knochen, die aus den steil abfallenden Ufern herausragen. Zwei davon zeigen sie ihm. Doch als er die verwitterten Knochen angreift, zerbröckeln sie unter seinen Händen. Immerhin reichen die Reste aus, das Tier als den Urelefanten Mastodon zu bestimmen.

In den Ablagerungen am Flussufer gegenüber von Sta. Fé gräbt Darwin neben dem kesselartigen Panzer eines riesigen fossilen Armadillos vor allem Zähne und nochmals Zähne aus: vom Mastodon, vom Toxodon – und einen auf die gleiche Weise verwitterten Pferdezahn.

Dieser Zahn bereitet Darwin besonderes Kopfzerbrechen. Wie konnte er unter die Fossilien geraten? Als Kolumbus landete, lebten in Amerika keine Pferde! Mit äußerster Sorgfalt überprüft er, ob der Zahn tatsächlich mit den anderen Überresten in die Schicht eingeschlossen wurde. Ihm ist zu diesem Zeitpunkt noch nicht bekannt, dass sich auch unter seinen Funden von Punta Alta ein Pferdezahn befindet und Fossilreste von Urpferden in Nordamerika häufig sind.

In einem Brief an Henslow beklagt er sein Unwissen. »Ich habe keine klare Vorstellung von Spaltbarkeit, Stratifikation, Erhebungslinien. Ich habe keine Bücher, die mir viel sagen, und was sie sagen, kann ich nicht auf das anwenden, was ich sehe. Folglich ziehe ich meine eigenen Schlußfolgerungen, und die sind auf allergloriöseste Weise lächerlich. Manchmal stelle ich mir vor, daß ich mich überrede, daß es überhaupt keine Berge gibt …«

Schilderungen einer mörderischen Dürre in den Jahren 1827 bis 1830 stimmen Darwin nachdenklich. Damals wuchsen keine Pflanzen außer Disteln, und die Pampa verwandelte sich in eine Wüste. Hunderttausende von Vögeln, wilden Tieren und Pferden verendeten kläglich. Riesige Rinderherden stürzten sich halb wahnsinnig vor Durst in den Paraná. Erschöpft vom Hunger, waren sie nicht imstande, die schlammigen Ufer wieder hinaufzukriechen, und ertranken. In einem Flussarm faulten so viele Tierkadaver, dass der Geruch ihn unpassierbar machte. Ohne Zweifel wurde ein großer Teil von ihnen im Mündungsgebiet des La Plata abgelagert.

»Was würde die Ansicht eines Geologen sein«, fragt Darwin, »wenn er eine solch enorme Knochenansammlung von Tieren aller Arten und jeden Alters in eine einzige dicke erdige Masse eingebettet sähe? Würde er sie nicht eher einer großen, die Oberfläche des Landes überschwemmenden Flut zuschreiben als dem gewöhnlichen Hergang der Dinge?« Darwin benötigt keine Sintfluten, keine welterschütternden Katastrophen mehr, um die »Katakomben« tertiärer Ungeheuer zu erklären. Obwohl eine ungewöhnliche Trockenperiode die größeren Tiere womöglich stärker dezimierte als kleinere, hat er die Frage, wie das Megatherium und seine Zeitgenossen ausgestorben sein könnten, noch längst nicht beantwortet. Sollte einfach die Lebensfähigkeit der Großsäuger abgenommen haben? Oder sollte er eher an eine allmähliche geringfügige Klimaänderung denken, die sie ihrer Nahrungsgrundlage beraubte?

Da sich Darwin unwohl fühlt, fährt er auf einer Balandra, einem kleinen, einmastigen Schiff von hundert Tonnen, nach Buenos Aires zurück.

Als er nach einer Woche in der Nähe von Buenos Aires an Land geht, überrascht ihn ein politischer Umsturz. Alle Häfen und Straßen werden von den Aufständischen blockiert, die die Stadt belagern und notfalls aushungern wollen. Darwin kann weder nach Buenos Aires hinein noch zurück auf die Balandra.

Eigentliche Gründe für die Rebellion gibt es kaum, persönliche Rivalitäten und das Machtstreben General Rosas' haben sie geschürt. Rosas war vor einem Jahr von dem argentinischen Parlament zum Gouverneur gewählt worden. Er lehnte es jedoch ab, ohne außerordentliche Machtbefugnisse zu regieren, und zog es vor, durch die Indianerkriege größere Macht und mehr Popularität zu gewinnen. Während Darwin unterwegs nach Sta. Fé war, haben Rosas' Anhänger, die den derzeitigen Gouverneur nicht länger leiden wollten, die Stadt verlassen. Auf ihren Kampfruf »Rosas!« haben sich ihnen zahllose Gauchos angeschlossen. Seither steht Buenos Aires unter Blockade, täglich liefern sich die verfeindeten Parteien Scharmützel. Die große Auseinandersetzung schieben sie vorerst noch auf, denn alle warten ab, wie sich der General zu dem Aufstand stellen wird.

Darwin fragt sich zu einem Führer der Aufständischen durch. Bedauerlicherweise, erklärt der Darwin, könne er so gut wie nichts für ihn tun. Daraufhin versucht Darwin sein Glück auf der anderen Seite der Stadt, aber dort darf er nicht einmal das Feldlager betreten. Zufällig erzählt er, wie er General Rosas am Rio Colorado getroffen habe und wie freundlich er von ihm empfangen worden sei. »Ein Zauber selbst hätte die Umstände nicht schneller ändern können, als es dieses Gespräch tat«, meint er rückblickend. Einen Pass für die Stadt kann ihm zwar auch hier niemand ausschreiben, doch weist man die Wachen an, Darwin unbehelligt passieren zu lassen.

Das belagerte Buenos Aires ist kein angenehmer Aufenthaltsort. Die Geschäfte sind geschlossen, und Räubereien stehen auf der Tagesordnung. Sogar die Wachen nutzen die nächtliche Dunkelheit, um den Bürgern Geld abzuknöpfen. Unter großen Schwierigkeiten ergattert Darwin einen Platz auf einem überfüllten Dampfschiff. Männer, Frauen und Kinder sind wie er froh, nach Montevideo zu entkommen.

Kurz darauf entspannt sich die Lage. In dem erwarteten Schreiben missbilligt General Rosas sehr diplomatisch, dass der Frieden gebrochen worden sei, und meint zugleich, dass seine Anhänger das Recht auf ihrer Seite hätten. Allein auf diese Nachricht hin flieht der Gouverneur. Triumphierend rücken Rosas' Anhänger in die Stadt ein. Der General hat endlich erreicht, was er anstrebte: Er wird Diktator von Argentinien. Siebzehn Jahre lang wird er das Land mit Heimtücke und Gewalt beherrschen und zahllose Gegner ermorden.

Die Erlebnisse der letzten Tage haben Darwins Unternehmungslust nicht gedämpft. In Montevideo mietet er sich Führer und Pferd, um an der Nordküste des La Plata zu geologisieren und den Rio Uruguay in Augenschein zu nehmen. Da alle Flüsse der Gegend über die Ufer getreten sind, wird sein Ritt häufig durch Bootsfahrten verzögert. Einen Tag verweilt er im Küstenstädtchen Colonia del Sacramento. Hier hat der Krieg zwischen Brasilien und Argentinien, dem der Pufferstaat Uruguay seine Existenz verdankt, unübersehbare Spuren hinterlassen. Die Befestigungswerke der Stadt liegen in Ruinen, und von einer Kirche, die als Pulvermagazin diente, stehen nur noch die Grundmauern.

Die schlimmste Auswirkung des Krieges sei jedoch, meint Darwin, dass er Offiziere aller Ränge erzeugt habe. In Uruguay leben dem Namen nach mehr Generale als im britischen Weltreich. Sie werden nicht besoldet und »haben es gelernt, die Macht zu lieben, und sind einem kleinen Handgemenge durchaus nicht abgeneigt. Daher spielen viele mit dem Gedanken, Aufruhr hervorzurufen und eine Regierung zu stürzen.«

Am Rio Negro gräbt Darwin noch einmal Fossilien eines Megatheriums aus. Überall hört er von riesigen Knochen. So fragt er sich zu einem kleinen Bauernhaus durch, wo er für achtzehn Pence den Schädel eines Toxodons erwirbt. Leider fehlen im Kiefer bereits einige Zähne – Bauernjungen haben die knöcherne Monsterfratze als Zielscheibe benutzt.

Ein trauriges Wiedersehen mit Jemmy

Am 5. Dezember 1833 vertraut sich Darwin in Montevideo erneut den schwankenden Planken der »Beagle« an, um tags darauf den Rio de la Plata für immer zu verlassen. Inzwischen wurde der Schiffsarzt ausgetauscht, und Conrad Martens, ein begabter Aquarellist, hat den erkrankten Expeditionsmaler Earle abgelöst. Mit der »Beagle« steuert der Schoner »Adventure« nach Süden. Um wie viel wohltuender ist es doch, wenn die weite Öde des Meeres durch ein nahes Segel gemildert wird!

Die Arbeit flattert Darwin von selbst auf den Tisch: Einmal schneit es Schmetterlinge, ein andermal fliegt ein schöner Käfer an Bord, und selbstverständlich verfängt sich im Schleppnetz Meeresgetier.

Das Leben auf dem engen Schiff zwingt Darwin zu einem geregelten Tagesablauf. »Wir frühstücken um acht Uhr«, schreibt er nach Haus. »Der unabänderliche Grundsatz ist, … sofort hinauszustürzen, sobald man mit Essen fertig ist. Auf offener See arbeite ich, wenn das Wetter ruhig ist, an Seetieren, von denen der ganze Ozean wimmelt. Ist stärkerer Seegang, dann bin ich entweder seekrank oder lese Reisebeschreibungen. Um ein Uhr essen wir zu Mittag. Ihr landläufiges Volk seid in einem traurigen Irrtum über unsere Lebensweise befangen. Wir haben bis jetzt noch nie gesalzenes Fleisch zu Mittag gegessen. Reis und Erbsen und Calavanses sind ausgezeichnete Gemüse und, bei gutem Brote, was kann man mehr wünschen? … Um fünf Uhr haben wir Tee.«

An den Abenden, so erfährt seine Familie weiter, unterhält er sich mit FitzRoy. Wahrscheinlich sind dessen orthodoxe Anschauungen in naturgeschichtlichen Fragen für Darwin ein ständiger Anreiz, tiefer nachzudenken. Natürlich plaudert er ebenso mit Offizieren und Seekadetten. Oder er streckt sich in seiner Hängematte aus und liest Lyell, Milton oder ein spanisches Buch. Sein oberstes Prinzip lautet: jede Minute nutzen! Weder die Enge der Achterkabine – er sitzt mit Sulivan am Kartentisch – noch der Lärm, der von draußen hereindringt, können ihn daran hindern.

Kurz vor Weihnachten 1833 läuft die »Beagle« in Puerto Deseado ein. Ein verlassenes spanisches Fort bewacht den natürlichen Hafen. Das angrenzende Flachland hat einen wüstenhaften Charakter. Zwischen Rollsteinen sprießt nur vereinzelt ein Büschel Gras. Dennoch ernährt die trostlose Ebene kleine Guanakoherden. Die Tiere, die den Menschen gewöhnlich fliehen, sind zugleich sehr neugierig. Legt man sich auf die Erde und vollführt fremdartige Gesten, strampelt etwa wie Darwin mit den Füßen in der Luft, so nähern sie sich vorsichtig, um auszukundschaften, was da vor sich geht.

Am Weihnachtsabend schießt Darwin ein Guanako – ein leckerer Festtagsbraten. Der erste Feiertag ist dienstfrei, und jedermann begibt sich ans Ufer, wo als Ersatz für das übliche weihnachtliche Besäufnis sportliche Wettkämpfe ausgetragen werden. Für die besten Läufer, Springer und Ringer hat der Kapitän kleine Preise gestiftet.

Neben den Guanakos sind im weiten Flachland Straußenvögel beheimatet. Schon weiter nördlich in der Pampa hat Darwin davon reden hören, dass außer dem Nandu eine weitere, kleinere Art existieren soll, der Petiso. Eines Tages kehrt Martens mit einem frisch geschossenen Strauß von einem Jagdausflug zurück. »Ich sah ihn mir an«, schreibt Darwin im Reisejournal, »vergaß im Augenblick in der unerklärlichsten Weise die ganze Geschichte von den Petisos und glaubte, es sei ein zu zwei Dritteln ausgewachsenes Stück der gewöhnlichen Art. Der Strauß wurde gekocht und gegessen – da erinnerte ich mich plötzlich! Glücklicherweise waren Kopf, Hals, Beine, Flügel, viele der größeren Federn und ein großer Teil der Haut noch da. Aus diesen ist ein nahezu vollständiges Exemplar zusammengeflickt worden, welches jetzt im Museum der Zoologischen Gesellschaft aufgestellt wird.« Der Ornithologe John Gould tauft den Petiso später auf den wissenschaftlichen Namen Rhea darwinii, Darwinstrauß.

Mitte Januar 1834 ankert die »Beagle« hundertzehn Meilen weiter südlich in Puerto San Julián. Der Boden hier ist noch unfruchtbarer als in Puerto Deseado. Mit Darwin und einigen Mannschaftsmitgliedern erkundet FitzRoy in einem langen Marsch die Bucht. Elf Stunden laufen sie, ohne einen Tropfen Wasser zu trinken. Angriffslustige Bremsen quälen sie mit schmerzhaften Bissen. Auf dem Gipfel eines kleinen Berges halten sie erschöpft inne. Ein schöner See blinkt von einer Einsenkung herüber. Ob er mit Süßwasser gefüllt ist? FitzRoy ist zu ermattet, um weiterzugehen; er hat die gesamte Strecke ein schweres, doppelläufiges Gewehr getragen.

Darwin und ein Matrose melden sich freiwillig. Hoffnungsvoll klettern sie zu dem See hinab. Wie groß ist die Enttäuschung, als sie knapp vor dem Ziel erkennen, dass sie eine schimmernde Fläche schneeweißen Salzes genarrt hat!

Zwei Mann sind für den Rückweg zu schwach. Die anderen entledigen sich ihrer Waffen und holen von der »Beagle« Hilfe. Obwohl Darwin darauf zwei Tage mit Fieber danliederliegt, hat sich für ihn der Fußmarsch gelohnt: Der vertrocknete Schlamm der Ebene birgt Knochen eines vorzeitlichen

9 Der Darwinstrauß

Ungeheuers. Darwin tippt zunächst auf ein Mastodon, doch gehört das Skelett zu einem Macrauchenia, einem etwa kamelgroßen Säugetier, das mit dem Guanako verwandt ist.

Ende Januar segelt die »Beagle« in die berühmte Magellanstraße, die Feuerland vom südamerikanischen Festland trennt. Von dem natürlichen Hafen Port Famine aus öffnet sich Darwin ein schöner Ausblick auf den über zweitausend Meter hohen Mt. Sarmiento, den imposantesten Berg Feuerlands. Ganz in der Nähe, direkt hinter Port Famine, erhebt sich der kleinere Mt. Tarn. Darwin besteigt ihn. Düster, kalt und nass sind die Schluchten des Berges, nicht einmal Moos gedeiht hier. Die breiteren Täler werden von umgestürzten, vermoderten Baumstämmen verbarrikadiert. Manche von ihnen sind über und über mit kugeligen, hellgelben Pilzen bewachsen, deren Fachbezeichnung heute ebenfalls an Darwin erinnert: Cyttaria darwinii. Die Indianer ernähren sich von ihnen.

Kurz nach Ankunft der »Beagle« in der Bucht bei Wulaia paddeln einige Feuerländer in einem kleinen Kanu mit einer Flagge heran. Einer von ihnen wäscht sich die Farbe vom Gesicht. »Dieser Mann war der arme Jemmy – jetzt ein magerer, elender Wilder mit langem, unordentlichem Haar und nackt mit Ausnahme eines Stückchens Decke, das er um seine Lenden gebunden hatte. Wir erkannten ihn nicht wieder, bis er dicht bei uns war, denn er schämte sich und drehte dem Schiff den Rücken zu. Wir hatten ihn fett, rund, rein und gut gekleidet verlassen; ich habe niemals einen so vollständigen und traurigen Wandel gesehen.«

FitzRoy lädt Jemmy ein, mit ihm zu Mittag zu essen. Und Jemmy erzählt bereitwillig, wie es ihm inzwischen ergangen ist. So bedauernswert, wie Darwin es darstellt, beurteilt der Indianer sein Schicksal nicht. Er habe genug zu essen, und er friere auch nicht, und seine Verwandten seien gute Leute. York Minster aber habe ihn gemein betrogen und bestohlen. Nichts sei übrig von all den schönen Dingen, die er besessen habe. Wieso? York Minster habe ihn, Jemmy, überredet, mit in seine Heimat zu paddeln, und unterwegs in einer Nacht alle wertvollen Sachen zusammengerafft und sich dann samt Kanu weggeschlichen. Aber, rühmt sich Jemmy, er habe selbst ein Kanu gebaut und seinen Stamm Englisch gelehrt und verstehe sogar wieder etwas von seiner Muttersprache. Nein, nach England wolle er nicht mehr zurück.

Am Abend wird klar, was den Sinneswandel Jemmys bewirkt hat: Eine junge und hübsche Feuerländerin, seine Frau, erscheint an Bord. Jemmy beschenkt seine Freunde mit dem besten, was er geben kann: mit zwei wundervollen Otterfellen, Speerspitzen und Pfeilen, die er eigenhändig für Fitz-Roy geschnitzt hat. Ebenfalls reich mit Geschenken beladen, klettert er wieder in sein Kanu. Als die »Beagle« ins offene Meer hinausfährt, grüßt sie noch lange das Feuer, das Jemmy am Ufer entzündet hat.

Den Rio Santa Cruz hinauf

Während die »Beagle« den Falklandinseln einen zweiten Besuch abstattet, erhält Darwin einen Brief von Professor Henslow, der ihm zum ersten Mal einen Eindruck vom Erfolg seiner Sammlungen vermittelt. Darwin, rät Henslow, möge ja sei Netz gut gebrauchen, denn fast alle kleineren Insekten, die er fange, zählten zu neuen, noch nicht bekannten Arten. Und er solle ausnahmslos alle Fossilien nach England schicken. Schon seine ersten Megatheriumknochen wären äußerst interessant gewesen, weil sie zu Körperteilen gehörten, von denen weder in England noch in Frankreich Bruchstücke vorhanden wären. Buckland, der Geologe von Oxford, und Clift, der in London ein Museum leitet, hätten sie auf der Versammlung der Britischen Gesellschaft für die Förderung der Wissenschaft ausgestellt.

Darwin ist begeistert. Im Antwortbrief schreibt er: »Mein Hammer fliegt mit doppelter Kraft auf die ergebenen Steine; und wenn ich an die Rede des Präsidenten der Versammlung denke, dann schlage ich härter und härter zu.« Der Präsident, ob er es nun weiß oder nicht, ist Professor Sedgwick.

Auch im Elternhaus, erfährt er zwei Monate später, verfolgt man mit Freude und Bangen seine Reiseabenteuer. Darwin hat Auszüge seines Tagebuchs nach The Mount geschickt, und die Schwestern lesen sie dem Vater vor. Allen gefalle es sehr. Dennoch bekritteln sie in dem Brief, dass Darwin die »blumenreichen, französischen Ausdrücke« Humboldts nachahme. Familienklatsch schließt sich an. Fanny, nunmehr Mrs. Myddleton, habe sich kaum verändert. Und Charlotte, eine der Wedgwood-Schwestern, sei sehr beliebt in der Pfarrei ihres Mannes. Ein ausgezeichneter Anlass, dem Bruder den zukünftigen Beruf lockend vor Augen zu halten. »Wir hoffen, daß Du Dich auch einmal in just der gleichen Weise einrichten wirst, lieber Charley.«

Doch ihre Ermahnung verhallt ohne Resonanz, denn was kann sie bewirken angesichts der Küsten Patagoniens und der Freuden des kräftig geschwungenen Geologenhammers?

Ein letztes Mal führt FitzRoy das Schiff auf der Ostseite des Kontinents nach Norden. Während der ersten Südamerikafahrt der »Beagle« hatten einige Matrosen den Rio Santa Cruz etwa dreißig Meilen stromauf erkundet. Nun will FitzRoy bis zu den Quellen vorstoßen. Außerdem hat die »Beagle« eine Überholung nötig.

Um den kupfernen Kiel auszubessern, muss das Schiff aufs Trockene gesetzt werden. Die Matrosen hieven Kanonen, Anker und alle anderen schweren Gegenstände an Land. Bei der nächsten Flut segelt die »Beagle« so nahe an das Ufer heran, dass ihr Boden den Grund berührt. Man stützt sie seitlich ab, und als das Wasser zurückweicht, liegt sie trocken. Es gelingt FitzRoy und seiner Mannschaft, innerhalb einer einzigen Ebbe den Kiel zu reparieren.

Die weiteren Arbeiten nehmen drei Wochen in Anspruch, eine ideale Zeit für die Exkursion ins Landesinnere. FitzRoy bemannt drei Walboote mit vierundzwanzig Seeleuten, selbstverständlich schließt sich Darwin an. Gegen die starke Strömung des Santa Cruz können sie weder rudern noch segeln, sie müssen treideln. Abwechselnd je anderthalb Stunden stapfen sie, das Tau über der Schulter, am Ufer entlang. Keiner, auch nicht der Kapitän, drückt sich vor dieser Anstrengung. Abends schlagen sie Zelte auf, sammeln Brennholz und entfachen ein Feuer. Stets haben zwei Matrosen und ein Offizier die Pflicht zu wachen, denn eine kürzlich benutzte Furt und Rauch, der weit entfernt in den Himmel kräuselt, weisen auf die Anwesenheit von Indianern hin.

10 Die »Beagle« trockengesetzt

Ein halb verrosteter Bootshaken der »Beagle«, den sie finden, erinnert an die erste Expedition. Nach drei, vier Tagen sind sie weiter vorgedrungen als diese. Das Land um sie herum hat vor ihnen kein Weißer betreten. Der Flusslauf bietet Darwin ausgezeichnete Möglichkeiten für geologische Studien. Tief hat sich der Santa Cruz in die Ebene hineingegraben, und geradezu bilderbuchmäßig liegen die meist tertiären Schichten übereinander. Sie schließen relativ junge fossile Muscheln ein. Dann breitet sich links und rechts des Flusses ein riesiges Basaltfeld aus, das aus Lava entstanden sein muss, die unter Wasser erkaltete. Unmöglich, überlegt Darwin, können die Landschaft, die er hier betrachtet, und die breite Mündung des Santa Cruz durch eine einzige große Flut geformt worden sein. Einst muss Meer das heutige Land bedeckt haben, später hob sich der Boden, und zum Schluss erst schnitt der Santa Cruz sein Bett hinein.

Immer mehr engen die Basaltklippen den Fluss ein. Reißender strömt das Wasser dahin, und die großen, scharfkantigen Felsblöcke am Ufer machen das Treideln gefährlich und mühsam. Nach zwei Wochen halbiert FitzRoy die tägliche Biskuitration. Unablässig dreht sich das Gespräch am abendlichen Feuer ums Essen.

Der Santa Cruz, sehen sie allmählich ein, entspringt unerreichbar für sie in den Klüften der Kordilleren. Darwins Wunsch, an dieser Stelle ihre Gipfel zu bezwingen, erfüllt sich nicht. Über zwei Drittel der Entfernung vom Atlantischen zum Pazifischen Ozean haben sie bewältigt, als sie umkehren. Ein großer See, der Lago Argentino, nur wenige Meilen voraus, muss weitere dreiunddreißig Jahre warten, ehe ein Europäer ihn entdeckt.

In rasender Fahrt schießen die Walboote den Strom hinab. An einem Tag durchmessen sie eine Strecke, die sie fünfeinhalb Tage mühsamer Schlepperei gekostet hat. Am 8. Mai kann FitzRoy die segelbereite »Beagle« in Augenschein nehmen. Mit den ausgebesserten Masten und dem frischen Anstrich lässt sie das Herz jeden Seemanns, und auch das Darwins, höherschlagen.

Während eines letzten Aufenthalts in Port Famine belästigen Feuerländer mehr denn je die Mannschaft und stören die Vermessungsarbeiten. Da viele Instrumente und Ausrüstungsgegenstände auf dem Land aufgestellt sind, hält es FitzRoy für nötig, sie abzuschrecken. Auf sein Geheiß donnern die großen Kanonen. Durch das Fernglas beobachtet Darwin, wie die erzürnten Indianer mit der Geste stolzer Herausforderung Steine in Richtung des Schiffes werfen. FitzRoy schickt ein Boot mit dem Befehl los, ein paar Flinten in ihrer Nähe abzufeuern. Sie antworten mit Pfeilen, die weit vor dem Boot ins Wasser klatschen. Als der kommandierende Offizier darüber lacht, schütteln sie in ohnmächtiger Wut ihre Mäntel. Erst als die Kugeln neben ihnen in die Bäume schlagen, ziehen sie sich zurück.

FitzRoy hat sein Ziel erreicht, nichts wird gestohlen. Daran, dass die Ureinwohner als die souveränen Eigentümer des Landes betrachtet werden müssten, denkt nicht einmal Darwin. Für ihn sind die Feuerländer zwar Menschen, doch stehen sie auf der niedrigsten Stufe menschlicher Entwicklungsmöglichkeiten. Er empfindet Mitleid mit ihnen und bedauert sie wegen ihrer harten und kümmerlichen Lebensbedingungen. Doch zugleich glaubt er, dass durch die unwirtliche Natur Feuerlands auch ihre geistigen Fähigkeiten verkümmert seien.

Wehrlos den eingeschleppten Seuchen preisgegeben und der Gewalt der weißen Eroberer ausgesetzt, die sich nicht wie FitzRoy mit ein paar Warnschüssen begnügten, sind die Feuerländer heute nahezu ausgestorben. Zwischen 1920 und 1923 gelang es dem Pater de Agostini gerade noch, Reste ihrer einstigen Kultur aufzuspüren. Er verteidigt das Volk Jemmy Buttons und beklagt sich: »Ein Stamm, der mit überraschender Leichtigkeit fremde Sprachen auffaßt, lesen und schreiben in kürzester Zeit lernt und Begabung für Musik und Handwerk zeigt, der hätte ein besseres Zeugnis verdient als das des berühmten Naturforschers Darwin und anderer Reisender.«

Kapitel 6

»Da ist eine Katze eingesperrt«

»Wir kamen vorgestern hier an; … nach unserer langen Kreuzfahrt im feuchten, düsteren Klima des Südens wieder klare, trockene Luft zu atmen und ehrlichen warmen Sonnenschein zu fühlen und gutes frisches Roastbeef zu essen muß das höchste Gut des menschlichen Lebens sein.« So schreibt Darwin am 24. Juli 1834 aus Valparaiso, dem Haupthafen Chiles, an Henslow.

Die letzten zwei Monate mussten ihn freilich in eine trübe Stimmung versetzen. Zuerst plagte ihn Woche um Woche die Seekrankheit in den klippenreichen, stürmischen Gewässern vor der öden, trostlosen Südküste Chiles. »Ein einziger Blick auf eine solche Küste reicht hin, um einen Menschen vom Festland eine Woche lang von Schiffbrüchigen, Gefahr und Tod träumen zu lassen.« Darauf folgten Tage nicht enden wollenden Regens auf der armseligen Insel Chiloé, in deren Hafen sich die »Beagle« geflüchtet hatte. Dann starb der Zahlmeister der »Beagle« und wurde während eines bedrückenden Begräbnisgottesdienstes in die See gesenkt.

Wie viel freundlicher empfängt Valparaiso Darwin: Malerisch ducken sich weiß getünchte Häuser mit schmucken Ziegeldächern an den Fuß der Berge, großartig erheben sich die Anden dahinter und besonders prachtvoll der Vulkan Aconcagua.

Viele Engländer wohnen hier. Unter ihnen entdeckt Darwin zu seiner großen Freude einen alten Schulkameraden, Richard Corfield, der ihm sofort seine Gastfreundschaft anbietet. Was für ein Hochgefühl empfindet er, als man ihn sogar nach seiner Meinung über Lyells Geologie befragt!

Zwei Briefe von Henslow verstärken seine gute Laune noch. Einer von ihnen enthält nützliche Ratschläge, wie man Präparate sachgerecht einpackt. Darwin soll die Gliedertiere nicht so fest mit Strick umwickeln – eine Krabbe habe deshalb alle Beine verloren. Und vor allem soll er bei den geologischen Sammelstücken keine so übermäßige »Parade von Seilwerk und Papier« veranstalten, die Steine überstünden die Reise gut genug, wenn er sie einmal ordentlich einschlage und dann schön dicht in die Kiste lege. Die Hinweise kommen allerdings reichlich spät – der Brief war über achtzehn Monate unterwegs.

Die Umgebung Valparaisos ist ausgezeichnet für Spaziergänge und kleine Exkursionen geeignet. Außer in tiefen Tälern wachsen kaum Bäume, doch sprießen auf den Berghängen bunte Blumen und Sträucher, die starke und eigentümliche Gerüche verströmen. Erstaunlich wenig Insekten, Vögel oder Vierfüßer sind hier beheimatet, weniger jedenfalls, als Darwin bei der Vegetation erwartet hätte. Dafür findet er auch auf dem höchsten Gipfel Muscheln, die während der Jahrtausende oder Jahrmillionen seit der Hebung des Landes einen Rest ihrer bunten Zeichnung behalten haben.

Spekulationen fließen in Darwins Tagebuch: »Es scheint keine sehr unwahrscheinliche Vermutung zu sein, daß der Mangel an Tieren darauf zurückzuführen ist, daß, seit sich dieses Land aus dem Meer erhob, keine geschaffen wurden.« Ähnliches hätte zu diesem Zeitpunkt auch Lyell äußern können. – Als Darwin vier Jahre später sein Reisejournal für die Publikation vorbereitet, streicht er diesen Satz heraus.

Mit zwei Führern begibt sich Darwin auf eine geologische Erkundungstour zum Fuß der Anden und in die kaum hundert Meilen entfernte Hauptstadt Santiago. Gleich zu Anfang reitet er durch das Tal, dem Valparaiso seinen Namen verdanken mag: Valle del Paradiso, Tal des Paradieses. Inmitten der kolossalen kahlen Berge prangen mosaikartig angeordnete viereckige Gärten, in denen Orangen, Pfirsiche, Feigen, Trauben und Oliven und alle Sorten von Gemüse gedeihen. Abends, wenn die Täler im nachtschwarzen Schatten versinken und nur die schneeigen Gipfel der Anden noch rot leuchten, errichten Darwin und seine Begleiter eine Hütte von Bambus, braten über dem knisternden Feuer Rindfleischstreifen und trinken Mate.

Die Freiheit des Gaucholebens wiederholt sich. Guasos heißen sie in Chile und unterscheiden sich in einigem von den wilden Reitern der Pampa. Darwin hat Mühe, seine beiden Führer zu überreden, mit ihm zur gleichen Zeit zu essen. Sie betrachten Darwin als einen Herrn, der natürlich abgesondert von Niederstehenden die Mahlzeit zu sich nimmt. Während General Rosas mit dem Dorfkrämer und den Bauern an einem Tisch aß, achten die reichen Hazienderos von Chile sehr auf Abstand. In vielem anderen aber gleichen die Guasos den Gauchos: Sie sind ausgezeichnete Reiter, tragen Ponchos und legen ihren ganzen Stolz darein, möglichst große Sporen zu besitzen. Ob Spornrädchen von fünfundzwanzig Zentimeter Durchmesser noch zum Reiten taugen?

Viele der Andenberge sind förmlich durchlöchert. Jahrhundertelang haben die Spanier mit wechselndem Erfolg nach Gold und anderen Metallen gegraben. Chile verdankt seinen Reichtum diesen Erzen. Fünf Tage hält sich Darwin bei den Kupferminen von Jajuel auf. Im Gegensatz zu englischen Bergbaudistrikten steigt hier keine Rauchfahne aus Hochöfen in den

Himmel, rattert nirgendwo eine Dampfmaschine. Das Erz wird von Hand gefördert und nach England zur Verhüttung verschifft.

Ein paar englische Bergleute, die hierher verschlagen worden sind, haben immerhin einige Neuerungen eingeführt. Die Einheimischen lachten sie aus, als sie davon redeten, dass auch der Kupferkies, der seit Menschengedenken als taubes Gestein weggeworfen worden war, Kupfer enthielte. Für ein paar Dollars haben sie eine alte Mine aufgekauft und reduzieren nun den Kies durch Rösten. Ein Vermögen haben sie dadurch erworben. Insgesamt aber fasst die industrielle Revolution nur schwer Tritt in Südamerika. Wozu Dampfpumpen aufstellen, wenn es billiger ist, das Wasser in Schläuchen aus den Gruben heraustragen zu lassen?

In der Nähe von San Fernando besucht Darwin Goldminen, die einem Amerikaner gehören. Das bleiche Aussehen der Arbeiter erschüttert ihn, und er erkundigt sich bei dem Grubenbesitzer nach ihrer Lage. Die Arbeit der Mineros ist extrem schwer. Mit ungefähr zwei Zentnern Erz auf ihren Schultern klettern sie aus dem hundertfünfzig Meter tiefen Schacht an Baumstämmen empor, in die stufenartige Einschnitte gehauen sind. Bei dieser Knochenarbeit ernähren sie sich nur von Brot und Bohnen und werden mit vierundzwanzig bis achtundzwanzig Schilling je Monat nach englischen Normen sehr dürftig bezahlt. Nur einmal in drei Wochen erlaubt man ihnen, zwei Tage bei ihren Familien zu verbringen. Trotzdem ziehen die Mineros dieses Los dem der Landarbeiter und Pächter noch vor, denn deren Lage ist weitaus ärger.

Vier Tage wohnt Darwin bei dem Amerikaner. Zwei davon fühlt er sich unwohl, wahrscheinlich weil er Chichi, einen neuen, sehr schwachen und ziemlich sauren Wein getrunken hat. Auch ein chilenischer Advokat und ein deutscher Naturaliensammler, Renous mit Namen, genießen die Gastfreundschaft des Minenbesitzers.

Überhaupt hat Darwin hier so viel Konkurrenz, dass er fürchtet, wenig zur Erforschung des Landes beitragen zu können. In einem Brief an Henslow beklagt er sich darüber. »In Chile treten Sammler geradezu schwarmweise auf. Es gibt mehr Naturalisten in diesem Land als Schreiner oder Schuhmacher oder Männer aus einem beliebigen anderen ehrlichen Beruf.« Renous jedenfalls fragt spaßeshalber den Advokaten, was er vom König von England denke, der einen jungen Mann ausschicke, um Eidechsen und Käfer zu sammeln und Steine zu zerklopfen. »Da ist eine Katze eingesperrt«, hört Darwin nach längerem ernsthaftem Überlegen den Advokaten erwidern, »kein Mensch ist so reich, daß er Leute ausschicken könnte, solchen Plunder aufzulesen. Wenn nun jemand von uns das in England tun würde – der König verwiese ihn schnell des Landes!«

Ob Darwin den Chilenen wohl aufgeklärt hat, dass nicht William IV., sondern der eigene Vater für Verpflegung und Nebenkosten aufkommt?

Nun, er wird zumindest nicht der Ketzerei verdächtigt und verhaftet, wie es Renous vor einigen Jahren erging, als er in San Fernando einige Raupen in die Pflege eines jungen Mädchens gab, das sie füttern sollte, bis Schmetterlinge ausschlüpften. Der Fall wurde von den Padres mit dem Gouverneur beraten!

Sobald Darwin sich wieder kräftig genug glaubt, reitet er los. Er folgt dem Lauf des Rio Tinderidica, dessen Tal sich in Küstennähe zu einer baum- und strauchlosen Ebene erweitert. Aber weder geologische Erhebungsstufen noch alte Indianergräber können seine Aufmerksamkeit fesseln. Der scharfe Ritt hat seinen Magen erneut in Aufruhr versetzt.

Am dritten Tag nach dem Aufbruch wird ihm schon nach einer kurzen Strecke so übel, dass er rasten muss. Am vierten endlich, nahe der Küste, gewährt ihm ein reicher Haziendero Unterschlupf. Obwohl Darwin sich sehr schlecht fühlt, läuft er ein wenig in der kargen Umgebung herum und sammelt fossile Muschelschalen. Krank zu sein in einem fremden Land, fernab aller englischen Zivilisation, ist das größte Missgeschick, das er sich für die Reise ausgemalt hat. »Nachts war ich überaus erschöpft«, schreibt er ins Tagebuch, »aber ich hatte das ungewöhnliche Glück, etwas saubres Stroh zu ergattern. Nachher belustigte mich der Gedanke, wie wahrhaft relativ doch aller Komfort ist. Wenn ich in England sehr krank gewesen wäre, hätte ich saubres Stroh und stinkende Pferdedecken für ein sehr elendes Bett gehalten.«

Da sich sein Befinden nicht bessert, schickt Darwin nach Valparaiso, von wo ihn ein Wagen abholt. Den gesamten Oktober hütet er im Hause seines Freundes Corfield das Bett. Was für ein Verlust an Zeit! »Alle Sekretionen meines Körpers sind affiziert.« So schildert er seinem Vater die Krankheitssymptome. Doch daraus kann der Doktor keine Diagnose ableiten. Für eine Behandlung aus der Ferne ist ohnehin die Laufzeit der Briefe zu lang. Der Schiffsarzt aber begnügt sich damit, Kalomel (Quecksilberchlorid) als Abführmittel und viel Ruhe zu verordnen.

Auf der »Beagle« herrscht in diesen Wochen eine katastrophale Stimmung. FitzRoy durchlebt eine tiefe Depression. Neigt er schon von der Veranlagung her zu Unmutsausbrüchen und Weltschmerz, so hat er jetzt durch einige ungünstige Ereignisse nahezu die Kontrolle über sich verloren. Er will sogar das Kommando über die »Beagle« an Wickham abtreten. Der Grund dafür ist ein Brief aus London, in dem die Admiralität FitzRoy mitteilt, dass sie den eigenmächtigen Erwerb des Schoners »Adventure« missbilligte. Die Vermessungsreise käme teuer genug. FitzRoys Stolz ist zutiefst verletzt. Ihn schmerzt weniger das Geld, das er durch den erzwungenen Wiederverkauf der »Adventure« verliert, sondern vielmehr, dass man an seinen Fähigkeiten und seiner Umsicht zweifelt und seine Leistungen nicht anerkennt.

Den Offizieren gelingt es schließlich, FitzRoy bei seinem Pflichtgefühl zu packen. »England expects every man to do his duty«, »England erwartet, dass jedermann seine Pflicht tut«, nicht umsonst trägt das Steuerrad der »Beagle« Admiral Nelsons Wahlspruch. Wie froh ist die Mannschaft, als der Kapitän wieder an Deck steht und auf altbewährte Weise »heißen Kaffee« verteilt!

Die Insel der Holzwege

»Unsere Insel – ist sie nicht ein miserabler Ort?«, fragten die Einwohner von Chiloé Darwin bei seinem ersten kurzen Besuch im Juli 1834, und er hat gegen alle Gebote der Höflichkeit mit dem Kopf genickt.

Auch jetzt, Ende November, hat sich daran nichts geändert. Fast täglich treibt der Wind Regenböen heran, nur selten reißt die Wolkendecke auf und gibt den Blick auf die großen Vulkane des nahen Festlands frei: auf den berühmten Corcovado und auf den weniger berühmten, dafür ständig Rauchwolken ausstoßenden Osorno. Die Natur des Landes entspricht dem kühlen, ewig feuchten Klima. Undurchdringliche, sumpfige Wälder erstrecken sich von einem Ende der Insel zum anderen. Von der chilenischen Regierung halb vergessen und fern der Handelswege, fristen die Einwohner ein kümmerliches Dasein. Sie stammen zumeist von Indianern ab, die spanische Missionare einst von den umliegenden Inseln hierher zusammengeführt haben, um sie so besser zum christlichen Glauben bekehren zu können. Noch heute aber, erzählt man Darwin, sollen sie an fremdartigen, heidnischen Gebräuchen hängen. Ja, in gewissen Höhlen, versteckt hinter ewigen Nebelschleiern, sollen sie mit dem Teufel in Verbindung stehen. Früher haben die Gouverneure der Insel jeden Verdächtigen vor die Inquisition in Lima gezerrt.

Von Ende November 1834 – FitzRoy hat das Auslaufen der »Beagle« bis zur Genesung Darwins verzögert – bis Anfang Februar 1835 durchkämmt das Schiff die Gewässer um Chiloé und den Chonos-Archipel. Ein Teil dieser Zeit segelt Darwin mit der Schaluppe der »Beagle« an den zahllosen, tief eingeschnittenen Buchten entlang. Oft begrüßen die Einheimischen das ausländische Schiff freudig: Sie glauben, dass sich eine spanische Armada nähert, um sie von der ungeliebten Nationalregierung in Santiago zu befreien.

Auf der Insel San Pedro erbeutet Darwin, ohne einen Schuss Pulver zu verschwenden, einen Fuchs der seltenen Art, die auf diesen Inseln heimisch ist. Der Fuchs saß gerade in der Nähe des Ankerplatzes der »Beagle« auf einem Felsen. »Das Tier«, schreibt Darwin in dem Reisejournal, »war so völlig davon in Anspruch genommen, die Arbeiten der Offiziere mit den Theodoliten zu beobachten, daß ich imstande war, ruhig hinter ihn zu kommen und ihn mit meinem geologischen Hammer auf den Kopf zu schlagen. Dieser Fuchs, neugieriger oder wissenschaftlicher als die große Mehrheit seiner Brüder, steht jetzt ausgestopft im Museum der Zoologischen Gesellschaft.«

Am 28. Dezember erkundet die »Beagle« einen natürlichen Hafen. Kaum wird der Anker geworfen, da winkt am Ufer ein Mann mit seinem Hemd. Ein Boot holt ihn und seine zwei Gefährten an Bord. Vor fünfzehn Monaten hätten sie sich von einem amerikanischen Walfänger abgesetzt, erzählen sie. Beim ersten Landungsversuch aber, sehr weit südlich von den besiedelten Gegenden Chiles, sei ihr Boot in der Brandung zerschellt. Seither wanderten sie die Küste hinauf und hinab, ernährten sich von Robbenfleisch und Muscheln; einer von ihnen sei von einer Klippe gestürzt und gestorben. Schließlich hätten sie alle Hoffnung verloren, sich nach der nächsten Ansiedlung durchschlagen zu können. Über ein Jahr haben sie das Datum verfolgt und sich dabei nur um vier Tage geirrt. Für sie ist noch der 24. Dezember – was für eine Weihnacht!

Das neue Jahr beginnt, wie das alte aufgehört hat – mit Regen. Die »Beagle« kämpft sich gegen schweren Sturm nach Norden durch. Um Mitternacht des 19. Januar wird Darwin geweckt. Die Wache hat am Gipfel des Osorno ein Leuchten wie von einem großen Stern beobachtet, das ständig an Größe zunimmt. Fast alle Offiziere sind an Deck geeilt. Ein Fernrohr wird herumgereicht. Unaufhörlich schleudert der Vulkan aus dem blendenden Rot seines Kraters dunkle Brocken in die Höhe. Weit entfernt fallen sie nieder. Ein glänzender, lang gestreckter Reflex schimmert auf dem Wasser. Erst nach drei Uhr morgens verebben die Eruptionen allmählich.

Später erfährt Darwin, dass in derselben Nacht auch der Aconcagua und sogar der seit sechsundzwanzig Jahren verstummte Coseguina, 3.200 Meilen nördlich, tätig waren; zum Vergleich müssten in Europa der Ätna, der Vesuv und die Hekla auf Island gleichzeitig ausbrechen. Die drei südamerikanischen Vulkane gehören jedoch ein und demselben Gebirgszug, den Kordilleren, an. Darwin hat einen Eindruck von den gewaltigen unterirdischen Kräften erhalten, die die Anden aufgefaltet und das Land gehoben haben. Wie stark und wie lange muss die Erde erschüttert worden sein, dass sich heute Muscheln in zweitausend Meter Höhe befinden, und welche Zerstörungen musste der jüngste Ausbruch angerichtet haben!

Als die »Beagle« wieder vor San Carlos vertäut ist, reitet Darwin mit King, einem Seekadetten, durch das Innere der Insel zur Westküste, um einige Peilungen vorzunehmen. Er hat Glück, für ein paar Tage beschert ihm das Wetter eine Regenpause. Durch den ewig feuchten und überall sumpfigen Wald führt ein merkwürdiger Weg: Große Holzklötze pflastern die Straße. Im Sommer erfüllen sie ihren Zweck, doch im Winter, wenn durch die Feuchtigkeit das Holz schlüpfrig wird und der Morast von beiden Seiten die Klötze überschwemmt, ist das Reisen ein gefährliches Wagnis. Die Pferde aber kennen den Holzweg und seine Tücken. Flink und geschickt wie Hunde springen sie über schlechte Stellen und Löcher im hölzernen Pflaster.

So gelangen Charles und King heil nach Castro. Die alte Hauptstadt von Chiloé ist genauso trist und öde wie die ganze Insel. Auf den Straßen und der Plaza wächst grüner Rasen, Schafe zupfen an den saftigen Halmen. Die Mitte des Ortes schmückt eine vollständig aus Brettern errichtete ehrwürdige Kirche. Niemand besitzt hier eine Uhr. Ein alter Mann, der angeblich über ein gutes Zeitgefühl verfügt, läutet nach Gutdünken die Kirchenglocke.

Zu den wenigen Freuden, die das Leben der Eingeborenen erhellen, zählt ein Wein, den sie aus den artischockenähnlichen Früchten eines seltsamen, dornenbewehrten Busches destillieren. Darwin ist mit Humboldt völlig einer Meinung: Überall auf der Welt findet der Mensch Mittel und Wege, sich aus irgendeiner Pflanze ein berauschendes Getränk zu brauen!

Das große Erdbeben von 1835

Anfang Februar 1835 läuft die »Beagle« in den Hafen von Valdivia ein. Die Stadt ist ein einziger Obstgarten. So weit das Auge reicht, wachsen wilde oder veredelte Apfelbäume. Die Einheimischen gewinnen aus den Äpfeln Most und Wein, sie brennen sich Apfelschnaps und kochen einen dicken, süßen Sirup.

Am 20. Februar spaziert Darwin mit seinem Diener Covington am be waldeten Strand der Stadt entlang. Gegen Mittag streckt er sich auf dem Boden aus, um etwas zu ruhen. Plötzlich grollt die Erde unter ihm, die Bäume schwanken. Erschrocken springt er auf und wird von einem Schwindel erfasst. »Ein schlimmes Erdbeben wie dieses zerstört auf einmal unsere ältesten Gedankenverbindungen; die Erde, das wahre Symbol alles Festen«, schreibt er ins Tagebuch, »bewegt sich unter unseren Füßen wie eine dünne Kruste auf einer Flüssigkeit – in einer einzigen Sekunde erzeugt es im Geiste ein fremdartiges Gefühl der Unsicherheit, das Stunden des Nachdenkens nicht schaffen würden.«

Zwei Minuten zittert der Boden, Darwin scheint es jedoch wesentlich länger. Dann eilt er zur Stadt, wo FitzRoy und die Offiziere beschäftigt sind. Er trifft sie glücklicherweise wohlauf, auch die Stadt ist so gut wie unversehrt. Zwar haben die hölzernen Häuser in ihren Balken geknarrt, doch sind sie nicht eingestürzt. Die Bewohner, die bei der ersten Erschütterung ins Freie geflohen sind, lähmt Entsetzen. Für sie war es das schwerste Beben seit Menschengedenken.

Zwei Tage später sticht die »Beagle« in See. Bei ungünstigem Wind wird weiter die Küste vermessen. Danach laviert die »Beagle« zum Ankerplatz im Hafen von Concepción. Darwin landet unterdessen auf der vorgelagerten Insel Quiriquina. Stühle, Tische, Bücherregale, Dächer von kleinen Häusern und Säcke mit Baumwolle liegen über das Ufer verstreut. Nicht ein Haus stehe mehr in Concepción, erzählt man Darwin. Siebzig Dörfer seien zerstört, und eine riesige Flutwelle habe die Ruinen des Hafens weggeschwemmt. Darwin schaut sich rund um die Insel die Zerstörungen an. Große Felsbruchstücke sind den Strand hinaufgeschleudert worden. Risse, fast einen Meter breit, klaffen im Boden. Und der harte Schiefer der Hügel ist zersplittert und zerfurcht wie von einer Explosion.

Am Tag darauf reitet Darwin vom verwüsteten Hafen zur eigentlichen Stadt hoch. Der englische Konsul berichtet ihm, dass er gerade frühstückte, als ihn ein erstes Zittern warnte. Kaum sei er auf den Hof geeilt, da krachte schon eine Front des Hauses donnernd herab. Geistesgegenwärtig erkannte er in dem Trümmerhaufen den sichersten Platz. Die Erdstöße warfen ihn um – er kroch auf allen vieren über die Bruchstücke hoch. Die nächste Wand kippte, ein Balken schoss knapp vor seinem Kopf vorbei, dichter Staub wallte auf und erschwerte das Atmen. Stoß folgte auf Stoß. Dann aber, als das Schlimmste vorüber war, habe er die Reste seines Besitztums vor Plünderern bewachen müssen. Seither habe er in einem Garten unter Apfelbäumen Quartier bezogen. Anfangs, als die Sonne schien, seien er und seine Freunde trotz des Verlustes an Hab und Gut heiter wie auf einem Picknick gewesen und voller Tatkraft, dann aber brachte heftiger Regen großes Ungemach. Manche reichen Bürger hätten sich für viel Geld bei den Ärmsten eingemietet, deren bescheidene Bretterhütten alle Erschütterungen heil überstanden hätten.

Was würde wohl geschehen, spekuliert Darwin, als er in seinem Tagebuch das Gesehene schildert, wenn die unterirdischen Kräfte erwachten und England durchrüttelten? »Was würde aus den hohen Häusern, aus den dicht zusammengepackten Städten, den großen Fabriken, den schönen öffentlichen und privaten Gebäuden? … Wie fürchterlich würde das Gemetzel sein? England würde bankrott sein; alle Wertpapiere, Berichte, Urkunden würden verlorengehen, und die Regierung könnte keine Steuern eintreiben.«

Die einfachen Leute von Concepción schieben die Schuld an der Katastrophe auf zwei alte Indianerweiber. Sie sollen, weil sie beleidigt wurden, vor zwei Jahren den Vulkan Antuco verstopft haben. Für Darwin ist es ein wichtiger Hinweis, dass Erderschütterungen mit dem Aussetzen der vulkanischen Tätigkeit zusammenhängen. Am liebsten würde er wie seine Zeitgenossen annehmen, dass durch den Druck der aufgestauten Lavamassen die Berge erzittern; die Erklärung jedoch erscheint ihm zu einfach. Heute weiß man, dass die meisten Beben nicht auf Vulkanismus, sondern auf Bewegungen der Erdkruste zurückzuführen und an Bruchzonen im

Gesteinsmantel gebunden sind. Dort kann auch das Magma leichter bis zur Oberfläche vordringen.

Seit der Naturkatastrophe ragt im Hafen von Concepción eine ehemalige Untiefe aus dem Wasser, und auf einer nahen Insel hat FitzRoy faulende Miesmuscheln sogar drei Meter über dem neuen Hochwasserstand gefunden! Im Reisejournal meint Darwin dazu: »Die merkwürdigste Wirkung dieses Erdbebens war die bleibende Erhebung des Landes; wahrscheinlich würde es viel richtiger sein, hiervon als von der Ursache zu sprechen.« Mit der letzten Bemerkung trifft er genau die heutige Vorstellung von den tektonischen Vorgängen. Vor allem aber werden für ihn damit die Ansichten Lyells bestätigt.

»Es ist etwas ungemein Bitteres und Demütigendes, daß Werke, welche dem Menschen soviel Zeit und Mühe gekostet haben, in einer Minute einstürzen; und doch wurde das Mitgefühl für die Bewohner augenblicklich durch die Überraschung verbannt, einen Zustand der Dinge in einem Augenblick hervorgebracht zu sehen, den man gewohnt war, der Tätigkeit einer Reihe von Jahrhunderten zuzuschreiben.«

Über die Kordilleren

Nach dem kurzen Aufenthalt im zerstörten Concepción segelt die »Beagle« Anfang März 1835 zurück nach Valparaiso. »Ich beginne schon, Pläne zu schmieden«, schreibt Darwin, von Seekrankheit und Heimweh gequält, nach Haus, »mit welcher Postkutsche ich am schnellsten Shrewsbury werde erreichen können. Die Reise dauert unheimlich lang; wir werden einander kaum wiedererkennen.«

Vorerst aber nimmt er einen überdachten zweirädrigen Postwagen nach Santiago, um von dort aus die Anden zu überqueren. Als Führer heuert er Mariano Gonzales an, der ihm schon auf früheren Exkursionen gute Dienste geleistet hat. Sechs Lastmaultiere, vier zum Reiten, ein Treiber sowie als Leittier eine alte, zuverlässige Stute vervollständigen die Expedition.

Auf der Ostseite Südamerikas hat Darwin unzählige Tiere präpariert und Pflanzen getrocknet und beschrieben. Westlich der Kordilleren widmet er sich fast ausschließlich der Geologie. In seine verschiedenen Notizbücher trägt er zehnmal mehr Bemerkungen über Gesteine und ihre Schichtungen ein als über Lebewesen.

Je mehr Darwin an Höhe gewinnt, desto karger wird die Vegetation. Bäume und Büsche verschwinden, und spärlicher wächst das Gras. Dann und wann zeigt sich ein Lama oder ein Kondor, und mitunter stoßen sie auf eine Rinderherde, die von der Sommerweide herabgetrieben wird. Noch weiter oben achtet Darwin nicht mehr auf die kümmerliche Flora und

Fauna, sondern begeistert sich an der Felslandschaft. Seit dem Erdbeben sieht er die Kräfte, die die Erdoberfläche geformt haben, überall in Aktion.

Tosend braust der Maipú neben ihm über Felsbrocken. Tag und Nacht begleitet ihn das rasselnde Geräusch des Stromes, das entsteht, wenn Tausende und Abertausende von Steinen aneinandergeschlagen und vorwärtsgeschleudert werden. Welche Zeitspannen muss dieser Ton überdauert haben! Schon als das Megatherium über die Pampa stampfte, erklang er. Kann irgendein Berg, irgendein Kontinent einer solchen Abnutzung trotzen?

Am nächsten Tag macht sich die Puna bemerkbar, die Kurzatmigkeit in der dünnen Höhenluft. Alle fünfzig Meter bleiben die Maultiere stehen, auch die Menschen müssen verschnaufen. Darwin verspürt eine Enge um Kopf und Brust, und das Luftholen wird mühevoll. Doch dann, nahe am höchsten Grat, erblickt er fossile Muscheln – vor Entzücken vergisst er die Puna vollständig. Die Muscheln beweisen ihm, dass auch der höchste Gipfel einst Meeresboden war.

Stürmisch und kalt bläst der Wind. Streckenweise stapfen sie durch ausgedehnte Felder ewigen Schnees, mitunter sind die Fußspuren blassrosa gefärbt. Darwin zerreibt eine Probe des ihm aus Büchern bekannten roten Schnees auf Papier. Zuerst glaubt er, die Färbung Porphyrstaub zuschreiben zu müssen, doch dann findet er heraus, dass mikroskopisch kleine Pflänzchen sie hervorrufen.

Auf dem Kamm gönnen sie sich eine Pause. Intensiv blau spannt sich der Himmel über tiefe Täler, helle zerklüftete Felsen und ruhige Schneeberge. »Ich war glücklich, mich allein zu fühlen«, schwärmt Darwin in seinem Tagebuch, »es war, als beobachte man ein Gewitter oder höre mit voller Orchesterbegleitung einen Chor aus dem Messias.«

Wie eine schmale Tür öffnet sich der Portillo-Pass. Sie überqueren ihn und errichten an der oberen Vegetationsgrenze im Windschatten der Felsen ein Nachtquartier. Es klart auf, trocken und kalt ist die Luft. Als Darwin in der Dunkelheit über seine Flanelljacke streicht, leuchtet sie wie mit Phosphor bestrichen. Selbst die ledernen Sattelriemen sprühen elektrische Funken.

Kurz und steil ist der Weg auf der anderen Seite der Anden hinab zu den weiten Ebenen Patagoniens. Eine einsame Hütte markiert die Grenze der Republik Mendoza, die zur argentinischen Föderation gehört. Einer der vier Zollbeamten, ein reinblütiger Pampa-Indianer, wird, wie Darwin berichtet, »ziemlich zu demselben Zweck gehalten wie ein Bluthund«: Er verfolgt die Spuren von Personen, die sich heimlich über die Berge schleichen wollen.

Zwei Tage reitet Darwin über eine nahezu unbesiedelte und trockene Ebene. Erst in der Nähe der Hauptstadt Mendoza beleben Pappeln und Weiden am Fluss Lujan die Landschaft. Kurz vor dem gleichnamigen Dörfchen rast plötzlich eine zerfaserte Wolke von dunkler, rotbrauner Färbung auf sie zu: ein Schwarm wandernder Heuschrecken. Vergeblich entfachen die Bauern ein Feuer, vergeblich schreien sie und schwenken Äste. Der Himmel verdüstert sich, und ein knatterndes Geräusch erfüllt die Luft. Wo sich die Heuschrecken niedersetzen, überzieht eine krabbelnde, rote Schicht den Boden. Nach einer Weile ist der Schwarm über Lujan hinweggezogen. Darwin beschließt, in dem Dorf zu übernachten.

Wie widerwärtig ist es aber, wenn vor dem Einschlafen weiche, wurmartige Insekten über einen kriechen! Vinchucas, drei Zentimeter lange, flügellose schwarze Pampawanzen attackieren Darwin. Bevor sie saugen, sind sie ganz dünn, flach und weich. Nach und nach füllen sie sich mit Blut, bis sie rund und prall sind. Darwin weiß sich ihrer in dieser Nacht kaum zu erwehren. Später experimentiert er mit dem Ungeziefer. In Anwesenheit der Offiziere der »Beagle« beobachtet er ein hungriges Exemplar. Unter den Augen aller erdreistet es sich, seinen Rüssel vorzustrecken und an einem dargebotenen Finger zu saugen. Innerhalb von zehn Minuten ist das Insekt zur Kugel angeschwollen. Der Blutvorrat hält die Vinchuca vier Monate lang fett. Vielleicht ist Darwin durch dieses Ungeziefer mit einer Tropenkrankheit infiziert worden – so zumindest spekulieren manche Biografen.

Einen Tag langweilt sich Darwin in der verschlafenen Stadt Mendoza, dann tritt er den Rückweg über den niedrigeren und bequemeren Uspallata-Pass an. Er hat von der »Inkabrücke«, einem natürlichen Steg über eine tiefe Schlucht, gehört und ist begierig, dieses Meisterwerk der Natur anzuschauen. Sie enttäuscht ihn: Gekittete Rollsteine schaffen eine schräge und unförmige Verbindung von Wand zu Wand. Da beeindrucken ihn die Häuser der Inkas, die er an entlegenen und öden Stellen in der Nähe des Passes antrifft, mehr. Kleine, viereckige Räume drängen sich aneinander, einige Türen stehen noch, sie werden durch vertikale Steinplatten in etwa einem Meter Höhe abgeschlossen.

Auch dort, wo keine Pässe existieren und wo an der Grenze zum ewigen Schnee das Land nichts hervorbringt und kein Wasser vorhanden ist, sollen Inkas gewohnt haben. Wovon mögen sie sich ernährt haben? Und was mag sie in die unwirtlichen Berge getrieben haben? Der Einfall der Spanier? Oder hat sich seither das Klima geringfügig geändert? Fiel früher wenigstens einmal im Jahr etwas Regen?

Kaum ist Darwin nach Santiago zurückgekehrt, wird er krank. Fünf Tage ruht er sich aus, dann reitet er hinab zur Küste nach Valparaiso, wo ihn Corfield mit bewährter Gastfreundschaft aufnimmt.

Gewissenhaft ordnet er die neuesten Sammelergebnisse. Außerdem schreibt er an Henslow, obwohl er wieder vergeblich auf eine Nachricht von ihm gehofft hat. Allerdings fördert Henslow ihn auf andere Weise. Er wertet den langen Brief Darwins über die Expedition nach Mendoza gründlich aus und trägt in der Philosophischen Gesellschaft von Cambridge daraus zuerst Darwins Betrachtungen über die Geologie der Kordilleren vor und, als er auf großes Interesse stößt, auch die Bemerkungen zu einer lebendgebärenden Eidechse und zum roten Schnee. Der Widerhall, den Darwins geologische Beobachtungen hervorrufen, bewegt Henslow schließlich, Passagen aus den Briefen zusammenzufassen und in Druck zu geben. Darwin aber erfährt vorläufig nichts von seiner ersten Veröffentlichung.

Durch die Wüsten Nordchiles

Oh, die verführerischen Maultiertreiber Chiles! Es braucht nur einer heranzugaloppieren und Darwin irgendein geologisches Wunder in hundert Meilen Entfernung zu versprechen, dann, so lesen die Schwestern daheim in Shrewsbury, »kann ich der Versuchung nicht widerstehen – oder genauer: habe ich ihr noch nie widerstanden«.

Ende April sitzt Darwin wieder im Sattel, den braven Gonzales an seiner Seite. Er will über Coquimbo und Huasco an der Pazifikküste entlang nach Copiapó, weit im Norden des Landes, reisen. Das sind vierhundertzwanzig Meilen im Vogelflug – doch um wie viele mehr auf Darwins verschlungenen Pfaden! Die »Beagle«, das vereinbart er mit FitzRoy, wird in Coquimbo und später in Copiapó auf ihn warten.

Nach etwa einer Woche weicht Darwin von der uninteressanten Küstenstraße ab und wendet sich dem Bergbaudistrikt Los Homos zu, wo die Berge wie riesige Ameisenhaufen von Stollen durchzogen sind. Er überholt einen Trupp von Mineros, die gerade den Leichnam eines Kameraden zum Begräbnis tragen. Ihre roten Mützen leuchten in der Sonne; sie haben helle Gürtel um die Taillen geschlungen. Und wie sie rennen! Es ist kein gemessen feierlich daherschreitender Leichenzug wie in Shropshire, sondern eine wilde Jagd: Knapp zweihundert Meter laufen die vier Sargträger, dann lösen andere sie ab. Und der Rest der Trauergäste feuert sie durch wilde Rufe an.

Ähnlich fremdartig mutet Darwin das Geschäftsgebaren mancher Bergwerksinhaber an, wenn er es mit den Maßstäben englisch-kapitalistischer Effektivität misst. Trotz der oft enormen Gewinne weisen die Minengesellschaften am Ende Verlust aus. Tausende Pfund verschwinden, um die chilenischen Behörden zu bestechen; Bibliotheken herrlich eingebundener geologischer Werke, die niemand liest, werden erworben; Spezialisten für die Verarbeitung von Erzen, die in Chile nicht vorkommen, werden aus England angeheuert und nutzlose Maschinen angeschafft.

Mit dem Syndikus einer der Firmen unterhält sich Darwin auch über die große Anzahl der Fremden im Land. Vor der Unabhängigkeit war das anders: Die Kinder von Coquimbo hatten schulfrei, um einen englischen Kapitän zu bestaunen – aus sicherer Entfernung, denn er war ja ein Heide, ein Ketzer und die Verkörperung alles Bösen. Etliche Male hatten englische Freibeuter die Küste heimgesucht und geraubt, was nur irgend wertvoll und transportabel war. »Los Ingleses, los Ingleses! – Die Engländer kommen!«, dies war damals ein Schreckensruf, bei dem die Einwohner alle Wertsachen einsackten und in die Berge flohen.

Freilich, die Zeiten von Sir Francis Drake sind längst vorüber. Man flüchtet nicht mehr, wenn englische Schiffe vor der Küste kreuzen. Im Gegenteil. Man lauert auf ein Geschäft. Als Darwin in chilenischen Häfen nach der »Beagle« fragt, weiß jedermann von dem seltsamen Schiff, das, kaum hat es

11 Vampirfledermaus

den Anker geworfen, gleich wieder ausläuft, dann erneut auftaucht und kurz darauf davonsegelt. Und dies immer möglichst nahe am Ufer! Weshalb, Muttergottes, zieren sich die englischen Schmuggler denn so? Trauen sie uns ehrlichen Leuten etwa nicht? Oder haben sie ihr Geschäft bereits mit dem Nachbarn abgeschlossen? Mag Darwin die Redlichkeit seines Kapitäns und Freundes beteuern, so viel er will – man glaubt ihm nicht.

Als Darwin am 14. April im Hafen von Coquimbo nach der »Beagle« Ausschau hält, findet er sie fest vertäut am Pier. Sie wird für die Überquerung des Pazifiks überholt.

Von Coquimbo aus startet Darwin zu einem mehrtägigen Abstecher nach den Silberminen von Arqueros und weiter hinauf in die Anden, wo es versteinerte Knochen geben soll. Leider erweisen sie sich bei genauerer Betrachtung als Quarzstückchen. Doch in der Nähe von Coquimbo wird Darwin für die falschen Fossilien entschädigt. Er breitet gerade die Decken für sein Nachtlager aus, da bemerkt Gonzales, dass eins der Pferde unruhig hin und her tänzelt. Er schaut nach, glaubt etwas zu erkennen und fasst schnell nach dem Rücken des Pferdes: ein Vampir! Darwin ist über die erbeutete

Fledermaus entzückt, denn englische Gelehrte haben erst kürzlich angezweifelt, dass Vampire am Widerrist der Pferde Blut saugten.

Anfang Juni verlässt Darwin Coquimbo auf der Küstenstraße nach Huasco. Bis etwa zur halben Strecke ist das Land durch einen Schauer, den ersten seit sieben Monaten, ergrünt. Danach aber beginnt eine bald bergige, bald ebene Wüste. Weiden für die Pferde fehlen, und die wenigen Wasserlöcher sind salzig und brackig. Selbst auf den vereinzelten Bauerngehöften geizt man mit Futter. Die armen Tiere müssen sich mit einem Armvoll schmutzigen, doch teuren Strohs begnügen.

Dann, noch weiter im Norden, werden sogar die großen, leuchterförmigen Kakteen selten. Womit soll man da die Tiere füttern? Sie knabbern nach langem Tagesritt schon an den Pfosten, an die sie Gonzales bindet. Darwin kann das Geräusch, wenn er selbst seine Abendmahlzeit isst, kaum ertragen. Als sie endlich das Tal des Flusses Copiapó erreichen, haben die Pferde fünfundfünfzig Stunden nicht einen Halm gefressen.

Anfang Juli verabschiedet sich Darwin im Hafen von Copiapó aufs Herzlichste von Mariano Gonzales, mit dem er so viele Meilen durch Chile geritten ist, und bezieht seine Kabine auf der »Beagle«.

Peru in Anarchie

Sechs Tage dauert die Überfahrt von Copiapó ins damals noch peruanische Iquique. FitzRoy ist gerade von der Admiralität in den vollen Kapitänsrang befördert worden und darf nun anstelle einer goldenen Epaulette zwei tragen. Er hat allerdings vorläufig das Kommando über die »Beagle« an Wickham, den Ersten Offizier, übertragen. Weit im Süden Chiles ist nämlich ein britisches Vermessungsschiff gescheitert. Ihr Kapitän, ein Freund FitzRoys, und seine Mannschaft sind in wildes Indianerland verschlagen worden. Ein Kriegsschiff, die »Blonde«, soll ihnen Rettung bringen, und FitzRoy unterstützt die schwierige Mission als Lotse. Doch der alte Commodore der »Blonde« zögert. Er kann sich mit dem Gedanken nicht anfreunden, sein Schiff den Gefahren einer wenig erkundeten, klippenreichen Leeküste auszusetzen. FitzRoy gerät mit ihm in einen ernstlichen Streit. Er, der Rangniedere, droht dem Commodore wegen seines Zauderns mit dem Kriegsgericht. Darwin und die Offiziere der »Beagle« sind überzeugt, dass ihr Kapitän die Sache meistern wird.

Als die »Beagle« an der Reede von Iquique anlegt, befindet sich die Stadt in arger Bedrängnis. Vier bewaffnete Parteien streiten um die Herrschaft im Land, und jede verlangt von Iquique eine Kontribution. Wenn dann ein englisches Kriegsschiff im Hafen aufkreuzt, muss man da nicht einen Zusammenhang vermuten?

Nach nur zwei Tagen Aufenthalt steuert das Schiff Callao an, den Haupthafen Perus. Dort liegt es die nächsten sechs Wochen vor Anker. Darwin aber muss auf die gewohnten Exkursionen verzichten, denn Soldaten und Räuber durchstreifen die Gegend. Nicht einmal die wichtigste Straße Perus, die zur sieben Meilen entfernten Hauptstadt Lima, gilt als hinreichend sicher. Unlängst sind der englische Generalkonsul und zwei Begleiter von patriotischen Soldaten überfallen worden. Die schwangen eine peruanische Flagge und schrieen: »Viva la patria!« – »Her mit deiner Jacke!« – »Libertad! Libertad!« – »Runter mit den Hosen!« – Nackt bis auf die Unterhosen jagten sie die Ausgeplünderten davon.

Kaum ein Staat in Südamerika hat seit der Unabhängigkeit von Spanien mehr unter den Kämpfen ehrgeiziger Offiziere, unter Verrat und Anarchie gelitten als Peru. Und ein Ende der blutigen Auseinandersetzungen ist nicht abzusehen. Gewinnt die eine bewaffnete Partei die Oberhand, so verbünden sich die anderen drei gegen sie.

Trotz der Unruhen reist Darwin mit der zweimal täglich verkehrenden Kutsche nach Lima, wo er fünf Tage verweilt. Die einst glanzvolle Metropole nicht nur des spanischen Vizekönigreichs, sondern ganz Südamerikas verfällt sichtlich. Zwischen den hohen und prächtigen Häusern und den prunkvollen barocken Kirchen, die der Stadt von Weitem immer noch ein eigentümliches, großartiges Gepräge verleihen, häufen sich in den ungepflasterten Straßen Schmutz und Unrat. Schwarze Geier, zahm wie Hausgeflügel, picken Stücke von Aas auf.

Berühmt ist Lima für zweierlei: für seine Zimtäpfel und für seine in Kleiderrock und Überwurf gehüllten Damen. »Meiner Ansicht nach sind die einen so schön wie die anderen gut schmecken«, schwärmt Darwin in einem Brief an seine Schwestern. Die Damen »tragen schwarzseidene Schleier, die … über den Kopf gezogen und mit den Händen vors Gesicht gehalten werden; nur ein Auge bleibt unbedeckt. Aber dieses Auge ist so schwarz und glänzend und so beweglich und ausdrucksvoll, daß die Wirkung außerordentlich stark ist. Überhaupt machen diese Damen einen so verzauberten Eindruck, daß ich zuerst das Gefühl hatte, von einer Anzahl hübscher, rundlicher Seejungfrauen oder anderer derartig schöner Tiere umringt zu sein.«

Seinem Freund Fox gratuliert Darwin aus Lima zur Vermählung. Alle gleichaltrigen Freunde daheim in England haben sich inzwischen beruflich etabliert und sind feste Familienbande eingegangen. Und er? Den Gedanken an eine »nette, ruhige Pfarrstelle«, die er zu Beginn der Reise noch »durch Palmenhaine vor sich sehen« konnte, hat er aufgegeben. »Ich wünsche so aufrichtig heimzukehren und wage doch nicht, mir meine Zukunft auszumalen, denn ich weiß nicht, was aus mir werden wird … Vor einigen Tagen sah ich ein Schiff nach England abfahren. Es war gefährlich, zu wissen, wie leicht ich zum Deserteur hätte werden können.«

Vom 9. August an wohnt Darwin wieder auf der »Beagle«. FitzRoy hat währenddessen der Rettungsmission der »Blonde« zu einem guten Ende verholfen und trifft in bester Stimmung ein. Durch seinen Erfolg beflügelt, kauft er auf eigene Rechnung einen Schoner, der weiter die Küste vermessen soll, wenn die »Beagle« über den Pazifik segelt.

Die kultivierteren Teile der Hölle

Fünfhundert Meilen vor der südamerikanischen Westküste ragt unmittelbar unter dem Äquator eine Reihe vulkanischer Inseln aus dem Stillen Ozean: der Galapagos-Archipel. Am 16. September 1835 betritt Darwin die östlichste Insel der Gruppe: die Chatham-Insel. Nicht sehr einladend sei sie, so urteilt er in seinem Tagebuch. »Überall ist schwarze Lava, gänzlich überwachsen von blätterlosem Gestrüpp und niedrigen Bäumchen. Die porösesten Lavateile sind rötlich wie ausgebrannte Kohle, die Bäume sehen fast leblos aus. Auf die schwarzen Felsen fallen die Strahlen der senkrechten Sonne und erhitzen sie wie einen Ofen, der eine dumpfe und schwüle Luft um sich verbreitet. Auch die Pflanzen haben einen unangenehmen Geruch. So wie dieses Land könnte man sich die kultivierteren Teile der Hölle vorstellen.«

Wahre Ungeheuer bewohnen diese Hölle, rückenkammbewehrte Meerechsen von einer hässlichen, schmutzig schwarzen Färbung, die sich träge auf den heißen Lavabrocken wärmen. Erinnern sie nicht an kreidezeitliche Saurier? Neben ihnen besiedeln riesige Schildkröten und äußerst zahme Vögel die Insel. Sie fliegen nicht davon, wenn man sich dem Busch nähert, in dem sie sitzen. Seekadett King gelingt es, einen Vogel mit dem Hut zu erschlagen, und Darwin stößt einen großen Falken mit dem Gewehrlauf vom Zweig. Beinahe glückt es ihm, die zutraulichen Tiere an den Beinen zu fassen!

Als Nächstes steuert die »Beagle« die Charles-Insel an, die wie manch anderes Eiland von eifrigen englischen Kapitänen nach einem britischen Monarchen benannt wurde. Auf der Insel führen seit einigen Jahren rund dreihundert Menschen ein Dasein nach der Art Robinson Crusoes. Es sind fast ausschließlich Farbige, die aus politischen Gründen aus der Republik Ekuador verbannt worden sind. Etwa viereinhalb Meilen landeinwärts, im grünen, bewaldeten Innern der Insel haben sie ihre Hütten gezimmert. Sie bauen Bataten und Bananen an und leben von verwilderten Ziegen, von Schweinen und von Schildkrötenfleisch.

Letzteres erfreut sich unter Seeleuten großer Beliebtheit. Sechzig bis siebzig Walfänger verproviantieren sich damit im Jahr. Die Mannschaft einer Fregatte soll an einem einzigen Tag zweihundert Schildkröten erschlagen haben.

12 Echsen und Schildkröten auf Galapagos

Bei der Wanderung über das Eiland werden Darwin und die Offiziere der »Beagle« von einem Engländer namens Lawson unterhalten. Wenn man ihm eine Schildkröte zeige, brüstet er sich, könne er genau sagen, auf welcher der Inseln sie gefangen worden sei. Darwin erkennt, wie er später bedauernd feststellt, nicht sofort die Bedeutung dieses Hinweises.

Weiter erzählt Lawson vom ungeheuren Gewicht und vom hohen Alter mancher der Tiere. Gerade die größten und ältesten entwischten den Fangtrupps, denn sie seien zu schwer, um fortgeschleppt zu werden. Vor ein paar Jahren habe man sogar eine Schildkröte erlegt, die sechs Mann gerade anheben konnten. In ihrem Panzer sei die Jahreszahl 1786 eingeritzt gewesen. An den Quellen, wo jetzt die Ansiedlung stehe, habe es früher von Schildkröten nur so gewimmelt. Der derzeitige Bestand werde aber sicher noch eine Weile ausreichen! – Ein Jahrhundert später sind die Galapagosschildkröten nahezu ausgerottet.

Eine Windstille hält die »Beagle« in der Meerenge zwischen der Albemarle- und der Narborough-Insel fest. Da das Schiff bislang auf keiner der Inseln Frischwasser tanken konnte, halbierte FitzRoy die tägliche Wasserration. In der Sonnenglut plagt Darwin und seine Schiffskameraden der Durst. Auch die Küsten steuer- und backbord versprechen keine Linderung. Ungeheure Ströme Lava haben sich hier wie siedendes Pech am Ufer entlang ergossen. Und über der Albemarle-Insel wirbelt eine dünne Rauchfahne aus einem Krater in den Himmel.

Der Wind frischt auf. Die »Beagle« ankert in einer kleinen Bucht, und Darwin läuft zu einem »wundervoll symmetrischen« Krater. Einhundertfünfzig Meter senkt er sich im Innern hinab, und unten, an seinem Grunde, blitzt die Wasserfläche eines Sees, in dessen Mitte wiederum ein Miniaturkrater eine Insel bildet. Stechend heiß knallt die Sonne auf das Gestein, und der See lockt so klar, so blau. Eilig klettert Darwin den Aschenabhang hinab und kostet. Doch das Wasser ist salzig und bitter. Als er zur »Beagle« zurückrudert, beobachten ihn von den Küstenfelsen Hunderte »Teufel der Finsternis«, wie die Matrosen die Meerechsen nennen.

Gegen Wind und Strömung kreuzt die »Beagle« nach Osten. Die James-Insel, ebenfalls nach einem englischen König getauft, kommt in Sicht. Mit Covington, dem Schiffsarzt und zwei Matrosen stellt Darwin in einem von der Küste abzweigenden Tal Zelte auf. Im Innern der James-Insel, wo die Berge beständig in Wolken gehüllt sind und eine üppige Vegetation sprießt, sprudeln versteckte Quellen. Bei ihnen enden Dutzende gut ausgetretener Pfade – die Wildwechsel der Schildkröten. »Es war ein merkwürdiges Schauspiel«, schreibt Darwin darüber, »in der Nähe der Quellen viele dieser kolossalen Geschöpfe zu beobachten, wie die einen gierig, mit vorgestreckten Hälsen vorwärts marschierten, während die anderen, nachdem sie sich vollgetrunken hatten, wieder zurückkehrten.«

Die Schildkröten saufen ungeheure Mengen Wasser und speichern es in der Harnblase. Bei den Inselbewohnern sind sie daher als wandelnde Wasserlieferanten beliebt. Auch Darwin kostet von der Flüssigkeit in der Blase. Sie ist völlig klar und hell und hat »nur einen sehr leicht bitteren Geschmack«.

Er überprüft, ob Schildkröten tatsächlich, wie man ihm erzählt hat, taub sind. Eine Weile läuft er dicht hinter ihnen her und überholt sie dann. Kaum gerät er in ihr Blickfeld, ziehen sie schlagartig Kopf und Beine ein und sinken zischend auf den Boden. Ihr Erschrecken belustigt ihn – jetzt will er auf ihnen reiten. Er springt auf ihren Rückenschild, und los geht's! Wenn sie gar nicht wollen, hilft er mit ein paar Schlägen auf den hinteren Teil des Panzers nach. Ideale Reittiere sind die gutmütigen Riesen nicht, ganze 360 Yard legen sie in einer Stunde zurück oder vier Meilen am Tag.

Am 17. Oktober holt die »Beagle« Darwin ab. Bald ist auch der letzte Zipfel der Galapagos in den Weiten des Stillen Ozeans versunken.

Darwin hat jetzt alle Hände voll zu tun. Er sichtet seine Naturalistenernte und vergleicht sie mit der Jagdbeute anderer Besatzungsmitglieder. Als er die Spottdrosseln sortiert, überrascht ihn, dass die Exemplare von der Charles-Insel sämtlich zu einer Art gehören, die von der Albemarle-Insel zu einer anderen und alle die von der James- und von der Chatham-Insel zu einer dritten. Nie im Traum wäre es ihm eingefallen, dass Inseln, die in Sichtweite voneinander liegen, unterschiedliche Bewohner haben könnten.

Bestehen sie doch aus dem gleichen Gestein, besitzen das gleiche Klima und erheben sich bis zur gleichen Höhe aus dem Meer. Er will seine Beobachtungen an den Finken überprüfen, etwa dreizehn Arten sind es, – Schande über sein Haupt! – er hat die Exemplare der ersten beiden Inseln vermengt. Hätte er nur damals die Worte Lawsons ernst genommen! – Zum Glück hat FitzRoy eine eigene Vogelsammlung angelegt. Er kann Darwin später, als er in London am Reisejournal schreibt, aushelfen.

Je genauer sich Darwin die präparierten Tiere und Pflanzen von den Galapagos anschaut, desto größer wird sein Erstaunen. Auf den Inseln selbst haben ihn wohl schwarze Lava, Vulkankrater und hässliche Meer- und Landechsen abgelenkt. Aber nicht sie sind das tatsächlich Interessante, sondern die eigentümliche geografische Verteilung der Arten, die wie die Finken auch andere Vögel, die Schildkröten und Pflanzen, erfasst. Ist es schon verwunderlich genug, dass auf beinahe jeder der Inseln eine andere Art die gleiche Stelle »im Naturhaushalt« oder, moderner gesagt, die gleiche ökologische Nische ausfüllt, so verblüfft doch die nahe Verwandtschaft der Arten mit verschiedener Lebensweise noch mehr. Man könnte ja einfach behaupten, dass damals, als die Inseln noch unbelebt waren, vom Wind ein paar Pflanzensamen oder dieser und jener Vogel herangetragen wurden. Jede Insel bekäme so ihren eigenen »Kolonisten«. Weshalb aber sollten diese untereinander verwandt sein wie etwa die Finken von der Albemarle-Insel und von den James- und Chatham-Inseln, die sich hauptsächlich in der Schnabelform und im Gefieder unterscheiden? Außerdem ähneln Tiere und Pflanzen auf den Galapagos in hohem Maße amerikanischen Formen, ohne ihnen aber völlig zu gleichen. Das müssten sie aber, wenn sie von dort herangeweht oder herangeschwemmt worden wären.

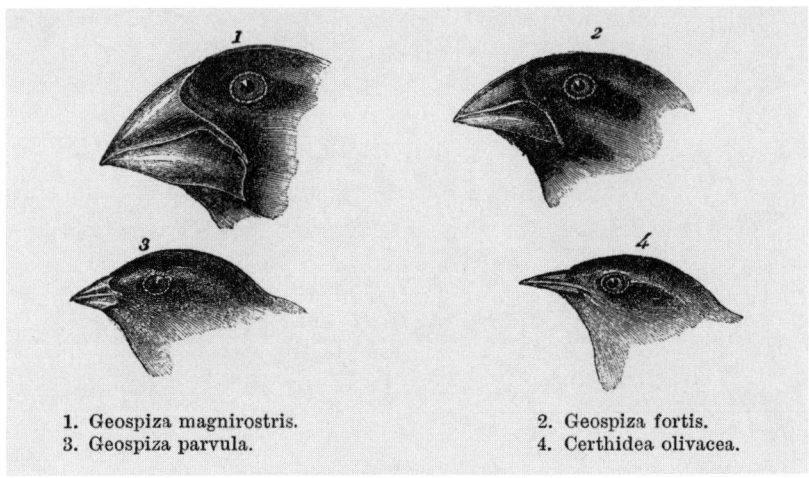

1. Geospiza magnirostris.
3. Geospiza parvula.
2. Geospiza fortis.
4. Certhidea olivacea.

13 Darwinfinken

Vielleicht formuliert Darwin seine Fragen auf der »Beagle« noch als Fragen an den Schöpfer: Warum sollte Gott auf die von den natürlichen Bedingungen her identischen Inseln unterschiedliche, doch einander ähnliche Arten gesetzt haben? Und weshalb sollte sich der Schöpfer immer wieder nach den südamerikanischen Mustern gerichtet haben?

Vier Jahre später, in der ersten Ausgabe seines Reisejournals, weist er bereits, allerdings mit großer Vorsicht und Zurückhaltung, auf Anpassung und Entwicklung hin. »Wenn man die Abstufung und Verschiedenartigkeit der Struktur in einer kleinen, nahe untereinander verwandten Gruppe von Vögeln sieht, so kann man sich wirklich vorstellen, daß infolge einer ursprünglichen Armut an Vögeln auf diesem Archipel die eine Spezies hergenommen und zu verschiedenen Zwecken modifiziert worden sei.«

Doch bereits Ende 1835 spricht Darwin in seinen nicht für die Veröffentlichung bestimmten Notizbüchern davon, dass »die Zoologie der Archipele es wohl wert wäre, studiert zu werden, denn solche Tatsachen würden die Auffassung von der Stabilität der Arten untergraben«.

Drei junge Schildkröten-Männchen nimmt Darwin mit nach England. Eines davon, Harry mit Namen, verschlägt es um 1850 in einen australischen Zoo. In den 1950-er Jahren stellten die Pfleger überrascht fest, dass es sich um ein Weibchen handelte. 2006 ist Harriet im Alter von 176 Jahren gestorben.

Kapitel 7

Bei Missionaren und edlen Wilden

Mitte November 1835 läuft die »Beagle« Tahiti an, jene Insel, die wie keine zweite von vielen Weltumseglern als Südseeparadies gepriesen wurde. Eine Flottille von Kanus paddelt auf das Schiff zu. Männer, Frauen und Kinder haben sich auf einer Landzunge versammelt, um unter Lachen und Scherzen die Mannschaft der »Beagle« zu empfangen. Ein englischer Missionar schüttelt FitzRoy, Darwin und den anderen die Hände.

Darwin ist wieder einmal begeistert. Hinter dem Strand aus schönstem Korallensand biegen sich Kokosnuss- und Brotfruchtbäume im Wind. Zwischen ihnen werden an gerodeten Stellen Yams, Bataten, Zuckerrohr und Ananas angebaut. Selbst durch das Blattwerk des unkrautartig wuchernden Gebüsches schimmern genießbare Früchte.

Nichts aber gefällt Darwin so sehr wie die Einwohner. Sie sind von hohem Wuchs und haben einen athletischen Körperbau. Ihre milden, freundlichen und intelligenten Gesichter vertreiben jeden Gedanken an »Wilde«. Darwin gewöhnt sich so sehr an ihre mattbraune Hautfarbe, dass sie ihm bald natürlicher erscheint als das Weiß der Europäer.

Viele Tahitianer sind in fantastischer und anmutiger Weise mit Blättermotiven tätowiert. Neuerdings rasieren sich die Männer das Haar bis auf einen schmalen Kranz ab. Die Missionare haben erfolglos versucht, ihnen diese seltsame Frisur auszureden. »Es heißt, es ist so Mode, und diese Antwort genügt ebensogut in Tahiti wie in Paris«, meint Darwin. Die Frauen, das gibt er offen zu, sind nicht so schön, wie er sie sich vorgestellt hat. Sie schmücken sich mit weißen und roten Blüten und sehen etwa so aus, wie sie der französische Maler Paul Gauguin gegen Ende jenes Jahrhunderts auf die Leinwand bannen wird.

In der Mitte Tahitis ragt eine Bergspitze über zweitausend Meter in die Höhe, ihre Hänge sind überaus steil, völlig von dichtem Wald und Buschwerk bewachsen und von tiefen Schluchten zerfurcht. Gerade diese Unzugänglichkeit reizt Darwin. Begleitet von zwei Tahitianern, die sein Gepäck tragen, wagt er den Aufstieg. Nirgendwo in Südamerika musste er so schroffe Wände bezwingen. Ein Glück, dass überhängende Farnkräuter und wilde Lilien den Blick in die tiefen Schluchten verhüllen. Hier und da schießen Felsen beinahe senkrecht empor. Die eine Wand bewältigen die Insulaner mit Stricken und Schlingen, an eine andere lehnen sie einen rasch gefällten Stamm, an dessen Ästen sie sich hinaufziehen.

Am Abend bauen Darwins Begleiter aus Bambusstämmen und Bananenblättern eine Hütte. Er lernt von ihnen die Kunst des Feuerbohrens. Sie essen Fleisch, Fisch und Bananen, die sie, in Blätter gewickelt, auf heißen Steinen gegart haben, und erquicken sich mit dem klaren Wasser eines Baches.

Am nächsten Morgen will Darwin seine Weggenossen erfreuen. Nach dem Frühstück reicht er ihnen eine Flasche Branntwein. Sooft sie aber einen Schluck daraus trinken, berühren sie mit dem Finger die Lippen und flüstern: »Missionar!« Wie Darwin erfährt, hat er sie verleitet, ein Gesetz der Insel zu übertreten.

Ursprünglich hatten sich die Tahitianer an dem vergorenen Saft der Pflanze Ava berauscht, die von jungen Mädchen durchgekaut wurde. Nachdem die Weißen hochprozentige Getränke einführten, breitete sich der Alkoholismus mit seinen demoralisierenden Wirkungen schnell aus. Mit einigen eingeborenen Männern gründeten die Missionare nach englischem Vorbild einen Mäßigkeitsverein, dem sich nach und nach aus Scham oder aus Vernunft die Häuptlinge und die Königin Pomarre Wahine I. anschlossen. Sie erließen dann ein Gesetz, das jedweden Alkohol verbot, durchsuchten alle Hütten – selbst die Missionshäuser – und schütteten jeden Tropfen der Spirituosen in den Sand.

Als Darwin zur Küste zurückkehrt, entledigt sich FitzRoy gerade einer besonders heiklen Aufgabe. Er ist beauftragt, etwa dreitausend Dollar von der Inselregierung einzutreiben. Vor zwei Jahren nämlich haben Untertanen der Königin ein kleines englisches Schiff ausgeplündert. Die Weltmacht Britannien verlangt nun Schadensersatz.

FitzRoy bittet um eine Audienz bei der Königin, die daraufhin ihr Parlament einberuft. So muss FitzRoy vor den Häuptlingen, denn diese bilden das Parlament, den Fall noch einmal darstellen. Darwin ist anwesend. »Ich kann gar nicht stark genug ausdrücken«, schreibt er im Reisejournal darüber, »wie allgemein unser Erstaunen über den äußerst gesunden Menschenverstand, die Urteilskraft, Mäßigung, Offenheit und schnelle Entschlossenheit war, welche von allen Seiten entfaltet wurden. Ich glaube, wir verließen alle die Versammlung mit einer sehr hohen Meinung über die Tahitianer.«

Die Loyalität der Insulaner, die ihr eigenes Geld opfern, um die Schuld zu bezahlen, beeindruckt FitzRoy so sehr, dass er die Königin und ihr Gefolge auf die »Beagle« zu einem Fest lädt. Am Tag darauf legt die »Beagle« von den so anziehenden Gestaden Tahitis ab.

Über drei Wochen schaukelt die »Beagle« ohne einen einzigen Aufenthalt auf den Wellen des Pazifiks. Erst als der 180. Längenkreis überschritten ist, darf Darwin sich sagen, dass ihn jeder Tag näher an die Heimat heranbringt. England ist noch in einem zweiten Sinne näher gerückt. Die »Beagle« wird künftig von britischer Kolonie zu britischer Kolonie segeln: Neuseeland – Australien – die Keeling-Inseln – Mauritius – Kapstadt – St. Helena – Ascensión. Das Empire erstreckt sich um die ganze Welt.

Auf Neuseeland, wo sich Darwin Ende Dezember 1835 aufhält, begegnet er wieder Missionaren und ihren Zöglingen. Die meisten Maoristämme, die das ausgedehnte und unzugängliche gebirgige Innere der beiden Inseln bevölkern, sind relativ wenig von ihnen beeinflusst. Sie haben von den Europäern lieber Schießpulver und Feuerwaffen übernommen als deren Religion. Stokes, einer der Seekadetten der »Beagle«, erschrickt in der Nähe des Ankerplatzes vor einer Feuerstätte, um die herum angekohlte menschliche Knochen verstreut liegen. Wahrscheinlich sind die Überreste ein paar Jahre alt.

Einige Tage später gewinnt Darwin einen Einblick in die Trauerriten der Neuseeländer. Die Tochter eines bedeutenden Häuptlings war gestorben. Man brannte ihre Hütte nieder, schloss ihre Leiche zwischen zwei Kanus ein und stellte sie senkrecht auf den Boden. Ihr Rock wurde an dem eigentümlichen Sarg befestigt und das abgeschnittene Haar davorgelegt. Die Verwandten zerkratzen sich nun Arme und Gesichter, geronnenes Blut klebt auf ihrer Haut. Besonders die alten Frauen heulen und martern sich mehrere Tage lang.

Darwin erreicht schließlich die Missionssiedlung. Neben den drei Gebäuden der Missionare im unverkennbaren Stil englischer Farmhäuser stehen die Hütten der eingeborenen Arbeiter. Weizen und Gerste gedeihen auf gepflegten Feldern, ebenso Kartoffeln und Klee. In ausgedehnten Gärten wachsen fast alle Arten englischer Obstbäume und Gemüsepflanzen. Ginsterhecken und Eichen dürfen nicht fehlen, selbst das Unkraut ist importiert: Ein niederträchtiger Händler hat den Ureinwohnern Ampfer anstelle von Tabaksamen verkauft. An einem nahen Bach klappert eine Mühle.

Die Missionare beschäftigen viele aus der Sklaverei befreite Maori. Sie haben ihnen angewöhnt, sich europäisch zu kleiden und auf englische Art und Weise das Korn zu dreschen, das Land zu bebauen, zu schmieden und zu schreinern. Die Szene erscheint Darwin wie aus der Heimat herbeigezaubert.

Gerade noch rechtzeitig zum Weihnachtsfest eilt er zur »Beagle« zurück. Der Aufenthalt im Land ist zu kurz, um systematisch Tiere und Pflanzen zu sammeln. Von der eigenartigen Tierwelt der Insel lernt Darwin nichts kennen, nicht einmal den flügellosen Zwergstrauß Kiwi, der damals noch häufig gewesen sein muss.

Als der Wind wieder in die Segel der »Beagle« greift, schreibt FitzRoy zusammen mit Darwin eine »Ehrenrettung« für die Missionare, die manche Kritiker daheim als zu profan landwirtschaftlich und zu wenig religiös tadeln. Der »Südafrikanische Christliche Beobachter« druckt den Artikel bereitwillig, die Missionare sind schließlich die Vorreiter des Empire.

Sträflingskolonie mit großer Zukunft

Am Morgen des 12. Januar 1836 kündigt ein einsamer Leuchtturm aus weißem Stein den Reisenden der »Beagle« die Nähe von Sydney, der größten Stadt Australiens, an. Erasmus Darwin hatte fünfzig Jahre vorher der damals gegründeten Siedlung eine grandiose Entwicklung prophezeit:

Einst werden prächt'ge Straßen hell und bunt
Umkreisen ries'ge Plätze weit im Rund,
Alleen und der Kanäle schimmernd Band
werd'n strahlen über reich bebautes Land.

Mit Ausnahme der Kanäle hat sich seine Vision bewahrheitet. Die regelmäßigen und reinlichen Straßen, auf denen Kutschen und Kaleschen aller Art in enger Folge vorbeipreschen, die stattlichen Gebäude und die gut sortierten Läden geben Sydney das Gepräge etwa einer blühenden Vorstadt Londons. Und nirgendwo hat Darwin mehr Baustellen gesehen. »Es ist ein äußerst großartiges Zeugnis für die Kraft der britischen Nation«, rühmt er die Stadt in seinem Tagebuch, »mein erstes Gefühl war, daß ich mir gratulierte, als Engländer geboren zu sein.«

In einem »fashionablen« Stadtbezirk Sydneys feiert Darwin mit dem Expeditionsmaler Conrad Martens, der die »Beagle« in Valparaiso verließ, ein Wiedersehen. Martens gehört zu den Begründern der australischen Aquarellistenschule, die ihre Motive überwiegend aus der faszinierenden Weite der australischen Landschaften bezieht. Darwin erwirbt zwei Bilder von ihm. Selbstverständlich wünscht er, die Blauen Berge und die Steppen im Innern des Landes, die Martens auf seinen Bildern darstellt, selbst kennen zu lernen.

Kaum sind Führer und Pferde gemietet, bricht er nach Bathurst auf, einem Dorf ungefähr hundertzwanzig Meilen landeinwärts. Ausgezeichnete Straßen, die wie in England nach MacAdams Verfahren mit Basaltsteinen bedeckt sind, erschließen die Umgebung Sydneys. Zahlreiche Bierhäuser verstärken noch die Ähnlichkeit mit der Heimat. Nur die »Eisen-Banden«, Gruppen von Sträflingen, die durch eiserne Ketten aneinandergeschmiedet sind und unter scharfer Bewachung arbeiten, bilden einen Fremdkörper.

Ihrer Plackerei jedoch verdankt die Kolonie Hafenanlagen, Gebäude und Straßen und damit die Grundlage des Wohlstands.

Unterwegs begegnet Darwin einer Gruppe australischer Ureinwohner. Sie tragen Bündel von Speeren und anderen Waffen und verstehen ein wenig Englisch. Wissbegierig knüpft Darwin ein Gespräch mit ihnen an und besticht sie mit einem Schilling, dass sie ihm ihre Künste im Speerwerfen vorführen. Als traditionelles Jägervolk sind die Ureinwohner nicht zu Sesshaftigkeit oder Viehzucht und Ackerbau zu bewegen. Obwohl durch Straßen, Farmen und Städte der weißen Siedler ihr Lebensraum immer weiter eingeengt wird, bewahren sie ihre Gewohnheiten, wandern umher und jagen in den Wäldern.

Anders als die Indianer Südamerikas, wehren sie sich nicht gegen die vorrückenden Weißen. Sie lassen sich, wie Darwin schreibt, von den minimalen Vorteilen, die diese ihnen vorgaukeln, blenden. Spirituosen und europäische Krankheiten wie die Masern dezimieren ihre Zahl. Insonderheit aber vernichtet die Ausrottung der wild lebenden Tiere ihre Ernährungsgrundlage. »Wo nur immer der Europäer seinen Fuß hingesetzt hat«, resümiert Darwin, »scheint der Tod den Eingeborenen zu verfolgen. Wir können auf die großen Flächen von Amerika, nach Polynesien, das Kap der Guten Hoffnung und Australien blicken, wir treffen auf dasselbe Resultat.«

Darwin übernachtet in einem Gasthaus. Am nächsten Morgen überquert er den Fluss Nepean in einem Fährboot. Der Anblick der Blauen Berge enttäuscht ihn. Sehr gemächlich steigt eine von Eukalyptussträuchern bewachsene Sandsteinebene an. Weiter oben allerdings entschädigt ihn die Aussicht auf eine gewaltige Szenerie, die Martens gemalt haben könnte. Täler, gefüllt von einem Meer grüner Wälder, bilden weite, steil abfallende Buchten im höheren Sandsteinplateau. Darwin ist sofort versucht, diese Landschaft durch die Wirkung eines Urmeers zu erklären, das einst die Buchten aus dem Land höhlte. Diesmal jedoch irrt er. Die Jahrmillionen während Erosion durch Regen und Bäche genügte.

Am Tag darauf steigt Darwin durch den Pass des Viktoriabergs vom Sandsteinplateau herab. Auf dem niedrigeren und fruchtbareren Land betreiben Siedler Schafzucht. Einen von ihnen besucht Darwin. Seine Farm bietet kaum irgendwelche Annehmlichkeiten. Vierzig »harte, verworfene Männer« arbeiten dort. Der Verwalter der Farm nimmt Darwin auf eine Kängurujagd mit. Aber nur eine Kängururatte läuft ihnen vor die Flinte. Es ist das erste Beuteltier, das Darwin in Händen hält.

Die eigenartige australische Tierwelt regt ihn zu Fragen und Spekulationen an, die Eingang in sein Tagebuch finden. »Ich lag an einem sonnigen Hang und dachte über den seltsamen Charakter der Tiere dieses Landes im Vergleich zum Rest der Welt nach. Einer, der an nichts jenseits seiner eigenen Vernunft glaubt, könnte ausrufen: ›Sicherlich müssen zwei Schöpfer am Werk gewesen sein, ihr Ziel war jedoch dasselbe, und gewiß hat jeder den Zweck erfüllt.‹ Während ich so dachte, beobachtete ich die kegelförmige Fallgrube eines Ameisenlöwen … Ohne Zweifel gehört die räuberische Larve derselben Gattung, aber einer anderen Art an als die europäische. – Was würde nun der Ungläubige hierzu sagen? Könnte zwei Arbeitern je eine so schöne, so einfache und doch so kunstvolle Einrichtung einfallen? Man kann das nicht glauben. Die eine Hand hat sicherlich im ganzen Universum gearbeitet. Ein Geologe könnte vielleicht annehmen, daß die Perioden der Schöpfung unterschiedlich sind und weit auseinanderliegen, daß der Schöpfer bei seiner Arbeit ruhte.«

Schon in der ersten Ausgabe seines Reisejournals 1839 behält Darwin nur die Beschreibung des Ameisenlöwen und den letzten Satz bei. In der Ausgabe von 1845 entfällt auch der.

Ende Januar trifft er wieder in Sydney ein. Auf den typisch englischen Dinnerpartys, zu denen man ihn fast allabendlich einlädt, lernt er die »feine Gesellschaft« von Sydney kennen. Zwischen freien Ansiedlern und ehemaligen Verbrechern, die es nicht selten zu Reichtum gebracht haben, herrscht tief eingewurzelte Missgunst. Wolle und Schafe bilden ein beständiges Gesprächsthema. »Insgesamt gesehen«, schreibt er an Henslow, »gefällt mir Neusüdwales nicht. Es ist zweifellos ein wunderbarer Ort, um Pfunde zu scheffeln; doch der Himmel verhüte, daß ich je da wohnen sollte, wo jeder zweite mit Sicherheit ein kleiner Gauner oder ein blutrünstiger Schurke ist.«

Anfang Februar umsegelt die »Beagle« Tasmanien. Den Aufenthalt in der Hauptstadt Hobart nutzt Darwin zwar, er geologisiert und botanisiert wie in alten Zeiten, nach Haus aber schreibt er: »Nie war ein Schiff so voll heimwehkranker Helden wie die Beagle.«

FitzRoy jedoch steuert erneut Australien an. Die King-George-Bucht soll vermessen werden. Darwin langweilt sich eine volle Woche.

Ein Ereignis verschafft ihm für einen Abend Abwechslung. Ein Stamm aus dem Innern des Landes besucht die Niederlassung und die dort ansässigen Ureinwohner. Darwin hat von ihren berühmten Coroberies gehört. Wieder einmal ergreift er die Initiative und verspricht ihnen, einige Fässchen Reis mit Zucker zu kochen – ein Grund zum Feiern ist gegeben. Die Männer der beiden Stämme schmücken sich mit weißen Farbtupfen und -strichen und entfachen ein hoch aufloderndes Feuer, um das sich ihre Frauen und Kinder als Zuschauer scharen. Dann beginnt der Tanz. Im Takt der schweren Fußtritte werden Keulen und Speere zusammengeschlagen, Arme plötzlich emporgeschleudert, und die Körper winden sich ruckartig.

Für die Engländer hat die »rohe Szene« kaum einen Sinn, doch die Eingeborenen folgen ihr mit Vergnügen. Stellen sie Kriege und Jagdabenteuer dar? Einiges erkennt Darwin: Da grast ein Känguru, ein Jäger pirscht sich an. Hier ahmen sie mit ausgestreckten, eigentümlich gebogenen Armen den langhalsigen Riesenvogel Emu nach.

Am 14. März sticht die »Beagle« in See. »Farewell Australia«, schreibt Darwin in sein Tagebuch, »du bist ein aufblühendes Kind und wirst zweifellos eines Tages als große Fürstin des Südens herrschen: du bist aber zu groß und zu ehrgeizig, um geliebt, und noch nicht groß genug, um geachtet zu werden. Ich verlasse deine Ufer ohne Kummer und ohne Bedauern.«

Myriaden kleiner Architekten

Besondere Erwartungen erfüllen Darwin, als am 2. April 1836 die Keeling-Inseln ihre Kokospalmen über den Horizont recken. Diese Inseln werden seine erste selbst erdachte Theorie bestätigen – oder eben widerlegen.

Darwin war oft mit seiner Lektüre der »Beagle« um einige Seemeilen voraus. Bereits in Peru vertiefte er sich in Südsee-Reisebeschreibungen und berauschte sich an der Schönheit der Koralleninseln. Über deren Entstehung freilich streiten die Geologen noch. Lyell und andere mit ihm behaupten, dass die Korallen ihre zarten und zugleich überaus festen Gebilde auf den Rändern unterseeischer Vulkankrater errichtet hätten. Schon die irreguläre Form vieler Atolle spricht allerdings dagegen. Andere erklären den ring- oder becherförmigen Bau der Atolle dadurch, dass die äußeren, vom offenen Meer umspülten Ränder des Korallenmassivs schneller wüchsen. Doch auf welchem Fundament sollen sie ruhen?

Da kam Darwin an der Westküste Südamerikas, noch ehe er ein einziges Korallenriff gesehen hat, der entscheidende Gedanke: Die Anden und Patagonien heben sich, anderswo senkt sich das Land – auch der Meeresboden wird hier steigen, da fallen. So wie sich die Sedimente ablagern – etwa in der La-Plata-Mündung –, so könnten sich doch auch die Korallen auftürmen in den Senkungsgebieten? Vor Tahiti erhielt Darwin einen weiteren gedanklichen Anstoß. Wenige Dutzend Meter vor dem Strand umrundet ein Barriereriff die Insel. Korallen können folglich nicht in beliebig tiefem Wasser gedeihen, in mehr als dreißig bis vierzig Meter Tiefe sterben sie ab. Irgendwo im Südpazifik skizzierte er seine Theorie.

Die Keeling-Inseln bilden ein typisches Atoll, so eines, wie es Darwin benötigt, um seine Theorie zu testen. Wie die Perlen einer Kette umschließen Koralleneilande eine Lagune, die ein Kanal mit dem offenen Ozean verbindet. Einige Engländer und mit ihnen mehr als einhundert malaiische Arbeitskräfte haben unter den Palmen ihre Baracken aufgeschlagen und hoffen, mit dem Export von Kokosöl eine Menge Geld zu verdienen.

Darwin ist ganz in seinem Element. Er nutzt einen Tag außerordentlich ruhigen Wetters und watet vom Strand aus Korallensand hinein ins Meer bis dorthin, wo unter der Wasseroberfläche Berge lebender Korallen die Dünung brechen. Wunderschöne, grün und bunt gefärbte Fische huschen durch das seichte Wasser. Zwei Tage darauf rudert er mit FitzRoy zu einer Insel am nördlichen Ende der Lagune. Die fahrbare Rinne windet sich durch Felder zart verästelter Korallen hindurch. Sie steigen aus und laufen über einen schmalen Streifen Land; der Ozean wirft wütende Brandungswellen gegen das äußere Ufer. Ist es nicht ein Wunder, dass die weichen, gallertartigen Körper der Korallenpolypen dieser Gewalt trotzen?

»Mag ein Orkan Tausende Bruchstücke losreißen. – Was hat das zu bedeuten gegenüber der wachsenden Arbeit von Myriaden kleiner Architekten, welche Tag und Nacht, Monat für Monat bei der Arbeit sind?«

Darwin möchte unbedingt wissen, wie hoch die Korallenfelsen sind, auf denen die Insel ruht. FitzRoy lässt viele Male das Lot hinabsenken; siebenhundert Meter vor der Küste stoßen sie auch bei mehr als zwei Kilometer Schnur auf keinen Grund. Ungeheuer steil fällt der Unterwasserberg ab, ganz so, wie es sich Darwin ausgemalt hat.

Während die »Beagle« auf den Wellen des Indischen Ozeans tanzt – und wie sie tanzt! –, hat Darwin in seiner Hängematte reichlich Gelegenheit, seine Theorie mit dem Gesehenen zu vergleichen und weiter auszutüfteln. Alle drei Arten von Korallenriffen kennt er nun aus eigener Anschauung: Strand- oder Saumriffe, die bis unmittelbar an das Ufer heranreichen; Kanal- oder Barriereriffe, die sich parallel zur Uferlinie in einer bestimmten Entfernung hinziehen wie vor der Küste Australiens oder um Tahiti, und Atolle oder Lagunenriffe wie die Keeling-Inseln.

Entscheidend ist für Darwin letztlich die Ähnlichkeit der Kanalriffe mit den Atollen. Er braucht sich nur Tahiti hinwegzudenken und auf die vorgelagerten Riffe Kokospalmen zu setzen, schon ergibt sich ein Bild, das dem der Keeling-Inseln entspricht. Wenn man sich nun vorstellt, dass eine Insel wie Tahiti im Laufe der Jahrhunderte Zoll um Zoll gesunken ist und gleichzeitig die Korallen ebenso langsam und stets in der für sie günstigen Tiefe emporgewachsen wären? »Mit der Zeit«, folgert er im Tagebuch, »würde das zentrale Land unter den Meeresspiegel tauchen und verschwinden, und die Korallen würden ihren kreisrunden Wall vollenden. Sollten wir dann nicht eine Laguneninsel haben?« Hundert Jahre später bestätigen Bohrungen Darwins Theorie auf glänzende Weise.

Um die halbe Welt nach Shrewsbury

Ende April berührt die »Beagle« die ehemals französische Insel Mauritius und Anfang Juni eine ursprünglich holländische Niederlassung: Kapstadt. Großbritannien hat dank seiner überlegenen Seemacht und seines beispiellosen ökonomischen Aufschwungs nach dem Verlust der nordamerikanischen Kolonien ein zweites, größeres Weltreich erobert, wobei es die Schwäche der in Kriegswirren verstrickten europäischen Staaten ausnutzte. Das Herzstück des »Second Empire«, die noch von vielen Maharadscha- und Nabobreichen durchsetzte Kronkolonie Indien, liegt allerdings nicht auf Darwins Route.

In Kapstadt lernt Darwin zu seinem besonderen Vergnügen Sir John F. W. Herschel kennen, vor dem er eine tiefe Ehrfurcht hegt und dessen »Einführung in das Studium der Naturwissenschaft« ihn als Collegestudenten für Naturgeschichte interessiert hatte. Gerade vor vier Monaten hat der bekannte Astronom vom kapstädtischen Observatorium aus den Halleyschen Kometen beobachtet und dabei eigentümliche Veränderungen im Kometenkopf bemerkt. Herschel lebt sehr zurückgezogen. Dennoch bewirtet er Darwin und FitzRoy und zeigt ihnen sogar seinen Garten, den er eigenhändig pflegt.

Nach dem Südzipfel Afrikas steuert die »Beagle« wieder eine Insel an: St. Helena. Vier Tage wohnt Darwin kaum einen Steinwurf vom Grab Napoleons entfernt.

In einer kalten, stürmischen Nacht, in der die Wolken klamm und feucht um das Haus streichen, bittet er Henslow brieflich um einen Gefallen. Er möchte gern Mitglied der Geologischen Gesellschaft werden. Damals, in den Bergen von Wales, hatte Professor Sedgwick ihm angeboten, ihn zur Aufnahme vorzuschlagen. Gewiss würde er sie auch jetzt noch befürworten. Ob Henslow nicht so freundlich sein könnte, die notwendigen Schritte einzuleiten? So müsste er in England nicht erst lange warten.

Auf der nächsten Insel, Ascensión, beflügeln Darwin die Briefe seiner Schwestern mehr als jegliche Klippen mit schlafenden Seevögeln. Professor Sedgwick, berichten sie ihm, war in Shrewsbury und hat vor dem Vater ihn, Charles, über alle Maßen gelobt: Charles würde zu den ersten Wissenschaftlern des Landes gerechnet! Mehr noch. Sedgwick hat an Dr. Butler, Darwins verhassten Schuldirektor, geschrieben. Sie zitieren: »Er führt bewundernswürdige Arbeiten in Südamerika aus und hat bereits eine Sammlung, über jedes Rühmen erhaben, nach Hause geschickt. Es war das Beste auf der Welt für ihn, auf eine Entdeckungsreise auszugehen …, wenn Gott ihn am Leben erhält, wird er einen großen Namen unter den Naturforschern Europas haben …«

Robert Darwin hat die ursprüngliche Skepsis völlig aufgegeben. Es befriedigt ihn ungemein, dass sein Sohn durch Fleiß und Unermüdlichkeit soviel Ansehen gewonnen hat.

Darwin ist überglücklich. Er klettert über die Berge der Insel und träumt von einer Zukunft, in der er einen Platz als Naturwissenschaftler findet. Wie sehnt er nun die Heimat herbei! Als er wieder bei der »Beagle« ankommt, wird seine Freude durch die Nachricht gedämpft, dass das Schiff nicht Kurs auf England nimmt, sondern auf Brasilien. Der Kreis der chronometrischen Beobachtungen muss geschlossen werden.

Damals, vor viereinhalb Jahren, als Darwin Bahia zum ersten Mal betrat, hatten ihn die Tropen entzückt und überwältigt. Jetzt ist das frühere Paradies entzaubert. Noch immer bewundert er die grandiosen Gegensätze des brasilianischen Urwalds, doch sieht er ihn mit nüchternen Augen – und vergleicht die stolzen Mangobäume mit den gewaltigen Rosskastanien der geliebten Heimat.

In seinem Tagebuch bemüht er sich, ein lebendiges Bild der tropischen Landschaft heraufzubeschwören – ein hoffnungsloses Unterfangen. Soll er Eigenschaftswörter aneinanderreihen, den Dschungel als ein »großes, wildes, unordentliches, üppiges Gewächshaus« schildern? Niemand, der nicht das schrille Zirpen der Zikaden mit eigenen Ohren gehört, der nicht den trägen Flug der exotischen Schmetterlinge mit eigenen Augen verfolgt hat, wird sich den Urwald einigermaßen wahrheitsgetreu ausmalen können. Immer wieder bleibt er auf dem letzten Spaziergang stehen, um sich ja alles genauestens einzuprägen.

Über die Kapverden gelangt die »Beagle« zu den Azoren. Teneriffa und Humboldts Drachenbaum bekommt Darwin auch diesmal nicht zu Gesicht. Er bedauert es nicht, denn er wünscht nur noch, dass die Fahrt bald beendet wäre. Nicht einmal ein aktiver Vulkan, der im Innern der Azoreninsel Terceira Dampffontänen ausstößt, vermag ihn zu beeindrucken. Oh, wie verabscheut und hasst er das Meer!

Am Ende seines Tagebuchs zieht Darwin ein Resümee der Reise und wägt Freuden und Leiden, Vor- und Nachteile der Weltumseglung ab. Seekrankheit, Beengtheit an Bord, die zeitraubenden Überfahrten inmitten einer eintönigen Wasserwüste, auch die Trennung von Freunden und Verwandten fallen schwer in die Waagschale. Allein wegen ein wenig Exotik, wegen unbekannter Länder und Völker, so meint er, würde es sich kaum lohnen. Die andere Waagschale sinkt erst, wenn man die Natur der fremden Länder nicht mit den Augen eines Touristen anstaunt, sondern wenn man seinen Blick vorher geschult hat und sachkundig vergleichen kann. Ohne Humboldts Schilderungen wäre sein Entzücken kaum so tief gewesen. Einen jungen Naturforscher aber kann nichts so sehr fördern als eine Expedition in ferne Länder.

Die Schiffskameraden bewahren Darwin sämtlich in guter Erinnerung. Nie sei er schlechter Laune gewesen, nie habe er auf jemanden geschimpft, nie sich mit anderen verzankt – eine einzigartige Ausnahme an Bord eines Segelschiffs. Allein FitzRoy wird seine Meinung über Darwin ändern.

FitzRoy selbst erleidet ein wechselhaftes und trauriges Schicksal. Die Admiralität würdigt die ungeheure Arbeit, die er mit der »Beagle« geleistet hat, nicht in gebührendem Maße und erstattet ihm keine der verauslagten Kosten zurück; er verarmt schließlich. Ein übersteigerter, ja krankhafter Ehrgeiz treibt FitzRoy an. Trifft er auf geeignete Gelegenheiten, äußert sich sein Ehrgeiz in einer enormen Tatkraft und Zielstrebigkeit, wie etwa als er wenige Jahre später zum Gouverneur von Neuseeland ernannt wird. Stößt FitzRoy aber auf unüberwindliche Schwierigkeiten oder bleibt ihm der Erfolg versagt, was im Falle des Gouverneursamtes letztlich geschieht, zeigt sich die Kehrseite seiner Energie: Sie rast gegen ihn selbst. Sein unausgeglichenes, zu Zornesausbrüchen und tiefen Depressionen neigendes Temperament bringt er nie völlig unter Kontrolle. In einer besonders depressiven Phase greift er eines Morgens im Badezimmer der Nervenklinik zum Rasiermesser und schneidet sich die Kehle durch.

Doch im Herbst 1836 befehligt FitzRoy noch energisch und kompetent die »Beagle«. Wie vor fünf Jahren peitschen Stürme die See im Golf von Biskaya und vor der englischen Küste. So endet für Darwin die Reise, wie sie begann: mit Seekrankheit.

TEIL III

Die Entstehung der »Entstehung«

Kapitel 8

Die grünen Wiesen Englands

Durch herbstlich bunte Wälder eilt die Postkutsche, durch idyllische Marktflecken, vorbei an Obstgärten und steinernen Dorfkirchen. Darwin kann sich nicht sattsehen. Hier reißt ein pflügender Bauer die rotbraune Krume für die Wintersaat auf, da grast friedlich eine Schafherde. Und die »törichten Leute in der Postkutsche finden die Felder in keiner Weise grüner als gewöhnlich!« Nein, »die ganze große Welt« hat ihm noch »keine so herrlichen Anblicke gewährt wie die reiche, kultivierte Erde von England«.

Zwei Tage Fahrt schütteln die letzten Reste der Seekrankheit aus Darwin heraus. Endlich, endlich rollt die Kutsche über das holprige Pflaster Shrewsburys. Die Uhr zeigt kurz vor Mitternacht. Darwin will seine Familie nicht aus dem Schlaf schrecken, er übernachtet in einem Gasthaus.

Am nächsten Morgen, unangemeldet und lange vor dem Frühstück, betritt er, als sei es das Natürlichste der Welt, sein Vaterhaus. Welche Freude, welche Aufregung! Fünf Jahre und drei Tage sind verstrichen, seit er The Mount verließ.

Ein wenig dünner sei er geworden, meinen die Schwestern, und der Vater, dem das Wiedersehen einen Augenblick die Sprache verschlagen hat, dreht sich zu ihnen um und sagt: »Schaut, die Gestalt seines Kopfes hat sich verändert!« Die jugendliche Weichheit ist aus Darwins Gesicht gewichen, es hat härtere, energische Züge angenommen. Vor allem aber ist sein Haupthaar ein gutes Stück zurückgewichen.

Die Neuigkeit seiner Heimkehr breitet sich mit Windeseile in Shropshire aus. Die Owens in Woodhouse laden ihn wie früher zur Jagd ein. Er soll beweisen, dass sich seine Schießkünste in Südamerika verbessert haben! Doch Darwin ist nicht mehr der junge Nimrod von ehedem. Er wird sich nie mehr mit William Owen an Rebhühner heranpirschen. Woodhouse gehört der Vergangenheit an – ebenso wie Fanny, Mrs. Biddulph.

Stattdessen drängt es ihn, sich so schnell wie möglich mit Henslow zu beraten. Wer wird ihn beim Ordnen der Sammlungen unterstützen? Wer wird ihm helfen, die Mineralien zu beschreiben? An wen verteilt man die

Exemplare? Schließlich ist er dafür verantwortlich, dass der größtmögliche wissenschaftliche Nutzen aus seinen Anstrengungen gezogen wird.

Zehn Tage Ruhe gönnt sich Darwin in Shrewsbury, dann verabredet er sich mit Henslow und reist nach Cambridge. Nebenbei holt er sich in der Universität den Titel des »Master of Arts«, kurz M. A., ab, der ohne Prüfung oder anderen Nachweis nach einer gewissen Zeit allen erfolgreichen Absolventen verliehen wird.

Am 20. Oktober fährt er weiter nach London. Die wissenschaftlichen Verpflichtungen zwingen ihn mitten hinein ins gelehrte Leben. Bei seinem Bruder Erasmus findet er vorerst Unterschlupf. Darwin erneuert seine Bekanntschaft mit führenden Naturforschern Englands – Geologen, Zoologen, Botanikern – und versucht, sie für die Auswertung der Sammlungen anzuwerben. Doch sosehr sie ihn und die von ihm geleistete Arbeit preisen, vor der Unmasse der Präparate schrecken sie zurück. Die Kollektion der ersten »Beagle«-Reise vor nunmehr zehn Jahren ist noch nicht einmal aufgearbeitet. Wer will sich da die ungleich größere Ernte Darwins aufhalsen? Selbst die Museen zögern. Das Zoologische ist geradezu vollgestopft mit Ausstellungsstücken, und über das Britische Museum hat Darwin wenig Gutes gehört.

Er speist in den Klubs der Zoologischen, Geologischen und der Linné-Gesellschaft. Sehr zu seinem Leidwesen wird er dort als eine Autorität betrachtet. »Ich fühlte mich sehr dumm«, liest Henslow, »als Mr. Don (ein bekannter Botaniker) auf das schöne Aussehen einer Pflanze mit einem erstaunlich langen Namen hinwies und mich nach ihrem Standort fragte. Jemand anders war ganz verwundert, daß ich nichts über ein Riedgras von wer weiß wo wußte. Ich war zum Schluß gezwungen, auf völlige Unschuld zu plädieren – über die Pflanzen, die ich gesammelt habe, weiß ich nicht mehr als der Mann im Mond.«

Nach und nach gewinnt Darwin doch einige der Koryphäen für seine Pläne. So interessiert sich der Zoologieprofessor Thomas Bell für die Krustentiere und Reptilien. Auch Dr. Grant, sein Lehrmeister in Edinburgh, ist bereit, einige Korallentiere zu untersuchen. Von Anfang an ist Richard Owen, Zoologieprofessor und Konservator des Hunter-Museums, begierig darauf, einige der Tiere in Spiritus zu sezieren. Lyell aber bestärkt Darwins Auffassung, dass letztlich ohne eigene Initiative nichts geschehen würde.

Wie hat Darwin der ersten Begegnung mit Lyell entgegengefiebert! Keinen anderen Gelehrten wünschte er mehr zu sehen als diesen, keinem anderen zollte er größere Hochachtung. Kurz nach seiner Ankunft in London meldet er sich bei dem zwölf Jahre älteren und längst berühmten Geologen an – und Lyell empfängt ihn wie einen lang vermissten Freund. Fast von allein bietet er ihm seine Unterstützung an. »Unter den großen Wissenschaftlern«, begeistert sich Darwin Anfang November in einem Brief an Fox, »ist keiner auch nur annähernd so freundlich und wohlwollend wie Lyell. Ich habe ihn mehrere Male gesprochen und fühle mich geneigt, ihn sehr zu lieben. Du kannst Dir gar nicht vorstellen, wie gutherzig er auf all meine Pläne einging. Ich spreche nur von den Londonern, denn Henslow war ganz wie früher der herzliche, liebevolle Freund.«

Charles Lyell, Sohn eines schottischen Landadligen, hat in Oxford Jura studiert und anschließend eine Zeitlang als Anwalt gearbeitet. Schon während des Studiums jedoch sammelte er wie Darwin Käfer und wurde von der Geologie in Bann geschlagen. Auf längeren Reisen lernte er Mitteleuropa von Sizilien bis Norwegen kennen. Noch als Jurist publizierte er geologische Artikel, zum Teil gemeinsam mit Roderick I. Murchinson, dem Namensgeber der erdgeschichtlichen Epochen Silur, Devon und Perm. 1836 ist er dank seiner »Principles of Geology« bereits die überragende Autorität Englands auf dem Feld der Geologie. Wie viel muss von seiner Meinung für Darwin abhängen!

Lyell aber lehrt, dass Atolle versunkene Vulkankrater seien. Darf Darwin ihn da herausfordern? Mit der eigenen, frisch ausgetüftelten Theorie herausplatzen? Darwin wäre nicht Darwin, wenn er zurückscheute. Und Lyell wäre nicht Lyell, wenn er nicht gespannt – und überrascht natürlich – zuhörte. Genauer nachhakt. Hin- und herschreitet. Es noch detaillierter wissen will. Darwin zwingt, seine Vorstellungen mit letzter Klarheit zu entwickeln. Dann stehen bleibt. Tief in Gedanken den Kopf zur Seite neigt und auf eine hohe Stuhllehne legt. Zum Schluss pfeift er und glückst vor Vergnügen. Seine eigene Erklärung? – Weg mit den untergetauchten Vulkankratern. Darwins Theorie sticht!

Ob Darwin schon weitere Schlussfolgerungen gezogen hätte? Dass die Koralleninseln »letzte Anstrengungen untersinkender Kontinente« wären, »ihre Häupter über Wasser zu halten«? Dass sie Gebiete von Hebungen und Senkungen im Ozean markierten? Unbedingt müsse er, Darwin, seine Auffassung der Geologischen Gesellschaft vortragen! So bald als möglich! Allerdings, warnt Lyell, brauche Darwin nicht zu hoffen, dass die Geologen die neue Theorie schnell akzeptierten – er werde es erst mit kahlem Kopfe erleben!

Lyell wird nicht nur Darwins wissenschaftlicher Mentor, sondern auch sein sozialer Förderer. Denn Lyell liebt das gesellschaftliche Leben Londons, besonders aber das Zusammensein mit bedeutenden Persönlichkeiten. Wenn Darwin ihm später überhaupt einen Makel ankreidet, dann diesen, dass er Menschen in gehobenen Positionen viel zu viel Hochachtung entgegenbringt. Unbegreiflich für Darwin, wie ernsthaft Lyell mit seiner Frau die Frage erörtert, welcher Einladung zum Dinner man folgen solle. Welcher Person den Vorzug geben? Da Lyell der Arbeit wegen nicht öfter als dreimal wöchentlich außer Haus dinieren will, ist das Abwägen der Einladungen für ihn sehr wichtig.

Mit Lyell berät sich Darwin auch über ein dringliches Problem: London oder Cambridge? Wo wird er seine Sammlungen auspacken, wo sie besser verteilen können? Trotz Lyells Zuraten missfällt ihm London nach wie vor, doch wird er es kaum vermeiden können, sich eine Zeitlang in der Metropole mit Geologie und Zoologie abzugeben.

Vorher aber erlaubt er sich einen Abstecher nach Maer. Seit der Rückkehr lauern die Wedgwoods auf den Besuch – schlimm genug, dass er sie im Oktober vertrösten musste. Jetzt, Mitte November, holt er das Versäumte nach. Maer hat viel vom Reiz des früheren Trubels eingebüßt, da die Vettern und Basen älter und gesetzter geworden sind. Zwei Geschwister haben geheiratet und sind ausgeflogen, und eine Cousine ist gestorben. Tante Elisabeth leidet an den Folgen epileptischer Anfälle.

Sie haben sich gut auf den Weltreisenden vorbereitet, die Wedgwoods, und reihum Francis Heads »Schnelle Reisen durch die Pampas« gelesen – allerdings bezweifelt Emma, die jüngste der Schwestern, dass »Cpt. Head's Galopp« ihr Wissen bereichert habe. Unablässig bombardieren sie Darwin mit Fragen. Was er erzählt oder aus dem Reisetagebuch vorliest, halten sie für ausgesprochen kurzweilig und interessant. Es werden vergnügte Tage, die die alten Zeiten heraufbeschwören, voll von Scherzen, Anekdoten und Witzeleien.

Noch einmal in Cambridge, quartiert sich Darwin bei den Henslows ein, die ihn in jeder erdenklichen Weise umsorgen. Leider lenkt ihn die zu große Bequemlichkeit von der Arbeit ab. Konsequent mietet er sich mitsamt Diener in möblierten Zimmern ein; der Vater, der ihm schon die Reise finanziert hat, ermöglicht ihm weiterhin ein von Geldsorgen freies Leben. Die Tage vergehen damit, dass er Kisten und Schachteln, die sich unter Henslows Obhut befinden, öffnet, getrocknete Pflanzen und Tierpräparate sortiert und beschriftet. Ein Professor aus Cambridge hilft ihm bei der Bestimmung der Minerale und Gesteine.

Abends arbeitet er sein Tagebuch auf. Im gegenwärtigen Zustand kann er es nicht drucken lassen, weil es zu viel Persönliches enthält: Bemerkungen über das Leben auf See, Notizen über Schiffskameraden und Gastgeber an Land. Auch einige unbedeutende Ereignisse können herausgekürzt werden. Dafür muss er biologische Betrachtungen berichtigen und ergänzen.

Darwin spaziert gern durch die Höfe des Christ's College. Es berührt ihn seltsam, dass alle Gesichter fremd sind und Unbekannte auf den vertrauten Stuben wohnen. Jedoch hat er sich bald wieder eingewöhnt. Bei einem guten Schoppen schwatzt und wettet er wie früher; Geldwetten sind verpönt, die Strafen werden in Wein beglichen. Im College führt man genau Buch darüber. »23. Februar 1837 – Mr. Darwin gegen Mr. Baines, daß das Gesellschaftszimmer von dem Fußboden bis zur Decke mehr als (x) Fuß mißt. – Eine Flasche am selben Tag (von Mr. Darwin) bezahlt. – Mr. Darwin darf das Zimmer an jedem ihm beliebigen Punkte messen.« Selbstverständlich verrät die Eintragung nicht, wie hoch der Raum ist. Vielleicht will später ein anderer Gentleman eine Flasche Wein darum riskieren.

Zweimal unterbricht Darwin die Arbeit in Cambridge für kurze Aufenthalte in London. Dort lädt ihn Lyell zum Dinner ein und spricht mit Darwin dessen Vortrag über »Beweise für die rezente Hebung der Küste Chiles« durch. Am 4. Januar 1837 liest Darwin sein Paper vor der Geologischen Gesellschaft. In derselben Sitzung der Gesellschaft wird er als Mitglied aufgenommen. Die relativ hohen Beiträge zahlt er gern. Vier Wochen später wählt man ihn in den Rat.

Drei Monate insgesamt, bis Anfang März 1837, bleibt Darwin in Cambridge. Es ist der Beginn, wie er selbst schreibt, der beiden »arbeitsreichsten Jahre« seines Lebens.

In der »dreckigen, abscheulichen Stadt« London

Am 13. März 1838 mietet Darwin in der Great Marlborough Street 36, nur einige Häuser von seinem Bruder entfernt, eine Wohnung. Der Schritt, sich in London anzusiedeln, ist ihm gewiss nicht leicht gefallen. Von den Straßen der Großstadt dringt geschäftiges Wagengeratter an seine Fenster, und das scharfe, metallische Klappern der Hufe bricht sich an den hohen, rußgeschwärzten Häuserfronten. Noch friert Jung und Alt bei winterlichen Temperaturen, Kohlendreck klebt auf den nassen Bürgersteigen, und häufig senkt sich der Londoner Nebel, der »Smog« aus schwefeligem Rauch und klammem Dunst, hernieder. Dazu strömt die Themse, die Kloake der Millionenstadt, üble Gerüche aus. Wie viel lieber würde er in dem verträumten Cambridge leben!

London birst vor hektischer Aktivität, und Darwin wird einfach hineingerissen. Er trägt vor der Zoologischen Gesellschaft über südamerikanische Straußenvögel vor. Er spricht bei namhaften Naturforschern vor, die Einladungen zum Dinner häufen sich, er wird herumgereicht, schließt täglich neue Bekanntschaften. Lyell und Erasmus, so scheint es fast, suchen sich gegenseitig auszustechen.

Durch seinen Vetter Hensleigh Wedgwood gerät Darwin auch in gesellschaftliche Kreise, in die er aus eigenem Antrieb nicht eingedrungen wäre. Doch ist es für ihn eine Bereicherung zu erfahren, was all die Literaten, Historiker und Ökonomen denken, wann sie mit alten Vorurteilen brechen, wann sie die Konventionen heilighalten und welche vielleicht völlig neuartigen Ideen sie bewegen. Charles Babbage etwa, ein Mathematiker und

14 Straße in London

Philosoph, ist seiner Zeit weit voraus. 1833 hat er den ersten programmgesteuerten digitalen Rechenautomaten der Welt entworfen. Jahrelang bastelt er an seinem vollmechanischen Computer – letztlich ohne Erfolg.

Thomas Carlyle, der geistreiche und scharfzüngige Publizist, und seine Frau sind mit Erasmus eng befreundet. Carlyles Vortragsserie über »Helden, Heldenverehrung und Heldentum in der Geschichte« erregt soeben in London Aufsehen. Er wird später ganz auf einen Kult der »starken Persönlichkeiten« einschwenken und die »Masse« verachten.

In Charles Darwin entdeckt Carlyle offensichtlich keinen seiner Helden, im Gegenteil, in seinen Augen ist Erasmus der weitaus intelligentere Bruder. Umgekehrt hat Carlyle bei Darwin verspielt, sobald sich das Gespräch um Wissenschaft dreht. Lacht er doch verächtlich, als Darwin behauptet, dass ein Mathematiker wie Whewell die Ansichten Goethes über das Licht beurteilen könne! Und amüsiert sich sogar darüber, dass sich irgendjemand darum den Kopf zerbricht, wie schnell das Gletschereis vorangeschoben wird!

Etwa zur gleichen Zeit wird Darwin eine große Ehre zuteil. Der aristokratische Athenaeum-Klub öffnet für ihn seine Pforten. Gemäß den Satzungen darf jährlich eine gewisse Anzahl hervorragender Vertreter der Wissenschaften und Künste, die sogenannten »vierzig Diebe«, den Ruhm des Klubs vermehren. Ohne dass Darwin jemanden darum gebeten hätte, schlägt ihn der Marquis of Lansdowne, der Darwins Vater schätzt, vor und setzt seine Wahl durch.

Aber passt Darwin überhaupt in eine so noble Gesellschaft? Wird er nicht die steife Etikette und all das Gehabe verabscheuen? Seine Befürchtungen erweisen sich rasch als unbegründet, und der Klubbesuch fügt sich ausgezeichnet in seinen Tagesablauf. Wenn die nachmittägliche Arbeit beendet ist, erzählt er in einem Brief, »gehe ich und esse im Athenaeum wie ein Gentleman, oder vielmehr wie ein Lord; denn das weiß ich, daß ich mich am ersten Abend, als ich in dem großen Gesellschaftszimmer ganz allein auf einem Sofa saß, wie ein Herzog fühlte«. Vor allem nützt ihm der Klub, weil er dort hervorragende Wissenschaftler wie Robert Brown oder den späteren Präsidenten der Geologischen Gesellschaft, W. H. Fitton, trifft.

Bis tief in den Sommer 1837 hinein formuliert Darwin Tag für Tag an seinem Reisejournal. Inzwischen steht fest, dass es zusammen mit FitzRoys offiziellen Berichtsbänden über die beiden Südamerikafahrten der »Beagle« verlegt werden soll. Darwins Schwestern bemängeln das. Wer soll Charles' Meisterwerk denn kaufen, wenn es sich als Band Nummer drei hinter zwei nautisch exakten, doch offenkundig langweiligen Dickleibern verbirgt?

Darwin gibt sich alle Mühe, das Buch anziehend zu gestalten. Er fügt in das Tagebuch anschauliche Schilderungen von Tieren und Pflanzen ein und strebt nach einem präzisen und zugleich leicht lesbaren, lockeren Stil. Wie oft in diesen Monaten muss er sich mit verwurstelten Bandwurmsätzen herumschlagen! Wie oft sucht er verzweifelt nach einem »kurzen, alten angelsächsischen Wort«, das das krause Biologen- oder Geologenlatein ersetzen soll!

Lyell hat den Präsidenten der Geologischen Gesellschaft, William Whewell, überredet, dass der junge Darwin seine neue Theorie über die Korallenriffe öffentlich vorstellen darf. Whewell, der gerade ein folgenreiches Buch über »Die Geschichte der induktiven Wissenschaften« publiziert hat, worunter er die Naturwissenschaften versteht, ist ein entschiedener Anhänger der »natürlichen Theologie« und als einer der wichtigsten Repräsentanten des wissenschaftlichen Establishments schwer von Neuerungen zu überzeugen. Wahrscheinlich hat ihm Lyell – als Advokat so pfiffig wie als Geologe – Darwins Korallenrifftheorie damit angepriesen, dass sie absolut induktiv abgeleitet worden sei. Darwin habe eine Menge Fakten aufgegriffen, in diesen eine Regelmäßigkeit entdeckt und getreulich auf ein Gesetz geschlossen, ganz nach Francis Bacons Auffassung von der Wissenschaft, der Whewell und die meisten seiner Zeitgenossen anhängen. Dass Darwin seine Theorie bereits im Kopf hatte, bevor er das erste Atoll erblickte, davon schweigt Lyell lieber.

Vor einem so fachkundigen Publikum bemüht sich Darwin, im Rahmen der Lyellschen Lehre zu bleiben. Ganz in dessen Sinne fragt er, ob die tierischen und pflanzlichen Bewohner der Atolle die letzten Vertreter aussterbender Arten sind, welche einst die nun versunkenen Kontinente besiedelten, oder neue, eben erst entstandene Arten. Als er über die Galapagos-inseln berichtet, bedient er sich des gängigen Bildes von den Schöpfungs-zentren. Ist es nicht merkwürdig, dass die gleiche Tier- oder Pflanzenart oft in Verbreitungsgebieten angetroffen wird, die natürliche Barrieren trennen? Etwa auf den Gipfeln weitentfernter Hochgebirge oder auf unterschied-lichen Inselgruppen? Und wie vertrackt sind die Verhältnisse erst auf den Galapagos, wo fast jede Insel ihre eigene Lebenswelt beherbergt! Die ortho-doxe Auffassung von den Schöpfungszentren erklärt das freilich schnell und bequem: Der Schöpfer habe eben für jede der Inseln extra Lebewesen ge-formt. Nein, so einfach will es sich Darwin nicht machen. Aber welche Alternative bietet sich ihm? Den Zufall vorzuschieben hieße, sich blind zu stellen. – Seine spätere Theorie aber kann Darwin noch nicht einmal ansatz-weise formulieren.

Darwins Vorträge werden, wie er eilig Freund Fox mitteilt, »von den gro-ßen Kanonen günstig aufgenommen. Das gibt mir viel Vertrauen und – ich hoffe – nicht zuviel Eitelkeit, obschon ich gestehe, daß ich mir oft wie ein Pfau vorkomme, der seinen Schweif bewundert«. Auch in den Diskussionen verteidigt Darwin, sehr zu Lyells Freude, tapfer seine Ideen. Wen wundert es da noch, wenn Whewell den talentierten jungen Geologen anspricht, ob er nicht ehrenamtlicher Sekretär der Gesellschaft werden wolle? Darwin bedingt sich erst einmal Bedenkzeit aus.

Neben dem Reisejournal sorgt er sich weiterhin um die auf der Reise zusammengetragenen Pflanzen, Tiere und Steine. Noch immer fahndet er nach Experten, die die Kollektionen sichten und ihm die entsprechenden Bände für die groß angelegte »Zoologie der Beagle« schreiben. Richard Owen wird sich mit den fossilen Säugetieren befassen, G. R. Waterhouse mit den lebenden, John Gould und G. R. Gray mit den Vögeln, Thomas Bell mit den Reptilien. Im März endlich kann er Leonard Jenyns, den ihm aus Cambridge wohlbekannten Schwager Henslows, für die Fische in-teressieren.

Aber Darwin opfert nicht allein Zeit und Nerven, um die Arbeiten zu koordinieren. Ebenso müht er sich ab, um jemanden zu gewinnen, der den Druck und vor allem die aufwendigen Stiche finanziert. Er erwägt eine Subskriptionsausgabe, verwirft sie dann als zu riskant. Wenn nun die Regierung zahlen würde? Drei Monate eifriger Diplomatie führen zum Erfolg. Whewell und der Präsident der Linné-Gesellschaft bestätigen den außerordentlichen Wert von Darwins Sammlungen. Henslow spricht mit Peacock, und der arrangiert eine Unterredung mit dem Schatzkanzler. Am 16. August betritt Darwin mit klopfendem Herzen das Ministerium. Der Schatzkanzler, ein Whig, ist einverstanden, das Staatssäckel für die Wissen-schaft aufzuknüpfen. Darwin erhält die beachtliche Summe von rund tau-send Pfund für die Publikation des Reisewerks zugesagt, und dies ohne irgendwelche einschränkenden Bedingungen außer der, das »meiste aus dem Geld zu machen«.

Nicht alles endet so befriedigend. Vergeblich bemüht sich Darwin um Robert Brown. Darwin kennt den »unbestrittenen Fürsten der Botaniker«, wie ihn Humboldt einst genannt hatte, noch aus der Zeit vor der Reise. Damals hatte Brown ihn gebeten, sich durch das Mikroskop einige Pflanzenzellen anzuschauen und sie anschließend genau zu beschreiben. Darwin bemerkte zwar, dass das Protoplasma ein wenig hin und her strudelte – aber worauf wollte Brown eigentlich hinaus? – »Das ist mein kleines Geheimnis.« Ängstlich auf seinen wissenschaftlichen Ruhm bedacht, vertraute Brown seine Entdeckung Darwin nicht an: die Brownsche Molekularbewegung.

Auch jetzt zeigt er sich verschlossen. Zwar will er die seltsamen essbaren Pilze aus Feuerland unbedingt sehen – aber dann begnügt er sich buchstäblich mit dem bloßen Anblick. Auf eine echte Hilfe kann Darwin, der an manchen Sonntagen mit ihm frühstückt, nicht rechnen.

Ende Juli hat Darwin die Arbeit am Reisejournal herzlich satt. Viel lieber würde er seine geologischen Notizbücher durchforsten! Der Herbst kündigt sich an, die Tage werden kürzer. Nun präsentiert der Körper die Rechnung für pausenloses Formulieren und Schreiben, Dinieren und Diskutieren bis tief in die Nacht. Darwin fühlt sich schwach und elend, und nach jeder Anstrengung, jeder Aufregung klopft sein Herz wie rasend. Die Ärzte raten ihm dringend, Tinte und Feder wegzuschließen, alle Auseinandersetzungen zu meiden, aus dem hektischen London zu fliehen und sich einige Wochen auf dem Lande zu erholen. Zum ersten Mal sorgt sich Darwin ernstlich um seine Gesundheit. Er wirft seine Pläne um und fährt nach Maer und Shrewsbury. Wie aber soll er von dort aus die Druckfahnen des Reisejournals schnell genug korrigieren? Einen Teil der ermüdenden Arbeit kann er Henslow aufhalsen. Ihm selbst gelingt es nicht, gleichzeitig auf Inhalt und Orthografie zu achten. Und der Verleger drängt!

Eine andere Frage beschäftigt ihn: Soll er nun das Sekretärsamt annehmen oder nicht? Viel zu wenig kennt er sich in der Geologie der Britischen Inseln aus. Das Französische, das so häufig zitiert wird, kann er nicht richtig aussprechen. Und wie viel Zeit würde es erfordern, Kurzfassungen der Vorträge anzufertigen? Drei Tage in zwei Wochen würde er verlieren, ganz gewiss! Wie soll er da in überschaubarer Zeit aus seinen Notizen die Geologie der »Beagle«-Reise zusammenstellen? An seine Gesundheit darf er gar nicht denken. Doch Henslow und Sedgwick und Whewell raten zu …

Trotz aller Probleme bessert sich Darwins Befinden im vertrauten Kreis der Familie. Völlig abschalten kann er auch hier nicht. Onkel Jos etwa entfacht sein Interesse für einen unscheinbaren Bewohner des Erdbodens: den Regenwurm. Ob Charles schon beobachtet habe, wie Steine allmählich in den Boden sinken? Das ganze Erdreich wandere durch den Magen des Regenwurms, er erzeuge die Ackerkrume! Kein Zoologe hat sich bislang genauer mit dem gewöhnlichsten der Würmer befasst. Für Darwin aber ist nichts zu alltäglich. Er berichtet vor der Geologischen Gesellschaft über ein unbeachtetes Lebewesen, das wie Wind und Wetter, wie Erdbeben und Vulkanausbrüche die Erdkruste formt.

Einen Monat später blättert er in London die ersten druckfrischen Seiten seines Reisejournals durch. »Wenn ich lebe, bis ich achtzig Jahre alt bin«, schreibt er an Henslow, »werde ich nicht aufhören, mich darüber zu wundern, daß ich ein Schriftsteller bin; wenn mir in dem Sommer, ehe ich abreiste, irgend jemand gesagt hätte, ich würde jetzt ein Engel sein, ich hätte es für genauso unmöglich gehalten. Diese wunderbare Umwandlung ist gänzlich Ihr Werk.«

Die noch ungebundenen Kopien des Reisejournals zirkulieren im Freundeskreis. FitzRoy sucht es misstrauisch durch: Steht auch kein unrechtes Wort über ihn drin? Owen liest es und lobt es. Lyells Vater ist entzückt. Joseph Hooker, ein angehender Botaniker, steckt es jeden Abend unter das Kopfkissen, um es ja am Morgen gleich zur Hand zu haben.

Noch einmal, Ende November 1837, vergnügt sich Darwin für ein paar Tage bei seinem alten Freund Fox auf der Insel Wight, dann beugt er sich über seine Reisenotizen und klassifizierten Gesteine, wälzt geologische Werke und schreibt und schreibt und schreibt. Ein Kapitel über die Geologie der Galapagos, ein Kapitel über die Geologie von Ascensión, ein Kapitel über die Geologie von St. Helena …

Mitte Februar willigt er ein, Sekretär der Geologischen Gesellschaft zu werden.

»Der Ursprung all meiner Auffassungen«

Als die »Beagle« noch die schäumenden Fluten des Stillen Ozeans durchschnitt, haben sich erste Zweifel an der Unveränderlichkeit der Arten in Darwins Bewusstsein eingeschlichen. Bei der Abfassung des Reisejournals 1837 verdichten sie sich. Mitunter fließt ihm eine Formulierung aus der Feder, die auf das hindeutet, was ihm neben all den wissenschaftlichen Details und bunten Abenteuern am meisten beschäftigt. So heißt es über den Galapagos-Archipel: »… sowohl im Raume als in der Zeit scheinen wir jener großen Tatsache – jenem Rätsel aller Rätsel –, dem ersten Erscheinen neuer lebender Wesen auf der Erde, näher gebracht zu werden.« Deutlicher vermag er im Reisejournal nicht zu werden, denn noch steckt er in einem unübersehbaren Dickicht von echten und angeblichen Fakten, von irreführenden und zutreffenden Vermutungen. Segelte er ein zweites Mal unter südlicher Sonne, die Rätsel der Natur könnten ihm nicht deutlicher vor Augen stehen: die seltsame Verwandtschaft des ausgestorbenen Mylodons mit dem possierlichen Gürteltier; die Ablösung nahe verwandter Tierarten – Nandu und Darwin-Strauß – nach dem Süden des Kontinents zu und vor allem die eigentümliche Lebenswelt der geologisch jungen Galapagosinseln. In der Autobiografie bezeichnet er diese Denkanstöße als den »Ursprung all meiner Auffassungen«.

Im Juli 1837 öffnet er das erste Notizbuch über die »Transmutation« (Verwandlung) der Arten. Es ist in Leder gebunden und zehn mal fünfzehn Zentimeter groß. »ZOONOMIA« malt er in Druckbuchstaben über die erste Seite. Der Titel ist ein Programm. Wie sein Großvater will er die grundlegenden Gesetze der belebten Natur herausfinden.

Sosehr er später beteuern wird, nach bester Baconscher Manier induktiv vorgegangen zu sein, er tut so ziemlich das Gegenteil. Über Fakten verfügt er kaum, dafür aber über jede Menge Ideen, Vermutungen, Spekulationen. In den unpassendsten Momenten überfallen sie ihn: während der Sekretärsfron, im Gespräch mit Lyell und frühmorgens im Bett, beim abendlichen Dinner außer Haus und im Museum. Jeden beliebigen Zettel benutzt er dann, um den Geistesblitz festzubannen. Später, oft bei nächtlichem Kerzengeflacker, überträgt er die Gedanken wohlgeordnet in sein Notizbuch. So kommt erst die Vermutung, dann das Zusammentragen der Fakten, aus beiden danach die begründete Annahme, Argumente dafür und dagegen, neuerliche Spekulationen und neuerliches Tatsachenmaterial – monatelang, jahrelang: ein Lebenswerk.

Über seine Ansätze diskutieren kann er vorerst nur mit sich selbst. Werden nicht auf jeder Versammlung der Geologischen Gesellschaft Unvorsichtige gerügt: »Fakten, Gentlemen, keine Spekulationen!« Und hat nicht sogar Lyell die Ansicht Lamarcks von der fortschreitenden Veränderung der Arten in seinen Schriften schroff abgelehnt? Nicht der mindeste Beweis spräche dafür …

Dass Lyell die Entwicklungslehre Lamarcks vereinfacht und ein wenig verzerrt darstellt, etwa wenn er aus Lamarcks Werken einen angeblichen Willen zur Vervollkommnung der Organismen herausliest, bemerkt Darwin wahrscheinlich nicht. Tatsächlich hat Lamarck 1809 in seiner »Philosophie zoologique« geschrieben, dass sich Organe durch fortwährenden Gebrauch allmählich vergrößern und entwickeln. Und er hat weiterhin behauptet, dass ein Individuum Eigenschaften, die es unter dem Einfluss der Umweltverhältnisse erworben hat, an seine Nachkommen weitergibt. Lamarcks Gedankenkette zu den Ursachen der Evolution sieht etwa so aus: Veränderungen der Umwelt – Änderung der Bedürfnisse und der Gewohnheiten – Veränderung der Organe – Vererbung der Veränderungen – Verwandlung der Art. In Darwins nüchternen Naturalistenaugen aber versinkt Lamarcks Vorstellung von Evolution mitsamt der Theorie von der Vererbung erworbener Eigenschaften in einem Wust unbewiesener und rettungslos ungenauer naturphilosophischer Betrachtungen.

Auch Großvaters verworrene, überholte und altmodische »Zoonomia« hat ihn, als er sie sich zum zweiten Mal vornahm, nur enttäuscht. Und wer sonst unter allen Naturalisten wagt es, für die Veränderlichkeit der Arten einzutreten? Geoffroy de Saint-Hilaire, ja, der hat Cuvier, dem bekanntesten Vertreter der Artenkonstanz, 1830 vor der Pariser Akademie ein regelrechtes Gefecht geliefert. Saint-Hilaire beharrte darauf, dass es nur einen Typus, einen Grundbauplan für das gesamte Tierreich gäbe, Cuvier beharrte auf mehreren. Ein einziger Typus, das wäre schon ein wichtiger Fingerzeig … Aber was konnte Saint-Hilaire den Einwänden Cuviers entgegensetzen?

Das Artenproblem ist vielleicht zu verwickelt, es splittert sich in zu viele Aspekte auf – in die Frage nach der Ähnlichkeit der Arten und Zwischenformen, in die Frage nach der Variabilität (Veränderlichkeit) der Wildarten, in die ihrer Vergleichbarkeit mit Kulturrassen, in Fragen des Typus und der zeitlichen Aufeinanderfolge, die nach embryologischen Ähnlichkeiten, nach Vollständigkeit der Fossilien, nach den Schöpfungszentren, nach Anpassung, Vererbung … Da neigt man schon dazu, den einen oder anderen Gesichtspunkt als den einzig entscheidenden herauszugreifen und über das Ganze eine einseitige und willkürliche Ansicht zu äußern. Wer die Artenfrage wissenschaftlich lösen will, der muss auf alle Schwierigkeiten eine Antwort wissen, ganz gleich, ob es Pflanzengeografie oder Haustierrassen betrifft.

Doch halt. So zielstrebig und umfassend packt Darwin den Problemkomplex nicht an. Er interessiert sich einfach für die Sache und will für sich allein etwas mehr darüber erfahren. »Warum ist das Leben kurz, warum ist das hohe Ziel – die Fortpflanzung?«, fragt er und zieht Vergleiche zwischen dem Einzelnen und der Art. »Warum sterben Individuen? Um gewisse Eigentümlichkeiten zu erhalten und zufällige Abarten zu verwischen und sich an Veränderungen anzupassen. Dieses Argument gilt auch für Spezies … Wenn Spezies andere Spezies erzeugen, ist ihre Rasse nicht gänzlich abgeschnitten … Das fossile Pferd erzeugte in Südafrika das Zebra – und blieb bestehen – starb in Amerika aus.«

So wie die Lebewesen einer Art untereinander verwandt sind, so sind es auch die Arten selbst. »Wenn wir unsere Mutmaßungen mit dem Verstand durchgehen lassen wollten, dann könnten die Tiere, unsere Brüder und Genossen in Schmerz, Krankheit, Tod, Leiden und Hungersnot, – unsere Sklaven in den mühsamsten Arbeiten, unsere Genossen bei unseren Vergnügen, – sie könnten teilhaben an unserem Ursprung von einem gemeinsamen Vorfahren, – wir könnten sämtlich miteinander verschmolzen werden.«

15 Aus dem Notizbuch von 1837

»Der Unterschied zwischen dem Intellekt der Menschen und der Tiere ist nicht so groß wie bei lebenden Wesen ohne Gedanken (Pflanzen) und lebenden Wesen mit Gedanken (Tieren).«

Auch das Bild des Lebensbaumes kommt ihm in den Sinn, er sieht in ihm nicht nur ein abstraktes Schema der Ähnlichkeiten, sondern betrachtet ihn als das, wovon er abgeleitet ist, als Stammbaum. Sogleich aber bringt er eine Verbesserung an: »Der Baum des Lebens sollte vielleicht Korallenstock des Lebens genannt werden. Die Basis der Zweige ist abgestorben, so daß Übergänge nicht zu sehen sind.«

Reinste Poesie, weit hergeholte Analogien, Bilder, die nichts beweisen – klingt in Darwins Ohren nicht Whewells tadelnde Stimme, wenn er seine Gedanken in das Heft kritzelt? Mitunter verrennt er sich völlig. Fällt herein auf eine obskure Systematik, die alle Spezies in verschachtelten Fünferkreisen anordnet. Verwandelt die Arten in fensterlose Monaden à la Leibniz, um ihnen eine eingebaute, endliche Lebensdauer zuschreiben zu können. Dann ahnt er, dass sich die Kontinente gegeneinander bewegen, doch verwirft er die Idee wieder.

Von der Veränderlichkeit der Arten, von der Entwicklung höherer Formen aus niederen ist er inzwischen überzeugt. Doch wie soll er sie beweisen, wie die Unzahl der Gegenargumente widerlegen? Ein Indiz für die Transmutation kann er anführen: verkümmerte Organe, die zu nichts taugen, die entgegen der allgemeinen Zweckmäßigkeit der belebten Natur keine Funktion erfüllen. Rudimentär nennt er sie später.

»Wenn man die Brustwarze auf der Brust des Mannes sieht, sagt man nicht, daß sie von irgendwelchem Nutzen sei, sondern das Geschlecht war noch nicht bestimmt, – so bei den nutzlosen Flügeln unter den Flügeldecken der Käfer, – von Käfern mit Flügeln geboren und modifiziert, – wäre es bloß einfach Schöpfung, wären sie ohne sie geboren.«

Auch das Argument, dass es mehrere Schöpfungszentren gibt, kann er, zumindest im Prinzip, durch den zufälligen Transport von Pflanzensamen, Insekten oder höheren Tieren vom Festland zu neu aufgetauchten Inseln entkräften oder dadurch, dass die »Schöpfungszentren« Teile eines früher zusammenhängenden Verbreitungsgebietes waren.

Manchmal scheint Darwin mit unsichtbaren Gegnern zu streiten. »Cuvier wendet gegen die Fortpflanzung der Arten die Frage ein, warum zwischen Paläotherium, Megalonyx, Mastodon und den jetzt lebenden Spezies keine intermediären Formen entdeckt worden sind? Nun dürfte meiner Ansicht nach (in Südamerika) der Vater aller Gürteltiere Bruder des Megatheriums sein, – der Onkel ist jetzt ausgestorben.«

An Geoffroy de Saint-Hilaires Stelle erwidert er auf den so peinlichen Einwand, dass die Zwischenformen fehlen: »Gegner werden sagen: Zeige sie mir. Ich werde antworten: Ja, wenn ihr mir jede Übergangsstufe zwischen Bulldogge und Windhund zeigen wollt.«

Argument folgt auf Gegenargument. Cuvier und, sich auf ihn berufend, Lyell haben stets genüsslich auf ägyptische Tiermumien verwiesen: über dreitausend Jahre absolute Konstanz der Art! – Aber nur, weil die Kulturrassen unter künstlich konstanten Umweltbedingungen leben, kontert Darwin, und weil, wie schon Lamarck bemerkt hat, die Zeitspanne noch zu gering ist. Würde sich die Umwelt ändern, zögen die Arten nach.

Unmöglich, meldet sich Lyell zu Wort, die Variationen (Abänderungen) sind beschränkt. Varietäten (Spielarten) überschreiten nie die Speziesgrenze. Außerdem würden sie in freier Natur nach und nach von dem unveränderten Großteil der Art entweder verdrängt oder aufgesogen.

Nein, Variationen können sich summieren – das ist eine blanke Behauptung Darwins –, vorausgesetzt, sie sind erbfest. Aber nur dann lohnt es sich überhaupt, sie zu betrachten. Und er weiß jetzt auch – eine Sekunde bitte, Mr. Cuvier! –, wie die Varietäten erhalten werden können, sodass sie sich nicht wieder mit der Urform vermischen und vergehen: durch Isolation! Schauen Sie sich doch die Galapagosinseln an. Jede Varietät die dort hinflattert, hat die Chance, sich zu einer eigenständigen Art zu entwickeln.

Und wie sollen sie sich anpassen? fragt Lyell trocken.

Bastardisierung (Kreuzung) ist ausgeschlossen, fährt Cuvier dazwischen. Es ist erwiesen, dass nur bei Kulturrassen Kreuzung zu neuen Formen führt. Bei Wildarten sind die Hybride (Bastarde) unfruchtbar, eine Sackgasse!

Nicht durch Bastardisierung, lenkt Darwin schnell ein, sondern eher durch direkte Einwirkung des Milieus – die nehmen Sie doch für Veränderungen innerhalb der Art zu Hilfe, nicht wahr?

Vielleicht denken Sie sich lieber etwas Besseres als Lamarck aus, entgegnet Cuvier sarkastisch.

Darwin überlegt. Wie geht der Tierzüchter vor? Durch Selektion! Also: natürliche Zuchtwahl!

Wer aber soll auswählen? Und mit welchem Ziel? Drang zum Höheren, Teleologie, ist verboten, erinnert Lyell.

Ja, wie könnte die Zuchtwahl auf die Organismen angewendet werden? Darwin schweigt.

Es ist Mitte 1838. Er sitzt über seinem Notizbuch und steckt vorerst fest. Da kramt er Briefpapier hervor und schreibt an Fox. Der möge doch bitte einige Fragen über die Kreuzung von Tieren beantworten, über Züchtung im Allgemeinen. »Ich glaube wirklich, daß ich eines Tages einmal im Stande sein werde, etwas zu dem äußerst verwickelten Gegenstande, Spezies und Varietäten, zu tun.«

Heiraten – heiraten – heiraten!

So fleißig Darwin die Argumente für und wider seine Theorie notiert, so gründlich schweigt er sich in den Tagebüchern über seine privaten Empfindungen und Sehnsüchte aus. Sollte ihm das Junggesellenleben genügen?

Irgendwann, 1837 oder Anfang 1838, zieht er einen Schmierzettel hervor und schafft Ordnung in seinen Wünschen und Erwartungen. Es wäre ja gelacht, wenn ihm seine wissenschaftliche Methode nicht zu einem Entschluss brächte!

HEIRATEN malt er über die linke Seite des Blattes. NICHT HEIRATEN über die rechte. Links beginnt er.

»Kinder – (wenn es Gott gefällt) – dauernde Gefährten (Freunde im hohen Alter), die sich für einen interessieren, die man liebt und mit denen man spielt – jedenfalls besser als ein Hund – ein Heim und jemand, der sich ums Haus kümmert – das Anziehende von Musik und weiblichem Geplauder. Diese Dinge sind gut für die Gesundheit. Gezwungen sein, Verwandte zu besuchen und zu empfangen, *aber schrecklicher Zeitverlust.*«

Seine Hand rutscht nach rechts.

»Keine Kinder (kein zweites Leben), niemand, der sich im Alter um einen kümmert. Was nützt es, zu arbeiten ohne die Sympathie naher und teurer Freunde – wer sind nahe und teure Freunde für einen alten Menschen außer den Verwandten? – Frei zu sein, um zu reisen, Gespräche mit klugen Männern in den Klubs. Keine Notwendigkeit, Bekannte zu besuchen und bei jeder Kleinigkeit nachzugeben.«

Jetzt die Nachteile der Familiengründung.

»– die Ausgaben und Sorgen wegen der Kinder – vielleicht Streit. *Zeitverlust* – kann abends nicht lesen – fett und faul – Sorge und Verantwortung – weniger Geld für Bücher usw. – wenn viele Kinder, Notwendigkeit, das Brot zu verdienen. – (Und dann ist es sehr schlecht für die Gesundheit, zuviel zu arbeiten) – Vielleicht würde meiner Frau London nicht gefallen; dann heißt's Verbannung und Versacken zu einem trägen, müßigen Narren –«

»Mein Gott, es ist unerträglich, daran zu denken, sein ganzes Leben wie eine Arbeitsbiene zu verbringen, nur Arbeit und nichts danach. – Nein, nein, es wird nicht gehen.«

Aber:

»Stell dir vor, all deine Tage einsam in einem rauchigen schmutzigen Londoner Haus zu leben. – Mal dir eine nett sanfte Frau auf einem Sofa aus, mit einem Kaminfeuer und Büchern und womöglich Musik – vergleiche diese Vision mit der trüben Realität von Great Marlborough Street. Heiraten – heiraten – heiraten. Q. E. D.«

Er dreht den Zettel um, fährt fort:

»Somit bewiesen, daß notwendig zu heiraten. – Wann? Früher oder später. Falls ich morgen heiraten sollte: unendlich viel Mühen und Kosten, ein Haus zu erwerben und zu möblieren. – Wie wäre es möglich, meiner Arbeit nachzugehen, wenn ich gezwungen wäre, täglich mit meiner Frau zu spazieren? (Es sei denn, meine Frau ist ein Engel und ermutigt meinen Fleiß.) Eheu!! Ich würde nie Französisch lernen – oder den Kontinent sehen – oder Amerika besuchen, oder in einem Ballon aufsteigen oder einsame Wanderungen durch Wales unternehmen – armer Sklave, du wirst schlechter dran sein als ein Neger – Und dann schreckliche Armut (Es sei denn, meine Frau ist besser als ein Engel und hat Geld.) – Macht nichts, mein Junge – Kopf hoch – Man kann nicht dieses einsame Leben führen, wenn man alt und krank ist, kalt und ohne Freunde und ohne Kinder, die einem ins Gesicht schauen, das bereits runzlig wird. Macht nichts, vertrau auf das Glück – halte scharf Ausschau. – Es gibt viele glückliche Sklaven.«

Also plant Darwin das beschlossene Familienglück, und zweifellos schaut er sich gründlich um. Schon im Mai 1837 kursiert das Gerücht, er würde sich bald verloben. Aber erst ein Jahr später entscheidet er sich endgültig – für Emma Wedgwood. Von Kindesbeinen an ist ihm die jüngste der Cousinen vertraut, wenn sie auch stets im Schatten der älteren Schwestern stand. Die Besuche in Maer haben die alte Freundschaft aufgefrischt.

Emma Wedgwood wurde am 2. Mai 1808, also neun Monate vor Charles Darwin geboren. Sie wuchs mit ihrer zwei Jahre älteren Schwester Fanny auf.

Mit Pfeffer und Senf verglich man die unzertrennlichen Rangen, und ein braves, geputztes und geschniegeltes Mädchen war Emma wohl nie, die kleine »Miss Slip-Slop«.

Die Wedgwoods achteten sehr auf die Bildung ihrer Kinder. Gerade zehn Jahre alt, schlenderte Emma an der Hand ihrer Mutter über die Boulevards von Paris. Mit Fanny besuchte sie eine Mädchenschule nahe bei London, die einen noch unzeitgemäßeren Lehrplan hatte als Darwins Schule in Shrewsbury: Der Geschichtsunterricht endete bei Karl dem Großen. Sie las viel, lernte ohne Anstrengung Handarbeit, Zeichnen, Tanzen, aber auch Reiten und Bogenschießen, Letzteres gewiss nicht im Lyzeum. Musik liebte sie über alles, zeitlebens spielte sie gern Klavier. Moscheles, ja selbst Chopin haben sie in Paris unterrichtet. Damit genoss sie genau die Erziehung, die einer Tochter aus reichem Hause zustand.

Mit fünfzehn Jahren kehrte sie aus der Mädchenschule nach Maer zurück – und trat selbst als Lehrerin auf. Sechzig Kinder armer Leute scharten sich jeden Sonntag in einer Wäscherei um sie. Sie erfand kleine Geschichten für ihre Schüler und ließ sie drucken. Für die Kinder war die Sonntagsschule der einzige Unterricht. Noch dachte niemand an eine allgemeine Schulpflicht. Bildung und Erziehung fielen in den Aufgabenbereich der Kirchen und teurer, privater Einrichtungen.

1825 zeigte Josiah Wedgwood seinen Töchtern Italien: Florenz, Rom, Neapel, Paestum, Sorrent. Emma bewunderte die reizvolle Landschaft, fühlte sich aber von der Armut und Not der Bevölkerung peinlich berührt. Das Jahr darauf verbrachte sie acht Monate bei ihrer Tante Jessie in Genf, die den bekannten Schriftsteller und Historiker Jean Charles de Sismondi geheiratet hatte. Emma lernte Französisch, Italienisch und auch ein wenig Deutsch.

Fröhlich und ohne finanzielle Sorgen genießt Emma ihre Jugend: auf Bällen und Wohltätigkeitsbasaren, bei Wettbewerben im Bogenschießen und Spazierritten. – Sie wird umschwärmt und kann sich kaum ihrer Bewerber erwehren. Ihre natürliche offene und ungezierte Wesensart zieht viele an. Aber sie hat offensichtlich keine Lust sich zu binden.

1832 stirbt Fanny, und bald darauf verschlechtert sich der Zustand der an Epilepsie leidenden Mutter. Der Vater wird nach der Parlamentsreform ins Unterhaus gewählt. So sieht sich Emma einem neuen Aufgabenkreis gegenüber, pflegt die Mutter und besorgt das Haus. Doch sie verzichtet nicht auf jede Unterhaltung: Im Winter 1837/38 fährt sie zur Ballsaison nach Edinburgh. Im Mai darauf reist sie wieder einmal – im Kreis von Geschwistern und anderen Verwandten – nach Paris.

Im Juni unterbricht sie ihre Heimfahrt für einige Tage in London. Sie besucht Darwin und spaziert mit ihm durch die lauten Straßen der Großstadt. Doch in all den vergnügten Stunden gewinnt sie nicht den Eindruck, dass er sich ernsthaft um sie bemüht. Er ist sogar weniger aufgeschlossen, weniger fröhlich als sonst. Emma kann nicht wissen, dass er in diesen Tagen unter Unwohlsein und Erschöpfung leidet. Aus dem gleichen Grund ist er kurze Zeit darauf nicht sehr erfreut, als sich sein Halb-Cousin Francis Galton, ein Enkel von Erasmus Darwin aus zweiter Ehe, bei ihm einquartiert. Galton will unbedingt die Krönungsfeierlichkeiten Queen Victorias miterleben und erhandelt sich für dreißig Schilling einen Sitzplatz mit Ausblick auf die große Prozession.

Darwin schaut aus dem Haus eines Freundes auf die purpurfarben dekorierten Straßen und den bunten Festzug: Mehr noch als bei William, »dem Segler«, jubelt die Menge der Queen zu. Sie wird dem Zeitalter, das man später nach ihr benennen wird, ihre persönliche Note aufprägen – durch Einmischung in die Politik weit über das verfassungsmäßig vorgesehene Maß hinaus und durch säuerliche, sittenstrenge Prüderie. Selbst die Beine von Tischen und Stühlen lässt sie durch schweren Samt verhüllen.

Da sich Darwins Befinden Ende Juni kaum gebessert hat, flieht er aus dem anstrengenden Getriebe der Stadt nach Schottland. Dort will er die sogenannten »Parallelstraßen« im Tal Glen Roy untersuchen, deutlich sichtbare Staffelungen an den Hängen, die auf alte Küstenlinien hinweisen. Der geologische Ausflug verfehlt seine Wirkung nicht. Schon auf dem Dampfboot nach Edinburgh verflüchtigt sich das Unwohlsein, und er kann ruhig zuschauen, wie um ihn herum Mann, Frau und Kind seekrank werden. Bei klarstem Wetter und prächtigem Sonnenschein durchwandert er etwa eine Woche lang die Bergregion.

Auf dem Rückweg steigt er in Shrewsbury aus. Man hat ganz den Eindruck, als sei sein Familiensinn erwacht. Er interviewt den Vater und zeichnet dessen Erinnerungen auf, die später die Autobiografie bereichern. Ebenso legt er ein stichpunktartiges Tagebuch über sein eigenes Leben und Schaffen an. Will er sich selbst zum Gegenstand seiner Forschungen machen? – Auch die »metaphysischen« und psychologischen Notizbücher datieren aus dieser Zeit. – Oder deutet all das darauf hin, dass ihn eigentlich etwas anderes beschäftigt? Jung gefreit hat nie gereut – so meint der Vater. Wenn er nun morgen nach Maer reiten und Emma bitten würde, seine Frau zu werden?

Es wird ein herrlicher Tag. Sommerwarme Luft streicht über gelbe Kornfelder. Emma lächelt, scherzt. Gemeinsam schlendern sie über den Dorfmarkt, kaufen viele nützliche und unnütze Dinge. Abends am Kaminfeuer in der Bibliothek plaudern sie über Gott und die Welt. Doch Darwin findet das rechte Wort nicht. Unverrichteter Dinge reist er am 1. August zurück nach London.

Das Schlachthaus Welt

Darwin liest viel: Sachbücher und Romane, Artikel und Gedichte haben einen festen Platz in seinem Tagesrhythmus. Zu seiner Lieblingslektüre gehören in diesen Jahren die Gedichte von Wordsworth, besonders die reizvollen Landschaftsschilderungen in den »Ausflügen«. Meist jedoch blättert er in wissenschaftlichen oder philosophischen Büchern. Auch sie sind für ihn durchaus unterhaltsam. Insgeheim aber hofft er, dass ihm die Metaphysik, so nennen seine Zeitgenossen die Philosophie, in dieser oder jener Frage weiterhilft, ihm etwa erhellt, wie man wissenschaftlich korrekt erklärt und begründet oder wie man die Unterschiede von Mensch und Tier deutet.

Ende September 1838 fällt Darwin ein inhaltsschweres, wenn auch nicht mehr ganz neues Buch in die Hand: Thomas Malthus' »Essay über das Bevölkerungsgesetz« von 1798. Thomas Malthus, ein Theologe und Ökonom, erörtert die aus seiner Sicht furchtbaren Folgen des Bevölkerungswachstums. Zu Armut und Elend müsse es führen und letztlich zum Tod der überzähligen Massen entweder durch Unterernährung oder durch Seuchen oder Kriege. »Arme, zeugt weniger Kinder!«, so lautet seine Heilsbotschaft. Tatsächlich war der industriellen Revolution in England sowohl eine Bevölkerungsexplosion als auch eine rasche Ausdehnung der Slums gefolgt.

Was Darwin an Malthus' Essay fesselt, wird bereits auf den ersten zehn Seiten abgehandelt. Wenn ausreichend Nahrung vorhanden sei, verdopple sich die Zahl der Menschen in weniger als fünfundzwanzig Jahren. Mit den ständigen Verdoppelungen vermag allerdings die Landwirtschaft nicht gleichzuziehen, denn die Nahrungsmittelproduktion wachse bei immer intensiverer Bewirtschaftung des Bodens nicht in einer geometrischen, sondern nur in einer arithmetischen Reihe.

»Angenommen, die heutige Weltbevölkerung beträgt eine Milliarde«, so Malthus, »die Menschheit würde sich zahlenmäßig vermehren wie 1, 2, 4, 8, 16, 32, 64, 128, 256, die Lebensmittel wie 1, 2, 3, 4, 5, 6, 7, 8, 9. In zwei Jahrhunderten würde sich die Population zu den Nahrungsmitteln verhalten wie 256 zu 9!« Folglich müssten die überzähligen Milliarden sterben – im Tier- und Pflanzenbereich beobachte man nichts anderes: »struggle for life«.

Der Funke zündet. »... da ich hinreichend darauf vorbereitet war, den überall stattfindenden Kampf um die Existenz zu würdigen«, schätzt Darwin in seiner Autobiografie ein, »namentlich durch lange fortgesetzte Beobachtung über die Lebensweise von Tieren und Pflanzen, kam mir sofort der Gedanke, daß unter solchen Umständen günstige Abänderungen dazu neigen, erhalten zu werden. Das Resultat hiervon würde die Bildung neuer Arten sein. Hier hatte ich nun endlich eine Theorie, mit der ich arbeiten konnte.«

Einzelne Beispiele für die Härte des Überlebenskampfes kennt Darwin von früher her, doch erst bei der Malthus-Lektüre wird ihm klar, dass hier ein allgemeines Gesetz der belebten Natur waltet.

Wahrscheinlich hätte Darwin dieser Lektüre nicht einmal bedurft. Seine Notizbücher lassen vermuten, dass die entscheidende Gedankenkette geradezu auf Abruf lauerte: zahlreiche Nachkommenschaft der Lebewesen – Kampf ums Dasein – natürliche Zuchtwahl – Überleben der am besten Angepassten. Einige Tage vor Malthus' Buch hat er Christian Gottfried Ehrenbergs Abhandlung über Infusionstierchen gelesen und erfahren, dass diese sich im Nu vervielfachen und ebenso schnell vernichtet werden.

Ein anderes Mal hat er notiert: »Was das Aussterben betrifft, so ist leicht zu sehen, daß eine Varietät vom Strauß (Petiso) nicht gut angepaßt sein kann und daher aussterben wird; oder andererseits, wie Orpheus (ein Galapagos-Vogel) günstig ist und sich stark vermehren kann. Das gründet auf dem Prinzip, daß die permanent entstehenden Abänderungen … weiterhin existieren und sich in Übereinstimmung mit der Anpassung an die Umstände entwickeln, und daß somit das Aussterben der Arten eine Folge der Nichtanpassung an die Umstände ist.«

Vielleicht schwirren ihm bei dem Gedanken an den »Kampf ums Dasein« auch die Verse seines Großvaters Erasmus durch den Kopf.

> … ja, Flora, selbst, die heit're, kann nicht siegen,
> ohn' wilden Streit, dem Tausende erliegen …
> Und unersättliche Insektenhorden
> die holden Blüten samt der Knospen morden …
> Luft, Erd' und Meer – falls tief zu schaun es gilt –
> sind nur ein Grab, ein weites Blutgefild.
> Der Hunger kämpft, die Todespfeile fliegen
> im Schlachthaus Welt, wo alle sich bekriegen …
> Würd' der Vermehrung einer Art nichts wehren,
> bald fehlt ihr Raum in Ländern, Luft und Meeren …

Wie weit sind doch diese Bilder von der romantisch verklärten Eintracht in der Natur entfernt, die die Theologen predigen und die die Londoner auf ihren sonntäglichen Picknickausflügen ins Grüne um sich wähnen!

Fight! War! Kampf und Krieg! – Nein, so scharfe Worte möchte Darwin nicht gebrauchen, er sucht nach dem treffendsten Begriff. Lyell spricht meist vom »Äquilibrium«, vom natürlichen Gleichgewicht, das alle Ausschreitungen dämpft und wohlabgewogene, aufeinander eingespielte Verhältnisse hervorruft. Aber »Gleichgewicht« wiederum ist zu harmonisch.

Was liegt in der Mitte zwischen Harmonie und Krieg, zwischen Kampf und Gleichgewicht? »Struggle«, das Wort, das auch Lyell und Malthus benutzt haben, »struggle for existence«, »struggle for life«. Da schwingt vielerlei mit: Mühsal und Überwinden von Schwierigkeiten, Abrackerei, auch das Ankämpfen gegen Widerwärtigkeiten, harter Wettbewerb. »Struggle for life« heißt für Darwin die Abhängigkeit der Organismen von der Tyrannei der Umweltbedingungen und von anderen Organismen, aber nur im Spezialfall »Kampf mit Zähnen und Klauen«.

Der erste deutsche Übersetzer von Darwins »Entstehung der Arten«, Bronn mit Namen, findet jedoch kein geeigneteres deutsches Wort für »struggle« als eben »Kampf«.

Oh, du Materialist!

Darwin bezieht den Menschen von Anfang an in seine Überlegungen über die Abstammung der Arten ein. »Wenn alle Menschen tot wären, dann würden Affen Menschen abgeben«, kritzelt er in sein Notizbuch. »Der Mensch in seiner Arroganz hält sich für ein großes Werk, würdig des Eingriffes der Gottheit. Bescheidener – und wie ich glaube wahrer – ist es anzunehmen, daß er von Tieren abstammt.«

Manche Anhänger Cuviers lehren, dass Gott nach jeder Katastrophe an Stelle der ausgestorbenen Arten neue schöpfe, Darwin benötigt Gott höchstens ein einziges Mal – ganz am Anfang. Die Vorstellung, Gott habe das Wunderwerk der Welt geschaffen und angeworfen und seither laufe und entwickle es sich nach unverrückbaren Gesetzen, sei viel erhabener und einleuchtender als diejenige, dass der Schöpfer ständig nachbessern und ausgestorbene Arten ersetzen müsse.

Ab Juli 1838 vertraut er die weitreichendsten und verwegensten Gedanken einem neuen Notizbuch an. »Alte und nutzlose Notizbücher über Metaphysik«, so beschriftet er später die Titelseite. Außer Hensleigh Wedgwood, der in seinem etymologischen Wörterbuch die Sprache auf tierische Grundlaute zurückführt, wagt er keinem, seine Ideen zu enthüllen. Schließlich beabsichtigt er nichts weniger, als die Entstehung der Instinkte und Gefühle, des Denkvermögens, der Liebe, selbst der Religion! – nach »seiner Theorie« zu erklären.

»Abstammung des Menschen jetzt bewiesen. – Metaphysik muß aufblühen. – Der, der den Pavian begreift, würde mehr für die Metaphysik tun als Locke.« So formuliert Darwin sein Programm.

Der antike Philosoph Plato behauptet, dass die schon existierenden Seelen bei der Geburt in den Körper schlüpfen. Nachdem Darwin in Schriften Platos gelesen hat, schlägt er das Notizbuch auf. »Plato sagt im Phaedon, daß unsere angeborenen Ideen von der Präexistenz unserer Seele herrühren, nicht aus der Erfahrung hergeleitet werden können – lies Affen für

Präexistenz.« Vom Ansatz her nimmt Darwin damit sogar die evolutionäre Erkenntnistheorie vorweg.

In der Geborgenheit seiner Notizen gilt ihm sogar der Begriff Gott als »völlig nutzlos«. Er neigt zu einer Deutung, die auch von den deutschen Vulgärmaterialisten stammen könnte: »Liebe zur Gottheit ist Effekt der Organisation, oh, du Materialist! ... Warum ist es wunderbarer, daß der Gedanke eine Absonderung des Gehirns ist, als daß Schwere eine Eigenschaft der Materie ist? Es ist unsere Arroganz, unsere Selbstbewunderung.«

Oh, du Materialist! Darwin schreckt vor den eigenen Gedanken, den eigenen Schlussfolgerungen zurück. Auf keinen Fall dürfte er sich vor der Geologischen Gesellschaft so äußern, das könnte ihn seinen Ruf als Wissenschaftler kosten. »Um zu vermeiden, daß festgestellt wird, wie weit ich vom Materialismus überzeugt bin, sage ich nur, daß Emotionen, Instinkte, Stufen von Talent, die erblich sind, dies sind, weil das Gehirn des Kindes der elterlichen Ausstattung ähnelt.«

Vielleicht sollte man die Gedanken, die Darwin auf das Papier bannt, so wie sie in seinem Kopf aufblitzen, auch nicht überbewerten. Gewiss aber deuten sie eine Tendenz an, einen Umbruch, der nicht ohne langwährende Zweifel und häufiges Schwanken vonstattengeht.

Leicht ist es nicht, sich von den anerzogenen Vorstellungen zu befreien. Noch auf der »Beagle« haben die Offiziere ihren »Philosophen« verspottet, als er ihnen die Bibel als höchste Autorität in moralischen Fragen zitierte. Jetzt zwingt ihn seine Geisteshaltung als Naturforscher, auch die Religion kritisch zu überprüfen.

Die Erkenntnisse der Geologie haben, wie er in der Autobiografie einschätzt, seinen Glauben an das Alte Testament zerstört. »Ich war aber in dieser Zeit«, das heißt 1836 bis 1839, »allmählich dazu gelangt, einzusehen, daß dem Alten Testament – mit seiner offensichtlich falschen Weltgeschichte, mit seinem babylonischen Turm, mit dem Regenbogen als Zeichen usw. und seiner Art, Gott Gefühle eines rachedurstigen Tyrannen zuzuschreiben – nicht mehr Glauben zu schenken sei als den heiligen Schriften der Hindus oder dem Glauben irgendeines Wilden.«

Schwieriger aber löst er sich vom Neuen Testament, ja, er sträubt sich geradezu, seinen Glauben aufzugeben. »... ich kann mich deutlich erinnern, mir immer und immer wieder Phantasiebilder ausgemalt zu haben von alten Briefen hervorragender Römer und von Handschriften, die in Pompeji oder irgendwo anders entdeckt worden waren und die in der alleraufallendsten Weise alles das bestätigten, was in den Evangelien geschrieben stand. Ich fand es aber trotz aller meiner Einbildungskraft gewährten Freiheit immer schwieriger, Beweismittel zu erfinden, die ausreichten, mich zu überzeugen.«

Den Ausschlag gibt für ihn ein Argument, das auch sehr gut dafür geeignet scheint, seine geistige Wandlung zu rechtfertigen. An der christlichen Lehre stört ihn besonders, dass sie alle Ungläubigen in die Hölle verdammt. Wenn er es genau betrachtet, müsste er seinen Vater – vom Großvater ganz zu schweigen! –, seinen Bruder und viele seiner Freunde zu diesen Verstoßenen zählen! Was für eine abscheuliche Lehre, nach der gute und aufrechte Menschen so schlimm bestraft werden!

»So beschlich mich«, resümiert er in der Autobiografie, »in sehr langsamer Weise der Unglaube, bis ich schließlich gänzlich ungläubig wurde. Er kam so langsam über mich, daß ich kein Unbehagen empfand.«

Ein Engel mit Geld

Darwin verheimlicht dem Vater seine Zweifel am Christentum nicht. Robert Darwin nickt, er versteht seinen Sohn und rät dringend, wenn er einmal heiraten sollte, der künftigen Frau die religiösen Bedenken zu verschweigen. In seiner langjährigen Praxis habe er erfahren, dass aus zu viel Offenheit manch eheliche Entzweiung erwachsen sei. Aber Darwin ist schließlich noch nicht einmal verlobt. Irgendwann muss er Emma fragen …

Anfang August, als er in der Great Marlborough Street den schottischen Bergen nachtrauert, verfasst er einen langen Artikel über die »Parallelstraßen« von Glen Roy, verwirft dabei die alte Theorie, dass es sich um Uferränder einstiger Binnenseen handele, und schließt, dass es tatsächlich Meeresküstenlinien sein müssten, denn in dem Tal hätte sich das Wasser eines Flusslaufs nie zu solcher Höhe aufstauen können. Vierundzwanzig Jahre später wird er sich für diese Abhandlung, die er bis dahin beharrlich verteidigt, schämen. Denn der amerikanische Naturforscher Agassiz kann nachweisen, dass eiszeitliche Gletscher den Talausgang versperrten.

Etwa zur selben Zeit hat Darwin zwei Notizbücher mit Aufzeichnungen über die Entstehung der Arten gefüllt. Die Arbeiten an den dicken Zoologiebänden der »Beagle«-Reise, die er aufeinander abstimmt, hängen ihm wie »ein Mühlstein am Halse«. Und das beabsichtigte Buch über die Vulkane? Womöglich haben es die schottischen Nebel erstickt.

Heiraten – heiraten – heiraten! Soll er einen neuen Anlauf wagen? Zwei Tage spaziert Darwin durch die Hallen, Galerien und Gärten von Windsor Castle. Herbstlich bunte Blätter wirbeln im Wind. Er will sich besinnen, fasst aber keinen rechten Entschluss.

Wieder in London, schreibt er das Vorwort für das Reisejournal. Dann erträgt er die Unsicherheit nicht länger. Eilt nach Shrewsbury. Holt sich Verstärkung durch Catherine. Man wundert sich über den plötzlichen Besuch, er schweigt. Mit der Schwester führt er nach Maer.

16 Emma Darwin, geb. Wedgwood 1840

17 Charles Darwin 1840

Donnerstag, Freitag, Sonnabend – die Spannung zerrt an seinen Nerven. Am Sonntag, dem 11. November, früh am Morgen, rafft er den nötigen Mut zusammen.

Emma sagt auf der Stelle zu. Dann läuft sie wie jeden Sonntag ins Waschhaus, um die Kinder zu unterrichten. Sie beginnt zu erzählen. Die Kinder lachen. Was für einen Unsinn redet sie denn? Sie entschuldigt sich und gibt allen frei.

Darwin sieht an diesem Tag schlecht aus, sein Kopf schmerzt von all der Aufregung. Die Cousins und Cousinen, die alles ahnen und nichts wissen, tuscheln, Emma hätte ihn abgewiesen. Vorläufig weihen die beiden nur Catherine und Emmas Vater ein. Josiah II. Wedgwood fließt über vor Freude. »Du hast das große Los gezogen«, beglückwünscht er Darwin. Hatte er nicht bereits gefürchtet, dass Emma eine alte Jungfer würde? Vernünftig, dass sie diesmal keinen Korb ausgeteilt hat! Voller Zufriedenheit schreibt er an Robert Darwin: »Niemandem hätte ich Emma lieber anvertraut und keinem so bald und so ganz väterliche Gefühle zuwenden können … Ich beabsichtige für Emma dasselbe zu tun, was ich für Charlotte und drei meiner Söhne tat, nämlich ihr eine Staatsanleihe von fünftausend Pfund und eine jährliche Rente von vierhundert Pfund auszusetzen, solange mein Einkommen dies ermöglicht.« Darwin hat seinen Engel gefunden – seinen Engel mit Geld.

Bis spät in die Nacht verlöschen in Maer die Kerzen nicht. Man feiert, plant die Zukunft. Emma wird in London wohnen, selbstverständlich, schließlich ist ihr Charles dort eine bedeutende Persönlichkeit … Eine Schande, so weit von Maer wegzuziehen! Glücklicherweise ist vor ein paar Monaten die Eisenbahnlinie London–Birmingham eröffnet worden, das verkürzt die Reisezeit erheblich …

Emma, die schon im August gespürt hat, dass Charles sie lieben könnte, fühlt sich doch ein wenig überrumpelt. An Charles liegt es nicht, im Gegenteil: »Er ist der durchsichtigste, offenste Mann, den ich je sah, und jedes seiner Worte drückt seine wirklichen Gedanken aus … Er hat eine besonders angenehme Gemütsart und einige kleinere Eigenschaften, die zum Glück beitragen, wie Anspruchslosigkeit und Liebe zu Tieren … Der einzige Haken ist der, ich will ihn Dir«, die Zeilen gelten Tante Jessie Sismondi in Genf, »nicht verheimlichen – er hat eine große Abneigung, ins Theater zu gehen.«

Am nächsten Tag informiert Darwin seinen Vater. Die Freude in The Mount ist nicht geringer als in Maer. »Du hast das große Los gezogen!«, echot der Vater die Worte des Onkels. Er akzeptiert damit auch endgültig den Lebensweg, den sein Sohn eingeschlagen hat.

Kaum hat Darwin die Tür seiner Londoner Junggesellenwohnung hinter sich geschlossen, beeilt er sich, Emma einen Brief zu schicken. Auch Emma schreibt. Offensichtlich hat Darwin den Ratschlag seines Vaters missachtet. Mag sein, dass er sich auch vergewissern wollte, ob er mit seiner künftigen Frau späterhin nicht in einen heftigen Konflikt gerät. Emma jedenfalls fürchtet, dass ihre »Meinungen über die wichtigsten Dinge weit auseinanderklaffen würden. Mein Verstand sagt mir, daß ehrliche und gewissenhafte Zweifel keine Sünde sein können, aber ich fühle, daß eine schmerzliche Leere zwischen uns sein würde. Ich danke Dir von ganzem Herzen, daß Du offen zu mir bist, und ich graue mich davor, daß Du Deine Meinung verbergen könntest, aus Angst, mir weh zu tun …«

In all den Briefen, die zwischen Maer und London hin- und herpendeln, taucht das Wort Liebe nicht auf. Der Eindruck entsteht, dass bei beiden – vielleicht bei Emma mehr als bei Charles – das Gefühl der Vernunft folgt, was nicht ausschließt, dass es an Tiefe gewinnt. Jedenfalls führen sie eine geradezu mustergültige und mustergültig glückliche viktorianische Ehe. Darwin wird die Sicherheit, die sie ihm bietet, brauchen.

Am 6. Dezember kommt Emma zu Charles nach London. Gemeinsam suchen sie Straße auf Straße, Stadtviertel um Stadtviertel nach einem geeigneten Haus ab. Sie wünschen sich eine ruhige Lage, und es darf nicht über hundertzwanzig Pfund Miete im Jahr kosten. Aber fast alle Häuser sind um zwanzig, dreißig Pfund zu teuer – dafür könnte man sich ja zwei oder drei Diener mehr leisten!

In der Upper Gower Street endlich zahlt sich ihre Mühe aus. Da schwere gelbe Vorhänge die Fenster des fraglichen Hauses verhüllen und die Wände im Wohnzimmer azurblau ausgeschlagen sind, nennen sie es »Macaw Cottage«, Papageienhäuschen. Mit etwas Geduld gelingt es ihnen auch, den Preis auf ein vernünftiges Niveau herunterzuhandeln. Das Haus ist nicht groß und abscheulich möbliert, doch versöhnt sie ein kleiner Garten, so breit wie das Haus und zwanzig Fuß lang. Der rußverschmutzte Flecken Gras lässt ihnen – sie sind beide auf dem Lande aufgewachsen – das Leben in London erträglicher erscheinen.

Kurz vor Weihnachten reist Emma wieder ab und kümmert sich in Maer um die Hochzeitsvorbereitungen. Silvester stört Darwin seinen Diener aus der sonntäglichen Ruhe auf. – Wir ziehen um! Doch mit den Möbeln allein ist das Haus längst nicht komplett. Das Personal fehlt noch. Die aus Shrewsbury angeworbene Köchin kann nicht kochen, und ihr Mann ist ständig betrunken – vielleicht sollte man die Bekannten um Rat fragen? Und wie viel zahlt man der Dienerschaft überhaupt? Vierzehn Guineen im Jahr für die Köchin und Tee und Zucker frei, ja? Ein Glück, dass eine Schwägerin Emmas die Sache in die Hand nimmt.

Darwins Briefe halten Emma auf dem Laufenden. Lyell und seine Frau hätten ihn besucht. »Ich war ganz beschämt über mich heute, denn wir redeten eine halbe Stunde blanke Geologie, und die arme Mrs. Lyell saß dabei, ein Denkmal an Geduld. – Mir fehlt *Übung* in Mißhandlung des weiblichen Geschlechts. – Ich bemerkte nicht, daß Lyell Gewissensbisse hätte. Ich hoffe, mein Gewissen zur Zeit abzustumpfen; wenige Ehemänner scheinen damit Schwierigkeiten zu haben.«

Scherzhaft rächt sich Emma: Charles würde sie sicherlich nur als »ein Exemplar ihrer Gattung« behandeln und Theorien über sie aufstellen. »Und wenn ich mich mal aufrege, wirst Du nur fragen: Was beweist das?«

Treuherzig antwortet Darwin ihr: »Ich hoffe, daß Du mich humanisieren und mich lehren wirst, daß es ein größeres Glück gibt, als Theorien zu entwerfen und schweigend einsam Beobachtungen anzusammeln ...«

Am 25. Januar 1839 besteigt Darwin den Zug nach Shrewsbury, ihm brummt der Kopf – Erwartungsangst. Kaum »dampft« er über das Land, verfliegt der Schmerz. Vier Tage darauf läuten für Emma und ihn die Hochzeitsglocken in Maer. Welche Hoffnungen, welche Befürchtungen werden sich bewahrheiten?

Im Papageienhäuschen

»Charles hat sich noch nicht an seine neue Würde gewöhnt«, verrät Emma kurz nach ihrer Hochzeit der Mutter, »denn vor einigen Tagen brachte er mir einen Brief und konnte nicht begreifen, wer die Dame mit dem Namen Mrs. Charles Darwin sei.«

Emma, die sich verhätschelt und verwöhnt fühlt, weiß, was Charles von der Ehe erhofft: Geborgenheit im Kreis der Familie und ungestörte Gelegenheit zum Arbeiten. Sie bemüht sich, ihm diese Wünsche zu erfüllen und die Atmosphäre der Sicherheit zu schaffen, die er benötigt, um unbehindert seine Gedanken zu Ende zu denken.

Aber gerade dies fürchtet Emma zugleich. Sie will die ängstlichen Ahnungen beiseiteschieben: Wenn er stets gewissenhaft die Wahrheit sucht, wie könnte er da irren? – Es gelingt ihr nicht. Sind sie nicht alle Zweifler, Skeptiker, die Darwins? Der Vater wie der Bruder? Die Ungewissheit lastet schwer auf ihr. Sie setzt sich hin, taucht die Feder in die Tinte und schüttet Charles ihr Herz aus: »Möge die Gewohnheit, in der wissenschaftlichen Forschung nichts zu glauben, bis es bewiesen ist, Deinen Geist nicht zu sehr bei anderen Dingen beeinflussen, die nicht in der gleichen Weise bewiesen werden können und die, falls sie wahr sind, unsere Verständniskraft übersteigen ... Denke nicht, das ist nicht meine Sache. Alles was Dich angeht, geht auch mich an ... Ich fürchte, Du wirst jetzt meinen, ich habe mein Versprechen vergessen, Dich nicht zu beunruhigen ...« Es ist mehr ein hilfloser Wunsch als ein ernster Ratschlag.

Zutiefst gerührt, wird Darwin diese Zeilen als ein Zeichen ihrer Liebe und Achtung aufbewahren. Wie sehr muss es ihn belasten, gegen ihre innersten Überzeugungen zu verstoßen! Dennoch weicht er nicht von dem ab, was er als wahr erkennt.

Im Mai 1839 erholen sich die beiden in Maer und Shrewsbury. Danach schließt Darwin das dicke Manuskript über die Vögel der »Beagle«-Expedition ab. Außerdem brütet er über der »Artenfrage«, liest viel und notiert sich wichtige Fakten. In Dutzenden Mappen sammelt er Textstellen über alle möglichen Themen, die er irgendwann einmal benötigen könnte. Auch das Manuskript über die Koralleninseln wächst und wächst, doch nimmt es noch immer keine rechte Gestalt an.

Da Emma ein Kind erwartet, fliehen sie jede »Ausschweifung«. »Wir führen ein Leben äußerster Ruhe«, berichtet Darwin seinem Freund Fox, »wir haben alle Gesellschaften aufgegeben, denn sie bekommen uns beiden nicht; und wenn jemand in London ruhig lebt, dann gibt es nichts gleich seiner Ruhe – es liegt etwas Großartiges in seinen rauchigen Nebeln und den dumpfen, entfernten Lauten der Droschken und Kutschen …«

Ein geregelter Tagesablauf passt ohnehin mehr zu Darwins Lebensgewohnheiten. »Ich stehe um Punkt sieben schrecklich verschlafen und behäbig auf und lasse Emma noch ruhen«, schildert er, »begebe mich, wenn die erste Betäubung verflogen ist, ans Werk … bis um zehn. Dann frühstücken wir eine halbe Stunde und sitzen im Lehnstuhl … Wieder im Arbeitszimmer bis um zwei zur Imbißzeit. Emma beschäftigt sich gewöhnlich mit irgendeiner kleineren Arbeit in meinem Raum, sie verhält sich still wie eine Maus. Danach erledige ich einiges in der Stadt, einen Teil des Weges kommt Emma mit – Dinner um sechs …, sitze wie gelähmt bis halb acht, manchmal mit einem Buch – Tee, Deutschlektion, gelegentlich etwas Musik und etwas Lesen … Ich fürchte, die arme Emma findet ihr Leben ziemlich monoton.«

Wie der Tagesablauf verrät, müht sich Darwin mit der deutschen Sprache ab. Er redet nur von der »verdammten«, wobei er das deutsche Wort englisch ausspricht. Besonders der umständliche Satzbau seiner wissenschaftlichen Lektüre erbost ihn. Diese verdammten Deutschen! Sie könnten sich gewiss einfach und verständlich ausdrücken, wenn sie nur wollten!

Sein Reisejournal verkauft sich inzwischen ausgezeichnet. Colburn, der Verleger, bringt noch vor Jahresende eine separate Ausgabe auf den Markt. Die nächste folgt bereits im Jahr darauf, und bis 1842 sind 1337 Exemplare abgesetzt. Darwin hat keinen Gewinn davon. Der gewiefte Geschäftsmann verlangt sogar einundzwanzig Pfund und zehn Schilling für die besonders schön eingebundenen Bände, die Darwin an Kollegen und Freunde verteilt.

Das Echo ist einhellig positiv. Owen liest das Buch zum Frühstück, Fitton lobt: »Das Werk eines schlichten englischen Gentleman – der um der Information, nicht um des Effektes willen reist und alle Dinge freundlich betrachtet.« Und FitzRoy kann nichts entdecken, was ihn irgendwie herabwürdigt.

Auch im Ausland erntet das Reisejournal Anerkennung und Bewunderung. Darwins Idol, Alexander von Humboldt, rühmt es in einem langen, ausführlichen Brief. Er nennt das Journal »Ihr exzellentes und bewundernswürdiges Werk« und drückt seine Freude darüber aus, dass die eigenen »schwachen Werke« Darwin zu seiner Reise angeregt hätten. Auf Humboldts und Justus von Liebigs Betreiben wird es 1844 ins Deutsche übertragen.

Am 27. Dezember 1839 morgens um halb zehn wird Darwins erstes Kind geboren, der Sohn William Erasmus oder kurz »Mr. Hoddy Doddy«. So vernarrt Darwin auch in das Baby ist, er klammert es nicht aus seinen Naturbetrachtungen aus. Gleich in den ersten Tagen kitzelt er den Kleinen an der Fußsohle und beobachtet gespannt, wie sich die winzigen Zehen reflexmäßig krümmen. Selbstverständlich notiert er alles, was ihm bemerkenswert erscheint. Als er einmal das Mienenspiel des weinenden Kindes ganz genau festhalten will, bricht der mitfühlende Vater in ihm durch, und er tröstet Mr. Hoddy Doddy. Anschließend ärgert er sich, dass sein Mitleid die Beobachtungen verfälscht hat.

Das Warten auf die Geburt hat Darwin allerdings völlig zermürbt. Drei Tage vor Emmas Entbindung stellen sich bei ihm die gewohnten Symptome ein. Während sie, umsorgt von ihrer Schwester Sarah Elizabeth, leicht gebiert, bessert sich sein Befinden anschließend nur wenig. Bald kümmert sich Emma um beide, das Baby und den Mann.

Schon früher hat sie behauptet, dass nichts eine Frau so sehr verheirate wie ein kranker Mann. »In den letzten sechs Wochen«, berichtet sie im Februar 1840 Tante Jessie, »war sein Zustand schlimmer. Für mich bedeutet es ein großes Glück, daß, wenn Charles sich besonders schlecht fühlt, er so freundlich ist wie immer und nicht wie die anderen Darwins, die nicht zeigen wollen, wie ihnen zumute ist. Er sagt mir immer wie er sich fühlt, und will nie allein sein …«

Ende März gewinnt Darwin Schaffenskraft und -freude zurück. Er hofft, vom Arzt »wieder in Gang gebracht zu werden«. Neun Wochen hat er praktisch keine Zeile geschrieben! Und so kramt er das Manuskript über die Korallenriffe vor – der Aufsatz wuchert zu einem Buch aus! Mitte Juni schiebt er die Arbeit beiseite. Er kann noch keinen roten Faden entdecken.

Den Sommer des Jahres verlebt er großenteils in Maer und Shrewsbury. Doch nicht einmal dort ist er vor der Krankheit gefeit. Erst Mitte November hat er sich genügend erholt, um nach London zu seinen Aufzeichnungen zurückzukehren. Er legt letzte Hand an die »Ornithologie der Beagle« und vervollständigt seine Notizen zur Entstehung der Arten.

Viele Fragen kann er nicht selbst oder nicht sofort beantworten, etwa die, ob der Nachwuchs, der aus einer Kreuzung entspringt, nicht in die väterliche oder mütterliche Form zurückschlägt. Also verfasst er ein achtseitiges Schriftstück »Fragen über die Zucht von Tieren«, lässt es drucken und verteilt es an bekannte Züchter.

Wieder einmal bittet er Fox um Unterstützung. Der möge ihm »Nachkommen aus allen Kreuzungen sämtlicher domestizierter Vögel und Säugetiere« beschreiben. »Vergiß nicht, wenn Deine afrikanische Halbblutkatze sterben sollte, daß ich für den Körper ... sehr dankbar sein würde wegen des Skeletts ..., irgendwelche kreuzbrütige Tauben, Hühner, Enten usw. usw. werden willkommener sein als die schönste Hirschkeule oder die schönste Schildkröte.«

Im Februar 1841 gibt Darwin krankheitshalber den Sekretärsposten bei der Geologischen Gesellschaft auf.

Am 2. März kommt Emma in Maer mit einer Tochter, Anne Elizabeth, nieder. Darwin reist sofort zu ihr. Das zweite Kind wird sein besonderer Liebling.

Im benachbarten Shrewsbury berät er sich mit seinem Vater wegen erneuter Magenbeschwerden. Ob er vielleicht irgendwie – was den Magen betrifft – erblich vorbelastet sei? Nein, das gewiss nicht, versichert ihm Robert Darwin, doch auf eine Besserung in nächster Zukunft könne er auch kaum hoffen. Solche Geschichten zögen sich hin. Er sehe ja selbst, dass er nicht der Einzige sei, der sich mit Blähungen, Übelkeit, Kopfschmerz und dann und wann einem Ekzem herumschlage. – Ein Jahrhundert später wird vermutet, dass die »viktorianische Krankheit« durch eine systematisch falsche Behandlung, insbesondere mit kleinen Dosen Arsen, verursacht wurde.

Dr. Darwin nutzt die günstige Gelegenheit, um die Haushaltsführung seines Sohnes zu kritisieren. Das neue Dienstmädchen, habe er sich sagen lassen, trage keine Haube! Wie könne er eine solche Schlampigkeit zulassen! Außerdem könnte das offene Haar männliche Bedienstete reizen, sich Freiheiten herauszunehmen!

Darwin hört kaum zu. Keine Hoffnung auf Besserung. Vielleicht bringt ihm ein Umzug aufs Land wenigstens etwas Erleichterung? Die Publikationen rücken unter diesen Umständen immer weiter in die Ferne.

»Unser augenblickliches Luftschloß«, erläutert er Fox, »ist, irgendwo in Surrey nahe einer Bahnstation, zwanzig Meilen von London, zu leben.« An Lyell aber schreibt er: »Mein Vater scheint kaum zu erwarten, daß ich für mehrere Jahre wieder kräftig werde; es hat mir eine bittere Entsagung gekostet, die Überzeugung zu gewinnen, daß das ›Wettrennen nur für die Starken ist‹ und daß ich wahrscheinlich nichts weiter tun werde, als mich damit zu bescheiden, die Fortschritte, welche andere in der Wissenschaft machen, zu bewundern.«

Die erste Bleistiftskizze

Was ist es, was das Auf und Ab von Darwins Krankheit bestimmt? Im Sommer 1841 jedenfalls packt ihn frischer Mut. Er holt die beiseitegeschobenen Abschnitte über die Korallenriffe hervor. Täglich müht er sich damit einige Stunden am Schreibtisch ab und ist anschließend völlig ausgepumpt, und jeder Freund, jeder Bekannte, der sich nach seinem Wohlbefinden erkundigt, strengt ihn an. Er will sich wieder aufbauen und spaziert oder reitet aus – nicht zu lange selbstverständlich. Abends sinkt er ermattet in den Lehnstuhl: nur keinen Besuch!

Doch die Arbeit schreitet voran. Den gesamten Herbst über formuliert er beharrlich Kapitel um Kapitel, am 3. Januar schickt er das Manuskript an den Verleger, im April korrigiert er den Umbruch. Wie viel Zeit hat ihn dieser schmale Band gekostet! Vor drei Jahren und sieben Monaten hat er den ersten Buchstaben auf das Papier gesetzt, insgesamt zwanzig Monate hat er daran geschrieben, die restliche Zeit ist, sieht man von Kleinigkeiten ab, durch die Krankheit verloren gegangen.

Im Februar 1842 erhält Darwin eine Einladung, die er trotz allen gesundheitlichen Beschwerden mit Freuden annimmt. Alexander von Humboldt weilt in England. Roderick Impey Murchinson, der bekannte Geologe, veranstaltet für den deutschen Gelehrten eine Frühstückstafel, bei der auch Darwin, von Humboldt darum gebeten, nicht fehlen darf.

Von Bewunderern umlagert und bestens aufgelegt, unterhält der dreiundsiebzigjährige Humboldt die Frühstücksgesellschaft drei Stunden lang mit ununterbrochenem humorvollem Geplauder. Er geizt dabei nicht mit Komplimenten an Darwins Adresse. Anschließend ist Darwin erschöpft und kann sich kaum auf ein Detail besinnen. Die Begegnung mit Humboldt hat ihn enttäuscht, aber er schiebt es auf die zu großen Erwartungen, die er in den deutschen Gelehrten gesetzt hat.

Mitte Mai folgt Darwin seiner Frau in die Sommerfrische nach Maer. Bis auf die Notizen über das Artenproblem hat er alle Manuskripte abgeschlossen. An einem ruhigen Tag langt er nach einem Bündel groben Papiers und einem weichen Bleistift. Nicht, dass er schon eine Publikation seiner Theorie im Auge hätte! Er will endlich einmal seine Gedanken ordnen, reinen Tisch schaffen. Fernab von Büchern und Zettelmappen schreibt er seine Theorie nieder, so wie sie ihm aus dem Kopf quillt. Geschwind fliegt der Stift über das Blatt, viele Wörter enden in unleserlichen Schnörkeln. Wozu Zeit mit Artikeln vergeuden? Nichts darf ihn aufhalten, nichts die Kette seiner Gedanken unterbrechen. Er radiert, schmiert darüber, benutzt die Rückseiten, um zusätzliche Hinweise – nicht etwa ganze Sätze – einzufügen. Fünfunddreißig Seiten füllt er so, und sie bergen in bemerkenswerter Logik und Vollständigkeit all die Argumente, die er später in seinem Hauptwerk aufführen wird.

Er beginnt mit der Variation, der Abwandlung, von Kulturpflanzen und Haustieren und schildert, wie der Züchter aus erbfesten Variationen neue, stabile Rassen erzeugt. Auch in der Natur walteten analoge Prinzipien: Neue Varietäten, Abarten, entstünden und vererbten sich. Wie dies geschehe, durch Mutation oder direkten Umwelteinfluss, bleibt aber fraglich.

Dann greift die natürliche Zuchtwahl, die Selektion, ein: »Die unvermeidliche Wirkung ist …, daß viele Individuen jeder Spezies zerstört werden, entweder im Ei oder als Junge oder als Erwachsene … Im Laufe von tausend Generationen ist es unumgänglich, daß infinitesimale Unterschiede sich bemerkbar machen.« Zwar sei das Ausmaß der Variationen im Naturzustand viel geringer, doch verlaufe die Auslese auch viel erbarmungsloser. Neben die Selektion durch den Tod trete die Konkurrenz um die Gunst des Weibchens, die geschlechtliche Zuchtwahl: »Wettstreit durch Kampf oder Reize«. Daraufhin widmet sich Darwin dem, was gegen seine Theorie sprechen könnte: der Unfruchtbarkeit von Kreuzungen, der Herausbildung neuer Organe und der Entstehung der Instinkte im Tierreich.

Zwischendurch formuliert er seinen Hauptgedanken neu. Die vielen Wenn verraten, wie vertrackt das Problem für ihn ist. »Wenn zugegeben wird, daß unter wilden Tieren gelegentlich Variation auftritt … Wenn wir einräumen, daß diese Variationen die Neigung haben, sich zu vererben … Wenn wir einräumen, daß die äußeren Lebensbedingungen wechseln, wie dies die Geologie lehrt … Dann, vorausgesetzt, daß kein Naturgesetz dem entgegenwirkt, müssen gelegentlich Rassen entstehen, die sich von den elterlichen Rassen unterscheiden.«

Woher aber kann er nach diesem geradezu juristisch spitzfindigen Schluss die Beweise nehmen, dass ein Artenwandel tatsächlich stattgefunden hat?

Aus der Erdgeschichte an erster Stelle. Zweifelsohne gähnen in den Reihen der fossilen Beweisstücke gewaltige Lücken, doch fallen immer wieder ausgestorbene Arten auf, die nicht in die Systematik der lebenden Spezies passen und gemeinsame Vorfahren für verschiedene Klassen sein könnten, etwa für unterschiedliche Huftierarten.

Dann natürlich aus der geografischen Verbreitung der Organismen, die aufs Engste mit der erdgeschichtlichen Entwicklung der Kontinente, Meere und Inseln zusammenhängt. »Die Verwandtschaft verschiedener Gruppen, die strukturelle Einheit der Typen, die repräsentativen Formen, durch welche der Fötus hindurchgeht, die Metamorphose gewisser Organe, das Rudimentärwerden anderer«, all diese Fakten mussten für den Verfechter einer göttlichen Schöpfung der Arten rätselhaft und unverständlich bleiben, er aber, Darwin, kann sie deuten.

Darwin schließt mit einem Gedanken, der aus dem ältesten seiner Notizbücher stammt: »Es liegt eine einfache Größe in der Anschauung, daß das Leben … ursprünglich in eine oder einige wenige Formen der Materie hineingehaucht worden ist und daß, während dieser unser Planet nach festen Gesetzen seine Kreisbahn durchlief und Land und Meer in einem Zyklus von Wechseln ihre Stellung vertauschten, … durch den Prozeß allmählicher Auslese infinitesimaler Veränderungen, zahllose äußerst schöne und äußerst wunderbare Formen sich entwickelt haben.«

In keinem seiner Werke über die Entstehung der Arten wird dieser Satz, selbst einer stetigen Evolution unterworfen, fehlen. Über die gesamte Bleistiftskizze hat Darwin kurze Hinweise verstreut: Hier soll ein Beispiel eingeflochten werden, da ein längerer geologischer Abschnitt. Wichtiger als dieser Ausbau ist indes, die Hauptpunkte abzusichern, etwa, dass auch heute noch in der Natur genügend Variationen auftreten, gleich wodurch, und dass diese durch Fortpflanzung und Vermehrung nicht einfach wieder verschwinden.

Weiterhin müsste er zeigen, dass der Daseinskampf für alle Lebewesen genügend hart ist, um eine Auslese zu erzwingen. Ob man hier nicht sogar einiges ausrechnen könnte? Auf jeden Fall muss er jedes, aber auch jedes Gegenargument zerschlagen und unermüdlich zusätzliche Beweise sammeln. Vorher ist an eine Publikation nicht zu denken.

Entschlossen packt Darwin die Blätter zusammen, staucht sie auf gleiche Größe und steckt sie ein. Jahrzehnte später sucht man nach dem wichtigen Dokument. Ist es etwa im Papierkorb gelandet? Ist mit ihm das Feuer im Kamin entzündet worden? Erst 1896 taucht es wieder auf, als Darwins Kinder sein Haus, das verkauft werden soll, räumen. Darwin hat das Manuskript gut versteckt: in einem Verschlag unter der Treppe, wo er allen unwichtigen Papierkram, der nicht unbedingt vernichtet werden soll, stapelt.

Vorerst will Darwin nichts mehr von Arten und Abarten wissen. Er schaut bei seinem Vater in Shrewsbury vorbei, der sich, von Gicht und übergroßer Leibesfülle geplagt, kaum mehr bewegen kann, und reist weiter zu den Bergen von Wales. In der warmen Junisonne folgt er der Strecke, die er vor elf Jahren mit Sedgwick abwanderte. Blind müssen sie damals gewesen sein, da sie nichts von der Wirkung der Gletscher bemerkten, die in der Eiszeit die Täler ausfüllten!

Es war die letzte geologische Exkursion Darwins. Er wird sich nie wieder kräftig genug fühlen, Berge zu ersteigen oder weite Strecken zu laufen.

Kapitel 9

Das Haus in Down

»Ich sehne mich danach, in reiner Luft zu leben, fern von all dem Dreck und Lärm, dem Laster und dem Elend der großen Eiterbeule.« Die Worte des radikalen Publizisten William Cobbett, die Darwin zitiert, spiegeln nur zu deutlich die Abscheu wider, die er gegenüber der Großstadt hegt. In den betriebsamen Londoner Jahren hat sich seine angeschlagene Gesundheit weiter verschlechtert. Der Dreiunddreißigjährige sucht ein Haus auf dem Lande – einen biederen, gut viktorianischen Landsitz und ein Refugium für ungestörtes wissenschaftliches Arbeiten.

Noch kann und will er sich von der Stadt nicht völlig lösen. Noch möchte er alle vierzehn Tage in der Geologischen Gesellschaft vorbeischauen, in den Klubs mit Kollegen sprechen, Freunden die Hand schütteln, Einkäufe besorgen, den Verleger seiner Bücher treffen. Folglich braucht er ein ruhiges Fleckchen möglichst nahe an einer Bahnstation.

Aber kaum ein Haus wird für weniger als dreitausend Pfund angeboten. Eine so hohe Ausgabe übersteigt Darwins finanzielle Reserven beträchtlich. Sein Vater ist zwar bereit, ihm das Geld vorzuschießen, jedoch nicht bei solchen Spekulantenpreisen! Aber die Zeit drängt. Emma ist zum dritten Mal schwanger, und das Kind wird für September oder Oktober erwartet.

Im Juli 1842 preist ihnen ein Makler ein Anwesen in Down zu recht günstigen Bedingungen an. Das Dorf liegt dreißig Kilometer südöstlich von London in der Grafschaft Kent. Emma und Charles besteigen bei der nächstbesten Gelegenheit eine Kutsche, um das Haus zu besichtigen. Es ist ein unfreundlicher Tag, kalter Wind weht ihnen entgegen, und kein Sonnenstrahl bricht durch die Wolken. Hügelauf, hügelab schlängelt sich der Weg. – Ein deutscher Besucher schreibt später, Darwins Haus sei nur auf einem Maultierpfad zu erreichen.

Während die Kutsche die Straße entlangholpert, zieht still und friedlich das bäuerliche Land an ihnen vorüber. Schmale Wiesen wechseln mit hohen Hecken ab, einzelne Streifen Wald mit Feldern. Rötlich sticht der Ton der umgepflügten Scholle ins Auge. Kreuz und quer laufen zahllose Trampelpfade über die Wiesen, durch die Felder. Kalkhügel mit ihren Schluchten und Gehängen bestimmen die Landschaft; sie geben ihr, wie Emma meint, etwas Ödes, Verlassenes.

Down ist zwischen zwei Landstraßen eingezwängt. Etwa vierzig Häuser lugen unter großen Walnussbäumen hervor. An der Dorfkirche, einem einfachen Bau aus Feuersteinen, vereinigen sich drei Gassen. Ein Friedhof, zwei Pubs, auch der Dorfanger und der Weiher fehlen nicht.

»Die Einwohner sind sehr respektabel«, berichtet Darwin seiner Schwester Catherine. »Die kleine Gastwirtschaft, in der wir schliefen, ist ein Krämerladen, und der Hausbesitzer ist der Tischler – so kannst Du Dir den Stil des Dörfchens vorstellen. Es gibt einen Fleischer, einen Bäcker und ein Postbüro. Ein Bote fährt einmal in der Woche nach London, erledigt überall alles mögliche und bringt alles mögliche überallhin.«

Sie fragen sich zu dem angebotenen Haus, etwa vierhundert Meter außerhalb des Ortes, durch. Ein kurzer, schmaler Weg windet sich von dort zur Landstraße nach Westerham. Das Haus ist ein trister, doch solider Backsteinbau mit einem roten Ziegeldach. Schon von der Straße aus kann man den Garten überblicken, buschlos und unordentlich, eine Wiese mit Obstbäumen darauf, offen, kalt und trostlos. Eine sechs Hektar große heckenumsäumte Weide, auf der Eichen und Eschen ihre mächtigen Kronen in den Himmel recken, vervollständigt das Anwesen.

»Das Haus ist häßlich, schaut weder alt noch neu aus – Wände zwei Fuß dick – Fenster ziemlich klein – Erdgeschoß recht niedrig. Arbeitszimmer achtzehn mal achtzehn Fuß. Speisezimmer einundzwanzig mal achtzehn … Drei Stockwerke, viele Schlafzimmer. Wir könnten Hensleigh und Dich und Susan und Erasmus alle gleichzeitig unterbringen. Haus in gutem Zustand …, neues Dach. Wasserleitungen im Haus – zwei Badestuben – recht angenehme Diensträume und guter Wirtschaftshof, usw. und ein zugehöriges kleines Bauernhaus.«

Emma ist fürs Erste enttäuscht. Doch würde das Haus kaum mehr als zweitausend Pfund kosten – also tausend gespart! –, und der Makler sagt, er würde es, gefiele es den Darwins nicht, nach einem Jahr zurückkaufen.

Am nächsten Morgen bringt sie die Kutsche nach London zurück. Emma ist in besserer Stimmung, sie lobt sogar die Gegend. Man wird viel am Haus verschönern müssen, es bequemer einrichten müssen …, den Garten ebenso … Dennoch bleibt es billiger als alle anderen. Und Emma ist zu weiteren Suchexpeditionen nicht mehr fähig. Dreimal noch reist Darwin im August nach Down und klärt weitere Einzelheiten. Dann schließt er das Geschäft ab.

Am 14. September zieht Emma nach Down. Neun Tage darauf liegt sie bereits im Kindbett. Die Geburt verläuft ohne Komplikationen, aber nach drei Wochen stirbt das Töchterchen. So nimmt das Leben der Darwins in Down einen traurigen Anfang.

Der Herbst färbt inzwischen Kirsch- und Nussbäume, Pflaumenbäume und Kastanien. Man lebt »wie am äußersten Rande der Welt«, ruhig und abgeschieden. »Um nicht vollständig ein kentisches Schwein zu werden«, wie Darwin sagt, besucht er manchmal seine Freunde in London. Doch der Aufwand, je zwei Stunden Fahrt hin und zurück, dazu die Übernachtung, erscheint ihm so groß, dass er nach und nach das Reisen immer mehr einschränkt.

Im Oktober setzt sich Darwin wieder an die Arbeit. Er entwirft den zweiten Teil der »Geologie der Beagle«, den Band über die vulkanischen Inseln. Der Franzose Elie de Beaumont, ein Vertreter der Katastrophentheorie, hat behauptet, dass die Vulkane durch den Druck der unterirdischen Kräfte etwa so wie eine Beule aufgewölbt würden. Manchmal platze diese Aufblähung der Erdkruste, dann entstehe der typische Krater. Wie Lyell wendet sich Darwin gegen diese »Erhebungskrater-Theorie«.

Darwin zweifelt daran, dass je irgendjemand das Buch lesen werde. Denn die Geologen schauen nach seinen Erfahrungen nie in die Bücher anderer! Für das allgemeine Publikum sind die Bände mit ihren minutiösen Schilderungen jeder einzelnen Vulkaninsel, die die »Beagle« berührt hat, eindeutig zu speziell. Auf Staatskosten gedruckt und weggestellt – das wird ihr Schicksal sein!

Kaum kündigen Frühlingsblumen und Vogelgezwitscher wärmeres Wetter an, bestellt Darwin Stuckateure und Zimmerleute, Gärtner und Ziegelleger. Als Erstes verbaut er den Fremden, die die Straße benutzen, den Blick in seinen Garten. Er lässt das Haus frisch abputzen, mit Stuck versehen und einen großen Erker über alle drei Stockwerke anfügen. Zwei kleine Schlafzimmer werden eingerichtet und ein Schulzimmer für die Kinder. Außerdem legt Darwin einen Gemüsegarten an.

Solange die Arbeiter am Werk sind, hat Darwin keine Ruhe. Er verteilt Anweisungen, beaufsichtigt den Fortgang, berät sich mit ihnen. Abends sinkt er auf das Sofa, als hätte er selbst Ziegel geschleppt. Das leidige Geld bereitet ihm wieder einmal Kopfzerbrechen. Er muss seinen Vater um eine beträchtliche Summe bitten: dreihundert Pfund.

Darwin hat an alles gedacht – sogar an einen eigenen Spazierpfad! Der »Sandweg« führt zwischen Wiese und Gemüsegarten hinab, wendet sich nach rechts und endet in einer lang gestreckten Schleife. Einen Teil des Landes allerdings hat er von seinem Nachbarn, dem Hobbyastronomen und Naturforscher Sir John Lubbock, pachten müssen.

Rechtzeitig zum Herbstbeginn sind die Arbeiten abgeschlossen. In der Zwischenzeit hat sich manch Betrübliches und manch Erfreuliches ereignet. Josiah II. Wedgwood ist gestorben. Welch trauriges Wiedersehen mit der Familie in Maer! Selbst Darwins Vater hat sich aufgerafft, den Freund zu

Grabe zu tragen. Allein Tante Bessy, die Frau Josiahs, empfindet den Verlust nicht, ihr Geist hat sich weit in die Vergangenheit verloren.

Das Leben geht weiter. Emma ist schon wieder schwanger und gebiert am 25. September eine Tochter, die auf den Namen Henrietta Emma getauft wird. Eine Kinderfrau sorgt für das Baby.

Im Oktober reist Darwin für zwölf Tage nach Shrewsbury. Er fragt seinen Vater, was er von der seltsamen Taubheit in den Fingern halte, die ihn, Charles, neuerdings befalle. »Neuralgie«, meint der Doktor, als wäre das Wort eine Zauberformel, »nicht weiter wichtig«. Und die hohen Ausgaben mit dem Haus? »Quatsch und Unsinn!« Dr. Darwin verdient etwa siebentausend Pfund jährlich und gibt weniger als tausendvierhundert aus. Ums Geld brauche sich Charles nun weiß Gott keine Gedanken zu machen!

»Als gestände ich einen Mord ein«

Anfang des Jahres 1844 vertraut Darwin in einem Brief seinem neuen Freund, dem Botaniker Joseph Hooker, an: »Ich habe Haufen von Büchern über Agrikultur und Gartenbau gelesen … Endlich kamen Lichtstrahlen, und ich bin beinahe überzeugt …, daß die Spezies nicht (mir ist, als gestände ich einen Mord ein) unveränderlich sind. Der Himmel bewahre mich vor Lamarckschem Unsinn einer ›Neigung zum Fortschritt‹, der ›Anpassung in Folge des langsam wirkenden Willens der Tiere‹ usw.! … Ich glaube, ich habe (hier ist Anmaßung!) die einfachen Mittel gefunden, durch welche Spezies verschiedenen Zwecken ausgezeichnet angepaßt werden.«

Darwin weiß, dass in der natürlichen Zuchtwahl der Schlüssel zum Artenproblem steckt. Aber darf er bereits wagen, seine Erkenntnisse zu veröffentlichen? Wahrscheinlich wird er noch Jahre warten müssen. Doch wie leicht könnten sich in der Zwischenzeit seine Leiden verschlimmern und ihn für immer vom Arbeitstisch reißen! Plötzlich verspürt er Eile.

Ende April reist er nach Maer und Shrewsbury. Die fünfunddreißigseitige Skizze zum Artenproblem steckt in seiner Tasche. Er will sie ergänzen und überzeugender formulieren. Es ist, als ob er sich von einer lang getragenen Last befreit. Er braucht kaum in Büchern nachzuschlagen, er benötigt die zu Haus in Down gestapelten Zettelmappen nicht; die Fakten und Beispiele, Annahmen und Schlussfolgerungen fließen in ununterbrochenem Strom aus seinem Gedächtnis. Mit welcher Befriedigung setzt er den Stift auf das Papier, um einen der alten Manuskriptbögen nach dem anderen säuberlich durchzustreichen: erledigt!

Zwischen die neuen Blätter heftet er vorsorglich weiße Seiten – es könnte ja sein, dass er noch etwas vergessen hat. Insgesamt jedoch hält er sich eng an den Entwurf von 1842.

Keinen besseren Ausgangspunkt kann er sich denken als den, dass Haustiere und Kulturpflanzen veränderlich sind. Wieder zieht er die Parallele zu den wild lebenden Arten. Aber nach wie vor verhüllt das, was die Abwandlung verursacht, undurchdringlicher Nebel; er hält zwar die »Variation unter dem Einfluß der Umwelt« und die »Vererbung erworbener Eigenschaften«, die seither durch genetische Experimente widerlegt wurden, wie seine Zeitgenossen für einen Fakt, doch kann er sie sich nicht recht erklären. Nebenbei unterstreicht er die Bedeutung von »Sprungvariationen«, also Mutationen, die auch ohne eine allmähliche Aufrechnung kleinster Veränderungen die Evolution um einen erheblichen Schritt vorantreiben; in späteren Werken wird er sie weniger betonen.

Wissenschaftliche Schwierigkeiten haben Darwin stets zu besonderen Anstrengungen gereizt. Wie oft werden die Instinkte der Tiere als treffendes Beispiel für das Walten höherer Zweckbestimmung vorgeschoben! Jetzt bemüht er sich zu zeigen, dass selbst die kompliziertesten erblichen Verhaltensweisen – wie der Vogelzug oder die Fähigkeit der Bienen, Waben zu bauen – durch Veränderung und Auslese entstanden sein können. Er weiß, dass es unendlich schwer sein wird, einen direkten Beweis für seine Theorie zu finden. Da genügt es ihm vorläufig, Gegenargumente zu Fall zu bringen und ansonsten einen weitgespannten Indizienbeweis zu führen, Zeugnisse für die Evolution aus Geologie und Geografie, Anatomie und Embryologie, Morphologie und Systematik in ein geschlossenes Bild zu fügen.

Wie schon 1842 endet Darwin damit, dass er die Ungereimtheiten des Schöpfungsglaubens anprangert. Der erkläre nichts, außerdem ziehe er eigenartige Konsequenzen nach sich: Denn ist es nicht entwürdigend, dass »der Schöpfer endloser Weltsysteme einen jeden von den Myriaden kriechender Parasiten und Würmer geschaffen haben soll«? Und wäre er nicht für alles Leiden in der Tierwelt verantwortlich?

Als Darwin die letzten Zeilen niederschreibt, weiß er sehr wohl, dass seine Lehre die gesamte organische Welt erfasst. Freilich, die fortschreitende Höherentwicklung der Lebewesen ist keine neue Idee. Lamarck und sein eigener Großvater hatten sie behauptet und verfochten, doch erst er, Charles Darwin, hat die Mechanismen entdeckt, nach denen sie funktioniert, und damit die Evolution von einer weltanschaulichen Spekulation in eine wissenschaftliche Theorie verwandelt.

Am 5. Juli setzt Darwin den Schlusspunkt. Sofort lässt er sein Gekrakel sauber abschreiben. Noch am selben Tag wendet er sich mit einem Brief, der die düsteren Töne eines Testaments heraufbeschwört, an seine Frau. Emma soll »im Falle meines plötzlichen Todes als meinen feierlichsten und letzten Wunsch« einen Herausgeber für das Manuskript gewinnen. Vierhundert Pfund sind ihm nicht zu viel für eine Veröffentlichung. Und wenn es darauf ankommt, soll Emma einen weiteren Hunderter opfern. »Ich wünsche, daß meine Skizze irgend einer kompetenten Persönlichkeit mit dieser Summe und dem Auftrag überreicht werde, sie sorgsam zu erweitern und zu verbessern. Ich schenke derselben all meine Bücher über Naturgeschichte, die entweder angestrichen sind oder am Ende Verweisungen auf die Seiten haben … Ich wünsche gleichfalls, daß Du ihm alle die oberflächlich in acht oder zehn Mappen von braunem Papier verteilten Zettel einhändigst.«

Wer aber käme als »kompetente Persönlichkeit« in Betracht? Lyell natürlich oder ein Geologe und Naturforscher wie er. Der Meeresbiologe Forbes wäre wohl der zweitbeste, dann Henslow. Hooker würde sich sehr gut eignen oder der Botaniker Strickland. Den Namen Owens streicht Darwin wieder – der ist zu eitel, um eine derartige Arbeit anzunehmen. Und wenn sich gar keiner fände? Dann müsste Emma das Manuskript in der gegenwärtigen Form publizieren, selbstverständlich mit einem Vorwort, das um Verständnis für seine Mängel bittet.

Weshalb aber veröffentlicht er es nicht im Jahre 1844 selbst? Zweifelsohne hält er sein Manuskript, vielleicht auch seine Theorie noch nicht für ausgefeilt. Und keinesfalls will er sich der Auseinandersetzung stellen, ohne bis ins Letzte jedes Gegenargument entkräftet und alle Fakten ausgewertet zu haben.

Wenn er sich schon in die Schlacht wirft, dann wohlgerüstet! Aber ist die Zeit nicht reif für seine Gedanken? Die Wissenschaften von der anorganischen Natur, die Geologie voran, sind zumindest ansatzweise fähig zu erklären, wie sich die Erdkruste im Verlauf der Erdgeschichte formte, wie die Erde, ja das gesamte Sonnensystem entstand. Der deutsche Philosoph Kant und der französische Astronom Laplace haben hier den entscheidenden Anstoß gegeben. Darüber hinaus ist den Vordenkern des aufstrebenden Bürgertums, den Philosophen und Schriftstellern der Aufklärung in Deutschland wie in Frankreich, die Idee durchaus nicht fremd, dass sich die menschliche Gesellschaft in ihrer Geschichte höherentwickelte, und einige von ihnen behaupten dies auch für die Natur als Ganzes. Darwin allerdings kennt ihre Werke kaum und selbst wenn, er steht ganz in der englischen empiristischen Tradition, die jeglicher Spekulation abhold ist; er hat ja auch den Lamarck als unbrauchbar abgelehnt.

Dennoch diktiert nicht der Zufall, dass gerade in England die biologische Entwicklungslehre begründet wird. Und dies liegt nicht allein daran, dass es sich Britannien leisten kann, unfertige Naturalisten rund um den Globus zu schicken. Darwin braucht sich in seinem Land nur umzuschauen: Entwicklung und Fortschritt überall. Jahr um Jahr wächst das Eisenbahnnetz ins Land, von den periodisch hereinbrechenden Krisen mal abgesehen; Jahr um Jahr spucken die Eisenhütten mehr Stahl, die Minen mehr

18 Das Down-Haus von der Gartenseite

Kohle, die Wedgwood-Töpfereien mehr Geschirr aus. Das Parlament sucht Sitzungsperiode um Sitzungsperiode auf die Herausforderungen der Zeit zu antworten: eine Reform hier, eine Reform da, Beschränkung der Kinderarbeit, Einführung von Fabrikinspektoren. Neuerungen sieht man überall: von der Briefmarke und dem Telegrafen bis zur Daguerreotypie. Die Sklaven sind zumindest nach dem Gesetz frei, und lauter klopft die chartistische Arbeiterbewegung an die Türen des Unterhauses. Sollte Britannien, auf dessen Banner gewollt oder ungewollt »Fortschritt« steht, nicht auch bereit sein, die Evolutionstheorie zu akzeptieren?

Doch so einfach ist es nicht. Im Grunde ist das Land konservativ, und wohl auch gerade wegen der rasanten kapitalistischen Entwicklung auf stabile Herrschaftsstrukturen eingeschworen. Und wehe dem, der diese antastet! Mit der Religion gehören auch die Konstanz und göttliche Schöpfung der Arten zu ihrem Fundament. Denn wer bereit ist, an der göttlichen Schöpfung der Arten zu zweifeln, der zweifelt womöglich auch daran, dass die Queen von Gottes Gnaden herrscht und die Kluft zwischen Arm und Reich von Gott gewollt ist. Wer Veränderung, Entwicklung in der Natur zugesteht, wird sie womöglich auch für die Gesellschaft fordern. Das liegt Darwin fern, trotzdem ahnt er, dass er sich heftigen Anfeindungen aussetzen wird.

Welchen Wirbel hat doch in diesem Jahr, 1844, ein Buch ausgelöst, das bezeichnenderweise anonym erschien! »Vestiges of the Natural History of Creation« hat es der unbekannte Autor genannt, kurz »Zeugnisse der Schöpfung«. Das klingt orthodox, ist es aber, wie Darwin überrascht feststellt, nicht. »Mr. Vestiges« schildert darin einprägsam und leicht verständlich den Entwicklungsgang der Erde und der Lebewesen auf ihr, verfolgt ihn von den primitiven Bewohnern der Urmeere über die Eroberung des Landes durch Pflanze und Tier bis hin zu den Saurierriesen der Vorzeit und letztlich zum Menschen oder, genauer gesagt, über die Ureinwohner Afrikas und Amerikas hin zum weißhäutigen Kaukasier, zum Europäer. »Die anorganische Welt hat ein grundlegendes allumfassendes Gesetz, die Gravitation«, liest Darwin, besorgt, dass ihm »Mr. Vestiges« zuvorkommt, »die organische …, die Entwicklung.«

Wodurch die belebte Natur sich entwickelt, das ahnt »Mr. Vestiges« nicht. Dafür spekuliert er ungezwungen über die Entstehung des Lebens. Hat nicht ein englischer Experimentator mithilfe einer starken voltaischen Batterie in gewissen chemischen Substanzen Insekten erzeugt? Also ist mit Blitz und Donner Urzeugung möglich!

Wie oft schüttelt Darwin über die »Vestiges« den Kopf! Da fühlt er sich in seiner Zurückhaltung voll bestätigt. Immerhin baut »Mr. Vestiges« das Buch logisch auf, unterscheidet klar zwischen Evolutionsbeweisen, Evolutionsmechanismen (die er nicht kennt) und Stammbäumen für einzelne Arten. Dann aber läuft Darwin eine Gänsehaut über den Rücken: »Mr. Vestiges« stolpert wie ein Betrunkener in Geologie und Zoologie herum, verwandelt Fische munter in Reptilien und dergleichen mehr. Nein, man darf mit umstürzlerischen Ideen nur an die Öffentlichkeit treten, wenn alles bis ins kleinste Detail stimmt!

Jedermann schimpft auf die »Vestiges«, und jedermann liest die »Vestiges«. Auflage jagt Auflage. Der Vulgärmaterialist Karl Vogt übersetzt sie ins Deutsche. Professor Sedgwick hält es nicht für unter seiner Würde, sie

im »Edinburgh Review« zu zerreißen: »Schlangengezücht falscher Philosophie ... fordert unsere Jungfrauen und Matronen auf, die verbotene Frucht
zu pflücken ..., lehrt ihnen, daß sie Kinder von Affen und Züchter von
Monstren sind ...«

Darwin schmeckt Sedgwicks Beschreibung »mehr nach dem Dogma-
tismus der Kanzel als nach der Philosophie des Professorenkatheders«. Trotzdem sei es »ein großartiges Stück von Beweisführung gegen die Veränderlichkeit der Arten«, erklärt er Lyell, »ich habe es mit Furcht und mit Zittern
gelesen, ich habe aber mit großem Vergnügen gefunden, daß ich von den
Beweisgründen keinen übersehen habe.«

Wer aber verbirgt sich hinter »Mr. Vestiges«? Manche vermuten, es sei
Darwin, der nicht weiß, ob er sich dadurch geschmeichelt oder verhöhnt
fühlen soll. Andere deuten auf Lyell, den Schriftsteller Thackeray (dann wäre
das Buch vielleicht als Witz gemeint?) – oder sogar auf Prinzgemahl Albert.
Darwin tippt auf Robert Chambers, einen Verlagsbuchhändler aus Edinburgh. Und als dieser ihm ein Exemplar der sechsten Auflage schenkt,
schwindet für ihn der letzte Zweifel. Erst 1884 gibt Chambers offiziell sein
Inkognito preis. Sein Buch aber hilft, die englische Öffentlichkeit auf Darwins Gedanken vorzubereiten.

Charles Darwin, Farmer

»Charles Darwin, Farmer« weist das örtliche Adressbuch aus. Höflich grü-
ßen die Bauern den neuen »Squire«, einen Gutsherrn unter vielen. Mögen
die Dorfbewohner auch über die eine oder andere wissenschaftliche Schrul-
le Darwins den Kopf schütteln, er zählt zu den wohlhabenden, einflussrei-
chen Persönlichkeiten Downs und lebt seiner Position angemessen. Für siebzig Pfund kauft er einen Phaeton, einen offenen, vierrädrigen Zweispan-
ner, sowie ein kleineres Gefährt für die Kinder. Auf einer Auktion ersteigert
er eine Kuh, natürlich hält er auch einige Schweine. Das Anwesen versorgt
die wachsende Familie und die etwa achtköpfige Dienerschaft mit Obst und
Gemüse, Milch und Fleisch.

Häufig schlagen Kutschen den Weg zum Down-Haus ein. Sie bringen
Besucher aus der Stadt, wie sie nahezu jeder Squire empfängt. Verwandte
und befreundete Wissenschaftler nehmen Darwins Gastlichkeit gern in Anspruch, bleiben auf eine Nacht oder auch für eine Woche – besonders im
Sommer, wenn das gesellschaftliche Leben in London ruht und ein jeder,
der etwas gelten will, aufs Land flüchtet.

Ein vielversprechender Naturalist, acht Jahre jünger als Darwin, ist stets
ein ersehnter Gast: Joseph Hooker, derselbe, der mit Darwins Reisejournal
unter dem Kopfkissen einzuschlafen pflegte. Hooker ist Botaniker mit Leib

und Seele und, wie er später einmal scherzt, eine »Marionette der natürlichen Zuchtwahl«.

Hookers Lebenslauf gleicht in manchem dem Darwins. Er studiert in Edinburgh Medizin und bewirbt sich um die Teilnahme an einer Schiffsexpedition. Doch Kapitän James Ross, der mit den Schiffen »Erebus« und »Terror« tief in antarktische Gewässer vorstoßen will, weist Hooker ab: Er brauche einen versierten, bekannten Naturalisten, so einen wie Mr. Darwin! Aber was denn Darwin vor der Fahrt der »Beagle« gewesen sei? wendet Hooker verzweifelt ein. Ross erbarmt sich und heuert ihn als Assistenz-Schiffsarzt und Botaniker an.

Der offiziell berufene Naturalist versagt. Er jagt und schießt auf den antarktischen Inseln wie ein müßiger Sportsmann. Hooker dagegen bemüht sich, in die Fußtapfen seines Idols zu treten. Er beobachtet und sammelt, zeichnet und notiert. Bis tief in die Nacht hinein sitzt er unter einem Heckfenster der »Erebus« und schreibt ausführliche Briefe an Lyell. Der reicht sie an Darwin weiter. Kann Darwin sich der Faszination dieser Zeilen entziehen? Kann er verhindern, dass Feuerland wieder vor seinem geistigen Auge auftaucht, dass er das Schwanken und Schaukeln der Planken unter den Füßen spürt?

Als Hooker 1843 zurückkehrt, heißt ihn Darwin in einem begeisterten Brief willkommen. Kurz darauf schütteln sie sich in Erasmus' Londoner Wohnung die Hände. Wäre Darwin nicht Hooker bereits 1839 zufälligerweise einmal vorgestellt worden, müsste man von Freundschaft auf den ersten Blick sprechen.

Darwin lädt Hooker, wann immer es die Umstände erlauben, nach Down ein. Mitunter ist er nicht der einzige Gast. Dann wird mit dem Paläontologen und Botaniker Hugh Falconer gefachsimpelt, mit dem Meeresbiologen Edward Forbes oder George Robert Waterhouse, dem Kustos der geologisch-mineralogischen Sammlungen des Britischen Museums.

Jeden Morgen winkt Darwin Hooker in sein Arbeitszimmer und »pumpt ihn aus«. Eine halbe Stunde lang kramt er Zettel mit botanischen, geografischen und anderen Fragen hervor, die Hooker beantworten soll, testet seine neuesten Hypothesen, wartet auf Hookers Widerspruch, seine Gegenbeispiele, streitet sich mit ihm. Das, sagt Darwin, »macht mir immer den Kopf wunderbar klar«. Dann klopft Emma an die Tür – Darwin soll sich schonen.

Mittags greift Darwin nach dem schweren Stock und ruft unter dem Fenster des Gästezimmers mit voller und klingender Stimme nach dem Freund: »Hooker! Spazierengehen!« Gemeinsam schlendern sie den Sandweg entlang und schwärmen von fremden Ländern und Meeren, alten Bekannten und interessanten Büchern. Abends sitzen sie im Familienkreis zusammen und lauschen Emmas Klavierspiel.

In späteren Jahren, wenn Darwins Leiden gebieten jede Aufregung von ihm fernzuhalten, darf allein Hooker in Down weilen, oft auf Wochen, so-dass er sich seine Arbeit mitbringt.

Ist Hooker nicht in Down, bestürmt ihn Darwin in Briefen mit Fragen über arktische und südamerikanische Flora, über die Wirkung der Isolation, über Kreuzungs- und Lebensfähigkeit von Samen.

In einem Fachgebiet ist Hooker indes nicht übermäßig auskunftsfähig: Geologie. Gerade damit beschäftigt sich jedoch Darwin ab 1844 wieder verstärkt. Er schreibt den dritten und letzten Band der Geologie der »Beagle«-Reise, den Band über Südamerika. Darwin hat sich nichts Geringeres aufgebürdet als nachzuweisen, dass sämtliche geologischen Eigenheiten des Subkontinents nur durch langsame Hebungen und Senkungen, nicht aber durch Katastrophen entstanden sein könnten.

Nebenbei widerlegt er die weitverbreitete Vorstellung, dass in den Sedimenten auch das kleinste Detail der Erdgeschichte aufgezeichnet sei, folglich jede ausgestorbene Tier- und Pflanzenart als Fossil auftrete. – Dann aber sprächen die Lücken in den Fossilreihen ein Machtwort gegen Entwicklung und für Schöpfung! Erhaltung und Versteinerung, das kann Darwin anhand etwa der fossilen und der lebenden Muscheln glaubhaft machen, sind die Ausnahme und nicht die Regel.

Im April 1845 unterbricht er die Arbeit. John Murray, sein Verleger, will eine neue Ausgabe des Reisejournals drucken. Sie soll wohlfeiler sein, sich an ein größeres Publikum wenden und ihm, Darwin, obendrein noch hundertfünfzig Pfund einbringen! Da fällt kaum ins Gewicht, dass Murray auf neuen Illustrationen – billigen Holzschnitten – besteht und keine Karten beibinden will.

Auf den Tag genau vier Monate streicht und ergänzt Darwin. Er kürzt die ausführlichen Diskussionen um Klima und Gletscher, erweitert das Kapitel über die Feuerländer und das über die Koralleninseln. Zwischendurch schiebt er längere Absätze über das Aussterben der vorzeitlichen Ungeheuer in den Pampas ein und deutet bei dem umgeschriebenen Galapagos-Kapitel darauf hin, dass hier wichtige Fingerzeige auf das »Rätsel aller Rätsel«, das »Erscheinen neuer Wesen auf der Erde«, schlummern.

Zum Schluss des Bandes empört er sich – unerwartet für den Leser – erneut über die Sklaverei in Brasilien. Gerade zu dieser Zeit liest er Lyells neuestes Werk »Reisen in Nordamerika«. Lyell berichtet darin recht kalten Blutes, wie sich nordamerikanische Grundbesitzer über den Verkauf von Sklavenkindern äußern. Darwin dagegen raubt die Erinnerung an das, was er selbst erlebt hat, den Schlaf. Da will er wenigstens im Journal eindeutig Stellung beziehen.

Doch Amerika liegt fern. Sieht Darwin nicht, dass im eigenen Land – wenn auch nicht direkt vor seiner Haustür – ähnlich menschenunwürdige Verhältnisse herrschen? Im bescheidenen Rahmen von Down versucht er, die Not der weniger begüterten Mitbürger zu lindern. Er fördert mehrere Sonntagsschulen durch jährliche Zuwendungen, Emma unterstützt »unverschuldet« Arme und Kranke. Seinen Dienstboten wird er eine vergleichsweise hohe Pension aussetzen. Trotz allem geht sein Engagement kaum über die traditionsgemäße Wohltätigkeit der englischen Mittelschicht hinaus, die hier und da die Not mildert, doch das Elend nicht beheben kann.

Mitte 1845, etwa zur gleichen Zeit, in der sein Sohn George Howard geboren wird, erwirbt Darwin einen Grundbesitz in Lincolnshire als Kapitalanlage. Nun ist er tatsächlich »Farmer«, Gutsherr. Natürlich zieht er nicht nach Mittelengland um, er überträgt die Wirtschaftsführung einem Verwalter. Gleich als Erstes weist er ihn an, jedem Landarbeiter eine eigene Parzelle zuzuteilen und ihre Häuser mit Gärten auszustatten. Im September besichtigt er dann die Farm.

In diesem Jahr fällt die Ernte von Charles Darwin, Farmer, extrem schlecht aus. Ein Großteil der Kartoffeln ist im Boden verfault. Er muss die äußerste Sorgfalt aufwenden, um die Saatkartoffeln, in trockenen Sand verpackt, heil über den Winter zu retten. Seine Landarbeiter haben nur noch für einige Wochen Lebensmittel vorrätig, und die Mehlpreise sind unverschämt gestiegen. Darwin schließt sich der Bewegung gegen die »infamen« Kornzölle an.

England ist in den »hungrigen Vierzigern« am Rande einer Revolution. Seit den napoleonischen Kriegen empört sich die Bevölkerung immer mehr gegen die Kornzölle, die angeblich die einheimische Getreideproduktion ankurbeln sollen, in Wirklichkeit aber lediglich die reichen Grundbesitzer noch reicher machen. Am härtesten trifft der Hunger die Iren. Hunderttausende wandern in diesen Jahren, ihrer Existenzgrundlage beraubt, nach Nordamerika oder in die britischen Kolonien aus. Die »Kartoffelkrankheit«, allem Anschein nach der Pilz Phytophthora infestans, treibt 1845 die Not auf die Spitze. Erst jetzt, als es für viele Menschen bereits zu spät ist, handelt die Regierung: 1846 werden die Kornzölle abgeschafft.

Den gesamten Winter über leistet Darwin, wie er an John Herbert, seinen Freund aus Studententagen, schreibt, »zum größten Unbehagen der jämmerlichen Verdauungsorgane extraharte Sklavenarbeit mit Südamerika«. Ob ihm nur ein einziger Geologe die Mühe entgelten und das Buch lesen wird? Die Arbeit am Manuskript verschlingt seine Zeit bis weit ins Jahr 1846 hinein. Im Frühjahr stirbt Emmas Mutter, und Maer Hall, das Haus der Wedgwoods, wird verkauft.

Endlich, im September, kann Darwin den letzten Korrekturbogen der »Geologie Südamerikas« an den Verleger zurücksenden. Er hat sich ein wenig Entspannung verdient – und Emma ebenfalls. Gemeinsam reisen sie nach

Southampton, wo sich die BAAS, die Britische Assoziation zur Beförderung der Wissenschaften, versammelt. Allein der vielen alten Bekannten wegen, die man hier wiedersieht, lohnt es sich.

Wie freut sich Darwin darüber, dass nun in Down keine unerledigte Arbeit ihn in die Pflicht ruft! In zehn Jahren hat er die Ergebnisse der »Beagle«-Reise ausgewertet, Henslows Prophezeiung, dass das Beschreiben doppelt so lange dauern würde wie das Sammeln und Beobachten, hat sich voll bewahrheitet. Frisch beflügelt, kann er jetzt endlich das Artenproblem aufgreifen. Doch halt, eine Kleinigkeit ist noch übrig geblieben: ein, zwei bescheidene Wirbellose, biedere Rankenfüßer …

Die Entenmuscheln und ihre Verwandten

An der chilenischen Küste war Darwin ein merkwürdiger Kleinkrebs aufgefallen, ein Kleinkrebs, der die Fähigkeit besitzt, sich in Muschelschalen zu bohren, und der von allen ähnlichen Arten erstaunlich abweicht.

Sooft aber Darwin Zoologen ansprach, wurde er abgewiesen. Niemand interessierte sich für Cryptophialus minutus, das winzige Tierchen. Auch Darwin hätte es dabei belassen können. Keiner hätte ihm mangelnde Sorgfalt vorgeworfen. Doch Darwin ist es gewohnt, eine einmal begonnene Sache gewissenhaft zu Ende führen. Außerdem gewinnt er so noch einen letzten, kurzen Aufschub, ehe er endgültig die heikle Artenfrage anfasst.

»… eine Wenigkeit Zoologie …, und dann hurra! an mein Species-Buch«, schreibt er an Hooker. Er ahnt nicht, welch zeitfressende Gäste er sich mit Cryptophialus minutus und seiner Sippe ins Arbeitszimmer lädt.

Darwin bittet Henslow und andere Naturforscher, ihm ihre Sammlungen von Rankenfüßern, Cirripedien, zu schicken. Ohne ihn mit anderen Vertretern seiner Gattung zu vergleichen, kann er den Cryptophialus nicht einordnen. Man überlässt Darwin das niedere Getier gern, Entenmuscheln und Seepocken gehören dazu, und erlaubt ihm sogar, es beliebig zu sezieren.

Hooker hilft Darwin. Er zeigt ihm, wie man die winzigen Präparate festklemmt und ihre komplizierten Organe bloßlegt. Doch dann locken ihn exotische Pflanzen, über Frankreich und Deutschland reist er nach Indien und in den Himalaja, klettert über schroffe Berghänge und kehrt nach drei Jahren mit sechstausend Arten zurück.

Die »geliebten Rankenfüßer« erfreuen Darwin anfangs sehr. Jahrelang hat er fast ausschließlich Bücher gewälzt und staubtrockenen geologischen Text verfasst. Jetzt ist er auf die Geschicklichkeit seiner Finger angewiesen, er zergliedert Lebewesen und schaut sie sich durch das Mikroskop an. Welch andere Entdeckungsreise kann sich der von Krankheiten heimgesuchte Naturalist noch leisten als die in das Liliput der Rankenfüßer?

Ein dickes Brett am Fenster dient als Seziertisch, davor sorgt ein Drehsessel für die nötige Bewegungsfreiheit. Die Kästen eines runden drehbaren Tisches hat er säuberlich beschriftet: »beste Instrumente«, »grobes Werkzeug«, »Exemplare«, »Vorbereitungen für Exemplare«.

Vieles erweckt den Eindruck des Notbehelfs, so die selbst zurechtgebastelten seltsam geformten Werkzeuge und die zusammengeramschten Blechdosen und Holzkästchen, in denen er seine Schätze verwahrt. Nie kauft er ein neues Behältnis, wenn er ein altes findet, das er irgendwie zurechtstutzen kann. Ebenso bewahrt er Reste und kleinere Abfälle auf – wenn man etwas wegwirft, wird man es sicher sofort benötigen! Sparsamkeit ist nicht nur eine bürgerliche Tugend, sie passt zu Darwins methodischer und auf Sicherheit (auch finanzielle!) bedachter Wesensart. Doch Darwin knausert nicht an falscher Stelle. So lässt er sich nach Hookers Hinweisen bei einem Londoner Feinmechaniker ein besonders gutes Mikroskop anfertigen.

Gestielte und ungestielte Rankenfüßer, einheimische und südamerikanische, heute lebende und fossile, mustert Darwin und notiert die Merkmale. Will er aber ihre Artzugehörigkeit ermitteln, häufen sich die Probleme. »Buchstäblich nicht eine Spezies ist gehörig definiert«, beklagt er sich nach etwas mehr als zwei Jahren Arbeit bei dem Systematiker Hugh Strickland, »nicht ein Naturforscher hat sich jemals die Mühe gegeben, die Schale irgendeiner Spezies zu öffnen, um sie wissenschaftlich zu beschreiben, und doch haben alle die Gattungen ein halbes Dutzend Synonyme.«

Schuld an diesem Missstand sind, daran zweifelt Darwin nicht, die herkömmliche Systematik und die Ruhmeshascherei der Sammler. Wie oft schimpft er über sie, während er in den unzulänglichen Bestimmungsbüchern blättert! In einem Brief an Strickland macht er seinem Ärger Luft: »Solange die Eitelkeit der Speziesmacher dadurch gekitzelt wird, daß sie ihren eigenen Namen den Spezies angehängt sehen, weil sie dieselben in zwei oder drei Zeilen elend beschrieben haben, werden wir die gleiche *ungeheure* Masse schlechter Arbeiten haben wie gegenwärtig, die genügt, jedermann zu entmutigen, der willens ist, irgendeinen Zweig mit Aufwendung von Mühe und Zeit zu bearbeiten.« Sollte es um der Wissenschaft willen nicht vorteilhafter sein, wenn man die Namen striche? Strickland hat Mühe, Darwin von einem regelrechten Feldzug gegen die bisherigen Methoden der Nomenklatur zurückzuhalten.

Ganz allmählich fügt sich Darwin in die ihm vom Zufall zugespielte Mammutaufgabe, die Cirripedien neu und exakt zu beschreiben. Rankenfüßer sind wunderliche Kreaturen. Sie kleben mit dem Rücken auf Stielen fest, hocken in Muschelschalen oder strudeln sich mit rankenartigen Beinen Nahrung und frisches Wasser zu. Über ihr Geschlechtsleben staunen selbst hartgesottene Naturalisten. »Wir haben«, berichtet Darwin in seiner Abhandlung, »1. ein Weibchen mit einem ihm dauernd anhaftenden Männchen, … das sich von irgendwelchen eindringenden sehr kleinen Tieren nährt; 2. ein Weibchen mit nach und nach sich ablösenden Paaren kurzlebiger Männchen ohne Mund und Magen …, 3. einen Zwitter mit einem oder zwei, bis zu fünf oder sechs ähnlich kurzlebigen Männchen ohne Mund und Magen …, 4. Zwitter mit gelegentlich einem, zwei oder drei Männchen, die ihre Beute in der gewöhnlichen cirripedalen Weise ergreifen und verzehren …« Gerade die Zwitter fesseln Darwins Aufmerksamkeit. Nach seiner Theorie müssten sie sich in kleinen Schritten zu zweigeschlechtlichen Wesen verändern. Und tatsächlich entdeckt er bei den Rankenfüßern das, was andere Ordnungen des Tierreichs kaum so ausgeprägt besitzen: Reihen von Zwischen- und Übergangsformen.

Um die Arten genau voneinander zu scheiden, muss Darwin aus den Beobachtungen Schlüsse auf Artmerkmale ziehen, und das ist leichter gesagt als getan. In einem Brief an Hooker klingt an, wie viel Mühe und Geduld er dabei aufbringt. »Nach dem ich eine Anzahl von Formen als verschiedene Arten beschrieben, mein Manuskript zerrissen und sie zu einer Spezies vereinigt, dann dies wieder zerrissen und sie zu besonderen Arten gemacht, sie dann noch einmal vereinigt hatte, habe ich mit den Zähnen geknirscht, die Spezies verwünscht und mich gefragt, was für eine Sünde ich begangen habe, daß ich so bestraft werde.«

O diese »gotterschaffenen Rankenfüßer«! Sollte es ihn nicht eigentlich freuen, dass die Veränderlichkeit der Arten, die Grundlage für die natürliche Zuchtwahl, so groß ist? Auf die Schwierigkeiten, die Arten nach der Natur und nicht nach menschlicher Willkür einzuordnen, wird er auf jeden Fall in seinem Artenbuch hinweisen können.

Spätestens 1852, nach über fünf Jahren, hasst Darwin »die Entenmuschel, wie sie kein Mensch jemals vorher gehasst hat, nicht einmal ein Matrose in einem langsam segelnden Schiff«. Er fragt sich, wem seine Ausdauer nützt, für wen er Jahre seines Lebens hergibt. Henslow hatte ihm einst geschrieben: »Wie entzückend auch immer eine wissenschaftliche Betätigung sein mag, wenn sie völlig unangewendet bleibt, ist sie nicht mehr wert als der Bau von Luftschlössern.« Wer braucht schon Rankenfüßer? Manchmal, beim Chloroform etwa, erwächst aus einer rein wissenschaftlichen Entdeckung ein vorher nicht abzuschätzender Nutzen. Was aber bringt *sein* Fleiß? Ein paar mikroskopische Fakten für die Entwicklungstheorie, nun gut, und Hochachtung gegenüber selbst den »langweiligsten Katalogverfertigern«, mehr nicht.

Hooker tröstet Darwin damit, dass niemand das Recht habe, die Veränderlichkeit oder Konstanz der Arten zu untersuchen, der nicht selbst welche studiert hat. Er hätte gar nichts Klügeres tun können, meint ebenfalls sein späterer Mitstreiter Thomas Henry Huxley, die Jahre mit den Rankenfüßern wären eine unersetzliche Lehrzeit gewesen. Wie leicht verrenne man sich doch in Spekulationen! Wie leicht baue man eine deduktive Theorie auf, in der alles hübsch logisch aufeinanderfolge, die Fundamente aber keinen Bestand hätten! Ohne die Cirripedien, so Huxley, hätte vielleicht diese Gefahr auch für Darwins Artenbuch bestanden.

Erst nach acht Jahren, im September 1854, befreit sich Darwin von den Rankenfüßern. Etwa zehntausend Exemplare schickt er an die Besitzer zurück. Nie wieder will er eine Entenmuschel sehen!

Neben zwei dünnen Quartbüchern über die ausgestorbenen Arten hat Darwin zwei dickleibige Bände über die lebenden Cirripedien fertig gestellt. Trotz der 1.083 Seiten, insgesamt vierzig Tafeln und vierzehn Seiten Register ist die gewaltige Arbeit, die in ihnen steckt, kaum abzuschätzen.

Der Schriftsteller Edward Bulwer Lytton verewigt Darwins Eifer auf seine Weise. Durch einen seiner Romane geistert ein schrulliger Professor, der zwei riesige Wälzer über »Napfschnecken« geschrieben hat.

Dr. Gullys Wasserkur

Alle Welt sagt Darwin, dass er blühend aussehe. Stets hat sein Gesicht eine frische rote Farbe, und da er zu jedermann freundlich ist und offensichtlich ein enormes Arbeitspensum bewältigt, denken wohl die meisten, dass er seine Leiden übertreibt. Tatsächlich aber ist seine Gesundheit in den ersten Rankenfüßerjahren stärker zerrüttet denn je. 1847 klagt er über Furunkel und fortwährendes Unwohlsein. 1848 verfallen seine Kräfte rapide. Die gewohnten Blähungen kneifen und stechen; stundenlang wälzt er sich mit verkrampftem Gesichtsausdruck auf dem Sofa; immer häufiger erbricht er sich. Schwäche ist die Folge, Kopfkreisen und Kopfschmerzen. Dann wieder fröstelt es ihn, und er verliert an Gewicht. An einem Tag von dreien ist er nicht in der Lage zu arbeiten, an den anderen knapst er ein, zwei Stunden ab, um zu mikroskopieren und zu beschreiben.

Am 13. November 1848 stirbt plötzlich, doch nicht unerwartet, Robert Darwin in Shrewsbury. Darwin reist hin, obwohl er sich sehr elend fühlt. Die Anstrengung der Fahrt wirft ihn vollends aufs Krankenbett, er ist so schwach, dass er der Beerdigung des Vaters nicht beiwohnt. Die aufreibende Testamentsvollstreckung lehnt er ab und willigt in alle Entscheidungen seiner Geschwister ein. Der mehr als beträchtliche Nachlass wird geteilt, Susan und Catherine, die unverheirateten Schwestern, bleiben in The Mount. Darwins Anteil ist groß genug, um ihn ein für allemal materiell abzusichern. Er erbt etwa fünfundzwanzigtausend Pfund. Sein jährliches Einkommen schnellt durch Anlagen und Zinsen damit auf rund viertausend Pfund, der Haushalt verbraucht jedoch nur etwa tausendfünfhundert. Was aber nützt ihm all das Geld, wenn ihm die Gesundheit fehlt!

Im Winter sind die Beschwerden kaum mehr zu ertragen. Auch ihre psychische Komponente tritt deutlich zutage. Bei der leisesten Gemütsbewegung, bei jeder angeregten wissenschaftlichen Diskussion, beim bloßen Gedanken an eine Reise beginnen die Hände zu zittern; oft übergibt er sich. Nachts liegt er wach, der Magen brennt und sticht, und in seinem Kopf flirren dumpfe Gedanken und schmerzhafte Bilder. Schwäche und Niedergeschlagenheit überschatten die Tage. Er glaubt sogar, wie er Hooker anvertraut, dass er »reißend den Weg allen Fleisches ginge«.

Verzweifelt sucht er nach einer Möglichkeit der Heilung. Die normale medizinische Behandlung hat bei ihm bislang versagt. Soll er eine der gerade in Mode gekommenen Wasserkuren probieren? Sein Kamerad von der »Beagle«, Sulivan, empfiehlt es ihm. Eine Wasserkur wäre für Patienten mit angegriffenem Magen und schwachen Nerven gerade das Richtige. Auch Fox rät zu. Aber Darwin zaudert. – Die Vorstellung, für längere Zeit sein Haus zu verlassen, womöglich samt den mittlerweile sechs Kindern, schreckt ihn. Er kauft sich Dr. Gullys Buch »Die Wasserkur bei chronischen Krankheiten«. Dr. Gully verspricht sehr viel, zählt Erfolge auf, wo die »regulären Doktoren« scheiterten, preist seine Methoden an.

Am 10. März 1849 reist Darwin mit Frau und Kindern, einer Gouvernante, den Dienern und mit einer Wagenladung Gepäck nach Malvern, dem Kurort in Mittelengland, wo Dr. Gully praktiziert. In unmittelbarer Nähe der Heilanstalt des Wunderdoktors mietet er ein Haus.

Darwin befindet sich in Malvern in bester Gesellschaft. Der Ruf des Arztes lockt reiche Hypochonder und vermögende Invaliden aus allen Winkeln Englands herbei, die Carlyles pflegen sich hier zu erholen, und selbst ein Bischof Wilberforce unterzieht sich dann und wann einer Behandlung mit kaltem Wasser.

Dr. Gully ist mehr als unorthodox. Er liebt das Sensationelle und greift gern jede Neuerung auf – Homöopathie, Hellsehen, Mesmerismus! Manche seiner Experimente müssen dem an wissenschaftliches Denken gewöhnten Darwin geradezu den Atem verschlagen. »Als Miss X sehr krank war«, schreibt er an Fox, »ließ er sich von einem hellsehenden Mädchen über innere Veränderungen berichten und sie von einem Mesmeristen in Schlaf bringen. Ein Homöopath und er selbst, ein Hydropath!, behandelten sie, und das Mädchen wurde gesund.«

In Fragen der Wasserbehandlung scheint Dr. Gully indes recht vernünftig vorzugehen. Er verordnet Schwitzen und kalte Bäder, Spaziergänge und feuchte Kompressen, um, wie er sagt, eine künstliche »Nervenirritation« zu schaffen. Darwin wird mit nassen Handtüchern abgerieben, trinkt regelmäßig Mineralwasser und steckt seine Füße in kaltes Wasser. Man wickelt ihn in feuchte Tücher ein und legt eine Wärmflasche unter seine Beine. Die Prozedur ermüdet Darwin, er schläft zeitig ein und wacht nachts nicht mehr auf.

Nach über drei Monaten in Malvern fühlt er sich wesentlich kräftiger und gesünder, und Dr. Gully meint, er würde in ein paar Jahren seinen Patienten völlig wiederhergestellt haben. Zu Hause setzt Darwin die Behandlung fort. Er achtet auf regelmäßige Spaziergänge, errichtet ein Badehäuschen mit kalter Dusche im Garten neben dem Brunnen und lernt seinen Diener als Badewärter an. Ob bei Winterfrost oder sommerlicher Hitze, jeden Tag duscht er fünf Minuten kalt, jeden Tag badet er fünf Minuten. Die Muskelzuckungen und die schwarzen Flecke vor den Augen sind verschwunden, zweieinhalb Stunden täglich kann er Rankenfüßer aufschneiden und einordnen.

Im September 1849 ist Darwin so weit genesen, dass er es sich erlaubt, der jährlichen Versammlung der BAAS in Birmingham beizuwohnen. Ihm wird die Ehre zuteil, einige Sitzungen als Vizepräsident der Konferenz zu leiten.

Endlich kommt er wieder einmal unter Menschen. Belustigt hört er beim Dinner, wie der alte Lord Stanhope Geologie und Zoologie nach Herzenslust schmäht: »Warum geben Sie diese Kinderpossen nicht auf und beschäftigen sich mit einer ernsthaften Angelegenheit – den Geheimwissenschaften?«

Meine drei Popanze

Anfang 1850 steht Emma zum achten Mal die Geburt eines Kindes bevor. »Ich war so kühn«, schreibt Darwin zwei Tage darauf an Henslow, »ihr Chloroform zu geben, bevor der Doktor kam, und ich hielt sie in einem Zustand der Empfindungslosigkeit für eineinhalb Stunden, und sie merkte nichts vom ersten Schmerz, bis sie hörte, daß das Kind geboren sei. – Es ist die größte und gesegnetste der Entdeckungen!« Sein Leben lang wird die Erinnerung an den Chirurgenhörsaal in Edinburgh nicht verblassen, wo man ein Kind ohne Narkose operierte. Er ist froh, nun auch – ganz nach den Regeln der ärztlichen Kunst! – Emma die schwere Stunde erleichtern zu können.

In einem Brief an Fox, dem Darwin zum zehnten Sprössling zugleich »gratuliert und kondoliert«, rechnet er vor: »Wir haben jetzt sieben Kinder …, davon fünf Knaben; und mein Vater pflegte zu sagen, daß ein Knabe ganz gewiß soviel Unruhe mache wie drei Mädchen; so daß wir bona fide siebzehn Kinder haben.«

Familien dieser Größe sind nichts Ungewöhnliches im viktorianischen England. Und genauso normal ist, dass einige der Söhne und Töchter trotz der beträchtlich gesunkenen Kindersterblichkeit nur ein zartes Alter erreichen. 1851 widerfährt dieses Unglück den Darwins.

Da Töchterchen Annie schon des Längeren immer wieder kränkelt, versucht Darwin, sie mit einer Wasserkur in Malvern aufzupäppeln. Emma muss zu Haus in Down bleiben, sie ist gerade hochschwanger. Doch bei Annie schlagen weder kalte Umschläge noch Abreibungen mit essiggetränkten Schwämmen an. Im Gegenteil. Sie erbricht sich, bekommt hohes Fieber. Darwin muss zusehen, wie die Krankheit – wahrscheinlich Tuberkulose – sie verzehrt. Fast im Stundenrhythmus schreibt er Briefe an Emma, berichtet von den Hoffnungen, die Dr. Gully macht, von einer neuerlichen Verschlechterung. Am Mittag des 23. April stirbt Annie. Darwin ist bis ins Innerste erschüttert. »Wir haben die Freude unseres Hauses und den Trost unseres Alters verloren«, klagt er.

Auch das Elend fremder Kinder berührt ihn sehr. In diesen Jahren sind in England die schlimmsten Formen der Kinderarbeit unter dem Druck der Chartisten vom Parlament verboten worden. Das Schornsteinfegen durch Kinder, das Charles Dickens beschrieben hat, gehört dazu. Doch ein Gesetz ist das eine, es durchzusetzen etwas völlig anderes.

»Es macht mich schaudern«, entrüstet sich Darwin in einem Brief an Fox, »mir vorzustellen, daß die eigenen Kinder im Alter von sieben Jahren gezwungen werden, einen Schornstein hinaufzukriechen – von der daraus entstehenden abscheulichen Krankheit, den Geschwüren an den Beinen und der moralischen Erniedrigung gar nicht zu sprechen.« Darwins Schwester Susan hat mit seiner Unterstützung in Shrewsbury einen Verein gegründet, der darauf achten soll, dass das Verbot befolgt wird. Aber »die brutalen Squires aus Shropshire sind so schwer zu bewegen wie Steine«, und die Stadträte verschließen beide Ohren vor den Anklagen. Fox möge sich doch bitte, dringt Darwin in ihn, ebenfalls für die gute Sache verwenden.

Mit dem Vetter berät er sich über ein weiteres Problem. Seine Kinder wachsen allmählich heran. Außer Mary Eleanor, die 1842 nur drei Wochen lebte, und Anne, die im Alter von zehn Jahren starb, ist er Vater von William, geboren 1839, Henrietta (1843), George (1845), Elizabeth (1847), Francis (1848), Leonard (1850) und Horace (1851). Als Nachzügler wird sich 1856 noch Charles Waring zur Geschwisterschar gesellen.

Auf welche Laufbahn soll er die Knaben vorbereiten? Genau wie sein Vater zieht Darwin nur die typischen Mittelstandsberufe – Arzt und Jurist, Offizier und Kleriker – in Betracht. Doch viele von ihnen sind überlaufen; er kann nur hoffen, dass die Auswanderungswelle mit der Zeit ein paar Lücken reißt.

Die Kraft, seine Söhne zu Hause zu unterrichten, wie es Fox tut, hat Darwin nicht. Auf der anderen Seite erinnert er sich nur zu gut daran, wie die Schule bei ihm »versagt« hat. Nach wie vor beherrschen die klassischen Fächer von Griechisch bis Theologie die Stundenpläne, und die können,

19 Der Kristallpalast

meint Darwin, »das Interesse an allem, wo vernunftgemäßes Schließen und Beobachten ins Spiel kommt, beeinträchtigen«.

Nach vielen Zweifeln schickt er den zwölfjährigen Willie nach Rugby auf eine der besten Schulen Englands. Zwar sind die Lehrinhalte auch dort lebensfremd, doch ist das Internat nach modernen Grundsätzen aufgebaut, und sportliche Betätigungen werden gefördert. Darwin zahlt für Willie im Jahr etwa hundertzwanzig Pfund an Schulgeld, Kleidung und Reisekosten.

Um das leidige Geld sorgt er sich weiterhin. Wer viel besitzt, kann viel verlieren. Wenn er von den Dingen, die er am meisten fürchtet, erzählt, steht die Furcht, dass er seine Krankheit auf die Kinder vererbt hat, an erster Stelle. Dann folgen, wie er an Fox schreibt, seine »drei Popanze«. Diese sind »kalifornisches und australisches Gold, welches mich durch die Entwertung meiner Hypothekengelder an den Bettelstab bringt; die Franzosen, welche auf der Straße von Westerham und Sevenoaks hereinkommen und demzufolge Down einschließen; und drittens die Berufsarten für meine Kinder«.

Manchmal, wenn Darwin die abenteuerlichen Gerüchte vom Goldrausch hört oder die Zeitungen das Gespenst einer französischen Invasion an die Wand malen, träumt er davon, nach Tasmanien auszuwandern. Nicht nach Neuseeland, wo FitzRoy gerade als Gouverneur gescheitert ist – er verärgerte die englischen Siedler durch eine zu nachgiebige Haltung den Eingeborenen gegenüber und durch eine ungeschickte Finanzpolitik –, und auch nicht ins raffgierige Australien, sondern auf die ruhige, vorgelagerte Insel. Es bleibt ein Gedankenspiel, ein Tagtraum. England hat keinen Grund, vor einem Angriff von jenseits des Ärmelkanals zu zittern. Das Empire steht gefestigter denn je.

Die Macht des Weltreichs spiegelt sich in der Großen Ausstellung von 1851, der Vorläuferin der Weltausstellungen. Darwin zieht mitsamt der Familie für zehn Tage nach London zu Erasmus, um das Wunder gehörig zu bestaunen. Denn von einem Wunder darf man getrost sprechen, wenn man sich dem Hyde Park nähert und von weither den Kristallpalast im sommerlichen Sonnenschein blitzen sieht. Joseph Paxton, der Architekt, hat das Prinzip des Gewächshauses ins Gigantische übertragen. Über fünfhundert Meter lang ist der auf 3.300 Säulen ruhende dreistöckige Bau, hunderttausend Quadratmeter Glasscheiben bilden durchsichtige Wände. Es ist, als hätte sich eine hochmoderne Stahl- und Glaskonstruktion im Jahrhundert geirrt. Doch nein, im Kristallpalast paart sich funktionalistische Kühnheit mit gusseisernen Verzierungen und viktorianischem Plüsch.

Einen Schilling zahlt Darwin je Familienmitglied am Eingang. Hell und luftig spannt sich die riesige Halle, Kapellen spielen in den Winkeln auf, in den Seitenräumen serviert die Firma Schweppes alkoholfreie Erfrischungsgetränke, gewaltige Skulpturen behaupten sich neben wuchtigen alten Bäumen, um die herum in der Rekordzeit von sieben Monaten der Kristallpalast errichtet wurde – man weiß nicht, wo man zuerst hinschauen soll. Die Völker der Welt überbieten sich hier gegenseitig mit den modernsten Erzeugnissen des industriellen Fortschritts. Vom soeben erfundenen mechanischen Mähgerät bis zu unförmigen Sesseln aus Pappmaché und zum Wanderstock mit eingebautem Reagenzglas ist alles vertreten. In der Überfülle ermüden Emma und die Kinder, Darwin aber treibt die Neugier mehrere Tage hintereinander in das Wunderwerk.

Ein knappes Jahrhundert später, 1939, bricht im Kristallpalast Feuer aus. Im zweiten Weltkrieg reißt man das beschädigte Gebäude ab, denn das blitzende Glas könnte den deutschen Bombern nachts den Weg weisen.

Kapitel 10

Die Wege der Hummelmännchen

Im Spätsommer 1854 herrscht ein Wetter, das zum Spazieren auf dem Sandweg einlädt. Darwin hat sein raues graues Jagdjackett übergestreift, der Stock markiert die Schritte. Insekten surren, von den Kindern verfolgt, über Wiese und Dornenhecken.

Die Hummel ist im Baum verschwunden! Einer der Söhne zerrt Darwin zu der hohen Esche. Hier, an dieser Stelle, Darwin kratzt ein Loch im Stamm frei, eine Hummel fliegt heraus, kehrt zurück, steigt hoch und flieht durch eine Astgabel. Alle paar Minuten schwirrt eine Hummel heran, dreht laut brummend eine Runde und saust nach oben davon. Darwins Neugier ist geweckt. Er findet heraus, dass die Hummeln genau seinen Sandweg unter den schattenspendenden Bäumen entlangfliegen. An bestimmten Stellen kreisen sie um ihre »Brummplätze«.

»Ich konnte das prüfen«, schreibt Darwin in einem kurzen Artikel »Über die Wege der Hummelmännchen«, »indem ich fünf oder sechs meiner Kinder holte und jedes dicht an einen Brummplatz ... stellte und dem am weitesten weg stehenden sagte, es solle ›Hier ist eine Hummel!‹ rufen, sobald eine umherbrumme. Die anderen machten es ebenso, so daß derselbe Schrei ... von Kind zu Kind ohne Unterbrechung weitergegeben wurde, bis die Hummel den Brummplatz erreichte, an dem ich selbst wartete.«

Für seine Kinder ist Darwin der umgänglichste Spielkamerad. Er erzählt wunderbar aufregende Geschichten von der »Beagle«-Reise, er liest ihnen Romane von Walter Scott vor oder erklärt die Wirkungsweise der Dampfmaschine. Einmal wollen sie ihn sogar mit einem Sixpence-Stück bestechen, damit er sich nicht wieder zu seinen geheimnisvollen Experimenten oder langweiligen Manuskripten zurückzieht, sondern weiter mit ihnen spielt.

Wie oft, wenn er gerade eine Idee über den Kampf ums Dasein oder die Gesetze der Variation formuliert, kratzt es an der Tür, dann öffnet sie sich langsam, und Etty oder Betty, Franky oder Lenny schleichen vorsichtig hinein. Nein, sie wollen keinesfalls stören, sie brauchen nur unbedingt etwas Bindfaden oder Stecknadeln oder die Schere oder Briefmarken oder das lange Lineal oder den Hammer oder ... Weshalb versteckt Papa auch all die nützlichen Dinge im Arbeitszimmer? Ja, vielleicht gibt es im Haus noch einen zweiten Hammer, aber der ist bestimmt nicht auffindbar, Mutter hält nicht so auf Ordnung. Sie wissen, dass es unrecht ist, Papa aus seinen Gedanken zu reißen; aber wenn die Not groß ist, trauen sie sich auch ein zweites oder drittes Mal hinein. Denn er schimpft nicht, er ermahnt sie höchstens mild: »Hast du auch alles? Ich bin schon recht oft unterbrochen worden.«

Wie andere anstrengende und nervenaufreibende Dinge hat Darwin die Erziehung seines Nachwuchses auf andere abgeschoben. Für die rechte viktorianische Strenge und das ewige »Du sollst!« und »Du darfst nicht!« sorgen Kindermädchen und Gouvernanten. Wenn Darwin schon einmal einen Sprössling ertappt, der ein Verbot übertritt, bleibt sein Ton sanft. »O Lenny, Lenny, das geht gegen alle Regeln, daß du auf dem guten Sofa herumspringst!« – »Dann, glaube ich«, kontert der Knabe, »ist's besser, wenn du aus dem Zimmer gehst.«

Darwin kann sich für seine Kinder und die Hummelmännchen Zeit nehmen, denn die Rankenfüßer ist er los. Auch nach London fährt er nun häufiger. Bereits im April 1854 ist er dem Philosophischen Klub der Royal Society beigetreten, dessen Dinnerzeit so festgelegt ist, dass die Mitglieder anschließend die Vorträge in der Gesellschaft hören können. Und Anfang 1855 verbringt er sogar einen ganzen Monat in der Weltstadt, die von einem absolut unenglischen Frost heimgesucht wird.

Aus dem Ausland kommen in dieser Zeit schlimme Nachrichten: Großbritannien hat sich in den Krimkrieg, das Machtgerangel Russlands und der Türkei um das Schwarze Meer und den Balkan, eingemischt. Britische Truppen bestürmen unter hohen Verlusten die Bollwerke Sewastopols. Vor zwei Jahren erst hat Sulivan, nunmehr Admiral, Darwin eingeladen, die ersten größeren Landmanöver seit den napoleonischen Kriegen mit anzuschauen. Jeden taktischen Zug konnte er erläutern, und beinahe wären die beiden zwischen zwei aufeinanderzumarschierende Armeen geraten.

Doch was muss Darwin jetzt in der »Times« lesen! Tagtäglich übermittelt der Telegraf neue Schreckensbotschaften: Versorgungsschiffe kentern im Sturm, die Truppen sind schlecht gekleidet, die Tagesrationen werden halbiert, es fehlt an Unterkünften, Frost und Auszehrung wüten unter den Soldaten, widersprüchliche Befehle inkompetenter Offiziere jagen Infanteristen in den Tod.

Das riesige und unzureichend ausgestattete Lazarett in Scutari bei Konstantinopel versinkt zudem fast im Unrat. Erst als Florence Nightingale und ihre Krankenschwestern eintreffen, wird dem Sterben im Lazarett Einhalt geboten. Florence Nightingale bringt Organisationstalent mit, Entschlossenheit und eine ungeheure Energie, und sie handelt ganz im Sinne des ein Jahrzehnt später gegründeten Roten Kreuzes. Als eine Schülerin von

Emmas Onkel Sismondi gehört sie zum weiteren Bekanntenkreis der Darwins. Im Down-Haus gibt es für sie einen einhelligen Kommentar: »Bewunderungswürdig!«

Als endlich die warme Jahreszeit anbricht, widmet sich Darwin wieder den Hummelmännchen. Besonders verwundert ihn, dass auch die neue Generation dieselben Brummplätze besucht, selbst wenn er diese durch Zweige verändert oder tarnt. Über viele Sommer hinweg wird er den Flug der Hummeln verfolgen.

Der Experimentator von Down

»... und dann hurra! an mein Speziesbuch!« Mit diesen Worten hatte Darwin die Zeit nach den Rankenfüßern herbeigesehnt. Doch allzu viel ist von der Begeisterung nun nicht zu bemerken. Freilich, er sichtet die Mappen mit Notizzetteln, die im Verlauf der Jahre stark angeschwollen sind, er ruft sich jeden Umstand noch einmal ins Gedächtnis, ordnet seine Ideen, aber er zögert die abschließende Zusammenschau hinaus. »Lamarck«, schrieb er vor vier Jahren, also 1851, an Hooker, »hat mit seinem widersinnigen, wenn schon geschickten Buch dem Gegenstand geschadet, ebenso Mr. Vestiges und (wie irgendein zukünftiger Naturforscher vielleicht sagen wird) Mr. D...« Darwin will sichergehen, auch der entferntesten Konsequenz nachspüren, die letzte Schwierigkeit für seine Theorie aus dem Weg räumen.

Nur nichts überstürzen! Seit den Galapagosinseln beschäftigt ihn die Frage, wie sich neu entstandene Arten über die Erde ausgebreitet haben könnten. Die mehrfache Schöpfung einer Art würde niemand behaupten, wenn Pflanzen und Tiere breite Meeresarme, Wüsten und Gebirgsbarrieren überwinden könnten. Nun ist zwar leicht möglich, dass Pflanzensamen vom Wind weit ins Meer hinausgetragen und dann an den Strand einer Insel – oder womöglich eines anderen Kontinents – gespült werden, aber müssten die Samen im Salzwasser nicht verderben? Alle Biologen nehmen dies an, doch keiner hat es je richtig überprüft.

In den Rankenfüßerjahren hat sich Darwin vom Beobachter und Sammler zum Experimentator gemausert. Wo immer es möglich ist, packt er nun seine Probleme praktisch an. Er füllt Meereswasser in Flaschen, zählt Samen hinein – Kresse, Rettich, Kohl und Zwiebel, also von allem, was im Küchengarten wächst – und verstöpselt sie. »In einer Woche sind die Samen abgetötet«, hat Hooker beteuert, »und falls welche keimen sollten, will ich sie persönlich verspeisen.«

Darwin stellt die Flaschen ins Freie, wo sie dem Wechsel der Temperatur ausgesetzt sind. Andere Flaschen wandern in den Keller, wo die Kinder sie dann und wann mit frischem Schnee kühlen. In drei, vier Wochen, rechnet Darwin, könnten die Samen mit dem Golfstrom von Amerika nach Europa geschwemmt werden. Den Kindern vergeht die Zeit zu langsam, fast täglich fragen sie, ob ihr Papa den Dr. Hooker schlagen werde. Endlich dürfen die Flaschen geöffnet werden. Sie verbreiten einen muffigen Gestank, und der Kressesamen hat eine Menge Schleim abgesondert. Dennoch keimt er, ebenso wie ein Großteil der anderen Samen.

Allein mit dem Wassertransport ist noch nicht viel gewonnen, denn erstens versinken viele Samen, und zweitens trennen manche Meeresströmungen die Landmassen eher, als dass sie sie verbinden. Wie wäre es nun, wenn ein Fisch einen der eingeweichten Samen schluckt, und dann selbst von einem Reiher verschlungen wird, der nach hundert Meilen Flug den Samen an den Ufern eines anderen Sees ausleert? Schön ausgedacht. Darwin versucht, die Fische in den Aquarien der Zoologischen Gesellschaft mit dem stinkenden Kressesamen zu füttern, die spucken das eklige Zeug jedoch sofort wieder aus. Mit Wassergräsern und Hirsesamen glückt ihm das Experiment schließlich, und aus dem Storchenkot keimt es.

Vielleicht könnten Samen auch, wenn sie mit Dreck an den Zehen von Vögeln kleben, transportiert werden? Darwins Versuche ziehen immer weitere Kreise. Nach anderthalb Jahren, im Oktober 1856, schreibt er triumphierend an Hooker: »Die Habichte haben sich wie gebildete Leute benommen und Gewölle mit Mengen von Samen darin ausgeworfen; und ich habe soeben ein Paket Rebhuhnfüße erhalten, ordentlich mit angebackenem Schlamm bedeckt!!! Adiós. Ihr unsinniger und verkehrter Freund Ch. Darwin.«

Achtbaren Naturforschern mag es auch »unsinnig und verkehrt« erscheinen, dass sich Darwin Mitte 1855 gleich zwei Taubenzüchtervereinen anschließt. Mit den Züchtern sitzt er in verräucherten Kneipen, »Gin-Palästen«, und hört ihren geheimnisvollen Aufschneidereien über ungeheuerliche und mysteriöse Zuchterfolge zu. Sie behandeln ihn hochachtungsvoll, sagen »Squire« zu ihm und schieben ihm wie ihresgleichen eine Tonpfeife hin. Er kauft Pfauen- und Kropftauben – zwanzig Schilling das Paar! –, und wenig später gurren und flattern sie um das Down-Haus.

Durch die Taubenzucht glaubt Darwin einer seiner brennendsten Fragen näherzukommen: wie Ab- und Unterarten gebildet und ihre Merkmale von Generation zu Generation weitergereicht werden. Durch sorgfältige Kreuzung, das weiß er, können sie erhalten bleiben, im anderen Fall mag das Junge seinem entfernten Vorfahr, der Felstaube, ähneln. Darwin fürchtet stets, dass Varietätsmerkmale, die sich einmal herausgebildet haben, wieder verwischen könnten, und er wundert sich daher desto mehr, dass die »Urtaube« so rasch wieder durchschlägt.

Neben Tauben befasst sich Darwin mit allem möglichen anderen Hausgeflügel. Er will erfahren, wie groß die Bandbreite der Variationen bei unterschiedlichen Rassen ist. Dazu untersucht er äußere Merkmale wie das Gefieder, aber auch die Länge und Formung der Skelettknochen. Von der Hausente soll es nicht weniger als vierzig Spielarten geben!

Fox erwähnt in einem Brief eine »kleine Schnatterente«. Ob er ihm nicht ein Skelett oder ein in Salz konserviertes junges Tier zusenden könnte? Und falls mal ein Huhn zu alt für den Suppentopf wird, Charles Darwin, Esq., postlagernd, kann alles gebrauchen. Im Keller bewahrt er schon eingesalzene Bulldoggen- und Windspielwelpen auf.

Über die Variationen denkt er noch in einem anderen Zusammenhang nach. Er hat bemerkt – oder irrt er sich hier? –, dass Gattungen mit wenigen Arten auch weniger Abarten besitzen und ein kleineres Gebiet besiedeln. Haben hier die Naturalisten gepfuscht, indem sie bei artenärmeren Familien jedmögliche Form zur Art erhoben, bei größeren mehr zusammenfassten? Oder waltet hier ein spezielles Gesetz der Evolution?

Darwin versucht, der Angelegenheit numerisch beizukommen, rechnet Verhältniszahlen von Gattungen zu Arten, zu Abarten aus – nach über einem Jahr weist ihn sein Nachbar Sir John Lubbock auf einige schwache Stellen in seiner Mathematik hin. »Ich bin der elendste, umnebeltste, einfältigste Hund in ganz England«, beklagt sich Darwin bei Hooker, »und nahe daran, vor Ärger über meine Blindheit und Eingebildetheit zu heulen.«

In der Nähe des Down-Hauses liegt ein Stück Land seit fünfzehn Jahren brach, gleich daneben wird ein Feld bebaut. Darwin stellt die Gouvernante seiner Töchter zum Grassammeln an. Welche Arten sind auf dem kultivierten Land ausgestorben, welche nicht? Wie wirkt hier die veränderte Umwelt auf die Pflanzengemeinschaft?

Die Beschäftigung an frischer Luft, das Bücken und Ausreißen stärkt Darwin und beruhigt seinen Magen. Die Kinder lassen sich von dem neuen Sport anstecken: welche Freude, ein Gras aufzustöbern, das Papa noch nicht kennt!

Mitunter mag er sich selbst recht kindisch vorkommen. »Wenn Sie einige von meinen Experimenten (wenn sie so genannt werden können) kennten«, schreibt er an Hooker, »würden Sie ein gutes Recht haben, mich zu verhöhnen, denn sie sind selbst *meiner* Meinung nach so *absurd*, daß ich sie Ihnen nicht erzählen darf.«

Das Buch, das nie beendet wird

Ein Artikel in einer wissenschaftlichen Zeitschrift hätte Darwin warnen müssen. Irgendwo auf dem Malaiischen Archipel lebt ein anderer Naturalist, der über die gleichen Fragen nachdenkt und – um ein vielfaches rascher und hundertmal weniger öffentlichkeitsscheu – die gleichen Schlussfolgerungen zieht! Dieser Artikel im »Naturgeschichtlichen Magazin« vom September 1855 hätte jeden Zweifel zerstreuen müssen: »Über das Gesetz, welches die Einführung neuer Arten reguliert hat«.

Alfred Russel Wallace heißt der Verfasser. Als Sohn eines Advokaten stammt er aus bescheideneren Verhältnissen als Darwin, und er ist vierzehn Jahre jünger. Alles, was Wallace erreicht hat, verdankt er der eigenen Tatkraft. Vielleicht ist ihm daher im Gegensatz zu Darwin die Furcht, mit seinen Ergebnissen anzuecken, fremd. Allerdings verspürt er auch nicht Darwins Drang zu extremer Sorgfalt.

Darwin kennt Wallace. Er ist ihm an einem kalten Dezembertag 1853 vorgestellt worden: ein strebsamer junger Mann, dieser Wallace, ein Landvermesser, Zivilingenieur und – Botaniker. Auch Wallace bewundert Darwins Reisejournal. Am Amazonasstrom in Hitze, Dunst und Insektenwolken eifert er Darwin nach, bis Fieber seine Gesundheit zerrüttet und ihn zur Heimkehr zwingt. Auf der Rückreise geschieht dann die Katastrophe: Mitten im Atlantik bricht auf dem Schiff ein Feuer aus; die Passagiere, Wallace unter ihnen, flüchten in die Rettungsboote. Das Schiff brennt, sinkt, mit ihm Wallaces Sammlungen, die Herbarien, seine Präparate, die lebenden Tiere, alle Manuskripte und Skizzen. Kann ein schwererer Verlust einen Naturalisten treffen? Zehn Tage treibt das Boot auf offener See, zehn Tage Furcht vor Sturm, vor Hunger und Durst, dann erblicken die Schiffbrüchigen ein rettungsverheißendes Segel.

Wallace gibt nicht auf. In London veröffentlicht er seine Reiseerlebnisse und ein Buch über die Palmen des Amazonasgebietes. Noch einmal wagt er sich hinaus, reist in Richtung Singapur, durchstreift die Malaiische Halbinsel, kreuzt acht Jahre lang durch die Inselwelt der Molukken, Surinam, die Sundainseln, Neuguinea, – ein ruheloser und rastloser Naturalist, der nach erschöpfenden Märschen, aufreibenden Jagden, ermattet und von Moskitos gepeinigt, die Kraft aufbringt, sich vor die hastig errichtete Unterkunft zu setzen und Abhandlungen zu schreiben.

Und was er schreibt! »Geographische Verbreitung von geologischen Veränderungen abhängig.« »Eine jede Art ist sowohl dem Raume als auch der Zeit nach zugleich mit einer vorher existierenden nahe verwandten Art in Erscheinung getreten.«

Es hätte Darwin warnen müssen. Doch er wühlt in seinen Notizen, prüft Argumente und schachtelt Beweise, er holt aus zum endgültigen Schlag – und holt aus und holt aus …

Lyell dringt in ihn. Er solle endlich beginnen, seine Theorie für den Druck zusammenzustellen, sonst würde ihn womöglich noch jemand überflügeln! Der Populärphilosoph Herbert Spencer, gewiss alles andere als ein exakter naturwissenschaftlicher Kopf, hat sich 1852 in einem Essay erkühnt, Schöpfungstheorie und organische Entwicklung, Evolution, gegeneinander abzuwägen und sich eindeutig für Letztere auszusprechen. Er vergleicht sogar die Arten mit Züchtungsprodukten, macht für ihre Abänderung veränderte Lebensverhältnisse verantwortlich und redet vom »Überleben des Tüchtigsten«. Die Zeit ist, zumindest was den Stand der Biologie, der Naturforschung insgesamt anbelangt, mehr als reif für Darwins Theorie.

Ob Lyell dem Freund leicht und ohne geheime Bedenken zurät? Es scheint, dass er ein gelindes Chaos befürchtet, wenn Darwin die Artengrenzen vernichtet, ein Wanken des unendlich nützlichen Gerüstes der Systematik. Doch Lyells Wahrheitsliebe lässt sich von nichts beirren. Darwins Ideen sind neu und wichtig, und sie müssen überall diskutiert werden.

Am 14. Mai 1856 rückt Darwin endlich den ersten Bogen Papier zurecht. Er hasst es von Herzen, der Priorität wegen zu schreiben. Andererseits, das gesteht er sich ein, würde er sich fürchterlich ärgern, wenn ihm ein anderer zuvorkäme. Eine Publikation in einer Zeitschrift scheidet aus, einmal des Umfangs wegen und weil Darwin dann der Zensur des Herausgebers unterworfen wäre. »Wenn ich etwas veröffentliche«, teilt er Hooker mit, »so muß es ein sehr dünner und kleiner Band sein, der eine Skizze meiner Ansichten und Schwierigkeiten enthält; es ist wirklich schauderhaft unphilosophisch, ein Resümee aus einem noch nicht veröffentlichten Werk ohne genaue Verweisungen zu geben.«

Spätestens nach drei Monaten, Darwin sitzt noch über dem ersten Kapitel, wird er seinem Vorsatz untreu. Das Manuskript wächst zu einem »richtigen« Buch vom Umfang mehrerer Dickensscher Romane. Etwa alle ein bis drei Monate bewältigt er ein Kapitel. Auf das Variieren domestizierter Tiere und Pflanzen, das ihn den Sommer 1856 kostet, folgt ein Abschnitt über die geografische Verteilung, ein Kapitel über die Möglichkeit, dass alle Organismen Kreuzungsprodukte seien, und über das Variieren in der Natur, eins über den Kampf ums Überleben, über die natürliche Zuchtwahl.

In derselben Zeit korrespondiert Darwin unablässig mit Freunden. Gemeinsam bereisen sie fast die gesamte Welt: Darwin selbst Südamerika und Ozeanien; Lyell den europäischen Kontinent und Nordamerika; Asa Gray, der liebenswürdige Botaniker und Naturgeschichtsprofessor des Harvard-Colleges in Cambridge (USA), Nordamerika; Thomas Henry Huxley war in Australien; Hooker endlich in Indien und im Himalaja.

Darwin spannt das Netzwerk seines Briefverkehrs weiter. Er bittet Taubenzüchter, Anatomen, Physiologen, Botaniker, Zoologen um Auskünfte. Nicht alle, die davon erfahren, spenden seinem Buchprojekt Beifall. Hugh Falconer, ein Paläontologe, den Darwin schon lange Jahre kennt und schätzt, greift ihn äußerst lebhaft an: »Sie werden mehr Schaden anrichten, als irgend zehn Naturforscher Gutes tun können. Ich sehe, daß Sie Hooker bereits bestochen und halb verdorben haben.«

So wird Darwin hin- und hergerissen. Er will an die Öffentlichkeit treten und fürchtet sich zugleich davor. Er verachtet die kleinliche Ruhmsucht und weiß doch, dass ihm die verdiente Anerkennung ein Ansporn wäre. Darf er aber für seine umstürzlerischen Gedanken überhaupt Anerkennung erwarten?

Dessen ungeachtet schreitet die Arbeit voran. Nun kommt Darwin zugute, dass er bislang seine »goldene Regel« so eifrig befolgt und jeden veröffentlichten Fakt, jedes Argument, das in irgendeiner Weise gegen seine Theorie sprechen könnte, ohne Verzug notiert hat. »Denn ich wußte aus Erfahrung«, erinnert er sich in der Autobiografie, »daß derartige Tatsachen und Gedanken viel mehr geneigt sind, dem Gedächtnis wieder zu entfallen, als günstige. Durch diese Gewohnheit sind sehr wenig Einwände gegen meine Ansichten erhoben worden, die ich nicht wenigstens schon früher erwähnt und zu beantworten versucht hätte.«

Mitunter fließen Ideen in das Manuskript ein, die es in den älteren Entwürfen noch nicht gab. Bisher hat er lediglich behauptet, dass sich eine Art verändern und zu einer neuen wandeln kann. So betrachtet, würde sich aber die Gesamtanzahl der Arten durch Aussterben beständig verringern, nie anwachsen. Vielerlei spricht aber für Divergenz, also dafür, dass aus einer Art verschiedene neue entstanden sind. Die Verwandtschaftsverhältnisse im Tier- und Pflanzenreich zeugen davon.

Wie aber kann es geschehen, das etwa die Nachfahren ein und derselben Raubtierart sich so sehr auseinanderentwickeln, dass sie unterschiedlichen Arten zugerechnet werden müssen? Sehr einfach. Angenommen, die fraglichen Raubtiere vermehren sich so stark, dass sie in einem Gebiet nicht mehr genügend Beute aufspüren können. Einige Individuen, die zufällig ein wenig von ihren Geschwistern abweichen, vermögen dann, bis dahin unerreichbare Beutetiere zu erjagen, wiederum andere sind imstande, außerhalb des angestammten Gebiets zu überleben. Im Laufe der Generationen werden sich ihre Nachfahren immer besser an die neue Beute beziehungsweise an das andere Areal anpassen; sie besetzen, wie Darwin sagt, jeweils eine eigene Stelle im Naturhaushalt und entwickeln sich zu eigenständigen Arten, die sich nicht mehr miteinander kreuzen können.

Ein weiterer Punkt, den Darwin mit Freunden diskutiert, ist der der versunkenen Kontinente, die Hooker und viele andere Zoologen und Botaniker benutzen, um die Verbreitung mancher Arten zu erklären. In einem Brief an Lyell rechnet Darwin vor, welche ungeheuerlichen Kontinente Lyells Schüler zusammengenommen erfunden haben. Diese riesigen Landmassen in geologisch geringer Zeit versinken zu lassen sei noch schlimmer als die alte Katastrophentheorie!

Familiäre Ereignisse unterbrechen Darwins beständiges Ringen um den Aufbau heikler Kapitel, um passende Formulierungen. Am 6. Dezember 1856 gebiert Emma ihr letztes Kind. Sie ist achtundvierzig Jahre alt, und der kleine Charles Waring kommt geistig behindert zur Welt. Er wird nie laufen oder sprechen lernen.

Die Arbeit an dem aufwendigen Manuskript fordert ihren Tribut. Im April 1857 fühlt Darwin sich so erschöpft, dass er eine neuerliche Wasserkur – nach Jahren, in denen er sie für überflüssig hielt – ins Auge fasst. Diesmal reist er nicht zu Dr. Gully nach Malvern, sondern zu einem Dr. Lane, der in Moor Park in der Grafschaft Surrey eine Wasserheilanstalt betreibt. Dr. Lane vertraut den Heilkräften der Natur, und er verordnet viel frische Luft und Leibesübungen, Wasser und Diät.

Der harzige Geruch der prächtigen Kiefern und Lärchen, der Anblick der Birken, an denen Eichkätzchen herablaufen, die Ruhe, die über dem Land liegt, erquicken Darwin und lindern die Magenbeschwerden. Und er »kümmert sich nicht einen Heller darum«, schreibt er an Emma, »wie irgendeines der Tiere und Vögel gebildet worden ist.« Die Kur schlägt voll an, Darwin ist von dem Erfolg überrascht.

Trotz aller Beteuerungen löst er sich in Moor Park nicht völlig von seiner Arbeit. Von der Heilanstalt aus wendet er sich erstmals an Wallace, der ihm von der Insel Celebes einen Brief geschickt hat. Er versichert Wallace seiner Sympathie und Anteilnahme – er habe aus Wallace' Artikel entnommen, dass er sich mit ähnlichen Fragen beschäftige und zu ähnlichen Schlussfolgerungen gelange. Vor nunmehr fast zwanzig Jahren habe er, Darwin, sein erstes Notizbuch über Spezies und Varietäten begonnen, das kann und will er Wallace nicht verschweigen. Wallace soll wissen, wer länger daran arbeitet, wer mehr Mühe darauf verwandt hat. Er berichtet auch von dem Buch, an dem er, Darwin, schreibt. Doch allzu viel vom Inhalt will er nicht verraten, es hieße auch, vorzugreifen und den Brief zu überfrachten.

Im Dezember korrespondiert Darwin ein zweites Mal mit Wallace. Wieder betont er, dass er schon zwanzig Jahre lang die Theorie ausbaue. Andererseits ermutigt er Wallace auch: »Ohne Spekulation gibt es keine gute und originale Beobachtung.«

Das Jahr 1858 bricht an. Drei Monate plagt sich Darwin mit dem Kapitel über die Instinkte herum, einen Monat mit dem über die Divergenz. Dann gönnt er sich eine Wasserkur. Zur Jahresmitte kritzelt er in sein Tagebuch: »12. Juni – Kap. 6 und Bienenwaben beendet. 14. Juni – Tauben (unterbrochen).«

Krisis

Im Jahr 1858 überrennen britische Truppen die letzten Hochburgen der indischen Aufständischen. Die Rebellion der aus der einheimischen Bevölkerung stammenden Truppenteile wird in Blut und Asche erstickt. Nach dem

Sieg lässt sich Queen Victoria zur Kaiserin von Indien krönen. Das Empire hat den größten antikolonialen Aufstand, mit dem es in diesem Jahrhundert konfrontiert wird, niedergeschlagen.

Darwin nimmt von den Ereignissen kaum Notiz. Er kämpft mit dem nicht enden wollenden Manuskript, mit Erschöpfung – und mit Furunkeln. Anfang Juni ist ihm so elend, dass er fast den gesamten Tag über auf dem Sofa ruht. Dieser Juni 1858 ist wahrscheinlich der schlimmste Monat in seinem Leben. Er bringt die Krise, die Entscheidung.

Darwin ist nicht der einzige Kranke im Down-Haus. Etty, mittlerweile ein junges Mädchen, liegt fiebernd im Bett, sie hat Diphtherie. Scharlachflecke verunzieren die Haut der jüngeren Geschwister. Aufgescheuchte Dienstmädchen ziehen die schweren Vorhänge zu, eilen mit Arznei und mit schweren Kupferkannen voll Wasser treppauf, treppab. Der noch nicht einmal zwei Jahre alte Charles Waring siecht dahin, ohne auch nur ein einziges Mal »Mama« gerufen zu haben. Und Emma, sie hat gerade ihren fünfzigsten Geburtstag gefeiert, wirkt bleich und müde.

18. Juni. Ein Bote übergibt die Morgenpost. Darwin wiegt einen dicken Brief in der Hand, der Absender ist A. R. Wallace, Ternate (Molukken). Als er ihn öffnet, fallen ihm eng beschriebene dünne Seiten und eine kurze Notiz entgegen: Der Schreiber hoffe, dass die Idee für Darwin so neu sei wie für ihn selbst. Sie würde »den fehlenden Faktor liefern, um den Ursprung der Arten zu erklären«. Wenn Darwin die Arbeit für wert befinde, möge er sie an Lyell weitersenden.

Darwin faltet, von Ahnungen getrieben, die Seiten auseinander, überfliegt sie. »Über die Tendenz der Varietäten, unbegrenzt von dem Originaltypus abzuweichen« – so der Titel.

»Die Unbeständigkeit der Varietät als scheinbarer Beweis für die bleibende Verschiedenheit der Art« – dies der erste Abschnitt.

Er blättert weiter, stockt: »Der Kampf ums Dasein«.

»Das häufige oder seltene Vorkommen einer Art ist von der mehr oder weniger vollkommenen Anpassung an die Existenzbedingungen abhängig« – die Seite verschwimmt vor seinen Augen.

»Nützliche Abweichungen werden die Tendenz haben, sich anzuhäufen; nutzlose oder verderbliche, wieder zu verschwinden.«

Was bleibt jetzt noch von seiner, Darwins, Leistung? Das blanke Wort »natürliche Zuchtwahl«, mehr nicht!

»Überlegene Varietäten werden schließlich das Aussterben der ursprünglichen Art bewirken.«

Die letzte Seite: »… daß in der Natur eine Tendenz zu dem andauernden Fortschreiten bestimmter Klassen von Varietäten weiter und weiter von ihrem ursprünglichen Typus weg existiert.«

Genug, genug! Es ist alles gesagt, alles vorweggenommen. Weshalb hat er nur so lange gezögert! Jetzt präsentiert man ihm die Rechnung!

Wie kann man nur in einem Dschungeldorf so geschwind, so überraschend getreu im Detail all das erraten, was er seit zwei Jahrzehnten Stück um Stück erarbeitet hat? Die Begleitnotiz verschweigt es. Womöglich fürchtet Wallace, Darwin könnte seine Idee für eine Fieberfantasie halten, wenn er ihm ihren Ursprung schildert. Ein Wechselfieber von Schweißausbrüchen und Schüttelfrost hatte ihn aufs harte Bett geworfen. Feuchtigkeit und Lärm drangen vom Dschungel herüber. Hinter dem Moskitonetz kreisten und summten laut die Insekten – und in seinem Kopf die Gedanken. Die lang gehegte Frage nach der Entstehung der Arten kam ihm in den Sinn, und – welch merkwürdiger Zufall! – im gleichen Zusammenhang erinnerte er sich an Malthus, dessen Buch er vor Jahren gelesen hatte. »Hemmnisse der Bevölkerungsentwicklung«, »Kampf ums Dasein« – auch bei Wallace zündet der Gedanke.

Noch während ihn der Anfall schüttelt, jagt Wallace' Geist den Folgerungen nach, vergleicht mit Lamarck, mit den »Vestiges«. Kaum vermag er wieder zu sitzen, kritzelt er seine Erkenntnisse nieder. In weniger als einer Woche hat er den Weg zurückgelegt, für den Darwin Jahre benötigte.

Darwin verliert allen Mut. Er hatte gehofft, er wäre erhaben über die Sucht, der Erste sein zu wollen, aber jetzt schmerzt es doch, dass ihm so kurz vor der Publikation die Palme aus der Hand gerissen wird. Verstört sucht er nach einem Blatt Papier, er will Wallace alle Priorität überlassen. Nach etlichen Zeilen schiebt er den Zettel beiseite. Nichts überstürzen! Abwarten. Überlegen. Auf ein paar Tage kommt es nicht an.

Er holt ein anderes Stück Papier hervor, um Wallace' Wunsch zu entsprechen und die Abhandlung an Lyell weiterzuleiten. Die Botschaft an den Freund ist ein Meisterwerk an Zurückhaltung – und ein versteckter Hilferuf. »Heute hat mir Wallace das Beiliegende geschickt … Mir scheint es des Lesens wohl wert zu sein … Ihre Worte in bezug auf eine Strafe sind in Erfüllung gegangen … Noch nie sah ich eine auffallendere Übereinstimmung; wenn Wallace meine handschriftliche Skizze vom Jahre 1842 hätte, so hätte er keinen besseren Auszug anfertigen können! Selbst seine Ausdrücke stehen jetzt als Überschriften über meinen Kapiteln … Ich werde ihm anbieten, es an irgendein Journal zu schicken. Es wird denn damit meine ganze Originalität, welchen Umfang sie auch haben mag, vernichtet werden, obgleich mein Buch, wenn es überhaupt jemals einen Wert haben wird, nicht verschlechtert wird, da die ganze Mühe in der Anwendung der Theorie besteht.«

Eine Woche vergeht, eine Woche, in der kein lautes Wort im Down-Haus gesprochen wird, in der sich ein Kindermädchen mit Scharlach ansteckt, das Unheil drohend über der Familie schwebt.

Am 25. Juni zwingt Darwin die Spannung zum Handeln. Wieder wendet er sich an Lyell. Er suche Rat, und er habe vollständiges Vertrauen in Lyells Urteil und Lyells Redlichkeit. Am liebsten würde er nun seine Ergebnisse sofort veröffentlichen. Hooker habe die Skizze von 1844 gelesen, und der könne bestätigen, dass Wallace' Artikel nichts enthalte, was nicht bereits in der Skizze zu finden sei. Auch könnte er Wallace eine Abschrift seines Briefes an Asa Gray über natürliche Zuchtwahl und Divergenz zeigen, um ihm zu beweisen, dass er ihm nicht »seine Theorie gestohlen habe. Ich kann aber nicht sagen, ob, wenn ich jetzt etwas herausgebe, es nicht niedrig und armselig ist.« – »Ich würde viel lieber mein ganzes Buch verbrennen, als daß er oder irgend jemand anderer denken sollte, ich hätte mich in einer elenden Weise benommen.« Aber ob sich nicht doch eine Möglichkeit entdecken ließe, »in ehrenhafter Weise zu publizieren«? Wenn Lyell noch Hooker einschalten könnte … Er sei bereits ganz ermattet vom Nachsinnen. »Mein guter, lieber Freund, verzeihen Sie mir. Das ist ein Lumperei-Brief, beeinflußt durch lumpige Gefühle … Ich will weder Sie noch Hooker jemals wieder über die Sache bemühen.«

Dem Vorsatz folgt Darwin genau einen Tag, dann appelliert er ein drittes Mal an Lyell. Müsste nicht Wallace ihn beschuldigen, er habe aus Wallace' Offenheit einen Vorteil gezogen, wenn er jetzt zum Verleger renne?

Am 28. ist der Tiefpunkt erreicht. Das Scharlachfieber rafft den kleinen Charles Waring hinweg. Nun fürchtet Darwin um seine anderen Kinder, um Etty vor allem. Eine zweite Pflegerin ist erkrankt.

In der Zwischenzeit ergreifen die Freunde die Initiative. Hooker fordert von Darwin den Brief an Asa Gray und Wallace' Artikel. Darwin kramt dazu die Skizze von 1844 hervor, ein Diener überbringt Hooker alles noch am 29. Juni. Mrs. Hooker schreibt sofort die wichtigen Passagen in sauberer, leserlicher Handschrift ab.

Lyell arrangiert in London das Weitere. In zwei Tagen wird die turnusmäßige Sitzung der Linné-Gesellschaft stattfinden. Darwin hat seine Teilnahme abgesagt. Er ist erleichtert; bei den Freunden weiß er seine Angelegenheit in besten Händen. Ihn drücken andere, dringlichere Sorgen. Die Kinder brauchen unbedingt eine Luftveränderung, ein Seeurlaub könnte alles zum Besseren wenden.

Kurz vor der Abreise am 9. Juli erfährt Darwin, wie der Abend in der Linné-Gesellschaft verlaufen ist. Ironischerweise haben sich die Mitglieder versammelt, um den Systematiker George Bentham zu hören, der seinen Vortrag auf die Unveränderlichkeit der Arten gegründet hat. Lyell und Hooker sind anwesend, sie stoßen die Tagesordnung um, sagen einige Worte der Einführung, und danach werden unmittelbar hintereinander Auszüge aus Darwins und Wallace' Manuskripten verlesen. So haben sie beiden Gerechtigkeit widerfahren lassen.

Obwohl die neue Theorie, man sieht es an der Bewegung der Zuhörer, größtes Interesse hervorruft, meldet sich kein Einziger zu Wort. Nach der Sitzung jedoch wird in den Gängen des Klubs mit verhaltenem Atem getuschelt. Und Bentham zieht, unsicher geworden, seinen Vortrag zurück. Er wird später darin alles streichen, was auf die Konstanz der Arten hindeutet, und sich vollständig zur Entwicklungslehre bekennen.

Als der Präsident der Linné-Gesellschaft ein paar Monate darauf den jährlichen Rechenschaftsbericht vorträgt, behauptet er, es habe »keine der einschlagenden Entdeckungen gegeben, die sozusagen ein Gebiet der Wissenschaft revolutionieren«.

Lyell und Hooker leiten unmittelbar nach dem denkwürdigen 1. Juli die Drucklegung der Manuskripte in der Zeitschrift der Gesellschaft ein. Darwin aber reist in die Ferien. Eine bange Frage allerdings bleibt: Wird Wallace die Vorgehensweise von seinen Freunden billigen?

Kein Buch über Taubenzucht

Der Wind treibt flauschige Distelsamen über die sandigen Hügel, warm scheint die Julisonne vom klaren Himmel herab. Monoton rollen die Wellen des Ärmelkanals an den Strand. Darwin hat sich mit seiner Familie in einem komfortablen Haus an der Ostküste der Insel Wight eingemietet. Ausruhen, spazieren gehen, entspannen. Um nichts in der Welt an irgendeine Spezies denken. – Ob die Distelsamen von Frankreich herübergeweht werden? Das wäre ein schönes Beispiel für die Ausbreitung von Pflanzenarten … Doch nein, unten am Strand, verdeckt von einer kleinen Anhöhe, streicht die laue Luft über ein Feld weißköpfiger Disteln.

Nach einer Woche der Ruhe holt die Arbeit Darwin ein: Hooker schickt die Korrekturbögen des vor der Linné-Gesellschaft verlesenen Vortrags. Tags darauf beugt sich Darwin über ein Blatt Papier und beginnt die Einleitung zu dem zu skizzieren, was er den »Auszug« nennt und was wir heute als die »Entstehung der Arten« kennen. Wenn er jetzt sein großes Werk, das dicke Buch über natürliche Zuchtwahl, vollenden wollte, würde dies mindestens zwei Jahre harter Arbeit beanspruchen. Also muss er sich bescheiden und, so »unphilosophisch« es ihm erscheint, einen »Auszug« aus dem umfangreichen Fragment verfertigen.

Angesichts der gebotenen Eile will er sich auf das Notwendigste beschränken, seine Theorie auf etwa dreißig Seiten – dem Umfang eines Zeitschriftenartikels – zusammenfassen. Ist es nicht ein Jammer, die Schlussfolgerungen so nackt und bloß, mit jeweils nur ein, zwei untermauernden Beispielen oder stützenden Tatsachen der Kritik preiszugeben? Die Empörung einer aufgescheuchten Öffentlichkeit – sosehr sie ihn auch verdammen mag – wird er ertragen können, wenn er die Naturforscher überzeugen kann, deren Meinung er am höchsten schätzt: Lyell, Hooker und Huxley. Sie sollen die »drei Richter« über seine Theorie sein. Nicken sie, darf er sicher sein, dass er sich nicht verrannt hat.

Mitte August kehrt die Familie nach Haus zurück. Meer und Sonne haben Darwins Magenbeschwerden nicht in erhofftem Maße eindämmen können – kein Wunder bei all den Aufregungen! –, auch Etty und Lenny haben sich nicht vollständig erholt. Im Dorf Down sind in der Zwischenzeit sechs Kinder an Scharlach gestorben.

Trotz aller Beschränkung schwillt zum Jahresende der »Auszug«, der längst im Druck sein sollte, über Gebühr an. Manchmal schneidet Darwin sogar lange Passagen aus dem unvollendeten Buch und sortiert sie in das neue Manuskript ein. Allein das erste Kapitel reckt und streckt sich zu fast dreißig Seiten. Dabei hat er nicht ein überflüssiges Wort geschrieben! Eine separate Veröffentlichung, etwa als Bändchen im Kleinoktavforrnat, hat allerdings auch Vorteile: Er würde seine ketzerischen Ansichten vor keinem Zeitschriftenherausgeber verteidigen müssen.

Am 12. Februar 1859 feiert Darwin in Dr. Lanes Kaltwasser-Heilanstalt in Moor Park seinen fünfzigsten Geburtstag. Wohl aus diesem Anlass hat ihm im Januar der Vorstand der Geologischen Gesellschaft die Wollaston-Medaille verliehen. Die unerwartete Ehrung überrascht und erfreut Darwin. Wichtiger für ihn ist jedoch ein Brief aus Ternate, in dem ihm Wallace erklärt, dass er mit der »gerechten und billigen Handlungsweise« bei der Publikation seines Artikels voll einverstanden sei.

Wallace' Einsicht und Bescheidenheit ist es zu verdanken, dass das Gespenst eines zermürbenden Prioritätsstreits ein für alle Mal gebannt ist. Wie viel kleinlicher haben sich andere Wegbereiter der Wissenschaft verhalten: Leibniz und Newton befeindeten sich jahrelang, weil beide beanspruchten, die Infinitesimalrechnung zuerst erdacht zu haben.

Dagegen hat Darwin in Wallace einen Bündnisgenossen für den bevorstehenden Kampf gefunden. Er antwortet ihm herzlich und zählt mögliche weitere Verbündete auf. Lyell klebe an seiner alten Meinung und rede häufig mit Entsetzen davon, welche Mühe er mit der nächsten Ausgabe seiner »Prinzipien der Geologie« hätte, »wenn er ›verkehrt‹ würde. Er ist aber äußerst wahr und ehrlich, und ich denke, er wird doch schließlich verkehrt werden. Dr. Hooker ist beinahe ebenso heterodox geworden wie Sie oder ich … Meine eigene Laufbahn betrachte ich als nahezu abgelaufen. Wenn ich meinen Auszug und vielleicht noch mein größeres Werk … herausgeben kann, sehe ich meinen Lauf als vollendet an.«

Vierhundert bis fünfhundert Seiten plant Darwin mittlerweile. Er kann sich schon lebhaft ausmalen, wie die öffentliche Reaktion ausfallen wird. Ein Reverend S. Haugthon hat die »Spekulation der Herren Darwin und Wallace« vernichtend kritisiert, die je nachdem, wie man sie deute, entweder eine Binsenwahrheit sei oder den Tatsachen widerspreche.

Nicht zuletzt aus diesem Grunde lastet die Arbeit schwer auf Darwin. Drei Stunden der Konzentration täglich verlangen seinem Körper das Äußerste ab. Im Frühjahr und Sommer hofft er in Moor Park auf ein Wunder, doch die kalten Duschen helfen ihm nicht mehr. Häufiger und heftiger muss er sich erbrechen, und allzu oft verschwimmt ihm die Schrift vor den Augen. Ende März quält er sich durch das letzte Kapitel – die gefürchteten Korrekturen stehen noch aus.

Seine Freunde aber stacheln die Neugierde der Fachkollegen an. Hooker baut in sein neuestes Buch, die »Australische Flora«, Hinweise auf die Evolution ein und möchte am liebsten aus dem unveröffentlichten »Auszug« zitieren. Und Lyell erklärt auf der jährlichen Versammlung der BAAS, dass Mr. Darwin binnen Kurzem ein sehr wichtiges Werk über den »schwierigen und geheimnisvollen Gegenstand« der Entwicklung publizieren werde.

Lyell übermittelt auch Darwins Manuskript an John Murray, der einen der angesehensten wissenschaftlichen Verlage des Landes gegründet und neben Darwins Reisejournal viele Schriften Lyells gedruckt hat. Die Empfehlung des anerkannten Geologen genügt Murray, und er akzeptiert das Buch. Gegen Darwins Titelvorschlag erhebt er allerdings Einwände: »Auszug aus einer Abhandlung über die Entstehung der Spezies und Varietäten durch natürliche Zuchtwahl«. Wie kann man ein Buch von fünfhundert Seiten als »Auszug« bezeichnen! Außerdem wisse niemand, was »natural selection«, »natürliche Zuchtwahl« bedeute. Darwin lenkt ein und verändert den Titel: »Über die Entstehung der Arten durch natürliche Zuchtwahl, oder die Erhaltung der begünstigten Rassen im Kampf ums Überleben«.

Mitte April sendet er Murray die ersten Kapitel zur Durchsicht. Ob Murray das Buch nun doch als zu ketzerisch verdammen wird? Es ist eigentlich nicht unorthodoxer als eine beliebige geologische Abhandlung, »die schnurstracks gegen die Genesis läuft«. Tatsächlich kritisiert Murray diesen Punkt nicht. Aber ungeachtet aller religiösen Konsequenzen erscheint ihm Darwins Theorie »so absurd, als solle man die fruchtbare Vereinigung eines Karnickels mit einem Schürhaken betrachten«. Ob Darwin nicht lieber ein Buch über seine Experimente mit Tauben schreiben wolle? Neuerdings interessiere sich jedermann für Tauben. Seine theoretischen Ansichten könne er ja kurz umreißen, allenfalls im Anhang, und auf sein großes Artenbuch hinweisen. Natürlich lehnt Darwin das Ansinnen ab. Es schockiert ihn immerhin so sehr, dass er für eine Woche in die kalten Wasser von Moor Park flüchtet.

Murray lenkt ein und leitet Darwin Ende Mai die Korrekturfahnen zu. Der entsetzt sich jetzt über den eigenen Stil und verbessert so viel darin herum, dass Murray meint, er hätte es gleich neu schreiben können. Darwin arbeitet »wie ein Negersklave unter der Peitsche«, denn vom Stil hängt ja unter anderem der Verkaufserfolg ab und von diesem wiederum die Verbreitung seiner Theorie! Wenn er die Leser durch ein miserables Englisch vor den Kopf stößt, werden sie seine Anschauungen für Humbug halten. Eine befreundete Schriftstellerin, die ein gutes Stilempfinden besitzt, wird zu Hilfe gerufen. Sie entdeckt in dem umfangreichen Manuskript nur zwei, drei verworrene Sätze.

Zur Probe liest Darwin seinen Kindern seitenweise daraus vor. Manchmal lachen sie, etwa bei der Beschreibung der Larve eines Rankenfüßers: »... mit sechs Paar schön gebauter Schwimmfüße, einem Paar herrlich zusammengesetzter Augen und äußerst zusammengesetzten Fühlern.« Das klingt so, als wolle Papa die Larve zum Verkauf anpreisen!

Murray setzt inzwischen die Auflage auf 1.250 Exemplare fest. Ob dies nicht zu viel ist und Murray seinetwegen Verluste erleiden wird? Wenn man es recht bedenkt, sollte das Buch unter den mehr oder weniger wissenschaftlich gebildeten Leuten einigermaßen gefragt sein, denn das Artenproblem bewegt viele. Aber die Freunde sollen ja nicht ausplaudern, dass er schon vor der Publikation von einem Erfolg träumt!

Über vier Monate feilt Darwin am Text. Ende September übergibt er Murray das letzte Kapitel. Sein Magen schmerzt so sehr, und er ist so schwach, dass er eine geplante Kur um drei Tage verschieben muss. Ilkley, ein Badeort in Nordengland, enttäuscht ihn, er ist allein, ohne Emma oder Bekannte von früheren Kuraufenthalten, und der Arzt kümmert sich mehr um das Honorar als um die Patienten.

Vorausexemplare zirkulieren inzwischen im Freundeskreis. In dem grünen Leineneinband wirkt das Buch stattlich und solide, eine Freude für die Augen. Aber welches Echo wird sein Inhalt hervorrufen?

Lyell spendet ihm Lob und Anerkennung, aber er verschweigt auch seine Unschlüssigkeit, sein Zögern nicht. Nach wie vor beharrt er auf »fortdauernden Interventionen der schöpferischen Kraft«. »Ich kann diese Notwendigkeit nicht einsehen«, antwortet ihm Darwin, sie würde »die Theorie der natürlichen Zuchtwahl wertlos machen«.

Er fragt an, wem er Exemplare des Werkes schenken könnte, und fasst Begleitbriefe mit ängstlichen, beschwichtigenden Floskeln ab wie »Ich fürchte, Sie werden nicht mit mir übereinstimmen«, »Wie irrig meine Ansichten auch sein mögen«, »Ich kann natürlich ungeheuer fehlgehen«. So versucht er, möglicher Kritik die Schärfe zu nehmen.

Die wachsende Spannung verwandelt Ilkley in eine Hölle voller Befürchtungen. Der Körper reagiert auf seine Weise, treibt eine Kette von Furunkeln, das Gesicht bedeckt sich mit einem Ausschlag und schwillt an, ebenso die Beine.

Am 24. November 1859 erhält er einen Brief von John Murray. Alle 1.250 Exemplare der ersten Auflage seien am Tag des Erscheinens verkauft worden. Darwin solle schleunigst die Verbesserungen für die zweite schicken.

»Mein abscheuliches Buch«

Was ist eigentlich der Grund dafür, dass die meisten wissenschaftlichen Bücher der Vergessenheit anheimfallen, manche hingegen populär bleiben? Wer liest heute noch Copernicus' »De revolutionibus«? Wer Newtons »Principia« oder Euklids »Elemente«? Keines der drei Bücher, die jeweils mehr als nur ein wissenschaftliches Fachgebiet revolutionierten, ist bis auf den heutigen Tag inhaltlich belanglos geworden. Euklids Geometrie hat ihre Gültigkeit behalten, genauso die heliozentrische Astronomie und Newtons Mechanik. Und doch verstauben diese Bücher in den Bibliotheken.

Nicht so Darwins »Origin of Species«, »Entstehung der Arten«. Noch heute finden Neuauflagen guten Absatz und viele Leser. Zweifelsohne verdankt Darwins Hauptwerk seinen Erfolg großenteils dem anschaulichen Gegenstand: dem Werden und Vergehen von Tieren und Pflanzen. Ebenso trägt dazu die so fassliche, leicht eingängige Darstellung, fast möchte man sagen »Erzählweise«, bei.

Darwin hat kein sprödes und trockenes, für den Laien schwer verständliches Fachbuch geschrieben, er wendet sich an jedermann, und zwischen den Zeilen schimmert seine liebenswürdige Persönlichkeit hervor. Blättert man darin, liest man sich fest, erlebt mit, wie Darwin Unkrautsamen aussät, um den Kampf ums Überleben unter den Keimlingen zu beobachten, oder wie er Wachsstreifen in einen Bienenstock schiebt, um die Wabenbaukünste der emsigen Insekten zu erforschen. Darwin hat jedes gestelzte »Es wird gezeigt, daß«, jedes bleierne »unter Voraussetzung obiger Bedingungen« ausgemerzt, da heißt es persönlich und schlicht »Wir wollen prüfen …« und »Ich glaube, daß«.

Ähnlich Humboldt scheut Darwin auch vor einem Hauch Poesie nicht zurück: »So wie Knospen durch Wachstum neue Knospen erzeugen und diese wieder, wenn sie lebenskräftig sind, ausschlagen, zu neuen Zweigen werden und schwächere Zweige zu überwinden suchen, so, glaube ich, geschieht es auch seit Generationen am großen Lebensbaum, der die Erdrinde mit seinen toten, dahingesunkenen Ästen erfüllt und die Erdoberfläche mit seinem ewig neu sich verästelnden schönen Gezweige belebt.«

Mit welcher Überzeugungskraft führt er die lange Kette der Beweise ins Ziel! Huxley schlägt sich vor den Kopf und meint: »Wie außerordentlich töricht von mir, nicht selbst daran gedacht zu haben!« Nicht viel anders reagiert die Gattin des britischen Schatzkanzlers. Sie fragte den Präsidenten des Chirurgen-Colleges, warum sich ein Keim in einen Menschen, ein anderer in ein Känguru verwandeln sollte. Der empfahl ihr, Darwin zu lesen. Sie tat es und rief aus: »Nun, ich sehe trotz allem nicht viel in Ihrem Mr. Darwin; wenn ich seine Fakten gehabt hätte, wäre ich selbst zur gleichen Schlußfolgerung gelangt.«

Darwin hat seinen »Auszug« verständlicherweise genauso aufgebaut wie das geplante große Werk; die Gliederung folgt im Groben den Skizzen von 1842 und 1844. Im ersten Kapitel behandelt er die Veränderlichkeit der Haustiere und Kulturpflanzen und im zweiten die der Wildarten. Der Mensch kann geringfügige Abweichungen durch Zuchtwahl entschieden steigern. Haustiere und Kulturpflanzen seien also nicht wie die Wildarten an ihre Lebensbedingungen, sozusagen zu ihren eigenen Gunsten, angepasst, sondern entsprächen ausschließlich dem Nutzen des Menschen – oder wie die Tauben seiner Liebhaberei. Im Allgemeinen variieren die Wildarten weniger als domestizierte, denn sie sind gleichförmigeren Umweltbedingungen ausgesetzt. Weitverbreitete, sehr zerstreute und häufige Arten verändern sich in der Regel am meisten.

Woher aber rührt es, fragt Darwin im dritten Kapitel, dass Varietäten sich zu echten Arten entwickeln können? Durch den Kampf ums Dasein! Individuen, die ein wenig besser an ihre Umwelt angepasst sind als ihre Artgenossen, werden mit höherer Wahrscheinlichkeit überleben und sich fortpflanzen. Der Kampf um die Existenz ist die Folge der enormen – geometrischen – Vermehrung der Lebewesen. Er wird gegen die Unbilden der Natur wie große Kälte, Dürre oder Unfruchtbarkeit des Bodens, gegen räuberische Arten und Konkurrenten um Nahrung und Raum, insbesondere aber gegen andere Individuen der gleichen Art geführt. Wie verwickelt die Abhängigkeiten unter den Lebewesen sein können, zeigt ein Beispiel: Hummeln bestäuben den Klee. Feldmäuse ernähren sich von Hummeln und fallen selbst den Katzen zum Opfer. Damit hängt die Verbreitung des Klees in einer bestimmten Gegend davon ab, wie viele Katzen dort jagen!

Der Ausdruck »natürliche Zuchtwahl«, fürchtet Darwin, könne missverstanden werden. Deshalb erläutert er im vierten Kapitel den Unterschied von natürlicher und menschlicher Auslese. Kein Wille, kein Bewusstsein wähle in der Natur aus, allein das Überleben im Kampf ums Dasein entscheide. Täglich und stündlich spüre die Natur überall in der Welt die geringsten körperlichen Unterschiede – auch von inneren Organen – auf, prüfe die Veränderungen und verwerfe die schlechten, erhalte und vermehre die guten. Erst nach dem Ablauf langer, geologischer Zeitalter werde ihr Wirken sichtbar. »Es wurde auch gesagt, ich spräche von der natürlichen Zuchtwahl als von einer tätigen Kraft oder Gottheit«, verteidigt Darwin die Metapher später, »wer aber wird einem Autor Vorhaltungen machen, wenn er von der Anziehungskraft sagt, sie beherrsche die Bewegung der Planeten? Jeder weiß, was mit solchen bildlichen Ausdrücken gemeint ist, die schon der Kürze wegen nötig sind. Es ist ja auch schwer, das Wort ›Natur‹ genau zu bestimmen. Ich verstehe darunter die vereinigte Wirkung und Leistung vieler Naturgesetze und unter Gesetzen die nachgewiesene Aufeinanderfolge der Ereignisse.«

Das fünfte Kapitel hat Darwin den Gesetzen der Variabilität gewidmet, wie der Wechselbeziehung zwischen manchen Abänderungen, die nur gemeinsam auftreten, bei Katzen etwa total weißes Fell, blaue Augen und Taubheit. Artmerkmale seien veränderlicher als Gattungsmerkmale, und Arten derselben Gattung variierten auf ähnliche Weise. Gebrauch oder Nichtgebrauch könnten ein Organ stärken oder schwächen. – Darwin ist in diesem Punkt noch in der alten Lamarckschen These von der Vererbung erworbener Eigenschaften befangen.

Die beiden nächsten Kapitel nimmt sich Darwin Einwände gegen seine Theorie vor. Wie kommt es, das so häufig Übergangsformen fehlen? Und wie kann sich ein kompliziertes Organ entwickeln, wenn es doch zuerst noch keinen Nutzen im Kampf ums Dasein bringen kann? Auf den ersten Blick, räumt Darwin ein, scheine es schon »im höchsten Grade absurd«, dass ein Organ wie das Auge »mit all seinen unnachahmlichen Einrichtungen« durch natürliche Zuchtwahl entstanden sein könne. Dennoch existierten einfachste Vorformen – lichtempfindliche Pigmentzellen –, die bereits einen bescheidenen Nutzen brächten, und der lange Entwicklungsgang lasse sich im Groben nachzeichnen. Mitunter forme die Natur auch ein bereits bestehendes Organ zu einem neuen Zweck um. Die Schwimmblase der Fische, die bei einigen Arten auch als Lunge, bei anderen als Gehörorgan diene, kann er hier anführen.

Besondere Beachtung hat Darwin schon immer den Instinkten der Tiere geschenkt. Im achten Kapitel gesteht er zunächst, dass er über den Ursprung der geistigen Fähigkeiten ebenso wenig aussagen könne wie über den des Lebens. Aber immerhin seien Instinkte genauso wie körperliche Merkmale variabel. Das Hausgeflügel etwa habe seine ursprünglichen Schutz- und Fluchtverhaltensweisen zum Teil verloren. Bei verschiedenen Kuckucksarten, auch bei südamerikanischen Straußen, ließen sich Übergänge vom eigenen Bebrüten der Eier zum sprichwörtlichen Unterschieben finden. Auch staatenbildende Ameisen und Bienen haben ihm lange Zeit Kopfzerbrechen bereitet. Jetzt kann er ihre komplizierten Verhaltensweisen, etwa die Sklavenhaltung mancher Ameisenarten oder die mathematisch exakt geformten Bienenwaben nach dem Selektionsprinzip erklären. Sogar auf geschlechtslose und unfruchtbare Insektenkasten kann er seine Betrachtungen ausdehnen, wenn er sie nicht auf das einzelne Individuum beschränkt, sondern die fruchtbaren Geschwister und Eltern mit einbezieht.

Das neunte Kapitel enthält Gedanken über Bastardbildung und Sterilität. Beide braucht Darwin für die Entstehung mehrerer neuer Arten aus einer früheren. Dann wendet er sich der Geologie zu, speziell den angeblich fehlenden Beweisen für Artenwandel in der Erdgeschichte. »Die Erdrinde mit den in ihr ruhenden Überresten darf nicht als ein gutgefülltes Museum angesehen werden, sondern nur als eine armselige, durch Zufall und in langen Zwischenpausen zusammengebrachte Sammlung.« Daher klaffen große Lücken in den Überlieferungen der Sedimente. Ebenso lässt sich das plötzliche Auftreten nicht nur einzelner neuer Arten, sondern ganzer Artengruppen verstehen, wenn man die schnelle Ausbreitung von Arten über weite Gebiete berücksichtigt. Die enormen Zeiträume der Erdgeschichte haben es den Organismen immer wieder ermöglicht, sich an ihre sich äußerst langsam verändernde Umwelt anzupassen. Wiederholte Schöpfungen sind daher nicht nötig.

Im zwölften und dreizehnten Kapitel geht Darwin die Frage nach der geografischen Verbreitung der Arten an. Weshalb sind Lebewesen auf den einzelnen Erdteilen so unterschiedlich? – Weil natürliche Schranken ihre Ausbreitung behindern: Ozeane, Wüsten und Bergketten. Manche Arten können sich nur über Landbrücken ausgebreitet haben, andere wiederum, wie Insekten oder Seevögel, erobern jede aus dem Meer auftauchende Insel, der Galapagos-Archipel zeige das. Natürlich berichtet Darwin in diesem Zusammenhang auch über seine Experimente mit Pflanzensamen.

Zum Schluss widmet sich Darwin der Verwandtschaft aller Lebewesen. Sie zeigt sich im Körperbau, in den Embryos und in den rudimentären Organen. Ist es nicht verwunderlich, fragt Darwin, dass zu so verschiedenen Zwecken benutzte Organe wie die Greifhand des Menschen, der Grabefuß des Maulwurfs oder der Flügel der Fledermaus nach dem gleichen anatomischen Muster gebildet sind? Die gemeinsame Abstammung erkläre es. Andererseits könne die Anpassung an dieselbe Aufgabe unterschiedliche Organe äußerlich aneinander angleichen. Auch an den Embryos könne man die Verwandtschaft der Organismen nachweisen: Sie erinnern oft an Stammformen. Darwin zweifelt, wie er in der Zusammenfassung schreibt, nicht daran, dass »die Tiere von höchstens vier oder fünf Vorfahren abstammen, die Pflanzen von derselben oder einer noch kleineren Anzahl«.

Noch hat er eine gesonderte Betrachtung des Menschen ausgespart. »Obgleich in der ›Entstehung der Arten‹ nirgends die Abkunft irgendeiner besonderen Art erörtert wird«, erläutert er in der Autobiografie, »hielt ich es doch für das beste, damit kein anständiger Mensch mich deshalb angreifen könne, daß ich meine Ansichten verheimlicht hätte, diesem Werke die Bemerkung hinzuzufügen, es werde auch der Ursprung des Menschen und seine Geschichte beleuchtet werden. Es würde nutzlos und für den Erfolg des Buches schädlich gewesen sein, hätte ich mit meiner Überzeugung betreffs des Ursprungs des Menschen glänzen wollen, ohne irgendwelche Beweise beizubringen.« Ein halbherziges Argument. Wieder einmal zögert Darwin die letzte Entscheidung hinaus.

Die ersten Steine fliegen

London Ende 1859. An der Waterloo-Brücke wendet sich ein Mann an den Bahnhofsbuchhändler: Ob er den Darwin habe? Nein, antwortet der, er warte auf die zweite Auflage. Er habe schon gehört, dass dies ein merkwürdiges Buch sei.

Der sofortige und durchschlagende Verkaufserfolg des sensationsumwitterten »Gorilla-Buches«, das – angeblich? – die Lösung des lang umstrittenen Artenrätsels birgt, darf über die nahezu einhellige Ablehnung nicht hinwegtäuschen. Und der Schluss auf den Menschen und seine Vorfahren wird von Darwins eifrigen Lesern, die ja bereits den »Mr. Vestiges« kennen, nur zu schnell aus der verklausulierten Andeutung gezogen. Zwei Briefe in Darwins Tageszeitung, der »Times«, kündigen den Sturm der religiösen und moralischen Entrüstung an, der nun losbricht. Sie handeln von »Werken der Kunst in der Abdrift« und sind mit »Senex« unterzeichnet. Darwin errät sofort, dass sich hinter »Senex« FitzRoy verbirgt. Wie schade, dass dieser nicht seine Theorie hinzugefügt hat, nach der das Mastodon ausstarb, weil es nicht durch die Tür von Noahs Arche passte!

In der noblen Zeitschrift »Athenaeum« spricht ein Kritiker von der »offenbaren Selbstbefriedigung«, mit der Darwin seine Ansichten enthülle, und davon, dass er die Abstammung des Menschen vom Affen in eine Art »Glaubensbekenntnis« verwandelt habe. Bei aller äußerlichen Sachlichkeit klingen deutlich Ablehnung und Hohn durch. Zum Schluss überlässt er Darwin »der Gnade der theologischen Lehrer, der Universität, des Auditoriums und des Museums«. Darwin regt die verdeckte Polemik des Rezensenten auf. »Er würde um alles in der Welt mich nicht verbrennen, er will aber das Holz bereithalten und den schwarzen Bestien sagen, wie sie mich fangen können …«

Wenig später liest Darwin in der »Daily News«, dass er seine Ideen von seinem »Meister«, dem »Mr. Vestiges«, gestohlen habe. Die »Manchester-Zeitung« verkündet sogar, dass er »Macht ist Recht« bewiesen habe und sich Napoleon und jeder schlitzohrige Kaufmann auf seine Theorie berufen könne: Im Kampf ums Dasein siege nach Darwin eben der Stärkere. Diese polemische Fehlinterpretationen kündigt einen schier endlosen Rattenschwanz ähnlicher Entstellungen an.

Carlyle sieht in dem Buch einen völlig überflüssigen zweiten Aufguss von Erasmus Darwins »Zoonomia«, und er orakelt tiefgründig: »Daß die Schwachen und Unfähigen vergehen und die Starken und Angepaßten sich behaupten und durchsetzen, scheint wahr genug in der tierischen und menschlichen Geschichte. Aber es gibt Geheimnisse im menschlichen Leben und im Universum, die durch diese Entdeckung nicht erklärt werden.«

John Herschel äußert sich noch verächtlicher. Er redet vom »Gesetzbuch für Kraut und Rüben«. Für Darwin ist die Meinung des Mannes, den er sehr hoch schätzt, ein schwerer Schlag. Wenn nur die natürliche Zuchtwahl vor den Augen seiner »drei Richter« besteht!

Hooker bricht augenblicklich in Begeisterungsstürme aus. Auch Lyell ist, wie Hooker schon nach Ilkley schreibt, »vollständig verzaubert und weidet sich absolut an dem Buche«. Die Hälfte seines Lebens hat Lyell gegen Lamarcks Ansicht von der Veränderlichkeit der Arten gekämpft und eine plötzliche »Erschaffung« der Arten am Beginn jedes geologischen Zeitalters gelehrt – worunter er allerdings nichts Übernatürliches verstehen wollte. Das Wort »Erschaffung« diente ihm nur dazu, seine Unkenntnis der tatsächlichen Vorgänge auszudrücken. Soll er jetzt »alte und lange liebgehaltene Ideen, die für mich den Reiz des theoretischen Teils der Wissenschaft … bildeten«, einfach beiseitewischen? Außerdem hegt er eine tiefe Abneigung gegen den Gedanken, dass die Menschen von Affen abstammen. Aber: Der Wahrheit muss gedient werden!

»Sich in der Stellung eines Meisters auf der einen Seite einer Frage dreißig Jahre lang behauptet zu haben«, begrüßt Darwin Lyell unter seiner geringen Anhängerschar, »und sie dann mit Überlegung aufzugeben, ist eine Tatsache, zu welcher ich sehr bezweifle, ob die Geschichte der Wissenschaft einen parallelen Fall darbietet.«

Lyell weist Darwin auf mehrere Stellen hin, an denen er den Text für die zweite Auflage straffen, ein Beispiel ersetzen oder etwas klarer zwischen rudimentären und entstehenden Organen unterscheiden sollte. Während der Kaltwasserkur in Ilkley findet Darwin jedoch keine Ruhe, die vom Verleger schleunigst erbetenen Verbesserungen vorzunehmen. Auch zu Haus in Down ändert er nur wenig an den Formulierungen und inhaltlich noch weniger. Dort, wo er davon spricht, dass nur einigen Formen das Leben »eingehaucht« worden sei, fügt er ein besänftigendes »vom Schöpfer« hinzu – aber ohne rechten Erfolg. Auch die Erwähnung eines »gefeierten Autors und Kirchenmannes«, der seine Auffassungen teile – gemeint ist der Schriftsteller Charles Kingsley –, vermag den Sturm verleumderischer Kritiken nicht zu bremsen. Am 7. Januar 1860, sieben Wochen nach der ersten, wirft Murray die zweite Auflage im Umfang von dreitausend Exemplaren auf den Markt.

Inzwischen hat sich der letzte von Darwins Richtern, Thomas Henry Huxley, zu Wort gemeldet. Wie Darwin und Lyell zählt er zur Riege der viktorianischen weltreisenden Naturalisten. 1825 wird er als Sohn eines Schulmeisters geboren. Mit fünfzehn Jahren bereits beginnt er an der Universität London Medizin zu studieren. Bald zeichnet er sich so sehr aus, dass man ihm ein freies Studium gewährt. Als Kapitän Stanlay 1846 einen Naturalisten für die Weltreise der »Rattlesnake« sucht, kann er gleich drei Empfehlungsschreiben vorweisen: vom Direktor seines Hospitals, vom Paläontologen David Forbes und vom Anatom Richard Owen. Vier Jahre kreuzte dann das Vermessungsschiff im Ozean nördlich und östlich Australiens. Huxley seziert und mikroskopiert in dieser Zeit Unmengen von Meeresgetier, insbesondere Medusen. Als er 1850 zurückkehrt, ist ihm der Ruf eines ausgezeichneten Zoologen schon vorausgeeilt. 1857 wird er zum Professor für Naturgeschichte an der Königlichen Bergschule London ernannt. Jetzt untersucht er vor allem die Anatomie der Wirbeltiere. Er gilt als ein eigenständiger und gründlicher Denker.

Kaum hat Huxley die »Entstehung der Arten« durchstudiert, beglückwünscht er Darwin: »Seit ich von Baers Abhandlungen … gelesen habe …, hat kein Werk über wissenschaftliche Naturgeschichte einen so großen Eindruck auf mich hervorgebracht …« An dem ganzen »herrlichen Buch« habe er nur ein oder zwei winzige Punkte auszusetzen, insbesondere den, dass sich Darwin mit der These »Die Natur macht keine Sprünge« unnötige Schwierigkeiten aufhalse.

Natürlich werde es Tadel und Entstellung in reichlicher Menge geben, muntert er zum Schluss des Briefes Darwin auf, aber »was die Kläffer betrifft, welche bellen und heulen werden, so müssen Sie sich daran erinnern, daß einige Ihrer Freunde unter allen Umständen mit einem Grade von Kampfbereitschaft … ausgerüstet sind, die für Sie freudig eintritt. Ich schärfe meine Krallen und meinen Schnabel in Vorbereitung.«

Den Beweis dafür kann Huxley sehr schnell liefern. Wie überrascht ist Darwin, als er kurz vor der Jahreswende die »Times« aufschlägt und auf einen Artikel über sein Buch stößt, der die sagenhafte und für Besprechungen wissenschaftlicher Werke absolut ungewöhnliche Länge von dreieindrittel Spalten besitzt. Noch mehr erfreut ihn, dass der Verfasser in klaren und einfachen Worten seine Lehre darlegt, ohne sie im mindesten zu verfälschen. Er sagt, dass es sich nicht um »in der Luft stehende ideelle Spinnweben« handele, sondern um eine »äußerst geistvolle Hypothese«, die viele »scheinbare Anomalien« in der belebten Natur erkläre. Natürlich solle man ihr mit »tätiger Skepsis« begegnen, man solle sich aber auch nicht von Vorurteilen beirren lassen.

Kein Name verrät den Autor, doch Darwin tippt sofort auf Huxley. Wie aber konnte er dem Hauptblatt des Empire einen solch kühnen Artikel unterschieben? Sehr einfach: Der mit der Rezension beauftragte Redakteur fühlte sich überfordert. Da empfahl man ihm, sich an Huxley zu wenden – und der ergriff nur zu begierig die Chance.

Diesmal hat Darwin die Lacher auf seiner Seite. Wie müssen wohl die konservativen »Times«-Leser Huxleys Geniestreich aufnehmen? Übermütig schreibt Darwin seinem »General-Agenten« Huxley: »Die alten Schlafmützen werden denken, die Welt geht unter.«

Satire auf die bürgerliche Gesellschaft oder Aufruf zur Revolution?

Anfang 1860 hat Darwin erst ein bescheidenes Häuflein von Wissenschaftlern für seine Ideen gewonnen. Vierzehn Namen erwähnt er Hooker gegenüber, darunter seinen Nachbarn John Lubbock, der sich immer mehr in Paläontologie und Archäologie vertieft, den Physiologen Carpenter, den Zoologen Leonard Jenyns, der ihm aus Tagen in Cambridgevertraut ist, und den amerikanischen Botaniker Asa Gray. Doch selbst die Befürworter der Entwicklungslehre bejahen nicht alle Konsequenzen. »Jeder zieht seine eigene imaginäre Grenzlinie, bei der er stehenzubleiben denkt«, verwundert sich Darwin in einem Brief an Lyell und hat dabei Henslow im Sinn. Der hat ihm bei einem Besuch in Down versichert, dass er nicht so weit wie sein ehemaliger Schüler gehen könne – aber auch keinen triftigen Grund anzuführen wisse, warum er es nicht sollte.

Die meisten Gelehrten Englands reagieren viel abweisender. Jahrzehntelang haben Lamarck und Buffon, Cuvier und Saint-Hilaire ohne rechtes Ergebnis über die Konstanz der Arten und die Schöpfung gestritten. Durch die endlose und fruchtlose Kontroverse, so schildert Huxley später die geistige Situation, sind viele Naturforscher geneigt, beiden Lagern, den »Evolutionisten« und den »Mosaisten«, die Pest an den Hals zu wünschen und sich der scheinbar allein nutzbringenden Detailforschung zuzuwenden. Und nun kommt der Südamerika- und Entenmuschel-Darwin und wärmt den alten Hickhack auf!

Der Ausgangs- und Ansatzpunkt für alle Diskussionen war dabei meist die Tatsache, dass an den Grenzen der geologischen Epochen ganze Gattungen allem Anschein nach urplötzlich ausstarben und andere ebenso urplötzlich auftauchten. Whewell, der »Master« des Trinity College in Cambridge und eine der größten Koryphäen auf naturwissenschaftlichem Gebiet, konnte noch vor wenigen Jahren rhetorisch nach dem Ursprung neuer Arten fragen: Ob Eltern völlig anders beschaffenen Nachwuchs zeugen könnten? Oder ob die neuen Arten elternlos entstünden? Ob sie sich aus irgendeiner embryonalen Masse entwickelten? Oder sich einfach aus dem Erdboden erhöben wie der Löwe in Miltons Dichtung, »scharrend, um das Hinterteil zu befreien«?

Whewell jedenfalls begreift nicht, dass Darwin mit der natürlichen Selektion das Problem prinzipiell gelöst hat. Er äußert sich nicht direkt gegen

Darwins Buch, fürchtet aber dessen Einfluss auf die Studenten und verbietet, es in die College-Bibliothek einzureihen.

Viel bitterer ist für Darwin die Reaktion von Adam Sedgwick, seinem alten Geologieprofessor. Sedgwick hat das Buch »mit mehr Schmerz als mit Vergnügen« studiert. »Einzelne Teile«, schreibt er Darwin, »habe ich sehr bewundert, bei anderen habe ich gelacht, bis mir die Seiten ganz wund waren; andere Teile habe ich mit absoluter Bekümmernis gelesen, weil ich sie für ganz und gar falsch und in einem schmerzlichen Grade unheilstiftend halte … Sie sind von der wahren Methode der Induktion abgefallen und haben uns einer Maschine übergeben, welche, wie ich denke, so wild ist wie Peter Wilkins' Lokomotive, die uns nach dem Monde segeln wollte.« Sedgwick sieht die Verbindung von Wissenschaft und Moral zerstört. Die Verknüpfung des moralischen und des physischen Teils der Natur aufzubrechen hieße, das menschliche Geschlecht zu brutalisieren und herabzuwürdigen …

Sedgwicks Besprechung im angesehenen »Spectator« strahlt die gleiche Entrüstung aus. Er wirft Darwin nichts weniger als rückhaltlosen Materialismus, demoralisierten Verstand und sogar Atheismus vor!

Ein gänzlich andersartiger Vorwurf überrascht Darwin in der Gärtnerzeitschrift. Ein Mr. Patrick Matthew zitiert da lang und breit aus seinem Buch »Über Schiffbauholz und Baumkultur«, das schon 1831 erschienen ist. Er, Patrick Matthew, hat die »natürliche Zuchtwahl« entdeckt! Jahrzehnte vor Darwin! – Es stimmt. Obzwar Matthew die Theorie in keiner Richtung näher ausgeführt hat, erkennt Darwin seinen Prioritätsanspruch an. Matthew gibt sich damit nicht zufrieden. Überall verteilt er Visitenkarten, auf denen in dicken Lettern »Entdecker des Prinzips der natürlichen Zuchtwahl« prangt.

Asa Gray bemüht sich inzwischen um eine amerikanische Ausgabe von Darwins Werk. Louis Agassiz, der führende amerikanische Naturalist, hält das Buch für sehr schwach, doch das hindert gleich zwei New Yorker Verleger nicht, unautorisierte Nachdrucke zu planen. Gray protestiert, sie sollen Darwins neueste Version benutzen. Der eine gibt das Vorhaben auf, der andere behauptet, er habe bereits gedruckt, und verspricht eine »vernünftige« Entschädigung, falls sich die 2.500 Exemplare einigermaßen verkaufen. Im Mai 1861 überweist er dann 21 Pfund, 17 Schilling und 6 Pence nach Down. Für Darwin aber zählt allein die überseeische Ausgabe. In England hat er 180 Pfund an der ersten und 636 Pfund an der zweiten Auflage verdient.

In Deutschland gewinnt Darwins Theorie ebenfalls schnell einen Brückenkopf. Der Zoologe und Paläontologe H. G. Bronn übersetzt das Buch und veranlasst den Druck. Bronn ist ein eigenwilliger Kopf. Er meint, dass man »natural selection« unbedingt mit »Wahl der Lebensweise« verdeutschen müsste. So wenig Darwin auch von der »verdammten« Sprache versteht, er argwöhnt doch, dass der Ausdruck sehr lamarckistisch klingt, so als ob Pflanzen und Tiere ihre Lebensweise selbst auswählen würden. Später bürgert sich die Übersetzung »natürliche Zuchtwahl« ein, die heute reichlich brutal und archaisch anmutet – im Gegensatz zum vornehm lateinischen »Selektion«.

Auch die nicht ganz glückliche Wiedergabe von »Origin« mit »Entstehung« statt »Ursprung« verdanken wir Bronn. Außerdem erweitert er das Buch durch einen Anhang, in dem er alle angeblichen Schwierigkeiten von Darwins Theorie aufführt. Ja, er wagt sogar, am Text herumzudoktern. Den Satz, der auf den Menschen hinweist, unterschlägt er glatt. Darwin bemerkt den Frevel wohl nicht, als er Mitte des Jahres die drei broschürenähnlichen Lieferungen durchblättert, aus denen die deutsche Ausgabe besteht. Er hat Mühe genug, sich durch Bronns Anhang zu beißen.

Zwei andere Deutsche, für Darwin unbekannte Emigranten, lernen die »Entstehung der Arten« im Original kennen: Karl Marx und Friedrich Engels. Noch im Dezember 1859 schreibt Engels aus Manchester an den Freund: »Übrigens ist der Darwin, den ich jetzt gerade lese, ganz famos. Die Teleologie war nach einer Seite hin noch nicht kaputtgemacht, das ist jetzt geschehen. Dazu ist bisher noch nie ein so großartiger Versuch gemacht worden, historische Entwicklung in der Natur nachzuweisen, und am wenigsten mit solchem Glück. Die plumpe englische Methode muß man natürlich in den Kauf nehmen.« Mit Letztem meint Engels, dass Darwin zwar Beispiel auf Beispiel und Beleg auf Beleg häuft, seine Grundbegriffe jedoch nicht auf gut Hegelsche Weise in ihrem Zusammenhang und Widerspruch dialektisch entwickelt.

Marx sieht in dem Buch auch eine Satire auf die bürgerliche Gesellschaft. »Es ist merkwürdig«, wendet er sich bei späterer Gelegenheit an Engels, »wie Darwin unter den Bestien und Pflanzen seine englische Gesellschaft mit ihrer Teilung der Arbeit, Konkurrenz, Aufschluß neuer Märkte, Erfindungen und Malthusschem Kampf ums Dasein wiedererkennt. Es ist Hobbes' »bellum omnium contra omnes« (Krieg aller gegen alle), und es erinnert an Hegel, in der Phänomenologie, wo die bürgerliche Gesellschaft als geistiges Tierreich, während bei Darwin das Tierreich als bürgerliche Gesellschaft figuriert.« Das hindert Marx aber nicht, die Entwicklungslehre für sich in Beschlag zu nehmen: »Obgleich grob englisch entwickelt, ist dies das Buch, das die naturhistorische Grundlage für unsere Ansicht enthält.«

So scheiden sich allmählich die Geister in zwei Lager: »pro Darwin« und »kontra Darwin«. In Frankreich etwa wird »Die Entstehung der Arten« von allen Verlagen mit Verachtung abgewiesen. Die französischen Naturforscher schwören noch immer auf ihren Cuvier, und der französische Klerus wettert bald weitaus heftiger als der englische gegen die umstürzlerischen Ideen Darwins: »Diese ruchlosen Lehren haben die verworfensten Leidenschaften zur einzigen Stütze. Ihr Vater ist der Stolz, ihre Mutter die Unlauterkeit, ihre Nachzucht Revolution! Sie kommen aus der Hölle und streben dahin zurück und reißen die plumpen Geschöpfe mit sich, die nicht erröten, sie zu verkünden und zu vertreten.«

TEIL IV

Die Liebe zu den Pflanzen

Kapitel 11

Ein Uhrwerk-Leben

»Mein Leben geht wie ein Uhrwerk«, schrieb Darwin 1846 an FitzRoy, »ich bin an den Ort gefesselt, wo ich es enden werde.« Fünfzehn Jahre sind seither verflossen …

Meist wacht Darwin früh auf; er lässt Emma weiterschlafen. Noch vor dem Frühstück, das er um sieben Uhr fünfundvierzig zu sich nimmt, spaziert er den vertrauten Sandweg entlang. Mag es regnen, schneien, mag sein Hund mit eingezogenem Schwanz im Haus bleiben – kein Wetter kann ihn hindern, eine festgesetzte Anzahl Runden zu laufen. Er zählt sie durch Kiesel ab, die er mit dem Fuß beiseiteschubst. Ab und zu stockt er auf dem Weg, schaut hinab über die niedrige Hecke in das ruhige, buschbestandene Tal. Einmal, so erzählt sein Sohn Francis, kletterten ihm dabei junge Eichhörnchen den Rücken hinauf, »während ihre Mutter in Todesangst nach ihnen schrie«.

Die anderthalb Stunden von acht Uhr bis neun Uhr dreißig schätzt Darwin als seine beste Arbeitszeit. Keine Minute davon vergeudet er. Jetzt, nachdem die »Entstehung der Arten« glücklich beendet ist, will er das alte Manuskript über die natürliche Zuchtwahl zu Ende führen. Der erste Teil des geplanten vielbändigen Werkes soll sich ausschließlich mit der Veränderlichkeit der Haustiere und Kulturpflanzen befassen. Mehrere Monate benötigt er allein für das Kapitel über die Tauben. Und die Abstammung des Menschen? Oh, es gibt noch so viel vorher zu erledigen …

Mit Büchern geht Darwin nicht gerade schonend um. Für ihn sind sie Arbeitsmaterial, nichts anderes. Er unterstreicht, kritzelt an den Rand und legt ein eigenes Register am Ende an. Er greift, ist ihm ein Buch zu unhandlich, zum Messer und schneidet es unbarmherzig auseinander. Lyell war über das Schicksal eines seiner Werke so erschrocken, dass er die nächste Auflage in zwei Bänden drucken ließ! Anderen Autoren widerfährt weit Schlimmeres. Verbreiten sie zu viel Gewäsch, reißt Darwin die unnützen Seiten einfach heraus. Manch dicker Wälzer schrumpft so zu verräterischer Dünnheit.

Etwa halb zehn läutet der Postbote. Welche Sturzflut von Briefen bricht in diesen Monaten über Darwin herein! Jedermann will ihm entweder zum gelungenen Buch gratulieren oder ihn seines »unphilosophischen« Machwerks wegen beschimpfen. Und jeder einzelne Brief, auch der allertörichste, wird beantwortet.

Halb elf bis Viertel nach zwölf versenkt sich Darwin wieder in die Arbeit. Dann hat er sein Tagewerk verrichtet und ist mehr oder minder befriedigt, je nachdem wie viel er erledigen konnte. Fünf oder sechs Runden auf dem Sandweg frischen ihn wieder auf.

Pünktlich dreizehn Uhr sitzt die Familie beim Lunch zusammen. Darwin isst maßvoll, mitunter gönnt er sich ein Glas leichten Weines.

Nach dem Essen streckt sich Darwin auf dem Sofa aus und vertieft sich in die »Times«. Anschließend vertauscht er das Sofa mit dem großen, rosshaarbezogenen Stuhl am Kamin, streicht das Papier auf dem Brett, das an der Armlehne befestigt ist, glatt und besorgt die Korrespondenz. Beantwortete Schreiben spießt er auf einen Nadelstand: Nach einiger Zeit werden sie verbrannt.

Ist die Korrespondenz endlich abgewickelt, steigt Darwin mit schwerem Schritt die Treppe zum ersten Stock hinauf und zieht sich in das Schlafzimmer zurück. Dort macht er es sich auf dem Sofa bequem, steckt sich zur Entspannung eine Zigarette an und wartet voller Vorfreude darauf, dass Emma ihm vorliest.

Darwin ist nicht sonderlich wählerisch mit seiner Lektüre. Er begnügt sich mit dem, was »Mudie's Zirkulations-Bibliothek«, eine Art Lesezirkel, bietet: mit Charles Dickens also und William Makepeace Thackeray, George Eliot und Anthony Trollope. Mehr noch gefällt ihm Walter Scott, Mrs. Gaskell oder Jane Austen. Deren Romane besitzen die Darwins selbst, sie werden so oft gelesen und wieder gelesen, bis sie zerfledern. Tief greifende literarische Kriterien wendet Darwin nicht an. Er kennt nur zwei: Der Roman soll glücklich enden und eine Hauptperson haben, »die man durchaus lieben kann, und ist dies eine nette Frau ist, umso besser«. Später begeistert er sich für Lewis Caroll und Mark Twain.

Punkt vier Uhr poltert Darwin die Treppe hinab. Noch einmal, ungefähr bis halb sechs, begibt er sich in das Arbeitszimmer. Ebenso methodisch wie die wissenschaftlichen Untersuchungen bewältigt er die häusliche Buchführung. Auch die kleinste Ausgabe wird im schweren Hauptbuch säuberlich registriert, ebenso die Einnahmen aus dem angelegten Vermögen und dem Verkauf seiner Werke. In speziellen Kontobüchern verfolgt er Aktienkäufe und -verkäufe. Als ihm ein Dutzend Jahre später Francis Galton, der nach den Ursachen wissenschaftlicher Genialität forscht, einen Fragebogen zuschickt, notiert er in die Spalte »spezielle Talente«: »Keine, ausgenommen für Geschäftliches, wie es aus dem Rechnungsführen, Antworten auf Briefen und sehr gutem Anlegen von Geldern hervorgeht.«

Abends um halb acht setzt sich Darwin an den gedeckten Dinnertisch. Anschließend spielt er mit Emma zwei Partien Puff. Zeitlebens führt er eine genaue Strichliste über alle Resultate.

Später schaut er in ein wissenschaftliches Buch oder blättert eine Zeitschrift durch. Dann lockt ihn Emmas Klavierspiel zurück ins Wohnzimmer. Sosehr er die Musik liebt – nach wie vor erkennt er keine Melodie. »Das ist ein schönes Stück«, lobt er regelmäßig seine Lieblingsmelodien, »was ist es?« Beethoven und Händel gefallen ihm besonders.

Nach zweiundzwanzig Uhr verlässt Darwin das Wohnzimmer und legt sich schlafen. So manche Nacht quälen ihn der unruhige Magen oder die unablässig fortspinnenden Gedanken; endlich sinkt er erschöpft in den Schlaf.

Darwins Bulldogge schnappt zu

Trotz aller gegenteiligen Beteuerungen Darwins vermutet die anglikanische Kirche in seinem Buch »einen Anschlag zur Absetzung Gottes«. Nur eins könne wahr sein: »die rohe Philosophie, daß es keinen Gott gebe und ein Affe unser Adam sei«, oder die biblische Schöpfungsgeschichte.

Den Hauptangriff führt der Bischof von Oxford. Samuel Wilberforce ist ein überaus talentierter, publikumswirksamer Redner, geschmeidig im Ausdruck, donnernd oder salbungsvoll. Seine Gegner haben ihm den Spitznamen »Soapy Sam« gegeben. Ende Juni veranstaltet die BAAS ihr Jahrestreffen in Oxford – die Gelegenheit verlockt zu einem großen Auftritt. Ein Bischof kennt sich naturgemäß in wissenschaftlichen Spezialfragen nicht gut aus. Hinter Wilberforce aber steht Richard Owen, der erste Anatom des Landes, ein unbestrittener Experte. Owen ist der undurchsichtigste der viktorianischen Naturforscher. Wie herzlich drückt er doch Darwin die Hand! Wie freundlich spricht er mit ihm über die »Entstehung der Arten«! Er kritisiert höchstens, dass Darwin zu viel zu beweisen suche. Jeder kennt sein »chirurgisches Lächeln«, und jeder fürchtet seine vergiftete Feder.

Im April 1860 erscheint im »Edinburgh Review« eine fünfundvierzig Seiten lange, überaus geschickte und überaus boshafte Besprechung. Zitate werden verdreht, falsche Ansichten Darwin behutsam untergeschoben, ihm Anmaßung unterstellt. Auch an Huxley und Hooker verteilt der Rezensent wuchtige Seitenhiebe, einen nur streicht er wohlwollend heraus: Richard Owen. Darwin und seine Freunde erraten sofort, dass er das Machwerk selbst verfasst hat.

Owen bewegt ein fast krankhafter Ehrgeiz und ein erbitterter Neid. Im März hat er einem Parlamentskomitee über wichtige wissenschaftliche Ereignisse berichten müssen: »Die ganze intellektuelle Welt ist dieses Jahr von einem Buch über den Ursprung der Arten erregt worden.« Und es stammt nicht von ihm! Unter anderen Umständen hätte vielleicht er sich die natürliche Zuchtwahl ausgedacht – so wird er sie bis zum Äußersten bekämpfen!

Am Mittwoch, dem 27. Juni 1860, wird die Jahrestagung der BAAS in Oxford eröffnet. Entgegen seinen Plänen weilt Darwin nicht unter den angereisten Wissenschaftlern. Er ist krank und probiert Dr. Lanes neue hydropathische Klinik in Sudbrock Park, südwestlich von London, aus.

Professor Henslow führt am Donnerstag weise und umsichtig den Vorsitz der Zoologischen Sektion. Als Erster trägt ein Oxforder Botanikprofessor über die »Endursachen der Sexualität der Pflanzen« vor, wobei er Darwins Theorie zurate zieht und durch seine Angaben stützt. Henslow ruft anschließend Huxley auf. Doch Huxley lehnt ab. Der Zuhörerkreis sei zu groß, da könne das Gefühl das Urteil des Intellekts beeinträchtigen.

Owen hingegen will die Gelegenheit nutzen. Er habe Tatsachen, »durch welche das Publikum zu einer gewissen Schlußfolgerung in bezug auf die Wahrscheinlichkeit der Wahrheit von Mr. Darwins Theorie kommen könne«. Das Gehirn des Gorillas sei nämlich dem der niedrigsten Vierhänder weitaus ähnlicher als dem des Menschen. Genau diesen Punkt aber hat Huxley während der letzten Jahre sorgfältig untersucht. Er bestreitet Owens Angaben entschieden.

Am Freitag herrscht vergleichsweise Ruhe in den Hörsälen. Huxley weiß, dass der Bischof sich für Sonnabend angekündigt hat, doch ist er müde und möchte seine Frau, die sich in der Nähe von London aufhält, am Wochenende besuchen. Außerdem ist der Bischof so redegewandt und das Publikum so auf ihn fixiert, dass wenig Aussicht besteht, Darwin wirkungsvoll zu verteidigen.

In dieser Stimmung trifft Huxley den Autor der »Vestiges«, Robert Chambers, auf der Straße. Chambers entrüstet sich: Huxley wolle kneifen! Nun, wenn man seine Abwesenheit so deuten könne, entscheidet sich Huxley, dann lasse er sich eben »bischöflich zermalmen«.

Der Zulauf am Sonnabend ist ungeheuer. Es hat sich herumgesprochen, dass Owen den Bischof fachlich berät. Der vorgesehene Hörsaal quillt über, die Menge strömt in die weitaus größere Bibliothek des Museums, die sich ebenfalls bis zum Bersten füllt. Schließlich sollen Ursprung und Stellung des Menschengeschlechts debattiert werden! Siebenhundert bis tausend Interessierte, Neugierige und Sensationshungrige drängen sich auf den Bänken und in den Gängen. In den Fensternischen auf der Westseite des Raumes rascheln die Röcke der Ladys.

Die beiden Hauptgegner fehlen: Charles Darwin und Richard Owen. Eigentlich sollte Owen die Sitzung leiten, nun nimmt Henslow widerwillig auf dem Präsidentensessel Platz. Huxley wird ein Stuhl auf dem Podest zuge-

20 Darwins Arbeitszimmer im Down-Haus

wiesen, ebenso Hooker, der des endlosen Streites ziemlich überdrüssig ist und eigentlich am Eingang umkehren wollte. Dann bahnt sich der Bischof den Weg durch die Menge, begrüßt von den Rufen seiner Getreuen.

Zuerst spricht Mr. Draper aus Amerika über »die intellektuelle Entwicklung Europas unter besonderer Berücksichtigung der Ansichten Darwins und anderer«. Anderthalb Stunden lang tönt die gleichmäßige Yankee-Professorenstimme über die Köpfe der Versammelten. Dann bittet Henslow um eine sachliche Diskussion, und die Erregung der Zuhörer steigert sich wieder. Die zwei nächsten Wortmeldungen werden nach ein paar Minuten geradezu niedergeschrien, der dritte heizt die Stimmung mit einem kurzen witzigen Auftritt weiter an. Er zeichnet zwei Kreuze auf die Wandtafel und ahmt die Aussprache des Amerikaners nach: »Sei Punkt A der Mensch, Punkt B der Affe.« Das Publikum rast, dass das Glasdach klirrt.

Der Bischof erhebt sich. Erwartungsvolles Schweigen breitet sich aus. Er beginnt mit einem Scherz. Wird ernst. Beweise? Was sind denn hier Beweise? »Eine gerüchteweise Mitteilung über ein langbeiniges Schaf«, mehr könne Mr. Darwin nicht vorbringen.

Huxley staunt atemlos: Es ist schier unbegreiflich, wie schlecht der Bischof informiert ist! Darwin schrieb von einem Schaf mit einem zusätzlichen Rückenwirbel! Erleichtert lehnt er sich zurück, lauscht auf weitere Schnitzer.

Nichts, beschwört Wilberforce die Menge, habe Darwin anzubieten als »eine Hypothese, die völlig unphilosophisch zur Würde einer kausalen Theorie erhoben wird«. Er lächelt spöttisch, dreht sich zu Huxley um. »Ich möchte Professor Huxley, welcher neben mir sitzt und im Begriffe steht, mich in Stücke zu reißen … über den Glauben an seine Abkunft von einem Affen befragen. Treten die Affen-Vorfahren auf der großväterlichen oder der großmütterlichen Seite auf?«

Wie elektrisiert schlägt sich Huxley aufs Knie und flüstert seinem Nachbarn, der ihn entgeistert anstarrt, zu: »Der Herr hat ihn in meine Hände gegeben!«

Wilberforce schließt bischöflich wirkungsvoll und versichert, dass Darwins Ansichten der Heiligen Schrift widersprächen. Die Gentlemen applaudieren, und von der Westseite her winken die Ladys mit ihren weißen Taschentüchern.

Huxley wartet, bis Henslow ihn auffordert. Dann streckt er seine dünne, hohe Gestalt. Er wirkt sehr ruhig und sehr ernst. »Ich bin nur im Interesse der Wissenschaft hier und habe nichts gehört, was meinem erlauchten Klienten schaden könnte.« Er wendet sich an den Bischof. »Sie sagen, Entwicklung beseitige den Schöpfer. Sie behaupten aber, daß Gott sie gemacht habe; und doch wissen Sie, daß Sie selbst ursprünglich ein kleines Stückchen Substanz, nicht größer als die Spitze dieses goldenen Bleistifthalters gewesen sind.« Und die äffischen Vorfahren? Nur ungefähr ist uns Huxleys Erwiderung überliefert: »Ich würde mich auch nicht eines solchen Ursprungs schämen. Wohl würde ich mich aber schämen, von einem Manne abzustammen, der die Gaben der Bildung und Beredsamkeit besitzt und sie im Dienste des Vorurteils und der Falschheit mißbraucht.«

Das Publikum tost, Lachen und Rufe der Empörung branden auf, eine Lady fällt in Ohnmacht; man trägt sie hinaus.

Huxley setzt sich, Henslow bittet um Ruhe. Allmählich verstummen die erregten Gemüter. Die Versammlung ist noch nicht zu Ende. FitzRoy, der ebenfalls anwesend ist, erhebt sich. Er hält eine wuchtige Bibel empor. Professor Huxley habe kein Recht zu behaupten, in Darwins Buch sei Logik! Hierin, nur hierin – er schwenkt die Bibel –, schon auf der »Beagle« habe er … Henslow entzieht ihm das Wort.

John Lubbock meldet sich, verteidigt kurz die Entwicklungslehre. Als Letzter spricht Hooker. Er könne wohl kaum mit wissenschaftlicher Autorität auftreten, meint er lächelnd, denn der Bischof habe gesagt, dass alle kompetenten Forscher gegen Darwin wären. Ganz bescheiden wolle er nur anmerken, dass Wilberforce erstens nie die »Entstehung der Arten« gelesen haben könne und zweitens nicht über die geringsten Kenntnisse von Botanik verfüge. Bischof Wilberforce erwidert nichts.

Vier hitzige Stunden sind vergangen. Unter aufgeregtem Gemurmel zerstreuen sich die Zuhörer. Hooker und Huxley können sich der Gratulationen kaum erwehren.

Wilberforce gibt sich so leicht nicht geschlagen. Nach ein paar Wochen veröffentlicht er einen Artikel, bei dem augenscheinlich Owen die Ideen beisteuerte. Neu daran sind höchstens die Formulierungen und dass er an Lyell appelliert, die »nichtigen Spekulationen« zu widerlegen, so wie er deren »weniger unterrichteten Zwillingsbruder«, den »Mr. Vestiges«, widerlegt habe.

Drei Tage nach dem Sieg seiner Freunde erhält Darwin, von Kopfschmerz heimgesucht und fleißig Wasser tretend und trinkend, eine Schilderung aus Hookers Feder. Tränen der Rührung stehlen sich ihm in die Augen. Die zahlreichen gegnerischen Kritiken hatten ihm fast das Selbstvertrauen geraubt, Owens Prophezeiung, dass in zehn Jahren keiner mehr von seiner Theorie spräche, klang ihm in den Ohren. Jetzt verfliegt die Niedergeschlagenheit der letzten Wochen.

Hätte er nicht allzu gern die beiden über Wilberforce triumphieren hören? Trotz der Aufregung? Scherzhaft schilt er seinen Verteidiger, den Mann, der sich einmal als »Darwins Bulldogge« bezeichnet hat: »Wie konnten Sie es wagen, einen lebendigen Bischof auf diese Weise anzugreifen? Ich schäme mich für Sie! Haben Sie keine Ehrfurcht vor feinen Batistmanschetten?« Er selbst hätte den Mut zu einer Erwiderung nie aufgebracht.

Gretchenfragen

Allzu oft behelligen Wissenschaftler und Studenten, Laien und Ladys Darwin mit Gretchens Frage: »Wie hast du's mit der Religion?« Darwin weicht einer klaren Stellungnahme möglichst aus. Er will einen aufreibenden Streit vermeiden – und ist sich der eigenen Meinung nicht völlig sicher.

So auch im Mai 1860 im Briefwechsel mit Asa Gray. Der nämlich berichtet Darwin, dass in den USA die »Entstehung der Arten« schlimmerweise als atheistisch eingeschätzt werde. Das sei ihm peinlich, antwortet Darwin, denn er habe »durchaus nicht die Absicht gehabt, atheistisch zu schreiben«. Allerdings könne er auch nicht wie andere »Beweise von Absicht und von Wohltätigkeit auf allen Seiten um uns herum« erkennen. »Ich kann mich nicht dazu überreden, daß ein wohlwollender und allmächtiger Gott mit vorbedachter Absicht die … Schlupfwespen erschaffen würde mit der ausdrücklichen Bestimmung, sich innerhalb des Körpers lebender Raupen zu ernähren … Auf der anderen Seite kann ich mich doch in keinerlei Weise damit befriedigt fühlen, dieses wunderbare Universum, und besonders die menschliche Natur, zu betrachten und zu folgern, daß alles nur das Resultat der rohen Kraft ist. Ich bin geneigt, alles als das Resultat vorausbestimmter Gesetze anzusehen, wobei die Einzelheiten, mögen sie gut oder schlimm sein, der Wirkung dessen überlassen wird, was man Zufall nennen kann. Nicht, als wenn dieser Begriff mich *durchaus* befriedigte. Ich fühle aufs allertiefste, daß der ganze Gegenstand zu tief ist für den menschlichen Intellekt. Ein Hund könnte ebensogut über den Geist Newtons spekulieren. Laßt einen jeden Menschen hoffen und glauben, was er kann.«

Asa Gray bemüht sich, Darwins Lehre mit der christlichen Religion in Einklang zu bringen und sie vom »Makel« des Materialismus zu befreien. Speziell zu diesem Zweck veröffentlicht er in der angesehenen amerikanischen Zeitschrift »Atlantic Monthly« drei Artikel, in denen er behauptet, dass die natürliche Zuchtwahl mit der natürlichen Theologie nicht unvereinbar sei. Asa Gray glaubt, dass die Auslese von zufälligen Variationen allein nicht ausreiche, die Höherentwicklung in der Organismenwelt zu sichern: Der blanke Zufall schaffe nichts, Gott lenke den Zug der Abänderungen so, dass neue höherstehende Lebewesen erzeugt würden.

John Herschel vertritt ebenfalls diese Ansicht. Darwins Variation plus Selektion ähnelt ihm zu sehr dem Zufallsverfahren der laputanischen Gelehrten aus »Gullivers Reisen«, die mit Buchstabenwürfeln inhaltsschwere Bücher zusammenschütteln wollen. Selbst Lyell neigt zu Grays »Verbesserungen«.

Sosehr es Darwin begrüßt, dass Asa Gray die Entwicklungslehre in den USA fördert und verbreitet, sowenig vermag er dessen »gerichteter Evolution« zu folgen. Auf seine sanfte Weise bestürmt er Asa Gray mit Fragen: Ob er es sich etwa vorstellen könne, dass »die Gestalt seiner Nase« von Gott vorausbestimmt worden wäre? Das sei ja die logische Konsequenz! Außerdem könnte er auf die natürliche Zuchtwahl gleich ganz verzichten, wenn Gott sowieso durch winzige lenkende Eingriffe besser angepasste Arten aus alten schüfe. Auch von einer Tendenz zur Höherentwicklung will er nichts hören, das klingt ihm zu sehr nach Lamarck.

Die Frage, ob Abänderung oder Auslese oder andere Faktoren die Entwicklung der belebten Natur bewirken, ist für Darwin in diesem Zusammenhang jedoch zweitrangig. »Persönlich liegt mir selbstverständlich die natürliche Zuchtwahl sehr am Herzen, doch scheint mir das gänzlich bedeutungslos im Vergleich mit der Frage: Schöpfung *oder* Modifikation.«

1861 wird die wissenschaftliche Auseinandersetzung von schwerwiegenden Ereignissen überschattet: In Nordamerika entbrennt der Bürgerkrieg zwischen dem industriellen Norden und dem agrarischen, sklavenhaltenden Süden. Darwin ergreift Asa Gray gegenüber sofort Partei: »Einige wenige, und ich bin einer von ihnen, wünschen zu Gott, daß selbst mit Verlust von Millionen Leben der Norden einen Kreuzzug gegen die Sklaverei proklamieren möchte. Im Laufe der Zeit würde eine Million fürchterlicher

Todesfälle zugunsten der Humanität reichlich vergolten werden … Großer Gott, wie würde ich mich freuen, den größten Fluch auf Erden – Sklaverei – beseitigt zu sehen.«

Im November 1861 verschärft sich die Lage. Zwei Agenten der Südstaaten sind von Unionssoldaten auf einem britischen Paketdampfer gefangen genommen worden. Die englische Regierung droht, die »Beleidigung der Fahne« mit allen Mitteln zu sühnen. Geschäftliche Interessen sind im Spiel: Der Süden liefert Baumwolle für die englische Textilindustrie, und die Nordstaaten beabsichtigen, die Häfen der Konföderierten zu blockieren.

Darwin muss fürchten, dass sein Land aufseiten der verhassten Sklavenhalter in den Krieg eintritt. Im Januar lenkt die Union ein, das Schlimmste ist abgewendet. Doch Darwin ist kaum imstande, dem verwickelten Kriegsgeschehen zu folgen; sein Magen erträgt die »blutigen Details« nicht. »Wann«, fragt er Asa Gray, »wird der Frieden kommen?«

Die Pflanze als Tier

Direkt anschließend an eine Kaltwasserkur in Sudbrock Park im Juli 1861 besuchen die Darwins Emmas Schwester Charlotte in Heartfield. Hier trifft Darwin beim Spazierengehen auf eine merkwürdige Pflanze: den Sonnentau. Immer wieder beobachtet er, wie kleine und größere Insekten an den Tentakeln, die aus den breiten, fleischigen Blättern wachsen, festkleben. – Wozu?

Darwin gräbt einige der Pflanzen aus und trägt sie ins Haus. Emma amüsiert sein Eifer, sie schreibt an Mrs. Lyell: »Gegenwärtig interessiert er sich sehr für die Drosera (Sonnentau), als ob es sich um ein lebendiges Geschöpf handeln würde, und ich nehme an, er hofft, beweisen zu können, daß sie ein Tier sei.«

Tatsächlich möchte Darwin die harte Grenzlinie zwischen Tier- und Pflanzenreich ein wenig aufweichen und damit die Verwandtschaft aller Organismen verdeutlichen. Und die Drosera besitzt wirklich »tierische Eigenschaften«. Kaum berührt ein Insekt ein paar Tentakeln, beugen sich auch die umliegenden heran, als wollten sie den zappelnden Fang umklammern. – Wozu nur?

Nach einigem Nachdenken taucht Darwin eine große Anzahl von Droserablättern in Flüssigkeiten, die mehr oder weniger Stickstoff enthalten. Allein in den Schälchen mit bestimmten Stickstoffverbindungen geraten die Tentakel in Bewegung – folglich dient der Insektenfang der Nahrungsaufnahme!

Später im Jahr, im Oktober, den er der kränkelnden Etty wegen in Eastbourn, einem Kurort am Ärmelkanal, verbringt, setzt Darwin seine Untersuchungen fort. Reizempfindlichkeit und Reizleitung, Bewegungsvermögen und Nahrungsaufnahme rücken die Drosera in die Nähe des Tierreichs. In Down jedoch schiebt er die »Ferienunterhaltung« wieder beiseite.

Die dritte Auflage der »Entstehung der Arten« muss vorbereitet werden. Darwin hat seit Jahren ernsthafte Kritiken gesammelt; jetzt geht er auf jedes knifflige Detail ein, zum Beispiel wieso gewisse Arten ganze geologische Zeitalter nahezu unverändert überdauern konnten. Außerdem ergänzt er das Buch durch eine Skizze über die Geschichte des Entwicklungsgedankens von Lamarck über den obskuren Matthew bis zu »Mr. Vestiges«.

Im Mai 1861 stirbt Professor Henslow. Fast scheint es, dass Darwin das Forschungsgebiet seines Freundes und Lehrers erbt und sich mehr und mehr in einen Botaniker verwandelt. Seit den Wanderungen mit Henslow hat Darwin die Welt der Pflanzen nicht aus den Augen verloren. Pflanzen sind in vieler Hinsicht ideale Studienobjekte, er kann sie vermehren und trocknen – und sezieren, ohne dass Blut fließt.

Doch Darwin beschäftigt sich mit Sonnentau und Primeln, Orchideen und Kletterpflanzen nicht vorwiegend als sammelnder und klassifizierender Naturalist, ihm geht es stets um seine Theorie: Er will durch tausend Beispiele belegen, dass auch im Reich Floras die natürliche Zuchtwahl waltet.

Bereits zu der Zeit, in der er die ersten Gedanken zum Artenproblem notierte, im Sommer 1839, war ihm bewusst geworden, dass die Kreuzbefruchtung der Veränderlichkeit der Pflanzenarten entgegenwirkt. Würde sich jede Blüte nur selbst bestäuben, müsste sich jede einzelne Pflanze zu einer gesonderten Varietät entwickeln. Ein Chaos der Formen wäre das Resultat, ein völliger Zerfall der Arten! Dennoch lehren viele Botaniker, dass die Selbstbefruchtung die normale, grundlegende Weise der Begattung im Pflanzenreich sei.

1841 erhielt Darwin den entscheidenden gedanklichen Anstoß. Damals empfahl ihm Robert Brown ein wunderliches, altes Buch: Christian Konrad Sprengels »Das entdeckte Geheimnis der Natur im Baue und in der Befruchtung der Blumen«, erschienen zu Berlin im Jahr 1793.

»Voll von Wahrheit«, wenngleich »mit etwas Unsinn« gemischt, so schätzt es Darwin ein. Sprengel, der seiner Zeit weit vorauseilte, hatte etwas Ungeheuerliches erkannt: Insekten sorgen für die Bestäubung der Blumen! Kann man sich eine überraschendere Anpassung zweier völlig verschiedener Gruppen von Lebewesen denken?

Trotz einiger Gewissensbisse räumt Darwin das zähe Manuskript über die »Varietäten der verwünschten Hähne, Hennen und Enten« liebend gern beiseite, erbettelt sich aus Hookers botanischem Garten Orchideen und experimentiert mit ihnen herum. Ihre verschnörkelten und verspielten Blüten werden, so hofft er, Sprengels Befruchtungshypothese bestätigen. Hunderte Male verfolgt er, wie Hummeln und Bienen, Schmetterlinge und

Nachtfalter in die Blüten kriechen, um mit ihren Rüsseln die Nektargefäße auszusaugen.

Orchideen haben nur ein Staubgefäß, in dem der Pollen zu zwei Säulchen verklebt ist. Allein durch den Wind kann er also nie die Blüte verlassen. Schlüpft aber ein Insekt hinein, so stößt es an das Staubgefäß, und dieses heftet ihm die Pollensäulchen an den Kopf. Fliegt das Insekt zur nächsten Blüte, trägt es die Pollen mit sich.

Wie aber kann es diese befruchten? Die Narbe sitzt ja unterhalb des Staubgefäßes, und die aufrecht auf dem Insektenkopf stehenden Säulchen können sie nicht berühren. Nach geduldigem Zuschauen löst Darwin das Rätsel. Im Verlauf von etwa einer Minute – während das Insekt durch die Luft braust – trocknet die Klebemasse ein, und die Säulchen senken sich. Durch diese sinnreiche Einrichtung wird Selbstbefruchtung ausgeschlossen, Kreuzbefruchtung hingegen ermöglicht.

Nur wenige, oft nur eine einzige Insektenart nascht vom Nektar einer bestimmten Orchideenart. In diesem Fall ist der Blütenbau so präzise an das bestäubende Insekt angeglichen wie ein Schlüssel an ein Schloss. Nur bei erst kürzlich nach England eingewanderten Arten klappt das Zusammenspiel nicht richtig.

Darwin triumphiert. Wie oft hatte man ihm vorgehalten, dass seine Theorie offensichtlich nutzlose Bildungen nicht erklären könne! Nun kann er »die Bedeutung der scheinbar bedeutungslosen Leisten, Hörner nachweisen; wer wird jetzt zu sagen wagen, daß dies oder jenes Gebilde nutzlos sei?«

Darwin wendet sich wieder an John Murray, um seine Ergebnisse zu publizieren. Trotz des sehr fachspezifischen Inhalts hofft er, dass der schmale Band sich gut verkaufen wird. Denn »der Gegenstand der Fortpflanzung ist für die meisten Leute interessant und wird in meinem Aufsatze so behandelt, daß ihn jede Dame lesen könnte«.

Tatsächlich wird das Buch, als es im Mai 1862 erscheint, ein Erfolg. Die Botaniker preisen es, und sogar Bentham, der Präsident der Linné-Gesellschaft, spricht sich sehr anerkennend darüber aus.

Ein Gewächshaus voller Kletterpflanzen

Weihnachten 1862 entschließt sich Darwin, für seine vielfältigen botanischen Versuche ein Gewächshaus zu bauen. Der Gärtner seines Nachbarn, ein handwerklich sehr geschickter Mann, zeichnet ihm die Pläne und überwacht das Mauern und Verglasen. Wieder einmal bittet Darwin Hooker um Pflanzen. Am ersten frostfreien Tag lässt er sie mit dem Wagen abholen.

Welche Pracht entfaltet sich nun unter dem Glasdach! Täglich weidet er sich mit Henrietta an den herrlich geformten Blättern, die für Naturalistenaugen in geradezu »transzendentaler Schönheit« erstrahlen. Die knapp zwanzig Jahre alte Tochter unterstützt ihn in vieler Hinsicht. Sie kümmert sich um die Pflanzen und schaut ab und zu ein Manuskript durch, bisweilen auch von Darwins Freunden. Ihre Kritik ist ernsthaft, scharf und stets zutreffend.

Mitte 1863 zwingen Übelkeit und Schwäche Darwin, alle Arbeit aus der Hand zu legen. Er will sich in Malvern kurieren, aber die traurige Erinnerung an den letzten Aufenthalt – an Annies Tod – verhindert jeden Heilerfolg. »Mit mir ist es beständig bergab gegangen«, klagt Darwin im November Hooker sein Leid, »ich zweifle, ob ich jemals wieder etwas bergauf krieche. Wenn ich das nicht ausreichend kann, um etwas zu arbeiten, so hoffe ich, daß mein Leben nicht sehr lang sein wird, denn den ganzen Tag auf dem Sofa liegen und nichts zu tun, als der besten und liebenswertesten Frau und den guten teuren Kindern Sorgen zu bereiten, ist fürchterlich.«

Es wird noch schlimmer. Zum neuen Jahr vermag er weder zu schreiben noch zu lesen, alles müssen Emma und Henrietta für ihn erledigen. Das unerträglich lästige und beschwerliche Rasieren gibt er auf.

In seiner Verzweiflung wendet er sich an Wallace, der vom Malaiischen Archipel zurückgekehrt ist. Ob er ihm nicht die niederdrückende Verantwortung, über das so heikle und so brisante Thema der Abstammung der Menschen zu schreiben, abnehmen könnte? Er würde ihm alle Notizen, alle Zitate schicken. Sie seien allerdings in einem chaotischen Zustand. Er selbst werde sie wohl niemals wieder gebrauchen. – Wallace lehnt ab.

Noch einmal, im Frühjahr, rappelt sich Darwin zu einer Wasserkur auf. In Malvern bricht er zusammen – beginnt sich aber dann allmählich zu erholen. Im April fühlt er sich fünf Tage hintereinander wohl! Sofort sitzt er wieder an seinem Arbeitstisch, sofort »kriecht« er wieder ins »Warmhaus«. Ein neues Rätsel der Natur fesselt ihn: die Kletterpflanze.

Bereits 1858 hat ihn ein Aufsatz von Asa Gray über die Bewegungen der Kürbisranken auf diese wenig untersuchten Gewächse aufmerksam gemacht. Henslow hatte sich in den Vorlesungen noch damit zufriedengegeben, dass Kletterpflanzen eben eine natürliche Neigung besäßen, in einer Spirale aufzuwachsen. Darwin aber fragt nach den Ursachen.

Er zieht im Arbeitszimmer und im Gewächshaus die unterschiedlichsten kletternden und rankenden Pflanzen auf. Wie schaffen sie es nur, sich an einer Mauer festzuklammern oder sich um einen Stock zu winden? »Lassen Sie Ihre Beobachtungen von einer Theorie leiten«, hat er erst kürzlich John Scott, einem jungen Botaniker, empfohlen und ihn im selben Atemzug gewarnt, nicht vorschnell die Theorie hinauszuposaunen – man würde sonst die Beobachtungen bezweifeln.

Bald hat Darwin eine Leithypothese: Circumnutation, Kreisdrehung. Wenn er lange genug hinschaut, und was soll er während der Krankheitsanfälle sonst tun, sieht er, wie sich die oberen Sprossabschnitte, die weit über den stützenden Stock hinausgewachsen sind, gemächlich im Kreise drehen – ungefähr einmal in zwei Stunden. Stoßen sie irgendwo an, etwa an den Bleistift, den Darwin ihnen anbietet, reagieren sie auf den Reiz und schlingen sich um die neue Stütze.

Darwin ist davon überzeugt, dass alle Pflanzen mehr oder weniger ausgeprägt zur Circumnutation neigen. »Oft wurde behauptet«, schreibt er, »daß die Pflanzen sich durch den Mangel an Selbstbewegung von den Tieren unterscheiden. In Wirklichkeit sollte es heißen, daß die Pflanzen die Fähigkeit zur Selbstbewegung nur dann zeigen, wenn sie für sie von Nutzen ist.«

Der Eremit von Down

Nach wie vor jammert Darwin darüber, was für ein »verwünschtes Übel« es sei, dass im »friedlichen Reiche der Wissenschaft all dies Streiten stattfinden muß«. Dennoch freut es ihn zu sehen, wie die Entwicklungslehre allmählich die Oberhand gewinnt. Sogar der Philosoph John Stuart Mill hat die »Entstehung der Arten« gelobt – sie stehe in der »exaktesten Übereinstimmung mit den strikten Prinzipien der Logik«, und Darwin sei der einzig angemessenen Vorgehensweise gefolgt!

Huxley streitet weiterhin am energischsten für die Evolutionstheorie. In der Königlichen Bergbauschule hält er ein halbes Dutzend Vorträge für Arbeiter. Die Mitschriften kursieren bald als wohlfeile Broschüre: vier Pence das Stück. Nahezu jeder kann sie sich leisten. Kurz darauf greift Huxley in dem Bändchen »Die Stellung des Menschen in der Natur« Owen an und betont die enge anatomische Verwandtschaft des Menschen mit den Menschenaffen.

Seit drei Jahren arbeitet Lyell an einem Buch über »Das Alter des Menschen«. Halb mit Erleichterung, halb mit Furcht wartet Darwin auf die Publikation. Als der Band erscheint, stürzt er sich sofort darauf und verschlingt ihn. Lyell trägt alles zusammen, was seine Zeitgenossen über den Menschen der Frühzeit wissen. Gleich das Frontispiz veranschaulicht, wie die Pfahlbauten ausgesehen haben müssen, deren Überreste 1853 im Züricher See entdeckt wurden. Auch auf die Tonscherben aus eiszeitlichen Ablagerungen beruft sich Lyell, und er vergleicht die Entwicklung der menschlichen Sprachen mit der Abänderung der Arten. Dann aber stolpert Darwin über Formulierungen: »Wenn es jemals in hohem Grade wahrscheinlich gemacht werden sollte, daß sich Arten durch Variation und natürliche Zuchtwahl verändern …«

Jemals! In hohem Grade wahrscheinlich! Darwin ist zutiefst enttäuscht. Und Lyell glaubt dabei noch, mit dem Mut eines Märtyrers zu handeln!

Schmerzlich berührt schreibt ihm Darwin. Lyell entschuldigt sich, es falle ihm schwer, sich von »alten, liebgewonnenen Ideen« zu lösen, und er hätte so viel über die Abstammung des Menschen gesagt, wie er nach seinem Empfinden in dieser Frage sagen könne.

Die Zeitungen reagieren auf ihre Weise, sie schimpfen auf Lyell und Huxley. Lyells Absicht sei es, den Menschen alt zu machen, und Huxleys, ihn zu erniedrigen.

Jetzt, in seinem fünfundfünfzigsten Lebensjahr, erfährt Darwin die ersten Ehrungen. John Lubbock erwähnt in seinem Buch über die prähistorischen Zeiten der Menschheit »die Entdeckungen eines Newton oder eines Darwin« im selben Satz. Wissenschaftler aus den verschiedensten Ländern pilgern voller Hochachtung zum »Eremiten von Down«. Wissenschaftliche Gesellschaften wählen ihn zum Ehrenmitglied, allen voran die Royal Society von Edinburgh. So viele Mitgliedsurkunden werden ihm im Laufe der Jahre zugesandt, dass er einen Teil davon verbummelt und sein Sohn Francis später keine vollständige Liste aufstellen kann.

Im Herbst 1864 setzt es Hugh Falconer durch, dass Darwin die Copley-Medaille der Londoner Royal Society verliehen wird. Sie ist die höchste Auszeichnung für einen britischen Wissenschaftler. Darwin kann sie nicht persönlich entgegennehmen. Allein der Gedanke, vor die versammelten Geistesgrößen zu treten und eine Dankesrede – zu seinem eigenen Ruhm – halten zu müssen, verursacht ihm Magenbeschwerden. So wird er auch nicht Zeuge eines kleinen, unerquicklichen Zwischenfalls.

In seiner Laudatio würdigt der Präsident der Royal Society, Sir Edward Sabine, alle geologischen, zoologischen und botanischen Werke Darwins. Die »Entstehung der Arten« spart er wohlweislich aus. Das kann aber so gedeutet werden, dass die Royal Society und damit alle Freunde Darwins, die ihr angehören, seine Theorie ablehnen. Wieder einmal ist es Huxley, der den Eindruck zurechtrückt. Auch Lyell erhebt sich und bekennt sich ohne Abstriche zur Entwicklungslehre.

Gerade zu Beginn eines monatelangen Unwohlseins, im April 1865, trifft Darwin die Nachricht von FitzRoys Selbstmord. Sie geht ihm sehr nahe. FitzRoy hat sich bleibende Verdienste erworben; unter anderem hat er als Chef der meteorologischen Regierungsabteilung einen Sturmwarnungsdienst aufgebaut, aus dem sich im Verlauf der Jahrzehnte der britische Wettervorhersagedienst entwickelt.

Als sich Darwin im Winter wieder etwas aufrappelt, stirbt seine Schwester Catherine, ein halbes Jahr später, im Oktober 1866, Susan. Die Familie gibt The Mount, Darwins Geburtshaus, auf. Viele Erinnerungsstücke, Wedgwood-Porzellan, silberne Speiseplatten, Porträts vom Vater und vom Großvater, Stapel von Büchern, darunter Erasmus Darwins »Botanischer Garten« und die gesammelten Werke von William Paley in sieben Bänden, kommen unter den Hammer des Auktionators. Darwin hat keinen Sinn für Antiquitäten und Familienerbstücke.

Im Down-Haus ist der Lärm der Kinder verstummt. Horace, fünfzehn Jahre alt, besucht eine Internatsschule, der sechzehnjährige Leonard bereitet sich auf eine Karriere in der Armee vor, George und Francis, einundzwanzig beziehungsweise achtzehn Jahre alt, studieren mit gutem Erfolg in Cambridge, Henrietta, inzwischen eine Dame von dreiundzwanzig Jahren, verbringt viele Monate an der französischen Riviera, und die Geschäfte des achtundzwanzigjährigen William laufen gut. Es ist ruhiger geworden um Darwin.

Ein Deutscher in Down

Im Herbst 1866 meldet sich ein deutscher Besucher im Down-Haus an: Ernst Haeckel. Er ist unterwegs zu den Kanarischen Inseln, auch ihn lockt Humboldts gigantischer Drachenbaum.

Darwin ist der Name Haeckel nicht unbekannt. Bereits 1863 hat er Haeckels Abhandlung über die Radiolarien, Strahlentierchen, durchgeblättert. 144 neue Arten dieser mikroskopisch kleinen Einzeller, die frei im Meereswasser schweben, hat Haeckel entdeckt und die zierlichen und wie Schneekristalle vielgestaltigen Formen skizziert. Besonders freut Darwin, dass Haeckel in dem Radiolarienbuch die Entwicklungslehre aufgreift. Haeckel hat die erste deutsche Ausgabe der »Entstehung der Arten« noch im Erscheinungsjahr gelesen und sagt, dass sie seinen »ganzen Verstand im Sturm erobert« habe.

Im Oktober weilt Haeckel in London. Er hat Huxley besucht und will nun nach Down fahren. Darwin schickt ihm die Kutsche entgegen. Jahre später erinnert sich Haeckel mit der Überschwänglichkeit seiner Epoche an den Empfang.

»Als der Wagen vor dem freundlichen, mit Efeu umsponnenen und von Ulmen beschatteten Landhause Darwins hielt, trat mir aus der schattigen, von Schlingpflanzen umrankten Vorhalle der große Forscher selbst entgegen: eine hohe ehrwürdige Gestalt, mit den breiten Schultern eines Atlas, der eine Welt von Gedanken trägt; eine Jupiterstirn, wie bei Goethe, hoch und breit gewölbt, vom Pfluge der Gedankenarbeit tief durchfurcht; die freundlichen sanften Augen von einem mächtigen Dache vorspringender Brauen beschattet; der weiche Mund von einem gewaltigen silberweißen Vollbart umrahmt. Der einnehmende herzliche Ausdruck des ganzen Gesichts, die leise und sanfte Stimme, die langsame und bedächtige Aussprache, der natürliche und naive Ideengang seiner Unterhaltung nahmen in der ersten Stunde unseres Zwiegesprächs mein ganzes Herz gefangen … Ich glaubte, einen hehren Weltweisen des hellenischen Altertums, einen Sokrates oder Aristoteles lebendig vor mir zu sehen.«

Entspricht Darwin dieser bombastischen Schilderung? Tatsache ist, dass sie, als der Wagen vorrollt, einander nicht verstehen. Darwin beherrscht bestenfalls Bruchstücke der »verdammten« Sprache Deutsch, Haeckel spricht kaum Englisch. Was können sie anderes tun als zu lachen und, hilflos die Arme hebend, aufeinander zuzugehen?

Dann, im Arbeitszimmer, kommt es doch zu einer holpernden Verständigung. Darwin erzählt leise und bescheiden von der zurückhaltenden Aufnahme, die sein Buch in England findet. Allerdings hat John Murray es schon zum viertenmal gedruckt. Victor Carus übersetzt es – und hoffentlich besser als Bronn! – ins Deutsche. Es existieren außerdem französische, niederländische, italienische und russische Ausgaben. Was Darwin wahrscheinlich nicht weiß, ist, dass der russische Zar Alexander II., nachdem 1866 ein Attentat auf ihn fehlgeschlagen ist, das Buch in seinem Reich verbietet. Er fürchtet, dass es umstürzlerische Gedanken fördert.

Auch Haeckel hat viel zu berichten. Er hat unter Schleiden Botanik gelernt, bei Johannes Müller Physiologie studiert und bei Rudolf Virchow Pathologievorlesungen gehört – klangvolle Namen auch in Darwins Ohren. Obwohl er das Studium als Dr. med. abschloss, zog es ihn mehr zu Zoologie und Anatomie. 1858 hat ihn Carl Gegenbaur an die Universität Jena gerufen. Vorher jedoch wollte Haeckel sich noch seine wissenschaftlichen Sporen im Ausland verdienen. Er reiste nach Italien und brachte nach einem Jahr von dort das Material zu seinem Radiolarienbuch mit.

1863 hat er – vielleicht als Erster in Deutschland – Darwins Ideen öffentlich angepriesen: auf der 38. Jahresversammlung der deutschen Naturforscher und Ärzte in Stettin. Die meisten Anwesenden belächelten allerdings die Entwicklungslehre als eine »haltlose Hypothese«, eine »naturwissenschaftliche Phantasie« oder sogar den »harmlosen Traum eines Nachmittagsschläfers«.

Immerhin, Jena könne Darwin für sich verbuchen, meint Haeckel. Seine Kollegen, der Anatom Carl Gegenbaur und der Physiologe Wilhelm Preyer, vertreten Darwins Theorie. Auch der kämpferische Naturforscher Karl Vogt habe in zwei Bänden »Vorlesungen über den Menschen, seine Stellung in der Schöpfung und in der Geschichte der Erde« seine Stimme für die Entwicklungslehre erhoben.

Noch ein Name fällt: Fritz Müller. Darwin weist auf die ovale Fotografie des Biologen, die, hübsch eingerahmt, neben denen vieler anderer befreundeter Gelehrter in dem Arbeitszimmer hängt. Der Deutschbrasilianer hat 1865 ein Buch unter dem schlichten Titel »Für Darwin« geschrieben.

Natürlich schlafen auch Darwins Gegner nicht. Schleiden haben sie übel beschimpft. Dabei hat der bekannte Botaniker, der in der Zelle den Grundbaustein aller Lebewesen entkannte, nichts weiter verbrochen, als dass er die zaghafte These äußerte, der menschliche Leib könne einen natürlichen Ursprung haben, und allein der menschliche Geist sei durch »göttlichen Odem« zum Leben erweckt worden. Da sind die klerikalen Zeitschriften über ihn hergefallen, haben ihn als einen Mann gebrandmarkt, dem es »an Scham, Sittlichkeit und Religion samt dem Herzen« gebreche. Sie haben ihn sogar aufgefordert, als »Affenmissionär« in den Urwald zu gehen! Überhaupt geißeln sie die »Affenabstammungstheorie«. Der katholische Philosophieprofessor Friedrich Michelis spricht von »Selbstschändung des menschlichen Bewußtseins« und von »wissenschaftlicher Bestialisierung des Menschen«. Mehr noch, er prophezeit düster: »Ergibt sich Deutschland dem Affentum, so bricht die sittliche Entwicklung der Menschheit ab!« Nun, er, Haeckel, werde es den »Muckern und Finsterlingen« schon zeigen.

Sacht, sacht! Darwin bremst. Eigentlich sollte man sie bedauern, den Entwicklungsgedanken können sie auf Dauer nicht aufhalten. Die junge Generation, Leute wie Haeckel, wird ihn akzeptieren. Es würde ihn, Darwin, schmerzen, wenn sich Haeckel durch sein mutiges Auftreten unnötigen Ärger und Feinde verschaffe. Womöglich könnten zu scharfe Worte der Ausbreitung der Entwicklungslehre schaden?

Doch Haeckel ist im Gegensatz zu Darwin eine streitbare Natur. Zudem ist er wie sein Freund Huxley der Meinung, dass man über Entwicklung und Abstammung nicht nur im stillen Gelehrtenstübchen debattieren kann. Dass man sich hinauswagen muss in die Öffentlichkeit. Für das Neue kämpfen muss. »Einen Augias-Stall«, das schreibt er kurz darauf an Huxley, »kann man nicht mit Glacéhandschuhen, sondern nur mit Mistgabeln ausräumen.« So ist es nicht verwunderlich, wenn in Deutschland Haeckel bald aufs Heftigste angegriffen, Darwin aber als ein Mann von Vorsicht und Mäßigung herausgestrichen wird.

Als Haeckel das Down-Haus verlässt, ist Darwin aufgekratzt und zugleich erschöpft. Emma urteilt über den jungen Deutschen: ein netter, lieber Mensch, aber viel, viel zu laut! Sein schlechtes Englisch dröhnt ja durch das ganze Haus, dass man beinahe taub davon wird! Zweimal noch, 1876 und 1879, wird Haeckel Down besuchen. In der Zwischenzeit schickt er seine jeweils neuesten Werke an Darwin, insbesondere die »Natürliche Schöpfungsgeschichte« (1869). Was Darwin bestenfalls anzudeuten wagte, donnert Haeckel allen Feinden unverblümt ins Gesicht. Huxley prägt in diesem Zusammenhang einen neuen Ausdruck: Haeckel »über-darwint« Darwin.

Haeckel malt einen Stammbaum für den Menschen, der bis zur Amöbe herabreicht, ohne sich darum zu scheren, ob er auch jeden Entwicklungsschritt nachweisen kann. Er vertraut auf den Fortschritt der Wissenschaft. Haeckel verwirft die »dualistische Naturanschauung und die Hypothese eines persönlichen Schöpfers« total und kompromisslos und schreckt dabei auch nicht vor dem noch völlig ungeklärten Problem der Entstehung des Lebens zurück. 1857, als man den Atlantikboden untersuchte, um die ersten Transatlantikkabel sicher verlegen zu können, wurde eine seltsame unförmig-glibbrige Substanz heraufgebracht. Haeckel und Huxley analysierten sie: eiweißähnlich! Huxley taufte sie auf den Namen des Freundes »Bathybius haeckelii« – und Haeckel glaubte, im »Urschleim« vom Meeresgrund das Protoplasma gefunden zu haben, aus dem sich der erste Einzeller geformt hatte.

Darwin kann und will seinem Schüler bei diesen Spekulationen nicht zustimmen. »Es ist einfach Unsinn, gegenwärtig an den Ursprung des Lebens zu denken«, hat er schon 1863 zu dem Thema geschrieben, »man könnte ebensogut an den Ursprung der Materie denken.«

In Deutschland bejahen nach und nach zahlreiche Forscher die Darwinsche Lehre. Manche wollen sie auch auf andere Gebiete übertragen. Der Philologe August Schleicher entwirft einen Stammbaum der Sprachen, andere versuchen, das Selektionsprinzip auf die Physik und die Chemie anzuwenden. Sie fragen, ob nicht vielleicht die chemischen Elemente eine lange Entwicklungsgeschichte durchlaufen hätten, und der Physiker Pfaundler veröffentlicht eine Abhandlung unter dem Titel »Der Kampf ums Dasein unter den Molekülen«.

Der Agronom H. Thiel möchte das »Konkurrenzprinzip« sogar auf die menschlichen Beziehungen ausweiten. Auch Haeckel spricht mitunter von der Zuchtwahl in der menschlichen Gesellschaft. »Es ist mir früher nicht eingefallen, daß meine Ansichten auf so sehr verschiedene und hochwichtige Gegenstände ausgedehnt werden könnten«, schreibt Darwin an Thiel. Er formuliert verbindlich wie immer, aber es ist doch eine klare Distanzierung.

Eine tot geborene Hypothese

Jede größere Arbeit, die Darwin nach der »Entstehung der Arten« anpackt, bezieht sich auf sein Hauptwerk, erhärtet dessen Thesen, belebt es durch Beispiele und erweitert sein Anwendungsgebiet, auch wenn er die wichtigste Frage, die Abstammung des Menschen, noch hinausschiebt. Das gilt auch für »Das Variieren der Tiere und Pflanzen im Zustand der Domestikation«. »Ein Berg gebiert eine Maus«, spöttelt ein Rezensent, als im Januar 1868 die beiden zusammen etwa tausend Seiten starken Oktavbände erscheinen, »der Entdecker des Ursprungs der Arten versucht, das Variieren der Tauben zu erklären!« Um die Tauben freilich geht es Darwin nicht. Er hat ein einziges Detail aus dem großen Komplex herausgegriffen: Wie kommen Variationen zustande, und welchen Gesetzen gehorchen sie? Die Frage ist grundlegend, denn die Variationen liefern das Ausgangsmaterial, aus dem die natürliche Zuchtwahl die günstigen Veränderungen heraussiebt. Im nie vollendeten Buch über die Spezies waren diesem Problem die ersten beiden Kapitel gewidmet.

Etwa acht Jahre, seit 1860, hat sich Darwin mit dem Variieren der Haustiere und Kulturpflanzen herumgeschlagen, fast die Hälfte der Zeit ging allerdings durch Krankheit verloren, und womöglich hätte Darwin die »entsetzliche, langsame lederne Arbeit an meinem gegenwärtigen ungeheuren und wie ich fürchte unlesbaren Buch« aufgegeben, hätte ihn nicht an deren Ende eine verrückte, fantastische und innig geliebte Idee angezogen: »Pangenesis«.

Den meisten seiner Freunde empfiehlt Darwin, den ersten Band, in dem er den Ursprung von Pferd und Milchkuh, Hausgeflügel und Seidenwurm nachspürt, nicht zu beachten, denn nur der zweite Band enthalte die interessanteren, theoretischen Ergebnisse. In ihm behandelt er alle Erscheinungen, die mit Vererbung zusammenhängen. Neben dem Rückschlag kennt Darwin unter anderem die geschlechtsgebundene Vererbung mancher Krankheiten wie der Farbenblindheit oder der Hämophilie und den schädlichen Einfluss der Inzucht. Allerdings zitiert er auch Beispiele für die Vererbung erworbener Eigenschaften – so sollen sich nach Berichten einiger Forscher Verletzungen, die man einem Tier zugefügt hat, bei dessen Nachfahren ansatzweise zeigen!

Erst in den allerletzten Kapiteln kommt Darwin auf das eigentliche Thema, die Ursachen des Variierens, zu sprechen. 1867 hat der Ingenieur Fleeming Jenkin behauptet, dass ein einzelnes Individuum, das von seinen Artgenossen abweicht, unmöglich den Stammvater einer neuen Rasse bilden kann. Nach Jenkin braucht es dazu mindestens ein Pärchen, sozusagen Adam und Eva, denn – so glauben Jenkin und Darwin und die meisten Naturforscher ihrer Zeit – bei der Befruchtung mischen sich die Eigenschaften der Eltern etwa zu gleichen Teilen. Eine einzelne Abänderung ist folglich nach wenigen Generationen im Meer der unveränderten Individuen untergegangen. – Die natürliche Zuchtwahl ist ihres Ausgangsmaterials beraubt!

Wie kann Darwin seine Theorie retten? Er weiß, dass sich einzelne Merkmale oft über viele Generationen erhalten, dass mitunter die Ausgangsform wiederkehrt, doch kennt er die Gesetze nicht, nach denen dies geschieht. Also wird er sich mit zusätzlichen Annahmen behelfen müssen. Aber mit welchen? Sie müssten es ermöglichen, dass mehrere Variationen gleichzeitig auftauchen, die in ein und dieselbe Richtung weisen – dies könnte durch den Einfluss der Umwelt geschehen. Und da besinnt sich Darwin auf eine Idee, die ihm bereits seit mehr als zwanzig Jahren vorschwebte, doch bislang zu fantastisch anmutete. »Provisorische Hypothese der Pangenesis« schreibt er vorsichtig über das vorletzte Kapitel und rechtfertigt sich: »In der Wissenschaft ist es erlaubt, jedwede Hypothese zu erfinden, und wenn sie verschiedene große und unabhängige Klassen von Fakten erklärt, dann steigt sie zum Rang einer wohlbegründeten Theorie.« Im Gegensatz zu seiner sonstigen Zaghaftigkeit wagt sich Darwin hier mit einer spekulativen und unbestätigten Idee an die Öffentlichkeit.

Tatsächlich erklärt die Pangenesis sehr viel – zu viel. Jede einzelne Zelle des Körpers, so spekuliert Darwin, sondert im Laufe ihrer Entwicklung ununterbrochen winzigste Teilchen, »Gemmulae« (kleine Knospen) ab, die durch den gesamten Körper schwirren und sich selbst vermehren. Viele von ihnen setzen sich in den Keimzellen fest und bestimmen in ihrem Wechselspiel die Eigenschaften der Nachkommen.

Was kann man nicht alles durch Pangenesis verstehen! Vererbung im Allgemeinen, Bastarde, das Nachwachsen amputierter Gliedmaßen, die doppelte Ausbildung von Organen, vegetative Vermehrung, Wucherungen, Variabilität – selbst Vererbung erworbener Eigenschaften!

Manchmal vergleicht Darwin die Gemmulae mit den Atomen Demokrits: Er erwägt sogar, seine Hypothese »Atomogenesis« zu nennen. »Wir können die wunderbare Komplexität eines organischen Wesens nicht ausloten«, heißt es in seinem Buch. »Jedes Lebewesen muss als ein Mikrokosmos betrachtet werden – ein kleines Universum, geformt aus einer Menge sich selbst fortpflanzender Organismen, die unbegreiflich winzig und so zahlreich wie die Sterne am Himmel sind.« – Das klingt nach Poesie, aber steckt dahinter nicht schon eine Vorahnung der molekularen Grundlagen der Vererbung?

Wie dem auch sei, Darwins Beschwörungen fruchten nichts. Sein »großer Gott Pan« wird von anderen Wissenschaftlern fast ausnahmslos abgelehnt. Der antike Arzt Hippokrates, muss Darwin erfahren, habe schon Ähnliches gelehrt! Wenige Wochen nach Erscheinen des Buches bekennt er Hooker: »Ich fürchte, Pangenesis ist tot geboren.«

Das hindert Darwin jedoch nicht, seine provisorische Hypothese erhärten zu wollen. Francis Galton interessiert sich brennend für alle Fragen der Vererbung. Er behauptet, dass Genie, ähnlich wie die Neigung zur Kriminalität, erblich sei. Galton glaubt, Darwins Gemmulae durch Bluttransfusionen übertragen zu können. Darwin steigt schnell auf die Experimente ein. Auch im Down-Haus wird nun Albino-Kaninchen das Blut gelber oder gefleckter Tiere eingespritzt. Wurf um Wurf mustert Darwin nach ebenfalls gelben oder gefleckten Jungen durch – und wird enttäuscht. Etwa fünf Jahre schleppen sich die Experimente hin. Für Galton ist die Pangenesis so gut wie widerlegt, doch Darwin klammert sich weiterhin an sie.

Darwin hat Tausende Versuche unternommen, darunter auch solche, die ihn hätten zur Vererbungslehre führen können. Als er etwa zwei verschiedene Löwenmaulsorten kreuzte, stellte er fest, dass die erste Tochtergeneration einheitlich ist, die zweite sich in die alten Sorten aufspaltet. Wie viele Exemplare aber den Blütenbau der einen, wie viele den der anderen Sorte besaßen, interessierte ihn nicht weiter.

Ein anderer, der ebenfalls Zierpflanzen kreuzte, schenkte den quantitativen Ergebnissen die nötige Beachtung: Gregor Mendel, ein Mönch des Augustinerstifts im mährischen Brünn. 1865 hat er die von ihm gefundenen Vererbungsgesetze in der Zeitschrift des ortsansässigen naturforschenden Vereins veröffentlicht. Obwohl diese Zeitschrift zumindest in den großen Londoner Bibliotheken auslag, hat Darwin den Artikel Mendels nie gelesen. Niemand hat ihn darauf hingewiesen, und selbst die wenigen Forscher, die den Artikel durchgeblättert hatten, begriffen seine Bedeutung nicht.

Kapitel 12

Der Darwinismus wird erfunden

»Charles' Buch ist vollendet«, schreibt Emma an ihre Tante Fanny Allen. »Er ist jetzt untätig, aber er ist wenig geeignet dafür. Ich wünschte, er könnte eine Pfeife rauchen und wiederkäuen wie eine Kuh.«

Tatsächlich fehlt Darwin nach der Publikation des Haustierwerkes die rechte Muße. Die alte Frage nach der Naturgeschichte des Menschen drängt immer heftiger auf Antwort. Aber sollte er sich nicht lieber ein wenig entspannen und vielleicht durch Theater- oder Konzertbesuche in London ablenken? Händels »Messias« möchte er eigentlich gern hören, aber könnte er das Oratorium wirklich genießen? Hooker gegenüber gesteht er ein: »Ich bin überzeugt, ich würde mein Gemüt zu vertrocknet finden, um es so schätzen zu können wie in alten Zeiten; und dann würde ich mich sehr niedergedrückt fühlen, denn es ist ein entsetzlich langweiliges Gefühl, ... daß ich für jeden Gegenstand, ausgenommen Wissenschaft, ein verwelktes Blatt bin.«

Und so vergnügt sich Darwin nicht in London, sondern kramt alte Notizen hervor. Schon im Februar 1867 hat er innerhalb des Buches über Haustiere und Kulturpflanzen ein gesondertes Kapitel über den Menschen begonnen, es sprengte rasch den zugemessenen Rahmen. Jetzt, ein Jahr später, plant er einen dünnen Band, der die Abstammung des Menschen und die dabei wirksam werdende geschlechtliche Zuchtwahl beleuchten soll und der, mehr im Sinne einer Illustration, zeigen soll, wie die Emotionen des Menschen mit denen der tierischen Vorfahren zusammenhängen.

Wie stets schaltet Darwin seinen Freundeskreis in die Untersuchungen ein, er verschickt Fragebögen und holt sich Informationen, von wem er sie nur erlangen kann. Im März fährt er nach London und recherchiert den gesamten Monat im Britischen Museum und in der Zoologischen Gesellschaft, im Zoo beobachtet er die Verhaltensweisen von Affen. Wieder zu Haus, umreißt er die ersten Kapitel über die geschlechtliche Zuchtwahl bei Vögeln, denn wie so oft hält er sich nicht allzu streng an das Thema.

Nach einer fast einmonatigen Krankheit reist Darwin Mitte Juli mit der Familie und seinem Bruder Erasmus nach Freshwater auf die Insel Wight.

Alles in allem verläuft der Urlaub angenehm und ereignisreich, wozu nicht zuletzt die intelligente und amüsante Mrs. Julia Cameron beiträgt, bei der die Familie logiert. Mrs. Cameron frönt einem äußerst modernen Hobby, sie fotografiert mit Begeisterung. Ihre lebensnahen Porträts gelten heute als unschätzbare Zeitdokumente. Sie lichtet auch Darwin ab, ebenso Hooker, der kurz in Freshwater vorbeischaut, um an Darwin die Rede zu testen, die er als Präsident des diesjährigen BAAS-Treffens halten soll.

Als die Familie in Freshwater abreist, schenkt Mrs. Cameron allen Fotografien. Hookers Porträt hängt Darwin neben das Lyells über den Kamin im Arbeitszimmer. »Ich habe es sehr gern«, gesteht er dem Freund, »aber Sie schauen so scharf auf mich herab, daß ich nie kühn genug sein werde, mich aus irgendeinem Widerspruch herauszuwinden.«

Die Fotografie hat den Ehrenplatz wohlverdient. »Der gute alte Hooker«, berichtet Huxley von der BAAS, »kam mit großer Kraft heraus wie stets in Notfällen. Der einzige Fehler war das schreckliche ›Darwinismus‹, das sich über die Sektion ausbreitete und dort herauskroch, wo man es am wenigsten erwartete, sogar in Fergussons Vortrag über ›Buddhistische Tempel‹. Sie werden das seltene Glück haben, Ihre Ideen während Ihrer Lebenszeit triumphieren zu sehen. PS – Ich gehe in Opposition, ich kann es nicht ertragen.«

Dem Siegeszug des Darwinismus stehen 1868 jedoch noch schwerwiegende Argumente entgegen. Sir William Thomson, der spätere Lord Kelvin, bestreitet die Möglichkeit der Entwicklung, gleich ob durch natürliche Zuchtwahl bewirkt oder nicht. In einem Artikel trachtet er nachzuweisen, dass die Erde allerhöchstens vierhundert Millionen Jahre alt sein könne, weil sie sonst im Innern schon erkaltet wäre. Außerdem sei sie erst seit hundert Millionen Jahren so weit abgekühlt, dass Leben auf der Oberfläche existieren könne. Darwin ist über den Einwand des angesehenen Physikers beunruhigt, denn der Zeitraum ist für Geologie und Evolution zu knapp bemessen. Seine Sorgen sind glücklicherweise unbegründet. Huxley, erfährt er, hat unlängst die Argumente Thomsons entkräftet und die schwachen Punkte in seinen Rechnungen aufgespürt.

Doch schon irritiert ein weiterer Artikel Darwin. Sein Freund – und Konkurrent – Wallace hat ihn verfasst. Und auch diesmal droht Wallace Darwin auf dessen ureigenstem Gebiet zu überflügeln: Er schreibt über die Abstammung des Menschen. »Das menschliche Gehirn«, so Wallace, »und die Organe der Sprache, wie auch die menschliche Hand und die äußere Erscheinung des Menschen können nicht durch die Selektion entstanden sein … Die natürliche Zuchtwahl konnte dem Wilden nur ein Gehirn verschaffen, das eine nur wenig höhere Entwicklungsstufe zeigt als dasjenige der Affen …«

Entsetzt kritzelt Darwin ein NEIN!!! an den Rand. Doch Wallace fährt fort und verweist auf die künstliche Selektion, die Zuchtwahl durch den

Menschen. »Wir müssen deshalb auch die Möglichkeit zugeben«, folgert er, »daß in der Entwicklung der Menschenrassen eine höhere Intelligenz dieselben Gesetze zu edleren Zwecken geleitet hat.«

Verwundert und betroffen schreibt Darwin an ihn: »Ich bin in betrüblicher Weise anderer Ansicht, und das tut mir sehr leid. Ich kann keine Notwendigkeit einsehen, in bezug auf den Menschen eine weitere nächste Ursache heranzuziehen.«

Geheimnisvoll antwortet Wallace: »Meine Ansichten über diesen Gegenstand haben sich einzig durch die Kenntnis einer Reihe sehr auffälliger Erscheinungen verändert, zum Teil physischer, zum Teil geistiger Natur, die zu prüfen ich Gelegenheit hatte und die auf die Existenz von Kräften und Einflüssen hinweisen, die die Wissenschaft nicht kennt.« – Wallace ist Spiritist geworden.

Männchen und Weibchen, immerwährend

Die Kinder haben Darwin überredet, den Sommer 1869 mit ihnen in Nordwales zu verbringen. Es wird eine melancholische Reise zurück in die eigene Jugend. Unterwegs übernachtet die Familie in einem Gasthof in Shrewsbury. The Mount lockt aus der Nähe. Darwin kann nicht widerstehen und besucht mit Henrietta sein Vaterhaus. Der neue Besitzer ist überwältigt von der Ehre, den berühmten Mann unter seinem Dach zu wissen. Er führt Darwin herum, zeigt ihm dies, zeigt ihm das und redet und redet. Nach dem Abschied blickt Darwin bedauernd zurück. »Hätte man mich nur fünf Minuten lang im Wintergarten allein gelassen, so hätte ich meinen Vater im Rollstuhl vor mir gesehen, so lebendig wie einst.«

Barmouth, das Ziel der Reise, stimmt Darwin ebenfalls wehmütig. Hier hat er vor vierzig Jahren in manch glücklicher Stunde mit John Herbert Insekten gejagt. Wie anders jetzt! Zwar wohnen sie in einem wunderschönen Haus mit einem in Terrassen angelegten Garten und die Kinder klettern enthusiastisch in den Bergen herum, doch Emma kränkelt, und er besitzt nicht die Kraft, wie früher zu wandern.

Ein wenig Abwechslung stiftet Miss Frances Power Cobbe, eine der ersten Frauenrechtlerinnen. Sie rebelliert gegen eine Gesellschaft, die die Frauen von Politik und Wirtschaft ausschließt und auch in der Familie den Männern unterordnet, und publiziert gepfefferte Streitschriften über politische und moralische Tagesprobleme. Die Begegnung mit Darwin, dessen Meinung sie als die einer bedeutenden Persönlichkeit schätzt, kommt ihr gerade gelegen, um ihn über die verschiedensten Themen auszufragen. Was hielte er von dem Philosophen John Stuart Mill? Ob er Kant über die moralische Urteilskraft gelesen hätte?

Darwin weicht aus. Er hätte nicht lange genug über derartige Probleme nachgedacht. Als ihm seine Nichte Julia Wedgwood einmal Kants »Kritik der reinen Vernunft« lieh, gab er das Buch rasch zurück – es würde ihm nichts sagen. Und was den Ursprung der Moral anbelange, nun, da interessiere ihn an Kant höchstens, »wie verschieden zwei Menschen die gleichen Punkte betrachten könnten«. Über Mill äußert er sich freundlicher, doch ein Kursus in Naturwissenschaft würde Mill sicher nicht schaden. Dann wechselt er schnell das Gesprächsthema, erzählt von Henrietta und Polly, ihrem rauhaarigen weißen Fuchspinscher, der ihm ans Herz gewachsen ist. Miss Cobbe ist enttäuscht.

John Murray kündigt Ende des Jahres Darwins Werk über die Abstammung des Menschen an, doch der Druck verzögert sich immer mehr. Die Illustrationen, herrliche Holzschnitte, unter anderem vom prächtigen Gefieder der Vogelmännchen, sind fertig, nur Darwin kämpft noch mit neuen Kapiteln und verwurstelten Sätzen. Er ist, wie er Hooker gegenüber klagt, »der immerwährenden Männchen und Weibchen, Hähne und Hennen überdrüssig«. Henrietta hilft ihm. Sie korrigiert, schlägt Verbesserungen und Ergänzungen vor. Soviel Geschick und Begabung sie auch zeigt, im viktorianischen England steht ihr keine wissenschaftliche Laufbahn offen.

Das Manuskript ist inzwischen in so furchterregendem Maße angewachsen, dass Darwin die Kapitel über den Ausdruck von Gefühlen bei Mensch und Tier ausklammert. Der Sommer naht, keine Urlaubsreise wird diesmal eingeplant – mögen die Kinder allein in den Schweizer Alpen herumkraxeln. Ein Glück, dass er bei etwa achttausend Pfund Einnahmen jährlich nicht auf den Penny und nicht auf das Pfund achten muss!

Am 31. August schickt Darwin endlich das Manuskript an Murray. Der Probeleser ist nicht zufrieden. Er hält die Abstammungslehre für Faselei. Der Darwinismus, meint er, würde verschwinden, sobald ein »wirklich eminenter Naturalist« geboren werde. Murray hört nicht auf ihn. Ihm ist es gleich, ob in Darwins Büchern Unsinn oder Weisheit steckt, vorausgesetzt, sie verkaufen sich gut. Einen Satz allerdings bittet er Darwin noch zu verändern – aus ihm könnte man die völlig undenkbare Schlussfolgerung ziehen, dass Frauen fähig seien, sexuelle Lust zu empfinden!

Die Abstammung des Menschen

Läuft Darwin dem wissenschaftlichen Fortschritt hinterher? Veröffentlicht er sein zweites großes Werk, »Die Abstammung des Menschen«, nicht um Jahre zu spät? Die Spatzen pfeifen es doch seit der »Entstehung der Arten« von den Dächern Londons, dass der Mensch »vom Affen« abstammt, und die Witzblätter gefallen sich darin, Iren oder Kolonialvölkern affenähnliche

Züge anzudichten. Nun, zumindest das eine muss Darwin ins rechte Licht rücken: dass der Mensch nicht aus heute lebenden Affen hervorging, sondern dass sie gemeinsame Vorfahren, die ebenfalls Affen waren, haben.

Haeckel oder Huxley, Lyell oder Lubbock, wer auch immer den Ursprung des Menschengeschlechts entschleiern wollte, beschränkte sich auf einige wenige Gesichtspunkte oder musste sich mit kaum abgesicherten Hypothesen begnügen. Auch lehnt die Mehrheit der Naturwissenschaftler die Idee, dass der Mensch dem Tierreich entspross, noch ab. Für den Durchschnittsbürger mag sie sogar absurd klingen, denn die griechisch-antike Vorstellung vom »goldenen Zeitalter« lebt zäh fort. Erst vor gut einem Jahr, 1869, hat der Herzog von Argyll behauptet, dass der frühe Mensch als ein hochkultiviertes und zivilisiertes Wesen in die Welt gekommen sei und die heutigen »Wilden« und »Barbaren« seit jenen paradiesischen Zeiten allmählich entartet seien.

Darwin fragt nun »erstens, ob der Mensch gleich allen anderen Arten von vorhandenen Formen abstammt; zweitens, welcher Art seine Entwicklung war, und drittens, welchen Wert die Unterschiede zwischen den sogenannten Menschenrassen haben«.

Schon ein Vergleich des Menschen mit anderen Lebewesen, in erster Linie mit den Primaten, liefert ihm Hinweise: Im Bau des Skeletts, im Muskel- und Nervensystem ähnele der Mensch den Affenarten; er würde von denselben Parasiten und Krankheiten heimgesucht, und menschliche Embryos durchliefen analoge Stadien.

Genauso deuteten einige unnütze Eigenheiten des menschlichen Körpers auf seine Vorfahren hin, etwa die vom Bildhauer Woolner entdeckte kleine Knorpelverdickung am eingerollten Hinterrand des Ohres. Könnte sie nicht das Überbleibsel einer eingeknickten Spitze einstiger Lauscher sein?

Der Mensch also sei nach dem für Primaten normalen Muster gebaut. »Nur unser natürliches Vorurteil und jene Überheblichkeit, welche unsere Vorfahren dazu bewog, zu behaupten, sie stammten von Halbgöttern ab, hindern uns daran, diesen Schluß zu ziehen.«

Auch der Mensch, so Darwin, sei der natürlichen Zuchtwahl unterworfen und den vielfältigsten Variationen ausgesetzt. Seine frühen Vorfahren hätten sich wahrscheinlich reichlich vermehrt und furchtbare Verluste erlitten. Im Kampf ums Dasein habe der Mensch Werkzeuge und Waffen erfunden und das Feuer, »nächst der Sprache wohl die größte Errungenschaft«. Dazu aber mussten sich Neugier und Beobachtungsgabe, Gedächtnis, Einbildungskraft und Verstand entwickeln. »Der Mensch hätte seine gegenwärtige Stellung in der Welt nicht gewinnen können ohne den Gebrauch seiner wunderbar dem Gebot seines Willens gehorchenden Hände.« Um sie freizubekommen, musste der Mensch von den Bäumen herabsteigen und Zweifüßer werden. Damit aber wurden die Greiffüße in Lauffüße verwandelt; erhöhte geistige Anforderungen zogen ein größeres Gehirn, dieses einen weiteren und runderen Schädel nach sich, das zunehmende Gewicht des Kopfes wirkte seinerseits auf die Wirbelsäule.

Nach Darwin hat der Mensch nicht nur den Körperbau, sondern auch »einige Instinkte« mit den Tieren gemein, »so den der Selbsterhaltung, der geschlechtlichen Liebe, der Liebe der Mutter für ihren neugeborenen Sprößling, den Trieb des letzteren zu saugen usw.«. Mensch und höhere Primaten hätten »alle dieselben Sinneseindrücke, inneren Anschauungen und Empfindungen, ähnliche Leidenschaften, Neigungen und Gemütsbewegungen, selbst die komplizierteren wie Eifersucht, Argwohn, Ehrgeiz, Dankbarkeit und Großmut. Sie täuschen einander und sind rachsüchtig; sie haben zuweilen Gefühl für das Lächerliche und selbst für Humor …« – Mit diesem sehr vermenschlichten Bild vom Tier steht Darwin nicht allein; er kann sich unter anderem auf Alfred Brehm berufen.

Der Mensch sei, wie die anderen Primaten, ein »geselliges Geschöpf«, ein »soziales Tier«. Viele seiner besten Züge seien schon in der Frühzeit des Menschengeschlechts aus den ererbten sozialen Instinkten hervorgegangen. Die natürliche Zuchtwahl habe die intellektuellen Fähigkeiten nicht allein hervorgebracht; sobald die Vorfahren der Menschen Ansätze sozialen Verhaltens entwickelten, wurden diese Fähigkeiten »durch Nachahmung, durch Verstand und Erfahrung vermehrt und modifiziert«.

Wirkt die Selektion auch noch bei Kulturvölkern? Die Ausmerzung der Schwachen wird ja durch die Medizin und die Fürsorge für Arme und Gebrechliche gehemmt. »Niemand, der Haustiere gezüchtet hat, wird bezweifeln, daß das erwähnte Vorgehen für die menschliche Rasse sehr schädlich sein muß.« Auf die tätige Hilfe für den Mitmenschen dürfe jedoch keinesfalls verzichtet werden, denn sie gehöre zu den edelsten Zügen unseres Wesens.

Wenn man den Menschen in das Tierreich einordnet, liegt es verständlicherweise nahe, auch zu untersuchen, wie weit die aus dem Tierreich bekannten Prinzipien auf die menschliche Gesellschaft anwendbar sind – ein gefährliches Terrain. Und tatsächlich läuft Darwin dort, wo er das Selektionsprinzip auf die menschliche Gesellschaft überträgt, in die Fallen, die Malthus aufgestellt hat. »Natürliche Zuchtwahl ist eine Folge des Kampfes ums Dasein und dieser wiederum eine Folge der verhältnismäßig rapiden Zunahme. Man muß unbedingt die Neigung des Menschen zur starken Vermehrung tief beklagen …«

Hier kann sich Darwin auf seinem Vetter Francis Galton berufen, der seit Jahren die Vererbung geistiger Fähigkeiten statistisch untersucht und erst kürzlich, 1869, ein Buch darüber veröffentlicht hat: »Hereditary Genius« (deutsch: »Genie und Vererbung«). Da er mit Galton glaubt, dass sich moralische Charaktereigenschaften vererben, fürchtet er wie dieser und wie schon

Malthus eine alarmierende Tendenz: »Die leichtsinnigen, herabgekommenen, oft lasterhaften Mitglieder der Gesellschaft haben … die Neigung, sich verhältnismäßig rascher zu vermehren als die vorsichtigen und im allgemeinen tugendhaften …« Im Unterschied zu Galton, der später die »Eugenik«, die angeblich wissenschaftliche Lehre von der züchterischen Verbesserung des Menschengeschlechts erfindet, zieht Darwin daraus jedoch keine »menschenzüchterischen« Schlussfolgerungen.

Im Weiteren versucht Darwin, den Stammbaum des Menschen so weit als möglich zurückzuverfolgen. Auf fossile Menschenknochen kann er sich nicht stützen; selbst über den Schädel des ersten Neandertalers, der 1856 in einer Höhle bei Düsseldorf entdeckt wurde, streiten sich noch die Spezialisten. Deshalb beruft er sich vor allem auf Anatomie und Embryologie: »Die einstigen Vorfahren des Menschen müssen behaart gewesen sein; beide Geschlechter waren bärtig, ihre Ohren wahrscheinlich spitz und beweglich, der Leib mit einem Schwanz versehen, der eigene Muskeln besaß … Der Fuß war, nach der großen Zehe beim Fötus zu urteilen, ein Greiffuß, und unsere Vorfahren lebten zweifellos auf Bäumen, und zwar in einer warmen, waldreichen Gegend.«

Heute weiß man sehr viel mehr über den Vorfahren des Homo sapiens. An der Grundidee Darwins hat sich freilich nichts geändert. Weiterhin gültig ist auch seine Erkenntnis, dass alle Menschenrassen einen gemeinsamen Ursprung haben. Im Detail ist natürlich manches berichtigt worden, so lebten unsere Vorfahren aller Wahrscheinlichkeit nach nicht auf Bäumen, sondern in einem teils baumbestandenen, teils grasbewachsenen Gelände.

Vom achten Kapitel an, also für zwei Drittel des Buches, verlässt Darwin sein Thema. Weshalb schlägt der Pfau sein prächtiges Rad?, fragt er jetzt. Weshalb trägt der Hirsch das gewaltige Geweih? Weshalb unterscheiden sich oft männliche und weibliche Insekten so sehr, dass man sie für verschiedene Arten halten könnte? Die Antwort hat er in der geschlechtlichen Zuchtwahl gefunden. *Der* Hirsch wird die Ricke begatten, der seine Rivalen im Kampf Geweih gegen Geweih vertreibt. *Der* Pfau wird mehr Nachkommen hinterlassen, der die prunkvolleren Federn spreizt. Hunderte von Beispielen führt Darwin dafür auf, wie die sekundären Geschlechtsmerkmale, die nicht direkt für die Fortpflanzung nötigen Unterschiede der Geschlechter, durch den Kampf der Männchen um das Weibchen oder die Auswahl des Männchens durch das Weibchen bedingt sind. In gleicher Weise habe in der frühen Menschheitsgeschichte der Kampf um die Frauen zum stärkeren Körperbau der Männer geführt und der Schönheitssinn zum Verlust des Felles.

Am 15. Januar 1871 flattert der letzte Korrekturbogen auf Murrays Schreibtisch. Gut einen Monat später erscheint das Buch. Trotz der äußerst anstößigen Ideen verkaufen sich die 2.500 Exemplare im Handumdrehen – Naturforscher und Laien haben auf Darwins Stellungnahme zur »Affenfrage« gewartet. Murray druckt noch im selben Jahr 5.000 Exemplare nach, und Darwin steckt das Bestsellerhonorar von 1.470 Pfund ein.

Die »Times« aber lamentiert sechs Zeitungsspalten breit: Wie habe man nur eine so »völlig haltlose Hypothese«, voll von »unsachlichen Voraussetzungen, flüchtigen Forschungen und zersetzenden Spekulationen« publizieren können – und überdies genau zur Zeit der Pariser Kommune!

Das nützliche Studium der christlichen Philosophie

Donnernd hallt der Schlachtenlärm des Deutsch-Französischen Krieges 1870/71 über den Ärmelkanal. Vor zwanzig Jahren, zur Zeit der Invasionshysterie, fürchtete Darwin, dass die französische Armee Down im Sturm erobert, jetzt hofft er, dass die deutschen Truppen die »ruhmessüchtige, kriegsliebende Nation« besiegen. Das französische Heer kapituliert bei Sedan, doch Bismarck marschiert weiter. Er einigt Deutschland auf seine Weise – »mit Blut und Eisen«. Nebenbei hilft er, die Pariser Kommune über den Haufen zu schießen. Danach verebben die Wogen, die Zeitungen wenden sich weniger kriegerischen Themen zu.

Zu Darwins Verwunderung entfesselt die »Abstammung des Menschen« im Gegensatz zur »Entstehung der Arten« keinen lautstarken Entrüstungssturm. Hier und da werden sogar lobende Stimmen laut. Im »Spectator« liest Darwin, dass seine Begründung der Zweckmäßigkeit eine »noch wundervollere Rechtfertigung des Theismus« bedeute als Paleys natürliche Theologie! Nur wenige prophezeien noch düster mit Miss Cobbe, der Frauenrechtlerin: Wenn erst die Mehrheit Darwins Auffassung vom Ursprung der Moral teile, dann würde »der menschlichen Tugend das Sterbeglöckchen geläutet werden«.

Neue Fürsprecher der natürlichen Zuchtwahl haben sich ungebeten zu Darwin gesellt. Sie benutzen seine Theorie in einer Weise, die er nie beabsichtigte: Redet nicht Darwin vom Kampf ums Dasein? Hat er nicht in die fünfte Auflage der »Entstehung der Arten« Herbert Spencers Ausdruck »survival of the fittest« – Überleben der Geeignetsten, Angepasstesten, Tüchtigsten – übernommen? Also kann sich jeder, der auf der sozialen Leiter oben steht, auf Darwin berufen, denn er hat den Erfolg gemäß dem Gesetz der Natur durch seine Tüchtigkeit im Lebenskampf verdient. Und errang nicht auch die tüchtigste Nation die Vormachtstellung in der Welt – die britische?

Soziale Ungleichheit und Ungerechtigkeit überwinden zu wollen, sei daher von vornherein unsinnig. Ebenso folgten Kriege aus den ewigen Gesetzen der Natur und wären ganz heilsam, weil sie das Alte und Kranke ausmerzten, dem Gesunden – und der besten Rasse! – aber zum Durchbruch verhelfen würden.

Der sogenannte Sozialdarwinismus findet in England wie auch in Deutschland viele Anhänger. Und sie können sich auch auf den einen oder anderen Zungenschlag bei Darwin – etwa in der »Abstammung des Menschen« – berufen. Darwin selbst lehnt schon bald die Übertragung seiner Entwicklungslehre auf die menschliche Gesellschaft explizit ab.

Mitte 1871 bittet John Murray um die Veränderungen für die sechste, wohlfeilere Auflage der »Entstehung der Arten«. Das Buch, daran zweifelt Darwin nun nicht mehr, ist sein Hauptwerk. So konzentriert er all seine Sorgfalt darauf, es zu vervollkommnen. Diese Überarbeitung, das hat er sich geschworen, soll der Schlusspunkt sein, nie mehr will er den Band danach anrühren!

Einige gründliche Zusätze sind seit der vorigen Ausgabe durchaus ratsam. Erst im Januar hat St. George Mivart, der Biologieprofessor des Römisch-Katholischen Universitäts-Colleges in Kensington, eine Abhandlung unter dem Titel »Genesis der Arten« herausgebracht. Mivart verkündet darin, dass die Entwicklungslehre mit der Religion bestens zusammenpasse – wenn man nur die natürliche Zuchtwahl weglieβe und an ihrer Statt Gottes lenkende Hand setzte. Bitter beklagt er, dass es den Anhängern Darwins am »Studium der christlichen Philosophie« mangele, sonst wüssten sie, dass die größten Autoritäten der römisch-katholischen Kirche wie der gelehrte Jesuit Suarez eine abgeleitete Schöpfung predigen und folglich die Lehrmeinung der Kirche mit allem »harmonisiere, was die moderne Wissenschaft nur möglicherweise verlangen kann«. Die natürliche Zuchtwahl aber will er mit Dutzenden von Beispielen und Argumenten zerschlagen. Dazu modelt er auch mal ein Darwin-Zitat um, zitiert nur die Hälfte oder unterdrückt ein Wort.

Es fällt Darwin nicht immer leicht, Mivarts Kritik zurückzuweisen, etwa wenn dieser einwendet, dass erst im Ansatz vorhandene Organe zu nichts nützen und daher nicht von der Selektion begünstigt seien. An manchen Stellen schleichen sich nun sogar lamarckistische Gedankengänge in die »Entstehung der Arten« ein; angebliche Tatsachen, von anderen Forschern berichtet, und die Unkenntnis der Vererbungsgesetze zwingen Darwin, bereits überwundenen Anschauungen wieder eine gewisse Gültigkeit einzuräumen. Aus heutiger Sicht täuscht er sich, wenn er es als seinen »größten Irrtum« bezeichnet, »der direktiven Wirkung der Umgebung, das heißt der Nahrung, des Klimas usw., unabhängig von der natürlichen Zuchtwahl nicht hinreichendes Gewicht beigelegt« zu haben. Die genetischen Forschungen seit Mendel haben gezeigt, dass es im Organismus keinen Informationsfluss von der Umwelt ins Erbmaterial, von den Proteinen zur DNS gibt.

Während Darwin sich in die Arbeit vergräbt, führt Huxley einen gezielten Schlag gegen Mivart. Da Huxley reumütig einsieht, dass ihm das »Studium der christlichen Philosophie fehlt, will er die Wissenslücke schleunigst schließen. Der Bibliothekar staunt nicht schlecht, als Huxley die schweren Folianten Suarez' verlangt. Wenig später erscheint eine Rezension, in der er Mivart unter Bezugnahme auf Suarez gründlich kritisiert. »So bin ich«, schreibt er Darwin erfreut, »in dem neuen Charakter eines Verteidigers der katholischen Orthodoxie aufgetreten und habe Mivart durch die Worte seines eigenen Propheten über den Haufen geworfen.«

Am 31. August 1871 heiratet Henrietta den aktiven Sozialreformer und juristischen Experten der anglikanischen Kirche Richard Litchfield. Darwins Lieblingstochter zieht nach London – dabei hat sie doch erst »vor kurzem« als ein kleines, krankes Mädchen still in seinem Arbeitszimmer gelegen und stundenlang die Landkarte an der Wand betrachtet!

Der Schwiegersohn passt in die Familie. Er zollt der Wissenschaft die größte Achtung und bemüht sich, ihre Erkenntnisse zu verbreiten. 1854 hat er geholfen, das Working Men's College zu gründen, das den Bildungsstand der arbeitenden Massen Englands erhöhen soll. Seine sechzig bis siebzig Schüler wandern an Wochenenden oft in die Umgebung Londons. Darwin lädt sie gern ein, auf seinem Grundstück zu rasten. Dann werden Bänke auf die Wiese gestellt, sie trinken Tee, spazieren durch den Garten und stimmen unter den schattigen Bäumen ihren gewiss nicht immer harmonischen Gesang an.

Unterhaltsame Geschichten und groteske Illustrationen

Leeren sich denn die Zettelmappen zum Artenproblem nie? Ein Dutzend Jahre schon wertet Darwin Zeitschriftenschnipsel und Notizen aus – stets bleibt etwas übrig, und ein Buch ergibt das nächste. Er wollte einen allumfassenden Band über die Spezies schreiben, der wurde unzumutbar dick und musste einem »Auszug« weichen. Die beiden Kapitel über das Variieren der Haustiere und Kulturpflanzen blähten sich im Verlauf von zehn Jahren zu einem gesonderten zweibändigen Werk auf, dessen Kapitel über die Abstammung des Menschen platzte aus allen Nähten und verwandelte sich in ein separates Buch, und aus dem wuchert jetzt der Abschnitt über die Stammesgeschichte der Emotionen heraus.

Lange genug achtet er freilich schon auf den »Ausdruck der Gefühlsbewegungen bei Menschen und Tieren« – so der Titel. Vor über dreißig Jahren, als William geboren wurde, hat er damit begonnen. Nun stiftet er auch Freunde und Bekannte zu absonderlichen Beobachtungen an. Mrs. Huxley möge doch bitte schauen, auf welche Weise ihre Kleinen das Gesicht zum Weinen verzögen, wie sich der Augapfel dabei verändere, und sie solle ja den Muskel Corrugator supercilii, den Augenbrauenrunzler, nicht vergessen. So

21 Zeitgenössische
Karikatur

weit wie eine Nachbarin brauche sie es indes nicht zu treiben – die ärgerte forschungsbeflissen ihr Kind, bis Tränen flossen!

Asa Gray reist mit seiner Frau nach Ägypten. Sie sollen ausspionieren, ob, wann und wie feilschende Araber erröten! John Scott, ein fähiger, doch unbemittelter Angestellter im botanischen Garten von Edinburgh, ist durch Darwins Unterstützung Leiter des botanischen Gartens von Kalkutta geworden. Er soll die Gebärdensprache der Inder erkunden. Von Wallace dagegen erbittet er sich die Adressen zuverlässiger Briten in Malaya, die er fragen kann, ob und wie die einheimische Bevölkerung den Kopf schüttelt und die Hände ringt.

Admiral Sulivan hat auf Feuerland eine Missionsgesellschaft gegründet. Darwin spendet fünf Pfund für die Bekehrung von Jemmy Buttons Landsleuten. Er ist angenehm überrascht, dass sich sein Bild von den verkommenen, dreckigen und diebischen Feuerländern jetzt als falsch erweist, die Missionare ihre Sprachfertigkeit, Ehrlichkeit und Bildungsfähigkeit loben, besonders freut ihn aber, wenn die Missionare seine Fragebögen ausgefüllt zurücksenden.

Überall in der Welt drehen Forschungsreisende, Kolonialoffiziere und Missionare Darwins Liste in den Händen:»Funkeln die Augen, wenn wir vergnügt sind? … Wird Verachtung durch ein leichtes Vorstrecken der Lippe und Emporheben der Nase, verbunden mit einem leichten Aushauchen, ausgedrückt?«

Nicht minder bestürmt Darwin Zoologen. Sie sollen ihm über das Gefühlsleben der Affen und der Wiederkäuer, über Reflexe bei Fröschen und bei Stachelschweinen Auskunft geben. Passionierte Jäger sind besonders angesprochen. Welche Verhaltensweisen ihrer Hunde wären ihnen aufgefallen? Scharren sie sich mitunter ein Lager, bevor sie sich zur Ruhe legen – auch auf Steinfußboden? Dies nämlich wäre ein Verhaltensrelikt aus wild lebenden Zeiten.

Mitte Januar 1871 hat Darwin so viel Material angehäuft, dass er das Schreiben nicht länger hinauszögern kann. Wieder einmal betritt er wissenschaftliches Neuland. Alle bisherigen Bücher über menschliches und tierisches Verhalten haben die Frage nach dem Ursprung der Gefühlsäußerungen ausgespart. Sie begnügten sich mit der Behauptung, der Schöpfer habe die verschiedenen Ausdrucksformen eben so eingerichtet, wie sie nun einmal wären.

Wo kann Darwin Gestik und Mienenspiel am besten studieren? Gewiss da, wo sie am unverfälschtesten, am offensten und klarsten erscheinen – »durch die Beobachtung der kleinen Kinder, der Geisteskranken, der verschiedenen Menschenrassen, von Kunstwerken, und endlich der Gesichtsmuskeln unter der galvanischen Behandlung«. Ein Dr. Duchenne nämlich hat mittels angelegter Elektroden die Gesichtsmuskeln eines Patienten elektrisch gereizt. Die so erzeugten Grimassen enthüllen sehr deutlich die Wirkung der einzelnen Muskeln. Schauspieler und Kunstwerke nutzen Darwin weniger, die Kunst verschönere und mildere die krasse Mimik, oder sie übertreibe: Laokoon etwa ziehe seine Stirn in falsche Leidensfalten.

Darwin erzählt von Kühen, die ihre Freude ausdrücken, indem sie, den Schwanz wild schlenkernd, läppisch auf der Weide herumspringen, er erzählt von einem indischen Elefanten, der gefangen wurde und »auf dem Boden lag und ein gräßliches Geschrei ausstieß, wobei ihm die Tränen die Backen hinabliefen«. Er erzählt von Polly, der mit eingeklemmtem Schwanz und zurückgezogenen Ohren hin- und hergerissen ist zwischen dem Wunsch, ihn zu begleiten, und dem, sein Mittagsmahl zu fressen.

Welchen biologischen Zweck aber haben diese Verhaltensweisen? Viele vermag Darwin einzuordnen, Hunde etwa, die in Kampfesstimmung geraten, legen ihre Ohren an. Durch diese instinktive Bewegung werde verhindert, dass ihr Gegner sie ihnen abreißen kann.

Auch beim Menschen kann er manchen Gefühlsausdruck deuten. Das Weinen beispielsweise habe ursprünglich dazu gedient, Fremdkörper aus dem Auge wegzuspülen. Kleinkinder würden erst nach einigen Monaten nicht nur schreien, sondern auch Tränen vergießen. Im Gegensatz zum Menschen seien die wenigsten Tierarten fähig zu weinen und keine einzige zu erröten. Wie weit am Körper hinab errötet eigentlich die Engländerin? Und der Chinese? Stimmt es, dass südamerikanische Urwaldindianer erst vom weißen Mann das Erröten lernten?

Darwin hat sich gründlich umgehört und umgesehen. Er malt aus, wie sich das Haar bei Zorn oder Gefahr sträubt und wie auch der Gentleman vor einem gelegentlichen Entblößen des Eckzahns nicht gefeit ist. »Die hier behandelte Ausdrucksform, sowohl für mutwilligen Spott wie für grimmigen Trotz, ist eine der merkwürdigsten, die beim Menschen vorkommt. Sie verrät seine tierische Abkunft.«

Drei Gesetze filtert er aus seiner Faktensammlung heraus. Nach dem ersten verknüpfen sich Gewohnheiten zweckdienlich, nach dem zweiten rufen entgegengesetzte Gefühle entgegengesetzte Ausdrucksformen hervor, und nach dem dritten entstammen alle Tätigkeiten der Verfassung des Nervensystems und sind ursprünglich unabhängig vom Willen. – Darwins »Gesetzen« wird heute nur noch eingeschränkte Gültigkeit zugebilligt.

Im November 1872 druckt Murray im Vertrauen auf den zugkräftigen Namen des Autors 7.000 Exemplare. Über 5.000 verkaufen sich sofort, der Rest jedoch reicht auf Jahre. Die Aufnahme des 400 Seiten starken Bandes ist geteilt. Neben lobenden Stimmen meldet sich eine Besprechung mit barscher Kritik. Sie beklagt den Gebrauch »vulgärer Ausdrücke« und die »rohe metaphysische Auffassung«. »Mr. Darwin hat der merkwürdigen Reihe von Werken, die er bereits der Darlegung und Verteidigung der entwicklungsgeschichtlichen Theorie gewidmet hat, einen weiteren Band, angefüllt mit unterhaltsamen Geschichten und grotesken Illustrationen, hinzugefügt.« Den selbstgefälligen Viktorianern im Spiegel ihres Verhaltens den Affen zu zeigen, ist zweifelsohne eine Unverfrorenheit.

Schon eher erkennt sich Darwin in der Rezension wieder, die Wallace veröffentlicht. Wallace spricht davon, dass das Buch »gewisse charakteristische geistige Eigentümlichkeiten des Verfassers in einem hervorragenden Grade« zeige, so »die unersättliche Sehnsucht, die Ursachen der verschiedenartigen und komplizierten, von Lebewesen dargebotenen Erscheinungen zu entdecken«. Nie scheine bei Darwin »die ruhelose Neugierde des Kindes, das Wozu? das Warum? und das Wie? von allem zu wissen, ihre Kraft verloren zu haben«.

Kapitel 13

Gäste bei Darwins

»Ich habe einige alte botanische Arbeiten wieder aufgenommen«, Resignation schwingt in Darwins Brief an Haeckel im Herbst 1872 mit, »und werde vielleicht niemals wieder versuchen, theoretische Ansichten zu erörtern. Ich werde alt und schwach, und kein Mensch kann sagen, wann seine intellektuellen Kräfte zu schwinden beginnen.«

Darwin ist dreiundsechzig Jahre alt. Er schränkt sich ein und experimentiert ein wenig mit dem Sonnentau, seinem botanischen Steckenpferd. Sogar diese harmlose Beschäftigung greift ihn an. Er entdeckt die Reizleitung der Pflanze, ihr »Nervensystem«, und begeistert sich dabei übermäßig. Anschließend ist er total erschöpft.

Da hilft nichts, er muss entspannen. Südlich von Down liegt Sevenoaks Common, eine Siedlung von Wochenendhäusern. Den größeren Teil des Oktobers 1872 verlebt Darwin dort. Er ist gemächlicher geworden als in früheren Jahren, klagt zwar über die schreckliche Untätigkeit, doch drängt es ihn nicht mehr täglich an die mitgebrachte Arbeit. Und im Grunde ist er auch gesünder als ehedem. Schwäche und gelegentliches Kopfkreisen behindern ihn nach wie vor, doch verkrampft sich der Magen nicht mehr so stark.

Oft sitzt er bei herbstlichem Sonnenschein auf einer Terrasse und sieht zu, wie der Wind mit dem welken Laub spielt. Diese beschaulichen Stunden behagen ihm so sehr, dass er sich an die Rückfront des Down-Hauses eine glasüberdachte Veranda anbauen lässt. Sie gewährt einen freien Blick über den Garten und die große Wiese, über die niedrige Umfassungsmauer hinweg auf Felder und Gehölze in der Entfernung.

Nun, da die Kinder eins nach dem anderen wegziehen, richtet sich Darwin im ehemaligen Billardraum ein neues, größeres Arbeitszimmer ein, in das gleich zwei breite Tische passen. Auf den einen räumt er die laufenden Versuche, Töpfe und Schalen mit Pflanzen, auf den anderen die unvollendeten Schreibarbeiten, Manuskripte, Briefe und Notizen.

Häufig wallfahren Besucher aus aller Herren Länder zum Down-Haus. Ein überdrehter amerikanischer Theologe, Moncure Conway, scheut den langen Weg nach England nicht. Er hat eine eigene »nachdarwinsche Religion« zusammengebastelt und weilt nun in den geheiligten Hallen Downs, um seinem angebeteten Meister zu sagen, was er für ihn bedeute.

Der Naturforscher Alphonse de Candolle reist aus der Schweiz an, deutsche und amerikanische Gelehrte geben sich bei Darwin die Klinke in die Hand; John Lubbock läuft häufig mit eigenen Gästen zum Down-Haus hinüber. Eines Tages wird er sogar von dem früheren Premierminister Gladstone begleitet. Gladstone, der auf einige Jahre das Amt an den konservativen Politiker Disraeli verloren hat, nutzt die Gelegenheit zu einer kleinen politischen Rede.

Die Besucher vermögen die tägliche Routine der Darwins kaum zu stören. Mühsame viktorianische Zeremonien schenken sie sich. Die Gäste werden willkommen geheißen, erhalten ein Gastzimmer und werden gebeten, sich wie zu Haus zu fühlen. Die Darwins ziehen sich gewöhnlich ins Wohnzimmer zurück, Emma pusselt an ihren Nähsachen herum, wenn sie nicht gerade die Dienerschaft beaufsichtigt, und Darwin streckt sich auf dem Sofa aus. Freundlich und unbeschwert plaudern sie mit den Besuchern, fragen nach den Interessen und Ansichten der Gäste. Manchmal, besonders bei wissenschaftlichen Themen, verwickelt sich Darwin in lange Sätze voller Einschränkungen und Nebengedanken, die ihm einfallen, während er gerade spricht, die aber berücksichtigt werden müssten, unbedingt, wobei allerdings … Dann bricht er ab und lacht frei und schallend.

Die alten Freunde werden über den neuen Bekanntschaften nicht vernachlässigt. Huxley hat sich durch seine Arbeit, eine Reise nach Ägypten und vielfältige Verpflichtungen in Regierungskommissionen, unter anderem für eine bessere Volksbildung, total verausgabt. Jetzt plagen ihn Verdauungsstörungen und Mutlosigkeit, er hätte eine längere Erholungspause nötig, doch baut er gerade ein Haus, und eine Unterbrechung wäre sein Ruin.

Mrs. Lyell erfährt von Huxleys Bedrängnis. Sie informiert Emma. Darwin und seine Freunde handeln rasch. Sie sammeln 2.100 Pfund für Huxley. Darwin fällt das ehrenvolle Amt zu, Huxley zu unterrichten. Die achtzehn Spender, kein Fremder oder Unbekannter wäre unter ihnen, betrachteten Huxley als ihren verehrten und geliebten Bruder. Sie wünschten nichts anderes, als dass Huxley sich eine Zeit gänzlicher Ruhe zur vollständigen Wiederherstellung der Gesundheit vergönne.

Gerührt dankt Huxley. Monatelang wäre er ohne Energie und Hoffnung gewesen; wenn nun der »kleine blaue Teufel« der Melancholie um ihn tanze, werde er ihm »den Scheck an den Kopf werfen wie Luther das Tintenfaß«. Darwins Brief aber werde er für seine Kinder aufbewahren, damit deren Kinder wüssten, »was für ein Mensch der Freund ihres Vaters gewesen sei und warum er ihn geliebt habe«.

Im eigenen Haushalt aber ist Darwin nach wie vor aufs Sparen bedacht. Eilig löscht er jede Kerze, die unnütz brennt. Er verbraucht die Rückseiten alter Manuskripte als Schmierpapier, geizt mit seinen Arbeitsmaterialien. Am Ende eines jeden Jahres geht er die Kontobücher durch, klagt dabei mehr im Scherz als im Ernst über die drohende Armut und entwirft düstere und völlig ungerechtfertigte Prognosen.

Die Liebe zu den Pflanzen

O diese Rezensenten und Bücherverreißer! Alles bestreiten sie, wenn sie nur damit die »Abstammung des Menschen« in Verruf bringen können! Nicht einmal Alfred Brehm, den Darwin zitiert, kommt ungeschoren davon: Unmöglich könnte, wie Brehm behauptet, ein Affe einem Kätzchen, das ihn gekratzt hatte, die Krallen abgebissen haben! Darwin weiß sich zu verteidigen. Als er Ende 1873 die zweite, gründlich erweiterte und verbesserte Ausgabe vorbereitet, merkt er in einer Fußnote bescheiden an: »Ich fand, daß ich mit meinen Zähnen leicht die Krallen eines etwa fünf Wochen alten Kätzchens erfassen konnte.«

Alles in allem bleibt Darwin seinem Vorsatz treu: Er beschränkt sich fast ausschließlich auf botanische Studien. Sein Ziel ist es, »zu zeigen, wie die Naturgeschichte unter der Annahme der Veränderlichkeit der Arten ausgearbeitet werden kann«. Nebenbei fesseln ihn die Geheimnisse der Pflanzenphysiologie. – Er will ergründen, auf welche Weise die Lebensprozesse ablaufen.

Der »alte und schwache« Darwin, der sich, wie er Fox schreibt, »so alt wie Methusalem« fühlt, ist alles andere als müßig. Neben neuen Ausgaben seiner Bücher veröffentlicht er in rascher Folge botanische Werke: »Insektenfressende Pflanzen« (1875), »Die Wirkungen der Kreuz- und Selbstbefruchtung im Pflanzenreich« (1876), »Die verschiedenen Blütenformen an Pflanzen der nämlichen Art« (1877) und »Das Bewegungsvermögen der Pflanzen« (1880).

Manche der Untersuchungen, die diesen Büchern zugrunde liegen, etwa die über verschiedengriffelige Blüten, reichen bis zu dreißig Jahre zurück. Ebenfalls seit langer Zeit hat Darwin beobachtet, wie die Pflanzen ihre Blätter nach der Sonne ausrichten, wie sie zum Licht streben, wie sie in der Nacht mit geschlossenen Blüten oder gesenkten Blättern in Schlaf fallen, wie die Wurzel der Gravitation folgt, nach Wasser sucht, wie die Wurzelspitze sich ihren Weg vorbei an harten Steinen bahnt … »Es ist wohl keine Übertreibung, zu behaupten«, schreibt er im Buch über »Das Bewegungsvermögen der Pflanzen«, »daß eine Wurzelspitze, die die Fähigkeit besitzt, die Bewegungen der ihr anliegenden Teile zu leiten, eine ähnliche Funktion ausübt wie das Gehirn eines niedrigen Tieres.« Ganz kann er das Theoretisieren nicht unterlassen; er glaubt, alle pflanzlichen Bewegungsvorgänge auf eine fundamentale Bewegung, das Winden im Kreise, die Circumnutation der Kletterpflanzen, zurückführen zu können.

Jetzt, da Henrietta in London wohnt, wird Darwin von seinem Sohn Francis unterstützt. 1874 heiratet zwar auch er, doch bezieht er eine Wohnung in Down. Zwei Jahre später stirbt seine junge Frau im Wochenbett. Mit dem Enkel Bernhard kehrt Francis ins väterliche Haus zurück.

Darwin hat in Francis einen hingebungsvollen Schüler gewonnen. Francis lernt von ihm, Experimente sorgfältig auszuführen und jede Kleinigkeit, auch solche, die im Moment bedeutungslos scheinen, zu notieren. Francis unterstützt ihn, wenn er mit unruhiger Hand, doch äußerster Geduld, feinste Wurzeln zerschneidet. Francis assistiert ihm, wenn er unter dem Mikroskop Samen abzählt und sortiert und dabei leise vor sich hin spricht: »Diese kleinen unverschämten Kerle tun gerade das, was ich nicht von ihnen wollte.«

Auch zu den »Narren-Experimenten« wird Francis herangezogen, zu wilden Versuchen, die kein Forscher außer Darwin der Mühe für wert hält und die vielleicht gerade deshalb neue Einsichten vermitteln könnten. Als Darwin vermutet, dass die Keimblätter einer Pflanzenart extrem empfindlich auf die Vibrationen des Arbeitstisches reagieren, bittet er Francis, den Blättern auf dem Fagott vorzuspielen – sie könnten ja auch die Schallschwingungen wahrnehmen!

Erst 1878 erfährt Darwin eine erste größere Ehrung in Frankreich. Er wird zum korrespondierenden Mitglied der französischen Akademie gewählt – aber ausschließlich aufgrund seiner botanischen Verdienste. »Was Mr. Darwin die Pforte der Akademie verschlossen hat«, heißt es, »ist, daß die ›Entstehung der Arten‹ und noch mehr die ›Abstammung des Menschen‹ nicht Wissenschaft sind, sondern eine Masse von Behauptungen und absolut willkürlichen Hypothesen, oft offenbar falsch. Diese Art von Publikationen und diese Theorien sind ein schlechtes Beispiel, welches eine Körperschaft, die sich selbst achtet, nicht ermutigen kann.«

Von hüpfenden Tischen und gemarterten Tieren

Etwa seit 1850 schwappt eine amerikanische Modewelle auf den alten Kontinent über: der Spiritismus. Männer und Frauen, die über einen heißen Draht zur Geisterwelt verfügen, sogenannte Medien, bereisen die europäischen Hauptstädte und veranstalten in den Wohnzimmern der gebildeten und sensationslüsternen Bürger ihre spiritistischen Sitzungen, die Séancen. Da offenbaren sich die Geister der Verstorbenen: Sie heben die Tische in die Höhe, klopfen bejahend oder verneinend, schreiben – mit der Hand des Mediums – ungemein aufschlussreiche oder einfältige Briefe über ihr Wohlergehen im Jenseits. Wen stört es, dass hin und wieder ein Medium als Betrüger entlarvt wird? Die Toten leben, und die materialistische Gottlosigkeit ist dem Untergang geweiht!

Auch Alfred Wallace ist dem Spiritismus verfallen. Für ihn liegt der Ursprung des Menschengeschlechts in mystischem Dunkel. Nicht Evolution und natürliche Zuchtwahl haben den Menschen über das Tierreich erhoben, sondern hehre, übernatürliche Kräfte. Darwin hört durch seinen Bruder Erasmus vom regen Treiben der Geister. So wie Darwin die Fotos seiner Freunde sammelt, jagt Erasmus nach Fotografien von Geistern. Einige gibt er an Huxley weiter, der ihre Echtheit prüfen soll. Huxley klärt ihn darüber auf, wie man die Fotos auf natürliche Weise mit einigen einfachen mechanischen Kniffen herstellt.

Im Januar 1874 besuchen die Darwins Erasmus in London. Darwins Sohn George nutzt die Gelegenheit und verpflichtet ein Medium, um den Eltern eine Séance vorzuführen. Henrietta und ihr Mann, ebenso Francis Galton, Hensleigh Wedgwood und andere werden eingeladen. Dann sitzen sie um den Tisch, das Licht wird gelöscht, um die Geister nicht zu verschrecken; man wartet. Die Luft ist stickig, und Darwin schwitzt und wird müde. Lange, lange ereignet sich nichts. Schließlich schleicht er erschöpft hinaus, um sich auszuruhen. Erst eine geraume Weile später kommen Emma und die anderen: welche Aufregung! Leuchter und Stühle wären in die Luft gesprungen, feurige Punkte wären aufgetaucht und erloschen! Und bei alledem hätten George und Hensleigh die Hände des Mediums festgehalten. Darwin inspiziert den Raum, er ist skeptisch, denkt an Taschenspielertricks, doch Francis Galton versichert ihm, es wäre eine gute Séance gewesen, und George ist sehr beeindruckt … »Gott sei uns gnädig«, stöhnt Darwin, »wenn wir an solches Zeug zu glauben haben!«

Einige Tage später soll die Séance wiederholt werden. Darwin überredet Huxley, dabei zu sein und aufzupassen. Huxley setzt sich zur Linken des Mediums, George zur Rechten; sie berühren dessen Hände und Füße. Eine halbe Stunde geschieht nichts, nein doch: Die Gitarre, die auf dem Tisch liegt, wird verschoben. Dann steht George auf, um zwei winzige Lichtflecke, die die absolute Dunkelheit stören, zu beseitigen.

Auch verändert man die Sitzfolge, anstelle Georges vergewissert sich nun Erasmus, dass das Medium die rechte Hand und den rechten Fuß nicht benutzt. Wieder vergeht viel Zeit. Endlich poltert es, ein Stuhl springt auf den Tisch.

Doch Huxley war nicht umsonst dabei. Er hat zuerst mithilfe der Lichtflecke, später durch die Verkrampfungen der linken Hand des Mediums, dessen verräterische Bewegungen genau verfolgt – und Erasmus ist nicht sicher, ob er im entscheidenden Moment nicht doch für eine Sekunde den Kontakt mit dem Medium verloren hat.

Ein Jahr später, genau am 1. April 1875, wohnt Darwin nochmals einer Séance bei. Da zerbricht das Medium sogar das Siegel, mit dem seine Füße am Boden befestigt waren. Darwin ist sehr zufrieden, seine anfängliche Skepsis bestätigt zu finden.

In der Zwischenzeit hat Darwin einen neuen Schüler und Mitstreiter gewonnen: George Romanes. Wie Darwin sollte Romanes in Cambridge zum anglikanischen Geistlichen ausgebildet werden, wie Darwin entscheidet er sich für die Naturforschung: Er wird Physiologe. Vielleicht erinnert der Sechsundzwanzigjährige mitunter Darwin an die eigene Jugend. Kein Wunder, dass er ihm eine geradezu väterliche Freundschaft entgegenbringt und hofft, der junge Biologe werde seine Gedanken fortentwickeln, eventuell sogar der zweifelhaften Pangenesis zum Durchbruch verhelfen.

Romanes leistet im Verlauf der Jahre Darwin in Down häufiger Gesellschaft. Eines Abends erörtern sie gemeinsam mit Francis im gemütlichen Rauchzimmer die Entwicklungsgeschichte der menschlichen Emotionen. Das Gefühl des Erhabenen zum Beispiel, das einen in großartigen Landschaften beschleicht, könnte es nicht, spekuliert Romanes, seinen Ursprung darin haben, dass unsere Vorfahren lange in solchen Landschaften lebten? Darwin überlegt, bemerkt dann beiläufig, er habe das Gefühl des Erhabenen am stärksten empfunden, als er von einem der Andengipfel die prachtvolle Szenerie ringsum genossen habe. Schon kreist das Gespräch um anderes, es wird spät, Darwin zieht sich in das Schlafzimmer zurück. Romanes und Francis unterhalten sich noch bis tief in die Nacht hinein.

Ein Uhr morgens poltert jemand die Treppe hinab. Die Tür öffnet sich vorsichtig, Darwin tritt ein in Pantoffeln und Schlafrock. Er habe nicht schlafen können, sagt er, denn er habe über das Gespräch nachgedacht. »Es ist mir eben eingefallen, daß ich unrecht hatte …, ich bin dessen ganz sicher, daß ich das Gefühl noch stärker in den Wäldern von Brasilien hatte. Ich hielt es für das beste, herunterzukommen und Ihnen das sofort zu sagen, im Falle, daß ich Sie irreleiten könnte. Ich bin jetzt ganz sicher, daß ich das Erhabene am meisten in den Wäldern empfand.«

1874/75 beunruhigt eine öffentliche Streitfrage Darwin mehr als alle Séancen oder südamerikanischen Gemütsbewegungen: die Vivisektion. Ein Teil der Presse hat eine Kampagne gegen physiologische Untersuchungen entfesselt. Lautstark wettert man gegen die Vivisektion, das Sezieren lebender Tiere, und meint damit alle Tierexperimente. Eine Parlamentskommission wird eingesetzt, sie soll die angeblichen Tierquälereien der Physiologen entlarven und ein Tierschutzgesetz vorschlagen.

Darwin befürwortet Tierexperimente, allerdings nur für ernsthafte wissenschaftliche Zielstellungen, »nicht aber für bloße verdammenswerte und verwerfliche Neugierde«. In Down hat er ohnehin den Ruf, zu weichherzig zu sein. Was ist das für ein Squire, der aus dem Wagen springt und seinen Kutscher schilt, wenn dieser die Pferde antreibt! Er, der sonst sogar das Zurechtweisen der Dienstboten seiner Frau überträgt, schreit die Dorfbewohner an, wenn er entdeckt, dass sie ihre Tiere misshandeln. Doch nun ergreift er Partei für die Experimente.

»Mir scheint, daß die Physiologen jetzt in der Lage einer verfolgten religiösen Sekte sind«, schreibt er an Romanes, und Henrietta gegenüber äußert er die Befürchtung, dass viel zu »nachdrückliche Gesetze erlassen« würden, denn »dies ist wahrscheinlich, wenn man sieht, wie unwissenschaftlich das Unterhaus ist, und daß die Gentlemen von England human sind, solange es nicht um ihren Sport geht, welcher hundert- und tausendmal mehr Leiden mit sich bringt als die Experimente der Physiologen …«

Im November 1875 wird er vor die Parlamentskommission geladen. Der Vorsitzende, Lord Cardwell, begrüßt ihn nach Emmas Worten ehrerbietig »wie einen Herzog«. Darwin legt in wenigen Minuten seine Meinung dar, mit zeremonieller Hochachtung geleitet man ihn hinaus. Auch sein Zeugnis fruchtet letztlich nichts. Das Parlament verabschiedet ein Gesetz, das weitaus strenger ist als jeder Entwurf, jede Empfehlung, selbst die der eigenen Kommission. Noch Jahre später muss Darwin in der »Times« die Physiologen vor den polemischen Angriffen von Miss Cobbe und anderen in Schutz nehmen.

Lehrer der Gesetze

Man solle vergangenen Tagen nicht nachtrauern, meint Emma, das sei ungesund. Doch Darwin schwelgt gern in Erinnerungen, sei es an die Jahre auf der »Beagle«, sei es an die Studentenzeit in Cambridge. »Wenn ich vom Fangen seltener Käfer lese«, schreibt er einmal einem Freund, »dann fühle ich mich wie ein altes Schlachtroß beim Schmettern der Trompete.«

Im Sommer 1876 gibt Darwin einem lang gehegten Wunsch nach. Die »Erinnerungen an die Entwicklung meines Geistes und Charakters« seien vor allem zur eigenen Belustigung und für Kinder und Kindeskinder gedacht, entschuldigt er die Selbstbeschau. Ob er es sich nun eingesteht oder nicht, er möchte auch der Nachwelt ein Zeugnis seines Lebens aus eigener Feder hinterlassen. Nicht jede Bemerkung, die so entsteht, ist völlig glaubwürdig, neigt er doch dazu, zu harmonisieren und möglicher Kritik auszuweichen.

Täglich zeichnet er eine Stunde die wichtigsten Stationen seines Werdegangs nach. Bilder ziehen bald unbeschwert, bald wehmütig durch sein Gedächtnis: der Vater, eine beherrschende Persönlichkeit, verehrt, gefürchtet und geliebt; die kleinen Missetaten aus Kindertagen, die nutzlose Schulzeit, nichts im Kopf »als Schießen, Hunde- und Rattenfangen«; Edinburgh mit langweiligen Vorlesungen, schrecklichen Operationen und den falschen Eiern der Flustra; Ferien, die Jagdsaison; herrliche Tage, herrliche Abende in Maer; Spaziergänge in Cambridge mit Professor Henslow, erste Erfolge eines Käferjägers; dann einen kurzen Blick auf die Reise mit der »Beagle«, Fitz-Roy, faszinierend und unausgeglichen; der Start in London, die Zweifel an der biblischen Offenbarung, der Verlust des Glaubens; darauf die Heirat, Emma, ihre verständnisvolle Güte; das Buch über die Korallenriffe; Londoner Gestalten und Gesichter, die Freunde, vor allem Lyell, glasklar und der Wahrheit verschworen, Hooker, liebenswert und unermüdlich, Huxley, angriffslustig, mit messerscharfem Verstand; der Umzug nach Down; acht Jahre Rankenfüßer, seine Bücher …

Was fehlt noch? Eine Beurteilung seiner geistigen Fähigkeiten. »Mäßig« ist wohl das rechte Wort. Lieber die eigene Leistung verkleinern, als andere vor den Kopf stoßen, lieber von den Schwierigkeiten sprechen, von dem verwaschenen Gedächtnis, dem fehlenden Talent für Mathematik, für philosophische Gedankengänge, für Kritik, dem beklagenswerten Verlust seines Kunstgeschmacks. Selbst Shakespeare, der ihn als Schulknabe begeisterte, findet er nun »unerträglich langweilig«. Musik veranlasst ihn nur, an die Arbeit zu denken!

»Mein Geist scheint eine Art Maschine geworden zu sein, allgemeine Gesetze aus großen Sammlungen von Tatsachen herauszumahlen.« Würde er noch einmal leben, er läse jede Woche etwas Poesie, hörte jede Woche etwas Musik, damit der musische Sinn nicht verkümmert. Was spricht überhaupt zu seinen Gunsten? Der Fleiß beim Beobachten und Sammeln, gewiss, die uneingeschränkte Geduld und die Liebe zur Naturwissenschaft. Vielleicht vermag er noch ein, zwei Bücher zu schreiben, dann wird seine Kraft sicher erschöpft sein …

An Darwins achtundsechzigstem Geburtstag krönt ein prachtvoll eingebundenes Fotoalbum aus Deutschland die gewohnte Gratulationspost. Es enthält die Bilder von 154 Wissenschaftlern, allen voran Haeckel, die Darwin auf diese Weise ihre Verbundenheit bekunden. Die niederländischen Naturforscher aber wollen ihre deutschen Kollegen ausstechen: Sie schicken Darwin einen Band mit 217 Fotografien. Jedermann in der europäischen Wissenschaftlergemeinde scheint von seinem Hobby zu wissen.

Im November desselben Jahres würdigt auch Darwins ehemalige Alma Mater, die Universität Cambridge, die Leistungen ihres mittlerweile berühmten Studenten. Emma und fast alle seine Kinder begleiten Darwin zum Festakt. Darwin soll der Ehrendoktor der Rechte verliehen werden, eine Auszeichnung, die die Universität nur selten gewährt.

Darwin muss den traditionellen roten Talar anlegen. Von Emma und dem Master seines alten Colleges geleitet, betritt er durch den Seiteneingang das überfüllte Senatshaus. Hochrufe branden auf. Studenten haben von Galerie zu Galerie ein Seil gespannt, auf dem ein Stoffäffchen balanciert. Dann schieben sie einen mit Bändern umwickelten Ring auf das Seil, das »missing link«, das fehlende Kettenglied zwischen dem Menschen und seinen äffischen Vorfahren.

Darwin ist gerührt. An der Seite des Vizekanzlers der Universität schreitet er zwischen den livrierten Universitätsbediensteten, die schwere silberne Zepter tragen, einher. Die Verleihungsansprache folgt. Mit einem lateinischen Wortspiel schließt der Vizekanzler: »Du aber, der du die Gesetze der Natur so gelehrt beleuchtet hast, sollst für uns der Lehrer der Gesetze sein.« Darwin bedankt sich formvollendet, er hat die lange Zeremonie gut überstanden, und Emma strahlt vor Stolz.

Wenige Monate später, Anfang 1878, kündigt ihm ein Brief des vormaligen Rektors der Berliner Universität Emil Du Bois-Reymond an, dass er zum korrespondierenden Mitglied der Berliner Akademie der Wissenschaften gewählt wird. Hermann Helmholtz unterstützt neben vielen anderen Darwins Aufnahme. Seine Lehre bleibt jedoch nach wie vor umstritten, und in Deutschland toben die Kämpfe vielleicht heftiger als anderswo. Virchow, der Darwins Wahl befürwortet, warnt andrerseits vor dem Darwinismus. Auf der 50. Versammlung der deutschen Naturforscher und Ärzte im September 1877 in München bezeichnet er die Entwicklungstheorie als eine sehr ungewisse Hypothese und brandmarkt sogar die möglichen gefährlichen Auswirkungen der Abstammungslehre, die den umstürzlerischen Bestrebungen der Sozialdemokratie Auftrieb verschaffe. Auf keinen Fall dürften wissenschaftlich ungesicherte Spekulationen wie die Darwins und Haeckels an den Schulen gelehrt werden.

Haeckel wehrt den Angriff ab und verfasst eine Verteidigungsschrift, in der er »Freie Wissenschaft – Freie Lehre« fordert. Die geistige Verbindung mit den »hochverräterischen Versuchen der Demokraten« bestreitet er dabei ganz entschieden. »Was für eine törichte Idee über den Zusammenhang von Sozialismus und Entwicklung durch natürliche Zuchtwahl scheint in Deutschland zu bestehen«, wundert sich auch Darwin, der die politische Tragweite seiner Theorie unterschätzt.

Anfang 1879 erreicht Darwin die Nachricht von weiteren Auseinandersetzungen. Hermann Müller, der Bruder seines brasilianischen Freundes, ist ein fähiger Botaniker. Angeregt von Darwins Orchideenbuch, hat er die Befruchtung der Blumen durch Insekten untersucht; hauptberuflich lehrt er am Gymnasium von Lippstadt naturwissenschaftliche Fächer. Er hat es gewagt, seinen Schülern aus Ernst Krauses Buch »Werden und Vergehen«, das die Entwicklung der Himmelskörper und der Lebewesen schildert, vorzulesen. »Unreife Hypothesen«, schreien nun die klerikalen Zeitungen und bezichtigen ihn, die religiösen Gefühle der Schüler zu verletzen und »Neuheidentum« zu verbreiten, und fordern seine Entlassung aus dem Schuldienst. Besorgt erkundigt sich Darwin, welchen Fortgang die Angelegenheit nimmt. Erleichtert hört er, dass Müller trotz der Anfeindungen im Amt bleiben kann.

Dennoch wirbelt die »Affäre Müller« viel Staub auf. Die preußischen Abgeordneten diskutieren darüber, und 1882 wird – vielleicht nicht unbeeinflusst davon – der Biologieunterricht in den höheren Schulen Preußens abgesetzt, »um dem Lateinischen die unerläßliche Verstärkung zu geben«, wie es in der offiziellen Begründung heißt.

Jeder Wal hat seine Laus

Die deutschen Anhänger der Entwicklungslehre sind rege. 1878 haben sie eine Zeitschrift speziell zur Verbreitung des Darwinismus gegründet, »Kosmos« heißt sie. Im Februar 1879 drucken sie eine Sondernummer, ein »Gratulationsheft« zur Feier von Darwins siebzigstem Geburtstag.

Als Darwin das Heft aufblättert, findet er die bislang vollständigste Bibliografie seiner Bücher und Aufsätze und eine wohlfundierte Skizze seines Lebens. Beides hat Wilhelm Preyer beigesteuert. Am meisten überrascht ihn aber eine Abhandlung von Ernst Krause, dem Herausgeber der Zeitschrift, über das Leben und die wissenschaftlichen Leistungen seines Großvaters Erasmus Darwin. Erfreut bedankt sich Darwin bei Krause und bittet ihn, eine englische Übersetzung zu gestatten. Krause willigt gern ein und verbessert auf Darwins Anregung einige Passagen.

Im November erscheint das Buch. Diesmal verfehlt Darwins magischer Name seine Wirkung, weniger als tausend Exemplare werden verkauft. Ein Leser aber fühlt sich persönlich angegriffen: Samuel Butler.

Samuel Butler ist der Enkel von Darwins gefürchtetem Schuldirektor. Recht früh hat er sich zur Lehre Darwins bekannt und in engagierten Zeitungsartikeln die natürliche Zuchtwahl verteidigt. 1872 veröffentlichte er dann seinen merkwürdigen und berühmten Roman »Erewhon«, eine utopische Satire in bester Swiftscher Manier auf das viktorianische England – und auf die Maschinen. Diese, so erzählt er darin, würden sich den Tieren gleich immer höher entwickeln, schon jetzt benötigten sie die Menschen nur noch zur Reproduktion und um sich untereinander zu verständigen. Hinter dem Scherz steht ein richtiger Gedanke: Butler betrachtet die Maschinen als zusätzliche Gliedmaßen des Menschen.

Später jedoch dreht er das Bild um: Die Organe der Lebewesen seien Maschinen, die die Lebewesen ihren Bedürfnissen und Gewohnheiten entsprechend geschaffen hätten. Damit ist Butler zum Lamarckisten geworden. Zum Schluss schwenkt er sogar auf Mivarts Position ein und fällt wie dieser über die »Entstehung der Arten« ein vernichtendes Urteil. Vor allem aber kritisiert er, dass Darwin seine Vorläufer sträflich vernachlässige und sie in der Einleitung viel zu flüchtig streife. Sollten sich etwa Darwin und seine Freunde verbündet haben, den Autor der »Entstehung der Arten« empor-zuheben und alle anderen mit Stillschweigen zu übergehen?

Um Charles Darwin zu entthronen und an seiner Stelle Buffon, Lamarck und Erasmus Darwin zu verherrlichen, schreibt Butler ein Buch »Evoluti-on alt und neu«. Es erscheint im Mai 1879 – just als Krauses Erasmus-Bio-grafie übersetzt wird. Im November stolpert Butler über deren Schlusssatz: »Erasmus Darwins System war eine in sich bedeutungsvolle Vorstufe des Erkenntnisweges, den uns sein Enkel eröffnet hat; aber es in unseren Tagen neu beleben zu wollen, wie es ja in allem Ernste versucht worden ist, das zeugt von einer Denkschwäche und einem geistigen Anachronismus, um den man niemanden beneiden kann.«

Das gilt mir, denkt Butler sofort, und er hat recht damit. Er besorgt sich das Original, lernt etwas Deutsch, vergleicht – der Satz wurde nachträglich eingeschmuggelt! Die Biografie dient also nur dem Zweck, sein, Butlers, Werk zu widerlegen!

Butler verlangt von Darwin eine Erklärung. Der schreibt ihm, dass Krau-se mancherlei am deutschen Original verändert habe. Butler gibt sich damit nicht zufrieden, veröffentlicht einen Schmähartikel, in dem er Darwin der Fälschung bezichtigt.

Auf Anregung der Freunde antwortet Darwin nicht – soll der Sturm von selbst verebben. Außerdem kostet ihn jede Polemik schlaflose Nächte.

Butler wähnt sich einer Verschwörung gegenüber. Als einsamer Ritter zieht er auf eine Anti-Darwin-Kampagne, schreibt erst ein Pamphlet, dann ein zweites gegen Darwins Theorie und gegen Darwins angeblich so edlen Charakter.

Darwin stellt alle die Kontroverse betreffenden Dokumente angesehe-nen Wissenschaftlern zur Verfügung und bekennt seinen Fehler, im Vorwort nicht auf die Veränderungen gegenüber der deutschen Fassung hingewiesen zu haben. Nichts jedoch kann Butler versöhnen. Huxley aber tröstet Dar-win mit einem Ausspruch Goethes: »Hat der Walfisch seine Laus, muß ich auch meine haben.«

Der Regenwurm – ein Freund des Menschen

»Geh hin, stolzer Denker, und nenn den Wurm deine Schwester«, hatte einst Erasmus Darwin in der »Zoonomia« deklamiert. Sein Enkel folgt der Auf-forderung. Schon vor vielen Jahren hatte sich Darwin für den Regenwurm interessiert. 1842, als er das Down-Haus bezog, war Kalk auf ein nahes Feld

22 Charles Darwin 1868

ausgebracht worden. In den seither verflossenen drei Jahrzehnten sind über den Resten der Kalkschicht sieben Zoll Erde angehäuft worden. Könnten die Regenwürmer so viel geleistet haben oder nicht? Es steht fest, dass durch ihre Tätigkeit Felsbrocken, die im Gelände liegen, langsam einsinken. Doch um wie viel? Darwin pflanzt in seinen Garten einen »Regenwurmstein« ein, um die Abwärtsbewegung über viele Jahre hinweg zu messen. Nicht einmal sein innig geliebter Enkel Bernhard darf an diesem Stein rütteln; Kinder, die in Down zu Besuch weilen, betrachten den »worm stone« mit einer heiligen Scheu.

Im Juni 1877 erholt sich die Familie bei Verwandten in Leith Hill. Darwin ist entzückt, als er auf einem Feld zwei sehr alte Steine aus dem Boden hervorlugen sieht. Er lässt sie ausbuddeln, um den Fleiß der Regenwürmer von Leith Hill abzuschätzen. Anschließend unternimmt er einen Abstecher nach Stonehenge. In mehr als zwei Jahrtausenden müssten die Regenwürmer den uralten Kreis aus riesigen Felssäulen beträchtlich eingegraben haben! Aber nein, hier waren sie angesichts der enormen Zeitspanne sträflich faul.

Zwei Monate später hat Darwin unverhofftes Glück. Er verbringt gerade einige Augusttage bei Thomas Farrer, einem Amateurbotaniker und Wirtschaftsexperten. Farrer ist kürzlich in der Nähe seines Gartens auf Überreste einer römischen Villa gestoßen. Aufmerksam untersucht Darwin, wie sich die Regenwürmer durch Ritzen und Löcher im steinernen Fußboden hindurchgewunden und ihre erdigen Exkremente auf ihm angehäuft haben.

Zu Haus schieben sich wieder die botanischen Arbeiten in den Vordergrund. Nebenbei erhält Darwin Medaillen und Preise, er spendet einem Kartoffelzüchter, der pilzresistente Sorten schaffen will, hundert Pfund; er verpasst einen Besuch des Kaisers von Brasilien, der ihn unbedingt sehen wollte; er wird von einem reichen, kinderlosen Mann, der der Wissenschaft einen Dienst erweisen will, zum Erben benannt; er verheiratet seinen Sohn William mit einer Amerikanerin und Horace mit einer Tochter Thomas Farrers; er trifft zufällig Mark Twain, den er, wie dieser ihn, sehr bewundert; er sitzt qualvolle Stunden für ein viel zu ernstes Porträt Modell, gerade richtig, um in seinem alten College neben einem Bild Paleys aufgehängt zu werden; er beantragt bei Premierminister Gladstone eine Pension für Wallace; er müht sich mit dem Manuskript über das Bewegungsvermögen der Pflanzen ab … So vergehen die Jahre 1877, 1878, 1879.

Im Frühjahr 1880 besinnt er sich auf die Würmer. »Vater liest keine Korrekturbögen«, schreibt Emma an ihren Sohn Leonhard, »sondern hat damit begonnen, Regenwürmer zu trainieren. Er macht nicht viel Fortschritte, da sie weder sehen noch hören können. Sie sind aber ganz unterhaltend, können stundenlang ein Blatt festhalten, um ohne Erfolg zu versuchen, es in ihr Loch hineinzubringen.«

Immer neue Regenwürmer züchtet Darwin in Blumentöpfen. Tag für Tag verfolgt er, wie sie alles in sich hineinschlingen – einschließlich der Kadaver ihrer Kameraden – und, in besten Humus verwandelt, wieder ausscheiden. Bei befreundeten Wissenschaftlern erkundigt er sich nach tropischen Arten. Die Exkrementhaufen, hört er, seien oft ein oder zwei Handbreit hoch! Er legt ihnen Blätter hin, mit denen sie nachts ihre Röhren auspolstern. Packen sie sie am spitzen oder stumpfen Ende? Auch Papierdreiecke verschmähen sie nicht.

»Die Bildung der Ackererde durch die Tätigkeit der Würmer mit Beobachtungen über deren Lebensweise« ist Darwins letztes größeres Werk. Ein zufälliger, unwichtiger Gegenstand, könnte man meinen. Wahrscheinlich fasst er es selbst so auf. Freunden gegenüber beklagt er sich: Er fühle das

Alter, sein Erinnerungsvermögen schwinde, da müsse er sich auf kleine, spezielle Untersuchungen beschränken. Dennoch gleicht das Fazit des »Regenwürmerbuches« dem der »Koralleninseln«: Allmähliche, kaum wahrnehmbare Prozesse haben die Erdoberfläche gestaltet, vergleichbar den winzigen Abänderungen, die der Evolution zugrunde liegen.

Im Oktober 1881 erscheint das Buch. Wird sich überhaupt jemand dafür interessieren? Und ob! Plötzlich entdecken unzählige Engländer ihr Herz für die Regenwürmer. Darwin wird mit Briefen überhäuft. »Mein Buch«, verwundert er sich, »ist mit einem beinahe lächerlichen Enthusiasmus aufgenommen worden, und 3.500 Exemplare sind verkauft worden!« Nicht einmal die »Entstehung der Arten« fand so rasend Absatz!

»In den Augen der meisten Menschen«, begeistert sich ein Rezensent, »… ist der Regenwurm einfach ein blinder, stummer, empfindungsloser und unangenehm schleimiger Ringelwurm. Mr. Darwin unternimmt es, seinen Charakter zu rehabilitieren, und der Regenwurm geht mit einem Male daraus hervor als eine intelligente und wohltätige Persönlichkeit, die ungeheure geologische Veränderungen hervorruft, als einer, der Bergabhänge planiert …, ein Freund des Menschen … und ein Verbündeter der Gesellschaft zur Erhaltung antiker Monumente.«

Kein stilles Grab in Down

»Ich bin ziemlich verzweifelt«, schreibt Darwin im Juli 1881 aus dem Ferienort Patterdale im nordenglischen Seengebiet an Hooker, »denn Müßiggang ist für mich ausgesprochenes Elend, da ich meine Beschwerden keine Stunde vergessen kann. Ich habe nicht das Herz und nicht die Kraft, in meinem Alter irgendeine neue Untersuchung zu beginnen, die Jahre dauert, was die einzige Sache ist, die mich erfreut; und ich habe keine kleinen Aufgaben, die ich erledigen könnte. So muß ich dem Friedhof von Down erwartungsvoll entgegensehen als dem süßesten Platz auf der Erde.«

Darwins Kräfte schwinden, und mit ihnen wird sein Lebensradius kleiner. Er sieht zu, wie Francis und der kleine Bernhard in dem Boot auf dem See herumtollen, er wandert ein wenig – als er einen Felsen erklimmen will, erleidet er einen Schwächeanfall und muss umkehren.

Im August stirbt sein Bruder Erasmus. Schon im Jahr zuvor haben Emmas älteste Geschwister Josiah und Elizabeth das Zeitliche gesegnet. Erasmus wird in Down beerdigt. In einen langen schwarzen Trauermantel gehüllt, stumm und ernst, verfolgt Darwin die Zeremonie. Ein weiteres Stück seines Lebens gehört der Vergangenheit an.

Aber das Down-Haus kennt keine Ruhe. Besucher sorgen für kaum einmal abreißende Abwechslung: Max Müller kommt, der berühmte Sanskritforscher, der die Entwicklung der menschlichen Sprachen entschleiern will. Ebenso Hans Richter, der Dirigent, der von Darwins Persönlichkeit bezaubert ist, den guten Erard-Flügel lobt und der Familie Musikstücke Wagners vorspielt.

Ende September begrüßt Darwin den Präsidenten der internationalen Freidenker-Föderation, Ludwig Büchner, und Edward Aveling, einen Mediziner und Schwiegersohn von Karl Marx, bei sich. Er bittet sie in sein Arbeitszimmer, bietet ihnen Platz an und setzt sich ungezwungen in den großen, abgenutzten Lehnstuhl. Wie Aveling berichtet, fragt er sie, noch bevor sie ein Thema anschneiden können, geradeheraus: »Warum nennen Sie sich Atheisten?«

Aveling, der nicht von sich aus Darwin mit religiösen Fragen behelligen wollte, antwortet erfreut, dass er die Existenz Gottes nicht direkt leugne, aber auch keinen Beweis dafür sehe. Bloße Namen würden nichts erklären, und das Übernatürliche rufe man stets dort zu Hilfe, wo das Wissen aufhöre. Büchner und er würden ihre ganze Hoffnung auf diese Welt und nur auf diese Welt allein setzen.

In Avelings womöglich etwas geschönter Erinnerung antwortet Darwin: »Ich denke wie Sie, aber ich würde das Wort Agnostiker dem Wort Atheist vorziehen.« – Huxley hat den Begriff »Agnostiker« geschöpft, um sich damit als jemanden zu kennzeichnen, der sagt: Ich weiß nicht. Für Büchner und Aveling jedoch ist ein Agnostiker nur ein salonfähiger, respektabler Atheist und ein Atheist nur ein angriffslustiger Agnostiker.

»Warum müssen Sie so aggressiv sein?«, fragt Darwin. »Wird etwas durch den Versuch gewonnen, diese neuen Ideen der Masse der Menschheit aufzuzwingen? Das ist alles recht gut für erzogene, gebildete, denkende Leute, aber ist die Masse schon reif dafür?« Ganz ähnlich hat er ein Jahr vorher in einem Brief an Aveling sein Zögern erklärt, zu weltanschaulichen Fragen öffentlich Stellung zu nehmen. Auch sei es möglich, »daß der Gedanke an den Schmerz, den ich einigen Angehörigen meiner Familie bereiten würde, wenn ich begänne, direkte Angriffe auf die Religion so oder anders zu unterstützen, mich hier über Gebühr beeinflußt hat«. Damals hatte es Darwin abgelehnt, dass Aveling ihm ein Buch widmet. – Er lässt sich nicht propagandistisch einspannen. »Es scheint mir absurd zu sein zu bezweifeln«, schreibt er 1879 in einem Brief, »daß man zugleich ein leidenschaftlicher Theist und ein Evolutionist sein kann … In meinen extremsten geistigen Schwankungen war ich nie ein Atheist in dem Sinne, die Existenz Gottes zu leugnen. Ich denke, daß im allgemeinen (und mehr und mehr je älter ich werde), aber nicht immer Agnostiker die treffendste Beschreibung meines Geisteszustandes wäre.«

Im Winter verschlechtert sich Darwins Befinden. Er leidet nun unter Herzbeschwerden. Emma überredet ihn, nach London zu fahren und den berühmten Dr. Clarke zu konsultieren. Der beruhigt ihn: Eine geringfügige Störung läge zwar vor … Jedenfalls stünde er stets Mr. Darwin zur Verfügung.

Darwin nutzt den Aufenthalt in London, um nach seinen Freunden zu schauen. Auf den Stufen zu Romanes' Haustür befällt ihn erneut das Stechen. Er läutet, ein Diener öffnet. Der Herr sei leider ausgegangen. Ob Mr. Darwin nicht dennoch hereintreten möchte, um wenigstens so lange zu warten, bis ein Wagen gerufen wäre? – Nein, nur keine Umstände, er solle sich nicht bemühen … Auch die angebotene Begleitung lehnt Darwin ab. Ein paar hundert Schritt vom Haus strauchelt er, muss sich am Parkgeländer festhalten. Nach einigen Sekunden rafft er sich auf – will zurück zum Haus des Freundes. Der Diener, der alles mit angesehen hat, eilt ihm entgegen. Mitten auf dem Weg wendet sich Darwin jedoch wieder um. Er hat die Attacke überstanden, fühlt sich stark genug, die belebte Straße mit den Droschken zu erreichen. – Nur keine Umstände.

Der eine Arzt schüttelt besorgt den Kopf, der nächste meint, es wäre nicht so schlimm. Im Februar und März wiederholen sich die Anfälle von Angina pectoris. Huxley rät dringend zu einer eingehenden ärztlichen Überwachung. »Ich wünschte zu Gott, es gäbe mehr Automata wie Sie in der Welt«, bedankt sich Darwin, indem er auf Huxleys Vortrag über die Hypothese, dass Tiere Automaten seien, anspielt. Am 7. März bewältigt Darwin zum letzten Mal die kurze Strecke zum geliebten Sandweg. Sein Puls schlägt schwach und unregelmäßig.

Darwins Lebenskreis schrumpft weiter, beschränkt sich jetzt allein auf das Haus. Immerhin kommt er noch ganze Tage aus dem Schlafzimmer herunter ins Wohnzimmer, erledigt Briefe und schreibt eine Einleitung zu einem Artikel über die bastardisierten Hunde Beiruts.

Am 10. April kehrt George von einem Ferienaufenthalt auf Jamaika zurück, voller Eindrücke, voller Geschichten – er hat über die Gezeiten geschrieben und wird sicherlich einmal ein großer Wissenschaftler werden. Auch die Töchter Elizabeth und Henrietta sind angereist. Leonard allerdings ist unterwegs ins ferne Australien, er ist Mitglied einer wissenschaftlichen Expedition, die den Venusdurchgang beobachten soll. William, obwohl Bankier, bereitet das nächste Treffen der BAAS vor, Francis wird die Versuche fortführen, Horace macht in Cambridge Karriere …

Am 15. April erleidet Darwin nach dem Essen einen Schwindelanfall und wird ohnmächtig, bevor er das Sofa erreichen kann. Am 17. fühlt er sich besser, kontrolliert für Francis einen Versuch, geht zweimal in den Garten. In der Nacht zum 18. wacht er mit starken Herzschmerzen auf – Emma soll das Amylnitrat holen –, er verliert das Bewusstsein. »Sag den Kindern, wie gut sie immer zu mir waren«, sagt er, als er wieder erwacht. Nach einer Pause murmelt er: »Ich habe nicht die geringste Furcht zu sterben.«

Der Morgen bricht an, die Diener vermeiden jedes unnötige Geräusch. Ein Doktor verordnet ein wenig Whisky – der erleichtert Darwins Zustand. Er döst, schlägt die Augen auf, stößt ein paar Worte hervor, setzt sich halb aufrecht. Abwechselnd halten sie an seinem Bett Wache: Emma, Henrietta, Francis. Gegen vier Uhr nachmittags verstummt sein schweres Atmen.

Darwin ist tot. Die alten Angriffe sind vergessen, er wird zum Nationalhelden erhoben. Die Prediger Englands loben von der Kanzel herab seinen lauteren Charakter. Evolution, heißt es nun, sei Gottes Weg der Schöpfung. Gott und der verstorbene »Professor« Darwin seien sich trotz früherer Missverständnisse in allen wesentlichen Punkten einig.

John Lubbock und mit ihm neunzehn Parlamentsmitglieder beantragen, Charles Darwin in der Westminster Abbey beizusetzen. Die Familie hatte zwar einen stillen Winkel auf dem Friedhof von Down ausersehen, doch hat, wie Lubbock meint, der »nationale Gesichtspunkt« den Vorrang. Es wird eine bombastische Zeremonie: schwarz umrandete Einladungskarten, schwarz gekleidete Gentlemen und Ladys, viel Pomp und viel gemessenes Orgelspiel. Hooker und Huxley, Wallace und Lubbock, der Kanonikus und der Präsident der Royal Society, ein Earl und zwei Herzöge halten Zipfel des Leichentuchs. Diplomaten aus vielen Ländern Europas, Vertreter von Universitäten und wissenschaftlichen Gesellschaften wohnen der Zeremonie bei.

In unmittelbarer Nähe Isaac Newtons findet Darwin seine letzte Ruhestätte.

Kapitel 14

Darwin und kein Ende

Auch Theorien haben ihre Schicksale. Je mehr weltanschaulichen Sprengstoff sie enthalten, desto heftiger werden sie umstritten, und desto enger verquicken sich Wissenschaftsentwicklung und ideologische Kontroversen. Darwins geistiges Erbe wird nach seinem Tod heiß umkämpft. Das Thema »Evolution oder Schöpfung« bietet Zündstoff genug, ebenso der Komplex um »struggle for life« und Moral, und natürlich geht es auch um Darwins persönliches Verhältnis zur Religion. Wie heikel diese Fragen sind, zeigt sich, als sein Sohn Francis die wichtigsten Briefe und die Autobiografie seines Vaters veröffentlicht. Auf Emmas Bitte streicht er nicht nur sehr private, sondern auch zu »rohe« Stellen aus.

So wie in der öffentlichen Diskussion die religiösen Fragen im Vordergrund stehen, dreht sich die wissenschaftliche um »Darwin oder Lamarck«. Die einen berufen sich auf Darwins halbherzige Anerkennung der »direktiven Wirkung der Umwelt«, also der Vererbung erworbener Eigenschaften; die anderen bauen die Selektionstheorie konsequent aus. In Deutschland spricht August Weismann von der »Allmacht der Naturzüchtung« und behauptet die »Kontinuität des Keimplasmas«. – Er hat erkannt, dass die Erbinformation von Keimzelle zu Keimzelle weitergegeben wird und nicht von anderen Zellen und somit auch nicht von der Umwelt her beeinflusst werden kann.

1900 endlich schlägt die Stunde Mendels. Seine Vererbungsgesetze werden wiederentdeckt, und die nicht erblichen individuellen Variationen säuberlich von den erblichen, sprunghaften Veränderungen, den Mutationen, geschieden. Mit den Mendelschen Gesetzen ist auch das Problem der »Ausverdünnung« der Variationen, das Darwin so viel Kopfschmerzen bereitete, beseitigt.

Doch der rasche Aufschwung der Genetik kommt ironischerweise zuerst nicht dem Darwinismus zugute. Im Gegenteil. Die Selektion könne nichts schaffen, heißt es nun, denn sie wähle ja nur unter den vererbten Anlagen aus. Darwins weltanschauliche Gegner triumphieren und wähnen sich schon am » Sterbelager des Darwinismus«.

»Der Darwinismus ist tot – es lebe die Entwicklungslehre«, kontern die Anhänger der Evolution. Das Wie der Entwicklung allerdings bleibt im Detail umstritten: Man sucht wieder nach experimentellen Beweisen für die Vererbung erworbener Eigenschaften, nach Dauermodifikationen, oder man spekuliert über Großmutationen, bei denen sich durch eine einzige grundlegende Veränderung der Erbinformation eine neue Spezies herausbilden soll. Es bedarf jahrelanger Experimente beispielsweise von Thomas H. Morgan an Taufliegen, um zu verstehen, wie Mutationen entstehen und wie sie sich in einer Population ausbreiten können. Man unterscheidet nun sehr genau den Genotyp (die Gesamtheit der Gene), der sich durch Mutation und Rekombination verändern kann, und den Phänotyp (die Erscheinungsform des Organismus), der den Ansatzpunkt für die Selektion bietet.

Dennoch wird der Fakt der Evolution weiterhin bestritten. Insbesondere in den USA breitet sich in den 1920er-Jahren eine fundamentalistische Strömung im Christentum aus, die der biblischen Schöpfungsgeschichte buchstäbliche Wahrheit – nicht nur Wahrheit im übertragenen Sinn – zuschreibt. Ihre Postulate haben sich seit Paley nicht verändert: Die Erde ist höchstens 10.000 Jahre alt, Tier- und Pflanzenarten sind unveränderlich, und die Menschheit begann mit Adam und Eva. Und wie Bischof Wilberforce oder auch Kapitän FitzRoy fürchten sie, dass auch die Heilsversprechen der Bibel ihre Glaubwürdigkeit verlieren, liest man die Schöpfungsgeschichte im ersten Buch Mose als bildhaftes Gleichnis und nicht als reale Naturgeschichte.

In den USA führen die Kreationisten eine regelrechte Kampagne, um die Evolutionstheorie von den Schulen zu verbannen. 1925 reicht in den Staaten Florida, Oklahoma und Tennessee ihr Einfluss weit genug, um entsprechende Gesetze durchzubringen. Dies wiederum ruft Verteidiger der verfassungsgemäßen Trennung von Kirche und Staat auf den Plan. Sie überreden in Dayton/Tennessee den Biologielehrer John T. Scopes, sich auf der Grundlage des neuen Gesetzes anklagen zu lassen. Der »Monkey Trial« (Affenprozess) bringt für Wochen das kleine Städtchen in die Schlagzeilen. Wissenschaftler und fundamentalistische Politiker reisen an und werden als Zeugen gehört. Nach manch überraschenden Wendungen geht die Strategie der Evolutionsanhänger zugleich auf und nicht auf. Zwar verurteilt der Richter Scopes zu einhundert Dollar Bußgeld, doch nach Auffassung der Öffentlichkeit haben sich die Kreationisten in Widersprüche verwickelt und eine heftige Blamage eingehandelt. Eine höhere Instanz kassiert das Urteil wegen eines Formfehlers. Das fragliche Gesetz aber wird erst 1967 aufgehoben.

Zur gleichen Zeit gewinnen auch sozialdarwinistische Vorstellungen in vielfältiger Form an Raum. Die einen sehen in sozialer Ungleichheit und im Krieg das Wirken von »Kampf ums Dasein« und »Überleben der Tüch-

23 Karikatur aus dem »Punch« von 1881

tigsten«. Sie glauben, dass die »Zuchtwahl« unter Menschen von selbst zu
einer Verbesserung der Rasse führen müsse – in Nietzsches Worten zum
»Übermenschen«. Die anderen dagegen fürchten wie schon Darwins Cou-
sin Francis Galton einen genetischen Verfall des Menschengeschlechts infolge einer kulturell außer Kraft gesetzten Zuchtwahl. Nur durch »eugenische«
oder, wie es bald deutsch heißt, »rassenhygienische« Eingriffe könne der De-
generation Einhalt geboten werden. Damit ist die Büchse der Pandora geöffnet. Der Weg führt von Einwanderungsverboten für Erbkranke, die etwa
in den USA praktiziert werden, über die Zwangssterilisation »erbuntüchti-
ger« Menschen, insbesondere geistig Behinderter, in vielen europäischen
Ländern bis hin zum Mord an »lebensunwertem Leben« im Dritten Reich
und Züchtungsutopien einer nordischen Herrenmenschenrasse.

Mit dem Darwinismus bzw. der biologischen Evolutionstheorie haben beide Strömungen des Sozialdarwinismus nichts gemein, abgesehen von einigen missverstandenen und aus dem Zusammenhang gerissenen Schlagwörtern. Und beide beruhen auf der schon von Darwin kritisierten, ungerechtfertigten Übertragung biologischer Erkenntnisse auf die menschliche Gesellschaft.

In der Zwischenkriegszeit gelingt endlich die Vereinigung der Genetik mit der Entwicklungslehre. Der entscheidende Durchbruch ereignet sich in den späten 1930er-Jahren, als unter anderem der amerikanische Genetiker Theodosius Dobzhansky sein Buch »Genetik und die Entstehung der Arten« veröffentlicht. Die moderne »synthetische Theorie der Evolution« ist geboren. Sie berücksichtigt neben der Mutation und der Selektion jetzt sehr viel stärker die Population als die unterste Ebene, auf der sich Evolution abspielt, und hebt die Bedeutung der genetischen Isolation hervor.

Indes ist noch nicht einmal der Lamarckismus tot. In der Sowjetunion kämpft der Scharlatan Lyssenko gegen die moderne Genetik. Er schreckt nicht davor zurück, seine wissenschaftlichen Widersacher, die er als Anhänger des »reaktionären Mendelismus-Morganismus« verteufelt, in den Gulag zu bringen. Erst Anfang der 1960er-Jahre wird sein Einfluss überwunden.

Bis dahin hat man die molekularen Grundlagen der Vererbung enthüllt. 1953 klären Watson und Crick die Struktur der DNS auf, des Trägers der Erbinformationen. Seither hat die Molekulargenetik die gemeinsame Wurzel allen Lebens auf der Erde eindeutig bestätigt. Selbst die Stammesgeschichte des Menschen lässt sich heute anhand des menschlichen Genoms nachzeichnen.

»Die Entstehung der Arten« – nach 150 Jahren noch brisant

Im Sommer 2000 verkünden zwei konkurrierende Forscherteams, dass sie das menschliche Genom in »Arbeitsfassung« kartiert hätten. Das neue Jahrhundert geht als ein Zeitalter der »Life Sciences« an den Start. Die Biowissenschaften erwecken große Hoffnungen: auf die Heilung von heute noch unheilbaren Krankheiten, auf neue diagnostische und therapeutische Verfahren, auf eine leistungsfähigere Landwirtschaft, die fähig ist, die immer noch wachsende Menschheit zu ernähren, auf »sanfte« und umweltverträgliche biotechnologische Produktionsverfahren, letztlich auch auf ein besseres Verständnis der natürlichen Umwelt um uns herum und unserer Abhängigkeit von dieser. Dem stehen fast ebenso große Ängste entgegen: vor genmodifizierten Organismen, die außer Kontrolle geraten, vor einer neuerlichen Eugenik mit Klonen und Designerbabys und einem Verlust der Ehrfurcht vor dem Leben. Wird sich der Menschen selbst

»anthropotechnisch« umgestalten? Nimmt der Homo sapiens nun die Evolution in die eigenen Hände? Und wo liegen die Grenzen für diese postdarwinsche Evolution?

Neben den grundsätzlichen, bio-ethischen Fragen bleiben auch nach der Kartierung des Genoms unendlich viele Forschungsfragen offen. Immer wieder auch gibt es überraschende Erkenntnisse. So wurden im Verlaufe der Evolution bestimmte, einmal angelegte DNS-Sequenzen offenbar mehrmals neu genutzt, sozusagen recycelt. Dieselben Mastergene, die bei Fliegen die Ausbildung des Facettenauges steuern, bewirken auch die Entwicklung des völlig anders beschaffenen Menschenauges. Die nächste Synthese, die von Evolutionsbiologie und Entwicklungsgenetik, steht an.

Vor dem Hintergrund des ungeheuren biologischen Erkenntnisfortschritts mutet es reichlich seltsam an, dass die Gegner der Entwicklungslehre noch nicht den Weg der Saurier gegangen sind. In den USA muss man fast schon von einer breiten gesellschaftlichen Basisbewegung fundamentalistischer Gläubiger sprechen. Freilich haben die Kreationisten seit dem Prozess gegen Scopes ihre Strategie verändert. Sie werfen sich den Mantel der Wissenschaft um und reden nicht mehr von Gott, sondern vom »Designer«. Selbst mit dem Begriff »Wissenschaftlicher Kreationismus« gehen sie neuerdings sparsamer um und bevorzugen statt dessen »intelligent design«. Und sie verlangen »Gleichbehandlung« aller angeblich wissenschaftlichen Theorien im Unterricht.

Im Grunde befinden sich die Kreationisten in keiner beneidenswerten Lage. Sind sie doch gezwungen, die vielfältigen Belege, die für ein hohes Alter der Erde und für Evolution sprechen, zu widerlegen bzw. hinwegzudiskutieren. Wie schon früher greifen sie aktuelle oder nicht mehr ganz aktuelle Streitfragen innerhalb der Evolutionstheorie auf, etwa ob die Evolution allmählich oder in plötzlichen Schüben erfolgt, um daraus zu folgern, dass es überhaupt keine Entwicklung gäbe. Da für das hohe Alter der Erde u. a. physikalische Datierungsmethoden sprechen, bringen sie auch gegen diese Methoden Einwände vor: Der radioaktive Zerfall sei eben kurz nach der Schöpfung sehr viel schneller verlaufen als heute. Andere wiederum führen als Beleg für das geringe Alter der Erde an, dass man neben Tatzenabdrücken von Sauriern Fußspuren von Menschen gefunden hätte. Leider sind sie seit ihrer Entdeckung in den 1930er-Jahren verwittert ...

Und wenn im Genom des Menschen und der Hefe gleiche oder sehr ähnliche DNS-Sequenzen gefunden werden, so deutet dies nach ihrer Ansicht nicht notwendig auf die Abstammung von gemeinsamen Ur-Ur-Vorfahren hin, sondern darauf, dass Gott bei der Schöpfung ökonomisch vorgegangen ist, also gleiche Teile mehrmals verwendet hat. Wieso aber hat Gott dann die Stückchen nicht quasi beliebig kombiniert, sondern just so, dass sie sich ins Bild der Evolution fügen?

Erstaunlich ist auch, dass fast alle Argumente, die heute pro »intelligent design« vorgebracht werden, schon von Darwin als mögliche Einwände gegen seine Theorie behandelt und entkräftet worden sind. So argumentiert man damals wie heute, dass ein erst ansatzweise vorhandenes neues Organ – etwa ein Vorläufer des Auges – noch keinen Selektionsvorteil bieten könne. Doch lässt sich nachweisen, dass selbst eine geringfügige Lichtempfindlichkeit unter entsprechenden Bedingungen nützlich sein kann. Interessanter ist der Einwand, dass ja viele Faktoren – viele Gene – zusammenspielen müssten, damit ein komplexes Gebilde wie das Auge entsteht. So viele positive zufällige Veränderungen seien nötig, dass das Ergebnis astronomisch unwahrscheinlich würde. Geht man aber über Zwischenstufen, lässt sich auch dieser Einwand entkräften.

Immer wieder hat Darwin auch auf »rudimentäre« Organe hingewiesen, die – wie die Brustwarze des Mannes oder der menschliche Blinddarm – mehr oder weniger funktionslos sind, und sich allenfalls als noch nicht wegselektiertes Evolutionsergebnis verstehen lassen. Den polemischen Schluss allerdings, dass es auch in der Natur manch ausnehmend »unintelligentes Design« gäbe, hat er nicht gezogen. Wiederum kann auch das menschliche Auge als Beispiel dienen: Keinem Entwicklungsingenieur würde man ein Sehorgan durchgehen lassen, das in der Mitte einen blinden Fleck enthält!

Erschwert wird eine Auseinandersetzung mit den Evolutionsgegnern durch die Vielfalt der Stimmen. Einige Kreationisten gehen sogar so weit zuzugestehen, dass tatsächlich viele Indizien in der Natur für ein hohes Alter der Fossilien sprechen: Dann habe Gott die Welt vor ein paar Tausend Jahren eben gleich alt erschaffen, so wie er Adam und Eva einen Nabel verpasst hat, Bäume mit Wachstumsringen, Uraltfossilien mit zerfallenen radioaktiven Isotopen usw. – Schon zu Darwins Zeiten nannte man diese Auffassung nach dem griechischen Wort für Nabel die »Omphalos-Theorie«. Der Schriftsteller Charles Kingsley, ein Zeitgenosse Darwins, monierte damals, dass diese Theorie darauf hinausliefe, Gott als einen Betrüger hinzustellen.

Wiederum andere sind bereit, Evolution zuzulassen, aber nur – wie einst Darwins amerikanischer Freund Asa Grey – mit winzigen, doch entscheidenden Eingriffen Gottes, der sozusagen fast unmerklich den Zufall Stück um Stück so lenkt, dass immer höher entwickelte Arten entstehen können. Wozu, konterte damals Darwin, brauche ich dann überhaupt noch die Selektion?

Kurzum: Die kreationistischen Argumentionslinien haben sich seit Darwins Zeiten wenig verändert. Da verwundert es nicht, dass sich die Biologen, speziell die Evolutionstheoretiker, in der Regel wenig für eine Auseinandersetzung interessieren, die für sie wissenschaftlich unergiebig ist. Und unter denen, die sich doch in die Debatten einmischen, argumentieren manche bisweilen erstaunlich platt, frei nach dem Muster des alten Kulturkampfes »Wissenschaft gegen Religion«: Wenn sich die Evolution aus natürlichen Ursachen erklären lässt, dann braucht die Natur keinen Gott, also gibt es ihn nicht. Und vielleicht ist ja ein spezifisches »Gottes-Gen« dafür verantwortlich, dass so viele Menschen an ein höheres Wesen glauben? Dann müsste der Gottesglauben sogar einen konkreten Selektionsvorteil bieten … Wieder einmal wird die Naturwissenschaft überstrapaziert.

Im Grunde sind solche Übertragungen und Übertreibungen auch der Preis einer einhundertfünfzigjährigen Erfolgsgeschichte. Darwin und Darwinismus sind nun einmal Teil der populären Kultur geworden, Schlagwortgeber, die man postmodern-beliebig nutzt, so wie man es gerade braucht. Eine Dokumentation über die ökologische Katastrophe des Viktoriasees segelt dann unter dem Titel »Darwins Albtraum«. Bücher heißen »Wo Darwin irrte« oder »Das Darwin-Virus« (eine Science-Fiction-Story) oder »Darwin und die Götter der Scheibenwelt«. »Darwins Erben« sind Unternehmen, die dank besonderer Fitness langfristig am Markt überleben. Es gibt Darwin-T-Shirts und Darwin-Enten aus Plastik. Und ein witziger Nonsense-Preis ist mit dem Namen »Darwin Award« bedacht worden. Er wird »im Gedenken an Charles Darwin an Menschen vergeben, die den menschlichen Genpool dadurch verbessern, dass sie ihr eigenes Leben als ultimatives Opfer darbringen. Gewinner des Darwin Awards eliminieren sich selbst auf außergewöhnlich idiotische Weise und erhöhen dadurch die Chancen eines langfristigen Überlebens unserer Spezies.« – Charles Darwin hätte über diese Art von Nachruhm nur den Kopf geschüttelt.

Heute steht die Entwicklungslehre auf einem viel breiteren und festeren Fundament als vor einhundertfünfzig Jahren. Darwin selbst würde sich wohl auch darüber wundern, wie viel aus seinem Hauptwerk bleibende Gültigkeit erworben hat. Außerdem verdankt ihm eine lange Reihe wissenschaftlicher Disziplinen grundlegende Anstöße: Geologie und Meereszoologie, Entomologie und Verhaltensforschung, Tier- und Pflanzengeografie, Botanik und Bodenkunde, Soziobiologie und evolutionäre Erkenntnistheorie … Seine Entwicklungstheorie jedoch einigt die gesamte Wissenschaft vom Leben. »Nichts in der Biologie ergibt Sinn«, sagt Th. Dobzhansky, »außer im Licht der Evolution.«

ANHANG

Zeittafel

1809	12. Februar: Charles Darwin wird in Shrewsbury geboren.
1817/18	Besuch der Unitarier-Schule
1817	15. Juli: Darwins Mutter Susannah, geb. Wedgwood, stirbt.
1818/25	Besuch der Internatsschule des Dr. Butler in Shrewsbury
1825/27	Medizinstudium an der Universität Edinburgh; Bekanntschaft mit Dr. Grant; erste wissenschaftliche Arbeiten
1827	Ende Mai: Reise mit Onkel Jos (Josiah Wedgwood) nach London und Paris
1828/31	Studium am Christ's College in Cambridge; Professor Henslow wird Darwins Lehrer und väterlicher Freund.
1831	Januar: Darwin besteht das Examen.
	August: geologische Exkursion mit Professor Sedgwick nach Wales
	September: Darwin nimmt das Angebot an, an der Vermessungsfahrt der H. M. S. »Beagle« unter Kapitän FitzRoy als Naturalist teilzunehmen.
	27. Dezember: Abfahrt der »Beagle« von Devonport
1832	16. Januar bis 8. Februar: Kapverdische Inseln
	28. Februar bis 18. März: Bahia (Brasilien)
	5. April bis 5. Juli: Rio de Janeiro / Botofago-Bucht
	26. Juli bis 19. August: Montevideo und Buenos Aires
	6. September bis 17. Oktober: Bahia Blanca
	26. Oktober bis 26. November: Buenos Aires und Montevideo
	16. Dezember
1833	bis 26. Februar: Feuerland
	l. März bis 6. April: Falklandinseln
	28. April bis 23. Juli: Maldonado
	3. August: El Carmen am Rio Negro
	11. bis 17. August: Ritt von El Carmen nach Bahia Blanca
	17. August bis 8. September: Bahia Blanca
	8. bis 20. September: Ritt von Bahia Blanca nach Buenos Aires
	27. September bis 20. Oktober: Exkursion von Buenos Aires nach Sta. Fé
	21. Oktober bis 2. November: Buenos Aires
	4. November bis 6. Dezember: Montevideo
	14. bis 28. November: Exkursion nach Mercedes
	23. Dezember
1834	bis 4. Januar: Puerto Deseado
	9. bis 19. Januar: Puerto San Julián
	29. Januar bis 7. März: Feuerland (Magellanstraße)

	10. März bis 7. April: Falklandinseln
	13. April bis 12. Mai: Rio Santa Cruz
	18. April bis 8. Mai: Expedition den Rio Santa Cruz hinauf
	21. Mai bis 9. Juni: Magellanstraße
	28. Juni bis 13. Juli: Chiloé
	31. Juli bis 10. November: Valparaiso
	26. August bis 27. September: Exkursion nach Santiago
	Oktober: krank in Valparaiso
	21. November
1835	bis 4. Februar: Chiloé
	22. bis 28. Januar: Exkursion quer durch Chiloé
	8. bis 22. Februar: Valdivia
	4. bis 7. März: Concepción
	11. bis 18. März: Valparaiso
	18. März bis 10. April: Expedition über die Anden nach Mendoza und zurück nach Valparaiso über Santiago
	27. April bis 22. Juni: Ritt von Valparaiso über Coquimbo nach Copiapó
	2. Juni bis 6. Juli: Copiapó und Umgebung
	12. bis 15. Juli: Iquique
	19. Juli bis 7. September: Callao (Lima)
	16. September bis 20. Oktober: Galapagos-Archipel
	15. bis 26. November: Tahiti
	21. bis 30. Dezember: Neuseeland
1836	12. bis 30. Januar: Sydney
	16. bis 27. Januar: Ausflug nach Bathurst
	2. bis 17. Februar: Hobart (Tasmanien)
	3. bis 14. März: St. George's Sound (Australien)
	2. bis 12. April: Keeling-Inseln
	29. April bis 9. Mai: Mauritius
	31. Mai bis 18. Juni: Kapstadt
	7. bis 14. Juli: St. Helena
	19. bis 23. Juli: Ascensión
	1. bis 6. August: Bahia (Brasilien)
	12. bis 17. August: Pernambuco
	31. August bis 4. September: Kapverdische Inseln
	20. bis 25. September: Azoren
	2. Oktober: Ankunft in Falmouth, Ende der »Beagle«-Reise
	Dezember: Darwin beginnt in Cambridge mit dem Ordnen seiner Sammlungen.
1837	6. März: Übersiedlung nach London
	Arbeit am Reisejournal; Bekanntschaft mit Charles Lyell
	Juli: erste Notizen über die »Transmutation der Arten«
1838	Februar: Darwin wird Sekretär der Geologischen Gesellschaft.
	Juni bis Juli: Exkursion nach Glen Roy
	Oktober: Beginn der Arbeit an den »Korallenriffen«
	11. November: Verlobung mit Emma Wedgwood
	31. Dezember: Darwin zieht in der Upper Gower Street ein.

1839	29. Januar: Heirat mit Emma Wedgwood in Maer
	Das Reisejournal (»Reise eines Naturforschers um die Welt«) erscheint.
	27. Dezember: Geburt des ersten Sohnes William; bis 1856 wird
	Darwin Vater von 10 Kindern, von denen 3 früh sterben.
1840/41	Längere Krankheitsperioden; Darwin gibt den Sekretärsposten auf.
1842	Mai: Abschluss der Arbeit an den »Korallenriffen«
	Mai bis Juni: Aufenthalt in Maer und Exkursion durch Wales
	(Gletscher von Capel Curig). In Maer schreibt Darwin die erste
	Bleistiftskizze über den Ursprung der Arten.
	14. September: Übersiedlung in das Down-Haus
	Oktober 1842 bis Anfang 1844: Arbeit an den »Vulkanischen Inseln«
1843	Frühjahr: Bauarbeiten am Down-Haus
	Bekanntschaft mit Joseph Hooker
1844	Mai: Darwin schreibt in Maer und Shrewsbury die zweite Skizze
	über den Ursprung der Arten.
	Juli 1844 bis Oktober 1846: Arbeit an den »Geologischen Beobach-
	tungen über Süd-Amerika«
1846	Oktober 1846 bis September 1854: Arbeit an den vier Monografien
	über die Rankenfüßer
1848	13. November: Darwins Vater stirbt.
	Schwere Erkrankung Darwins; in der Folgezeit wiederholte Wasser-
	kuren in Malvern und anderen Kurorten
1851	23. April: Darwins Lieblingstochter Annie erliegt während einer
	Kur in Malvern einem plötzlichen Fieberanfall.
	Darwin lernt Asa Gray kennen.
1854	Beginnende Freundschaft mit Thomas Henry Huxley
1855	Experimente zur Ausbreitung von Pflanzensamen; Taubenzucht
	Alfred R. Wallace veröffentlicht einen Artikel »Über das Gesetz,
	das das Entstehen neuer Arten reguliert hat«.
1856	Mai: Darwin beginnt, seine Theorie über den Ursprung der Arten
	geschlossen niederzuschreiben.
1858	18. Juni: Darwin erhält einen Brief von Wallace mit dessen Entwurf
	der Evolutionstheorie.
	1. Juli: Darwins und Wallace' Arbeiten werden von Lyell und
	Hooker vor der Linné-Gesellschaft vorgetragen.
	20. Juli: Darwin beginnt, einen Auszug aus dem geplanten Werk
	zu schreiben: »Die Entstehung der Arten«.
1859	Darwin beendet die »Entstehung der Arten«. Das Buch erscheint
	am 24. November.
1860	Arbeit an »Das Variieren der Tiere und Pflanzen im Zustande der
	Domestikation« (bis 1867); parallel dazu Aufnahme botanischer
	Untersuchungen an Orchideen und Sonnentau, später an Primeln
	(1861) und Kletterpflanzen (1864)
	28. bis 30. Juni: Treffen der BAAS in Oxford, dabei Auseinander-
	setzung zwischen Bischof Wilberforce und Th. H. Huxley
1863	Länger währende Erkrankungen (bis 1865)
1864	30. November: Darwin empfängt die Copley-Medaille der Royal Society.

1866	Darwins Schwestern Catherine und Susan sterben; The Mount wird verkauft.
	Im Oktober besucht Ernst Haeckel erstmals Darwin.
1867	Arbeit an »Die Abstammung des Menschen und die geschlechtliche Zuchtwahl« (bis 1870); häufige Besuche bei seinem Bruder Erasmus in London; Unterbrechungen der Arbeit durch Unwohlsein
1868	Hooker prägt den Begriff »Darwinismus«.
1871	24. Februar: »Die Abstammung des Menschen« erscheint.
	Darwin beginnt mit dem »Ausdruck der Gemütsbewegungen« und bereitet die sechste und letzte Ausgabe der »Entstehung der Arten«, die zu seinen Lebzeiten erscheint, zum Druck vor.
	31. August: Darwins Tochter Henrietta heiratet und zieht nach London.
1872	Wiederaufnahme botanischer Untersuchungen; Sonnentau, Kreuz- und Selbstbefruchtung, insektenfressende Pflanzen, verschiedene Blütenformen, Bewegungsvermögen der Pflanzen
1874	Juli: Darwins Sohn Francis heiratet; nach dem Tod seiner Frau 1876 kehrt er mit Enkel Bernhard ins Down-Haus zurück.
1875	22. Februar: Lyell stirbt.
	November: Darwin sagt vor der Vivisektionskommission des Parlaments aus.
1876	Mai bis Juni: Während eines Ferienaufenthalts schreibt Darwin seine Autobiografie.
1877	17. November: Darwin wird von der Universität Cambridge der Ehrendoktor der Rechte verliehen.
1879	Darwin verfasst eine biografische Skizze seines Großvaters Erasmus Darwin.
1880/81	Arbeit am Buch über die Regenwürmer
1881	26. August: Darwins Bruder Erasmus stirbt.
	Pflanzenphysiologische Untersuchungen, assistiert von Francis
	Dezember: Angina-pectoris-Anfall
1882	19. April: Charles Darwin stirbt.
	26. April: feierliche Beisetzung in der Westminster Abbey

Die wichtigsten Werke Darwins
(Deutsche Titel mit Erscheinungsjahr in Klammern)

1838/43 The Zoology of the Voyage of H. M. S. Beagle. Edited and
         superintended by Charles Darwin

1839   Journal of Researches into the Natural History and Geology of the
         Countries Visited During the Voyage of H. M. S. Beagle Round
         the World (Reise eines Naturforschers um die Welt, 1844)

1842   The Structure and Distribution of Coral Reefs (Über den Bau und
         die Verbreitung der Korallenriffe, 1876)

1844   Geological Observations on the Volcanic Islands (Geologische
         Beobachtungen über die vulkanischen Inseln, 1877)

1846   Geological Observations on South America (Geologische Beobach-
         tungen über Süd-Amerika, 1878)

1851/54 Monographs of the Cirripedes

1859   On the Origin of Species by Means of Natural Selection, or the
         Preservation of Favoured Races in the Struggle for Life (Über die
         Entstehung der Arten durch natürliche Zuchtwahl oder die Erhaltung
         der begünstigten Rassen im Kampf ums Dasein, 1860) (zitiert nach
         Ausgabe Leipzig 1980 als »Entstehung«)

1862   On the Various Contrivances by which Orchids are Fertilized by
         Insects (Die verschiedenen Einrichtungen, durch welche Orchideen
         von Insekten befruchtet werden, 1862)

1867   The Movements and Habits of Climbing Plants (Die Bewegungen
         und Lebensweise der kletternden Pflanzen, 1876)

1868   The Variation of Animals and Plants under Domestication
         (Das Variieren der Tiere und Pflanzen im Zustande der Domesti-
         kation, 1868)

1871   The Descent of Man, and Selection in Relation to Sex (Die Abstam-
         mung des Menschen und die geschlechtliche Zuchtwahl, 1871)
         (zitiert nach der Ausgabe Reclam Leipzig o. J. als »Abstammung«)

1872   The Expression of Emotions in Man and Animals (Der Ausdruck
         der Gemütsbewegungen bei Menschen und Tieren, 1874)
         (zitiert als »Gemütsbewegungen«)

1875   Insectivorous Plants (Insektenfressende Pflanzen, 1876)

1876   The Effects of Cross and Self Fertilisation in the Vegetable Kingdom
         (Die Wirkungen der Kreuz- und Selbstbefruchtung im Pflanzen-
         reich, 1877)

1877   The Different Forms of Flowers on Plants of the Same Species (Die
         verschiedenen Blütenformen an Pflanzen der nämlichen Art, 1877)

| 1880 | The Power of Movement in Plants (Das Bewegungsvermögen der Pflanzen, 1881) |
| 1881 | The Formation of the Vegetable Mould, through the Action of Worms, with Observations of their Habits (Die Bildung der Ackererde durch die Tätigkeit der Würmer mit Beobachtungen über deren Lebensweise, 1882) |

Wichtige postum erschienene Schriften und Briefe Darwins

Barlow, Nora (Hg.): Charles Darwin's Diary of the Voyage of H. M. S. Beagle, Cambridge 1933

Barlow, Nora (Hg.): Darwin and Henslow. The Growth of an Idea. Letters 1831–1860, London 1967

Barrett, Paul H.: Early Writings of Charles Darwin, In: Gruber, Howard E.: Darwin on man. A psychological study of scientific creativity; together with Darwin's early and unpublished notebooks, London 1974

Darwin, Charles: Gesammelte Werke. Übersetzt von J. Viktor Carus, Band 1 bis 16, Stuttgart 1875–1888
darin speziell Band 14.2 bis 16 auch separat als »Leben und Briefe I, II und III«, Stuttgart 1887 (zitiert als »LuB«)

Darwin, Charles: Erinnerungen an die Entwicklung meines Geistes und Charakters. Autobiografie, Jena Leipzig Berlin 1982 (zitiert als »Autobiografie«)

Darwin, Charles: Reise eines Naturforschers um die Welt, Societäts-Verlag ohne Ort und Jahrgang, bearbeitet von Dr. Irma Bühler nach der Ausgabe von 1875 (zitiert als »Journal«)

Darwin, Francis (Hg.): The Life and Letters of Charles Darwin, including an autobiographical chapter, London 1887 (zitiert als »Life«)

Darwin, Francis (Hg.): Charles Darwin. Sein Leben, dargestellt in einem autobiographischen Capitel und in einer ausgewählten Reihe seiner veröffentlichten Briefe, übersetzt von J. Viktor Carus, Stuttgart 1893 (zitiert als »Leben«)

Darwin, Francis/A. C. Seward (Hg.): More Letters of Charles Darwin, London 1903 (zitiert als »More Letters«)

Darwin, Francis (Hg.): The Foundations of The Origin of Species. Two Essays Written in 1842 and 1844, London 1909
deutsche Übersetzung: Die Fundamente zur Entstehung der Arten, Leipzig Berlin 1911 (zitiert als »Fundamente«)

Freeman, R. B.: The Works of Charles Darwin. An annotated Bibliographical Handlist, London 1965

Die wichtigsten Internet-Ressourcen:
Darwin Online: darwin-online.org.uk
Darwin Correspondence Project: www.darwinproject.ac.uk

Weitere wichtige genutzte Literatur

Ashworth, J. H.: Darwin as a Student in Edinburgh, in: Nature 1935, II, S. 1011–1014

Aveling, Edward: Die Darwinsche Theorie, Stuttgart 1905

Blei, Wolfgang: Erkenntniswege zur Erd- und Lebensgeschichte. Ein Abriß, Berlin 1981

Bougainville, Louis Antoine: Reise um die Welt, Berlin 1985

Brent, Peter: Charles Darwin. A Man of Enlarged Curiosity, London 1981

Butler, Samuel: Evolution, Old and New (H. F. Jones (Hg.): The Complete Works of Samuel Butler, London/New York 1923–26, Bd. 5

Colp, Ralph: »I never wrote much about myself«. Darwin's 1961–1970 Autobiographical Notes. Paper für die Konferenz »Darwin Today« Kühlungsborn 1981

Darwin, Erasmus: The Temple of Nature or The Origin of Society (russisch), Moskau 1954

Clemens, Alois: Der Tempel der Natur oder der Ursprung der menschlichen Gesellschaft. Ein Gedicht in vier Gesängen, frei nach Erasmus Darwin, Frankfurt/M. 1827

Dickens, Charles: Londoner Skizzen, Leipzig 1962

Dörpinghaus, Hermann Josef: Darwins Theorie und der deutsche Vulgärmaterialismus im Urteil deutscher katholischer Zeitschriften zwischen 1854 und 1914, Diss. Freiburg i. B. 1969

Dorsey, George Amos: The Evolution of Charles Darwin, London 1928

Eldredge, Niles: The Monkey Business. A Scientist Looks at Creationism, New York 1982

Ellegård, Alvar: Darwin and the General Reader. The Reception of Darwin's Theory in the British Periodical Press 1859–1872, Göteborg 1958

Engels, Eve-Marie: Charles Darwin, München 2007

Fontane, Theodor: Wanderungen durch England und Schottland, l. Band: England, Berlin 1979

Freeman, R. B.: Darwin on the routes of male humble bees, in: Bulletin of the British Museum (Natural History). Historical Series Vol. 3, pp. 177–189, 1968

Garnett, R.: Edward Gibbon Wakefield. The Colonization of South Australia and New Zealand, London 1898

Haeckel, Ernst: Der Kampf um den Entwicklungsgedanken, Leipzig 1967

Haeckel, Ernst: Gesammelte populäre Vorträge aus dem Gebiete der Entwicklungslehre, Band 1 und 2, Bonn 1902

Healey, Edna: Emma Darwin, the Inspirational Wife of a Genius, London 2001

Heberer, Gerhard/Franz Schwanitz (Hg.): Hundert Jahre Evolutionsforschung. Das wissenschaftliche Vermächtnis Charles Darwins, Stuttgart 1960

Heberer, Gerhard: Charles Darwin. Sein Leben und sein Werk. Stuttgart 1959

Heilborn, Adolf: Darwin. Sein Leben und seine Lehre, Berlin 1927

Hemleben, Johannes: Darwin, Reinbek 1968

Huxley, Leonard (Hg.): The Life and Letters of Thomas Henry Huxley, London 1900

Jahn, Ilse: Charles Darwin, Leipzig/Jena/Berlin 1982

Krause, Ernst: Erasmus Darwin und seine Stellung in der Geschichte der Deszendenz-Theorie. Mit seinem Lebens- und Charakterbilde von Charles Darwin, Leipzig 1880

Litchfield, Henrietta (Hg).: Emma Darwin: A Century of Family Letters, 1792–1896, zwei Bände, Reprint der Ausgabe von 1915

Lyell, Charles: The Geological Evidences of the Antiquity of Man, London 1863, Reprint 1970

Malthus, Thomas R.: An Essay on the Principle of Population, London/ New York/Melbourne 1890

Manier, Edward: The Young Darwin and His Cultural Circle, Dortrecht/ Boston 1978

Marshall, Alan J.: Darwin and Huxley in Australia, Sidney 1970

Marx, Karl/Friedrich Engels: Werke, Band 29 und 30, Berlin 1968

Mayr, Ernst: Das ist Evolution, München 2005

Nichols, Peter: Darwins Kapitän. Die tragische Geschichte des Mannes, der an Darwins Entdeckungen zerbrach, Hamburg 2004

Pearson, Karl (Hg.): The Life, Letters and Labours of Francis Galton, drei Bände, Cambridge 1914–1930

Preyer, Wilhelm: Darwin. Sein Leben und Wirken, Berlin 1896

Priestley, John B.: Victoria's Heyday, Harmondsworth 1974

Ralling, Christopher (Hg.): Die Reise von Charles Darwin, Leipzig 1981

Raverat, Gwen: Period Piece. A Cambridge Childhood, London/Boston 1981

Schmidt, Heinrich: Geschichte der Entwicklungslehre, Leipzig 1918

Schrader, Christopher: Darwins Werk und Gottes Beitrag. Evolutionstheorie und Intelligent Design, Stuttgart 2007

Sobol, S. L. (Hg.): Charles Darwin: Autobiographie, Leipzig/Jena 1959

Thomson, David: England in the Nineteenth Century 1815–1914, Penguin, Harmondsworth 1978

Travelyan, George Macaulay: Kultur- und Sozialgeschichte Englands, Hamburg 1948

Uschmann, Georg (Hg.): Ernst Haeckel, Forscher, Künstler, Mensch. Briefe, 3. erweiterte und verbesserte Auflage Leipzig/Jena 1961

Vollmer, C. (Hg.): Charles Darwin: Ein Naturforscher reist um die Erde, Leipzig 1957

Vorzimmer, P. J.: Darwin and Mendel: The Historical Connection, in: Isis 1965 vol. 56.2, S. 148–155

Wallace, Alfred Russel: Beiträge zur Theorie der natürlichen Zuchtwahl, Erlangen 1870

West, Geoffrey: Charles Darwin, the Fragmentary Man, London 1937

White, Andrew Dickson: Geschichte der Fehde zwischen Wissenschaft und Theologie in der Christenheit, Leipzig o. J.

Wichler, Gerhard: Charles Darwin. Der Forscher und der Mensch, München/ Basel 1963

Winslow, John H.: Darwin's Victorian Malady, Philadelphia 1971

Wyss, Walter von: Charles Darwin. Ein Forscherleben, Zürich/Stuttgart 1958

Zirnstein, Gottfried: Charles Darwin, Leipzig 1978

Zirnstein, Gottfried: Charles Lyell, Leipzig 1980

Hauptsächliche Zitate
(Bei englischen Quellen eigene Übersetzung)

Teil I
Kapitel 1
S. 16: Krause 1880, S. 137 f.
S. 19: Krause 1880, S. 189
S. 21: Autobiografie, S. 50
S. 22: Autobiografie, S. 34
S. 24: Brent 1981, S. 26
S. 25: Brent 1981, S. 20
S. 26: Autobiografie, S. 39
S. 27: Autobiografie, S. 34
S. 28: Autobiografie, S. 57

Kapitel 2
S. 33: Brent 1981, S. 38
S. 34: Brent 1981, S. 36
S. 36: Autobiografie, S. 70
S. 44: Autobiografie, S. 64
S. 46: Brent 1981, S. 58
S. 46: Healey 2001, S. 122
S. 46: Brent 1981, S. 59
S. 47: Brent 1981, S. 61, 62
S. 47: Litchfield 1915, Band 1, S. 226 f.

Kapitel 3
S. 49: Autobiografie, S. 72
S. 51: Autobiografie, S. 73, 86
S. 52: Life, Band 1, S. 36
S. 53: Brent 1981, S. 82
S. 53: Autobiografie, S. 73
S. 53: Leben, S. 131/132
S. 53 f.: Autobiografie, S. 79
S. 55 f.: Brent 1981, S. 67/68
S. 56 f.: Autobiografie, S. 78/79
S. 57: Leben, S. 134
S. 58: Brent 1981, S. 90
S. 59: Autobiografie, S. 81/82
S. 60: Life, Band 1, S. 182
S. 61: Brent 1981, S. 74

S. 62: Leben, S. 136
S. 63: Brent 1981, S. 89
S. 65: Autobiografie, S. 85
S. 65: Brent 1981, S. 103
S. 67: Autobiografie, S. 87/88
S. 67: Autobiografie, S. 88

Teil II
Kapitel 4
S. 71: Leben, S. 139
S. 72: Autobiografie, S. 89
S. 73: Life, Band 1, S. 199
S. 74 f.: Leben, S. 143
S. 75: Leben, S. 144
S. 77: Leben, S. 148
S. 78: Brent 1981, S. 129
S. 79: Brent 1981, S. 130

Kapitel 5
S. 81: Ralling 1981, S. 47
S. 81: Ralling 1981, S. 48
S. 82: Journal, S. 31
S. 83 f.: Ralling 1981, S. 51 f.
S. 84: Barlow 1933, S. 39
S. 87: Ralling 1981, S. 58
S. 87: Journal, S. 56
S. 87 f.: Journal, S. 58
S. 89: Barlow 1933, S. 75
S. 90: Brent 1981, S. 139
S. 91: Ralling 1981, S. 69
S. 92: Ralling 1981, S. 70
S. 93: Barlow 1967, S. 58, 59
S. 96: Barlow 1933, S. 435
S. 97: Journal, S. 361
S. 101: Barlow 1933, S. 435
S. 104: Barlow 1933, S. 151
S. 104: Leben, S. 159
S. 107: Journal, S. 137 f.

S. 210: Freeman 1968 S. 182
S. 211: Autobiografie, S. 253
S. 212: Leben, S. 204
S. 212: Leben, S. 207
S. 213: Life, Band 2, S. 86
S. 214: Life, Band 2, S. 104
S. 214: Leben, S. 207
S. 215: Wallace 1870, S. 1
S. 216: Leben, S. 209
S. 216: Life, Band 2, S. 121
S. 217: Autobiografie, S. 145
S. 218: Leben, S. 212
S. 219: Wallace 1870, S. 38 ff.
S. 220 f.: Leben, S. 213 ff.
S. 223: Leben, S. 225
S. 224: Leben, S. 227
S. 225: Autobiografie, S. 280
S. 225: Leben, S. 239 f.
S. 227 f.: Entstehung, S. 93
S. 228: Entstehung, S. 192
S. 229: Entstehung, S. 536
S. 229 f.: Autobiografie, S. 153
S. 230: Leben, S. 242
S. 230 f.: West 1937, S. 243
S. 231: Leben, S. 242
S. 231: Life, Band 2, S. 229 f.
S. 232: Leben, S. 244
S. 232: Leben, S. 245
S. 234: Leben: S. 247
S. 235: Marx/Engels 1968, Band 29, S. 254
S. 235: Marx/Engels 1968, Band 30, S. 249 f.
S. 236: White, S. 72

Teil IV
Kapitel 11
S. 239: Leben, S. 176
S. 240 f.: Life, Band 3, S. 179
S. 242: Huxley 1900, S. 180
S. 244: Leben, S. 271
S. 244: Leben, S. 271
S. 245: More Letters, Band 1, S. 158
S. 245 f.: Leben, S. 268
S. 246 f.: Leben, S. 283
S. 247: Wyss 1958, S. 182
S. 249: Leben, S. 335
S. 250: Leben, S. 304
S. 251: Wyss 1958, S. 261
S. 253 f.: Haeckel 1902, Band 1, S. 238 f.

S. 257 f.: West 1937, S. 269
S. 258: West 1937, S. 270

Kapitel 12
S. 260: Litchfield 1915, Band 2, S. 187
S. 260: Leben, S. 304
S. 261: More Letters, Band 2, S. 376 f.
S. 261: More Letters, Band 1, S. 297
S. 261: Wyss 1958, S. 209 f.
S. 262: Life, Band 3, S. 116
S. 262: Wyss 1958, S. 211
S. 264: Abstammung, Band 1, S. 85
S. 265: Abstammung, Band 1, S. 113
S. 265: Abstammung, Band 1, S. 219
S. 265: Abstammung, Band 1, S. 233
S. 265 f.: Abstammung, Band 1, S. 226 f.
S. 266: Abstammung, Band 1, S. 263
S. 269: Leben, S. 313
S. 271: Gemütsbewegungen, S. 17 f.
S. 271: Gemütsbewegungen, S. 20
S. 272: Gemütsbewegungen, S. 250
S. 272: Life, Band 3, S. 173
S. 272: Leben, S. 316

Kapitel 13
S. 273: Life, Band 3, S. 171
S. 274: Brent 1981, S. 484 f.
S. 275 f.: Wyss 1958, S. 262
S. 276: Leben, S. 330
S. 278: Life, Band 3, S. 55
S. 279: Brent 1981, S. 489
S. 279: Leben, S. 223
S. 280: Autobiografie, S. 163
S. 281: Life, Band 3, S. 237
S. 283: Sobol: Autobiografie, 1959, S. 181
S. 285: Wyss 1958, S. 263 f.
S. 286: Leben, S. 322
S. 286: More Letters, Band 2, S. 433
S. 287: Aveling 1905, S. 36
S. 287: Aveling 1905, S. 37
S. 287: Sobol 1959, S. 17 (Als Adressat des Briefes ist hier fälschlich Marx statt Aveling angegeben.)
S. 287: Life, Band 1, S. 304

Kapitel 14
S. 296: www.darwinawards.com
S. 296: Mayr 2005, S. 61

Personenregister

Charles II. von England (1630 bis 1685) 74

Chopin, Frédéric (1810–1849) 171

Cicero, Marcus Tullius (106 bis 43 v. u. Z.) 25

Claudianus, Claudius (4. Jh.) 60

Clift, William (1775–1849) 117

Cobbe, Frances Power (1822–1904) 262 f., 267, 279

Cobbet, William (1762–1835) 189

Colburn, Henry (gest. 1855) 183

Conway, Moncure Daniel (1832–1907) 273

Cook, James (1728–1779) 97

Copernicus, Nicolaus (1473–1543) 226

Corfield, Richard Henry (1804–1897) 121, 124, 131

Covington, Syms (1813–1861) 104, 127, 138

Crick, Francis Harry Compton (1916 bis 2004) 293

Cuvier, George (1769–1832) 38, 44, 166, 168 f., 175, 233, 235

Darwin, Anne Elizabeth (1841–1851) 185, 207

Darwin, Bernhard Richard M. (1876–1961) 276, 284, 286

Darwin, Caroline (verh. Wedgwood) (1800–1880) 13, 22, 25, 96

Darwin, Catherine (verh. Langton) (1810–1866) 13, 22 f., 25, 177, 180, 190, 204, 252

Darwin, Charles Waring (1856–1858) 207, 218 f., 221

Darwin, Elizabeth (1847–1926) 207, 210, 288

Darwin, Emma (geb. Wedgwood) (1808–1896) 21, 28, 45, 158, 170–172, 177 f., 180–184, 189 f., 193 f., 198, 200, 206 f., 209, 217–219, 225, 239, 241, 247, 250, 260, 262, 274, 277, 279, 280 f., 285–290

Darwin, Erasmus (1731–1802) 17–21, 41, 74, 144, 166, 172, 174, 230, 252, 282 f.

Darwin, Erasmus (1804–1881) 13, 26, 29, 32, 156, 159, 160, 190, 198, 260, 277, 286

Darwin, Francis (1848–1925) 207, 210, 239, 253, 276, 278, 286, 288 f., 290

Darwin, George Howard (1845–1912) 200, 207, 253, 277, 288

Darwin, Henrietta Emma (verh. Litchfield) (1843–1927) 47, 192, 207, 210, 219, 221, 223, 247, 249, 250, 253, 262 f., 269, 276 f., 279, 288 f.

Darwin, Horace (1851–1928) 207, 253, 285, 288

Darwin, Leonhard (1850–1943) 207, 210 f., 223, 285, 288

Darwin, Marianne (1798–1858) 13

Darwin, Mary Eleanor (1842–1842) 207

Darwin, Robert Waring (1766–1848) 13, 17, 18, 21 f., 24, 29–31, 35, 46, 48, 55, 72 f., 104, 149, 155, 172, 177, 180, 185, 188, 192, 204

Darwin, Susan (1803–1866) 13, 25, 33, 74, 190, 204, 207, 252

Darwin, Susannah (geb. Wedgwood) (1765–1817) 13 f., 21, 23, 27

Darwin, William Erasmus (1839 bis 1914) 184, 207 f., 253, 269, 285, 288

Demokrit (um 460–371 v. u. Z.) 258

Dickens, Charles (1812–1870) 73, 207, 216, 240

Disraeli, Benjamin (1804–1881) 274

Dobzhansky, Theodosius Grigorievich (1900–1975) 293, 296

Don, David (1800–1841) 156

Drake, Francis (1540–1596) 133

Draper, John William (1811–1882) 243

Du Bois–Reymond, Emil (1818 bis 1896) 281

Duchenne, Guillaume Benjamin Aman (1806–1875) 271

Duncan, Andrew d. J. (1773–1832) 34

Earle, Augustus (1793–1838) 86, 114

Ehrenberg, Christian Gottfried (1795–1876) 174

Elie de Beaumont, Jean Baptiste (1798 bis 1874) 191

Eliot, George (1819–1880) 240

Elisabeth I. von England (1533 bis 1603) 48

Huxley, Mrs. (geb. Henrietta Anne
Heathorn) (1825–1915) 269

Jameson, Robert (1774–1854) 37–39
Jenkin, Henry Charles Fleeming
(1833–1885) 257
Jenyns, Leonard (später: Blomefield)
(1800–1893) 58, 66, 72, 74, 162,
233

Kant, Immanuel (1724–1804)
61, 194, 262
Kelvin, William Thomson, Lord
(1827–1907) 261
King, Philip Gidley (1817–1904)
126 f., 136
Kingsley, Charles (1819–1875)
231, 295
Kolumbus, Christoph (1446–1506)
111
Krause, Ernst Ludwig (1839–1903)
281–283

Lamarck, Jean Baptist de (1744–1829)
20, 41, 44, 165, 168 f., 192–194,
212, 228, 231, 233, 248, 283, 290
LaMettrie, Julien Offray de
(1709–1751) 43
Lamouroux, Johann Victor Felix
(1779–1825) 44
Lane, Edward William (1801–1876)
218, 223, 242
Langton, Charles (1801–1886) 90
Lansdowne, Marquis of (1780 bis
1863) 160
Laplace, Pierre Simon de (1749 bis
1827) 194
Laurie 87 f.
Lavater, Johann Kaspar (1741–1801)
74
Lavoisier, Antoine Laurent
(1743–1794) 29
Lawson, Nicholas 137
Leibniz, Gottfried Wilhelm von
(1646 bis 1716) 167, 223
Lennon, P. 87 f.
Liebig, Justus von (1803–1873) 184
Linné, Carl von (1707–1778) 27, 60
Litchfield, Richard Buckley
(1831–1903) 269
Locke, John (1632–1704) 175

Lubbock, John, Baron Avebury (1834
bis 1913) 191, 214, 233, 244, 252,
264, 274, 289
Lukrez (Titus Lucretius Carus)
(98–55 v. u. Z.) 20
Lyell, Charles (1797–1875) 38, 82 f.,
95, 114, 121 f., 129, 147, 156–159,
161 f., 165, 168 f., 174, 181, 185,
191, 194, 197–199, 215–217,
220–225, 231, 233, 239, 245 f.,
251 f., 261, 264, 280
Lyell, Mrs. (geb. Mary Elizabeth
Horner) (1808–1873)
181, 247, 274
Lyssenko, Trofim Denissowitsch
(1898–1976) 293

Macadam, John Loudon (1756 bis
1836) 144
Maegillivray, Willian, (1796–1852)
40, 45
Mackintosh, James (1765–1832) 36
Malthus, Thomas Robert
(1766–1834) 17, 173 f., 220,
235, 265 f.
Mark Twain (1835–1910) 240, 285
Martens, Conrad (1801–1872)
114 f., 144 f.
Marx, Karl (1818–1883) 235, 287
Mathew, Henry (1807–1861) 63
Matthew, Patrick (1790–1874)
234, 248
Matthews, Richard (1811–1893)
97, 99–101
Mendel, Johann Gregor (1822–1884)
259, 268, 290
Michelis, Friedrich (1815–1886) 255
Mill, John Stuart (1806–1873)
251, 262 f.
Milton, John (1608–1674) 50, 51, 233
Minster, York 79, 97, 99–101, 117
Mivart, St. Georg Jackson
(1827–1900) 268 f., 282
Monro, Alexander III. (1773–1859)
33 f.
Monroe, James (1758–1831) 79
Morgan, Thomas Hunt (1866–1945)
291
Moscheles, Ignaz (1794–1870) 171
Mozart, Wolfgang Amadeus
(1756–1791) 54

Stokes, John Lort (1812–1885) 143

Strickland, Hugh Edwin (1811–1853)
194, 202

Suarez, Franz (1548–1617) 268 f.

Sulivan, James Bartholomew
(1810–1890) 77, 84, 86, 98 f., 114,
205, 211, 270

Tertullian (gest. um 220) 49

Thackeray, William Makepeace (1811
bis 1863) 197, 240

Thiel, Hugo (1839–1918) 256

Thukydides (um 460 bis um 400
v. u. Z.) 25

Treviranus, Gottfried Reinhold (1776
bis 1837) 20

Trollope, Anthony (1815–1882) 240

Vergil (Publius Vergilius Maro)
(70–19 v. u. Z.) 25

Victoria von England (1819–1901)
172

Virchow, Rudolf (1821–1902)
254, 281

Vogt, Karl (1817–1895) 196, 254

Wagner, Richard (1813–1883) 287

Wallace, Alfred Russel (1823–1913)
215, 218–223, 250, 261 f., 270,
272, 277, 285, 289

Waterhouse, George Robert
(1810–1888) 162, 198

Waterton, Charles (1782–1865)
35, 36

Watson, James Dewey (geb. 1928)
293

Watt, James (1738–1819) 18

Way, Albert (1805–1874) 51 f., 54

Weber, Carl Maria von (1786–1826)
32

Wedgwood, Charlotte (verh.
Langton) (1797–1862) 90, 118,
180, 247

Wedgwood, Elisabeth (1764–1846)
158, 191

Wedgwood, Frances (Fanny)
(1806–1832) 28, 45, 170 f.

Wedgwood, Hensleigh (1803–1891)
72, 159, 175, 190, 277

Wedgwood, Josiah I. (1730–1795)
18, 19

Wedgwood, Josiah II. (1769–1843)
30 f., 45, 73, 89, 163, 171, 180, 191

Wedgwood, Josiah III. (1795–1880)
286

Wedgwood, Frances Julia (Julia)
(1833–1913) 263

Wedgwood, Sarah Elizabeth
(1793–1880) 184, 286

Weismann, August (1834–1914) 290

Wellington, Arthur Wellesley, Duke
of (1769–1852) 15

Werner, Abraham Gottlob
(1749–1817) 39, 42, 64

Whewell, William (1794–1866)
58, 160–163, 233

Wickham, John Clement (1798–1864)
84, 94, 105, 124, 134

Wilberforce, Samuel (1805–1873)
205, 241, 243–245, 291

William IV. von England (1765–1837)
76, 123, 172

Woolner, Thomas (1825–1892) 264

Wordsworth, William (1770–1850)
173

Bildnachweis

Abb. 1, 10, 15, 18, 20
The Life and Letters of Charles
Darwin, ed. Francis Darwin,
Band 1 bis 3, London 1897

Abb. 2, 9, 12
Kosmos, Gesellschaft der Natur-
freunde, und Verein der Geschichts-
freunde (Hrsg.): Charles Darwin
1809–1909. Gedenkschrift zur
Jahrhundertfeier seiner Geburt,
Franckh'sche Verlagsbuchhandlung
Stuttgart 1909

Abb. 3, 4, 21, 23
A. und K. Steinmüller: Charles
Darwin – Vom Käfersammler zum
Naturforscher, Berlin (DDR) 1985

Abb. 5, 7, 8, 11, 13
Darwin, Charles: Journal of
Researches, London 1896

Abb. 6
Sarah Müller, oekom verlag

Abb. 14, 19
Album of London Views, ohne Ort
und Jahrgang, vor 1900

Abb. 16
Reproduced with permission from
John van Wyhe ed., The Complete
Work of Charles Darwin Online
(http://darwin-online.org.uk/)

Abb. 17
Aquarell-Portrait von George
Richmond von 1830

Abb. 22
Fotografie von Julia Margaret
Cameron (1815 bis 1879)